前言

PREFACE

“FPGA”为何物？如果“FPGA”对我们来说是一片空白，可以说是一张白纸，任凭我们在上面挥毫泼墨，那么，只要我们的想象够丰富、基础够扎实，我们一定会绘出属于自己的一片蓝图。为什么将本书名定为《FPGA 设计与项目化开发实战》？那是因为编者回顾自己的学习之路，发现自己曾经缺乏一些连贯的学习资料和系统的学习方法，为了让更多的人少走弯路而积累总结了很多资料，希望通过一个个简单的例子以点带面，让读者逐步掌握 FPGA 的设计要领，并通过综合实战将理论与 FPGA 的硬件实现相结合。本书不仅仅是实验手册，更是理论与实践相结合的 FPGA 设计手册，图文并茂，有助于读者一步步走好 FPGA 设计之路。

本书主要讲解 FPGA 的开发流程和程序设计，以一款资源丰富的 FPGA 开发板为例，介绍 FPGA 内部结构和设计流程，讲解 FPGA 开发板的硬件配置及 Verilog HDL 硬件描述语言的基础知识，重点是第 7 章到第 12 章的实例程序，由简单到复杂，最后附上 FPGA 设计心得（技术总结）。

为了方便教学，本书还配有电子课件等资料，任课教师可以发邮件至 hustpeiit@163.com 索取。

本书适合电子、通信、自动化等相关专业的本科生与研究生学习，以及从事 FPGA 开发、IC 设计、PCB 设计等相关职业的读者阅读参考。

普通高等教育“十四五”规划教材

FPGA 设计与项目化开发实战

李德明 ◎ 编著

華中科技大學出版社
http://www.hustp.com
中国·武汉

内 容 简 介

本书介绍了FPGA的发展及应用前景，基于Altera公司的FPGA开发芯片，介绍了Quartus Ⅱ软件和FPGA的开发使用流程，以及Verilog HDL的语法、语句等编程入门知识，同时，以项目化开发形式设计了数字电路基础实验、开发板基础实验、开发板进阶实验、通信系统实验、综合实验等FPGA开发例程。

本书适合电子、通信、自动化等相关专业的本科生与研究生学习，以及从事FPGA开发、IC设计、PCB设计等相关职业的读者阅读参考。

为了方便教学，本书还配有电子课件等资料，任课教师可以发邮件至hustpeiit@163.com索取。

图书在版编目(CIP)数据

FPGA设计与项目化开发实战 / 李德明编著. —武汉：华中科技大学出版社，2021.6(2024.7重印)
ISBN 978-7-5680-6647-1

Ⅰ.①F…　Ⅱ.①李…　Ⅲ.①可编程序逻辑器件-系统设计　Ⅳ.①TP332.1

中国版本图书馆CIP数据核字(2021)第184824号

FPGA设计与项目化开发实战
FPGA Sheji yu Xiangmuhua Kaifa Shizhan

李德明　编著

策划编辑：康　序
责任编辑：刘姝甜
封面设计：孢　子
责任监印：朱　玢
出版发行：华中科技大学出版社(中国·武汉)　　电话：(027)81321913
　　　　　武汉市东湖新技术开发区华工科技园　　邮编：430223
录　　排：武汉三月禾文化传播有限公司
印　　刷：武汉市籍缘印刷厂
开　　本：787mm×1092mm　1/16
印　　张：26
字　　数：664千字
版　　次：2024年7月第1版第2次印刷
定　　价：68.00元

华中出版

目录

CONTENTS

第1章 FPGA概述

现场可编程门阵列（field programmable gate array，FPGA）与电子设计自动化（electronic design automation，EDA）技术是目前相当热门的技术，翻遍各大招聘网站电子类招聘信息，类似“精通 FPGA 技术，熟悉 Verilog HDL 语言”等字眼已经为应聘者所熟悉；甚至，有的时候，“熟悉 FPGA”就意味着高薪。实际上，FPGA 技术已经成为目前电子行业应用最为广泛的技术之一，未来的就业和发展前景相当好。

FPGA 的应用领域最初为通信领域，但目前，随着信息产业和微电子技术的发展，可编程逻辑嵌入式系统设计技术已经成为信息产业最热门的技术之一，应用遍及航空航天、医疗、网络通信、安防、广播、汽车电子、消费类市场、测量测试等多个热门领域，并随着工艺的进步和技术的发展，向更多、更广泛的应用领域扩展。越来越多的设计也开始从专用集成电路（application specific integrated circuit，ASIC）转向 FPGA，FPGA 正以各种电子产品的形式进入我们日常生活的各个角落。

FPGA 一般应用在高性能处理、实时要求高的领域，比如高速接口、报文转发、图像处理、视频传输等，还可以应用在芯片前期验证方面。

1.1 可编程逻辑器件的发展史

起源：可编程逻辑器件（programmable logic device，PLD）起源于 20 世纪 70 年代，是在 ASIC 的基础上发展起来的一种新型逻辑器件。

主要特点：完全由用户通过软件进行配置和编程，从而完成某种特定的功能，并且可以反复擦写。

常见 PLD 产品：可编程只读存储器（programmable read-only memory，PROM）、现场可编程逻辑阵列（field programmable logic array，FPLA）、可编程阵列逻辑（programmable array logic，PAL）、复杂可编程逻辑器件（complex programmable logic device，CPLD）和现场可编程门阵列（FPGA）等类型，它们的内部结构和表现方法各不相同。

可编程逻辑器件的发展史（4 个阶段）：

第一阶段：20 世纪 70 年代初到 70 年代中，只有简单的 PROM、紫外线可擦除只读存储器（erasable programmable read-only memory，EPROM）和电可擦除只读存储器（electrically erasable programmable read-only memory，EEPROM）3 种，只能完成简单的数字逻辑功能。

第二阶段：20 世纪 70 年代中到 80 年代中，结构上稍微复杂的可编程阵列逻辑（PAL）和通用阵列逻辑（generic array logic，GAL）器件，正式被称为 PLD，能够完成各种逻辑运算功能。

第三阶段:20 世纪 80 年代中到 90 年代末,Xilinx 和 Altera 公司分别推出了与标准门阵列类似的 FPGA 以及类似于 PAL 结构的扩展性 CPLD,提高了逻辑运算速度,具有逻辑单元灵活、集成度高、适用范围宽、编程灵活等特点。

第四阶段:20 世纪 90 年代末至今,出现了可编程片上系统(system on a programmable chip,SOPC)和片上系统(system on a chip,SOC)技术,涵盖了实时化数字信号处理、高速数据收发、复杂计算以及嵌入式系统设计技术的全部内容。

1.2 FPGA 简介

FPGA 是"field programmable gate array"的缩写,即现场可编程门阵列,它是在 PAL、GAL、CPLD 等可编程器件的基础上进一步发展的产物。它是作为专用集成电路领域中的一种半定制电路而出现的,既解决了定制电路的不足,又克服了原有可编程器件门电路数有限的缺点。

FPGA 是 Ross Freeman 于 1985 年发明的,当时第一个 FPGA 采用 2 μm 工艺,包含 64 个逻辑模块和 85 000 个晶体管,门数量不超过 1000 个,当时他所创造的 FPGA 被认为是一项不切实际的技术,他的同事 Bill Carter 曾说,这种理念需要很多晶体管,但那时晶体管是非常珍贵的东西。所以人们认为 Ross 的想法过于脱离现实。但是 Ross 预计,根据摩尔定律(每 18 个月晶体管密度翻一番),晶体管肯定会越来越便宜,因此 FPGA 必将成为未来不可或缺的技术。在短短的几年时间内,正如 Ross 所预言的,出现了数十亿美元的现场可编程门阵列市场。但可惜的是,他已经无法看到这一派欣欣向荣的景象——Ross Freeman 在 1989 年与世长辞了,但是他的发明却持续不断地促进电子行业的进步与发展。

FPGA 企业状况:目前全球主要的 FPGA 企业数量较少,仅有 Xilinx(赛灵思)、Altera(阿尔特拉,2015 年被 Intel 公司收购)、Lattice(莱迪思)、Microsemi(美高森美)等几家,其中,Xilinx 与 Altera 占有近 90%的市场份额,专利达到 6000 余项之多。Xilinx 始终保持着全球 FPGA 的龙头地位,其宣传图如图 1-1 所示。

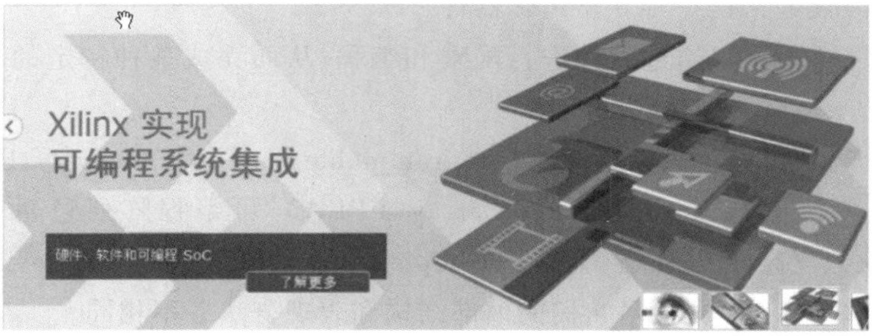

图 1-1 Xilinx 公司宣传图

Xilinx FPGA 主要分为两大类:一种侧重低成本应用,容量中等,性能可以满足一般的逻辑设计要求,如 Spartan 系列;另一种侧重于高性能应用,容量大,性能能满足各类高端应用,如 Virtex 系列。用户可以根据自己的实际应用要求进行选择,在可以满足性能的情况下,优先选择低成本器件。Xilinx 官网:https://china.xilinx.com/。

Altera 的主流 FPGA 分为两大类：一种侧重低成本应用，容量中等，性能可以满足一般的逻辑设计要求，如 Cyclone、Cyclone Ⅱ、Cyclone Ⅲ，最新 Cyclone 系列已经到了 Cyclone Ⅴ；另一种侧重于高性能应用，容量大，性能能满足各类高端应用，如 Startix、Stratix Ⅱ 等。用户可以根据自己的实际应用要求进行选择，在可以满足性能要求的情况下，优先选择低成本器件。Altera 公司宣传图如图 1-2 所示。

图 1-2　Altera 公司宣传图

Cyclone(飓风)：Altera 中等规模 FPGA，2003 年推出，0.13 μm 工艺，1.5 V 内核供电，与 Stratix 结构类似，是一种低成本 FPGA，其配置芯片也改用全新的产品。

简评：Altera 最成功的器件之一，性价比不错，是一种适合中低端应用的通用 FPGA，推荐使用。

Cyclone Ⅱ：Cyclone 的二代产品，2005 年开始推出，90 nm 工艺，1.2 V内核供电，属于低成本 FPGA，性能和 Cyclone 相当，提供了硬件乘法器单元。

简评：Altera 推出的第二代低成本 FPGA，从 2005 年底开始，逐步取代 Cyclone 器件，成为 Altera 在中低端 FPGA 市场中的主力产品。

Stratix：Altera 大规模高端 FPGA，2002 年中期推出，0.13 μm 工艺，1.5 V 内核供电，集成硬件乘加器，芯片内部结构与 Altera 以前的产品相比有很大变化。

简评：Stratix 芯片的推出，改变了 Altera 在 FPGA 市场上的被动局面。该芯片适合高端应用。随着 2005 年新一代 Stratix Ⅱ 器件的推出，Stratix 被 Stratix Ⅱ 逐渐取代。

Stratix Ⅱ：Stratix 的二代产品，2004 年中期推出，90 nm 工艺，1.2 V 内核供电，大容量高性能 FPGA。

简评：性能超越 Stratix，是 Altera 在高端 FPGA 市场中的主力产品。Stratix Ⅴ 为 Altera 目前的高端产品，采用 28 nm 工艺，提供了 28 Gb/s 的收发器件，适合高端的 FPGA 产品开发。

1.3 FPGA 的特点及应用领域

1.3.1 FPGA 的特点

FPGA 应用结构图如图 1-3 所示，其具有以下特点。

(1) 采用 FPGA 设计 ASIC 电路，用户不需要投片生产，就能得到合用的芯片。

(2) FPGA 可做其他全定制或半定制 ASIC 电路的中试样片。

(3) FPGA 内部有丰富的基本逻辑门、触发器和 I/O 引脚。

(4) FPGA 是 ASIC 电路中设计周期最短、开发费用最低、风险最小的器件之一。

(5) FPGA 采用高速互补高性能金属氧化物半导体(complementary high-performance metal-oxide semiconductor，CHMOS)工艺，功耗低，可以与互补金属氧化物半导体(complementary metal-oxide semiconductor，CMOS)、晶体管-晶体管逻辑(transistor-transistor logic，TTL)电平兼容。

图 1-3 FPGA 应用结构图

可以说，FPGA 芯片是小批量系统提高集成度、可靠性的最佳选择之一。

FPGA 还具有以下优势：

第一，通信高速接口设计。FPGA 可以用来做高速信号处理，一般如果 A/D 采样率高、数据速率高，就需要 FPGA 对数据进行处理，比如对数据进行抽取滤波、降低数据速率处理，使信号容易传输、存储等。

第二，数字信号处理，包括图像处理、雷达信号处理、医学信号处理等。优势是实时性好，用面积换速度，比 CPU 快很多。

第三，更大的并行度。这个主要是通过并发和流水两种技术实现的。并发是指重复分配计算资源，使多个模块之间可以同时独立进行计算。

1.3.2 FPGA 的应用领域

1. FPGA 在数据采集领域的应用

由于自然界的信号大部分是模拟信号，因此一般的信号处理系统中都要包括数据的采集功能。通常的实现方法是，利用 A/D 转换器将模拟信号转换为数字信号后送给处理器，比如利用单片机或者数字信号处理器(digital signal processor，DSP)进行运算和处理。

对于低速的 A/D 和 D/A 转换器，可以采用标准的串行外设接口(serial peripheral interface，SPI)来与单片机或者 DSP 通信。但是，高速的 A/D 和 D/A 转换芯片，比如视频解码器或者编码器，不能与通用的单片机或者 DSP 直接通信。在这种场合下，FPGA 可以完成数据采集的胶合逻辑功能。

2. FPGA 在逻辑接口领域的应用

在实际的产品设计中，很多情况下需要与 PC 机进行数据通信。比如，将采集到的数据送给 PC 机处理，或者将处理后的结果传给 PC 机进行显示等。PC 机与外部系统通信的接口比较丰富，如 ISA、PCI、PCI Express、PS/2、USB 等。

传统的设计中往往需要专用的接口芯片，比如 PCI 接口芯片。如果需要的接口比较多，就需要较多的外围芯片，体积、功耗都比较大。采用 FPGA 的方案后，接口逻辑都可以在 FPGA 内部来实现，大大简化了外围电路的设计。

在现代电子产品设计中，存储器得到了广泛的应用，例如 SDRAM、SRAM、Flash 等。这些存储器都有各自的特点和用途，合理地选择存储器类型可以实现产品的最佳性价比。由于 FPGA 的功能可以完全自己设计，因此利用它可以实现对各种存储接口的控制。

3. FPGA 在电平接口领域的应用

除了 TTL、COMS 接口电平之外，LVDS、HSTL、GTL/GTL+、SSTL 等新的电平标准逐渐被很多电子产品采用。比如，液晶屏驱动接口一般都是 LVDS 接口，数字 I/O 一般是 LVTTL 电平，DDR SDRAM 电平一般是 HSTL 的。

在这样的混合电平环境里面，如果用传统的电平转换器件实现接口功能会导致电路复杂性提高。利用 FPGA 支持多电平共存的特性，可以大大简化设计方案，降低设计风险。

4. FPGA 在高性能数字信号处理领域的应用

无线通信、软件无线电、高清影像编辑和处理等领域，对信号处理所需要的计算量提出了极高的要求。传统的解决方案一般是采用多片 DSP 并联构成多处理器系统来满足需求的。

多处理器系统带来的主要问题是设计复杂度和系统功耗都大幅度提升，系统稳定性受到影响。FPGA 支持并行计算，而且密度和性能都在不断提高，已经可以在很多领域替代传统的多片 DSP 解决方案。FPGA 应用设计实物图如图 1-4 所示。

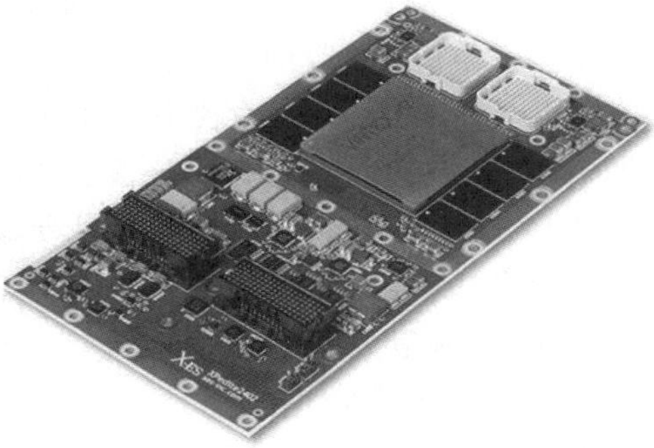

图 1-4　FPGA 应用设计实物图

例如，实现高清视频编码算法 H.264。采用 TI 公司 1 GHz 主频的 DSP 芯片需要 4 个，而采用 Altera 的 Stratix Ⅱ EP2S130 芯片只需要 1 个就可以完成相同的任务。FPGA 的实现流程和 ASIC 芯片的前端设计相似，有利于导入芯片的后端设计。

5. FPGA 在其他领域的应用

除了上面一些应用领域外，FPGA 在其他领域同样具有广泛的应用。

(1) 汽车电子领域，如网关控制器、车用 PC 机、远程信息处理系统。

(2) 军事领域，如安全通信、雷达和声呐、电子战。

(3) 测试和测量领域，如通信测试和监测、半导体自动测试设备、通用仪表。

(4) 消费产品领域，如显示器、投影仪、数字电视和机顶盒、家庭网络。

(5) 医疗领域，如电疗、生命科学。

1.4 FPGA 发展前景

据市场调研，近年来全球 FPGA 市场规模已超过 60 亿美元，未来还有不断增长的趋势。FPGA 及 PLD 产业发展的最大机遇是替代 ASIC 和专用标准产品(application specific standard products，ASSP)，由 ASIC 和 ASSP 构成的数字逻辑市场规模大约为 350 亿美元。由于用户可以迅速地对 PLD 进行编程，按照需求实现特殊功能，与 ASIC 和 ASSP 相比，PLD 在灵活性、开发成本、产品快速上市方面更具优势，所以 FPGA 是一个非常有前景的行业。2013—2017 年全球 FPGA 市场规模如图 1-5 所示。

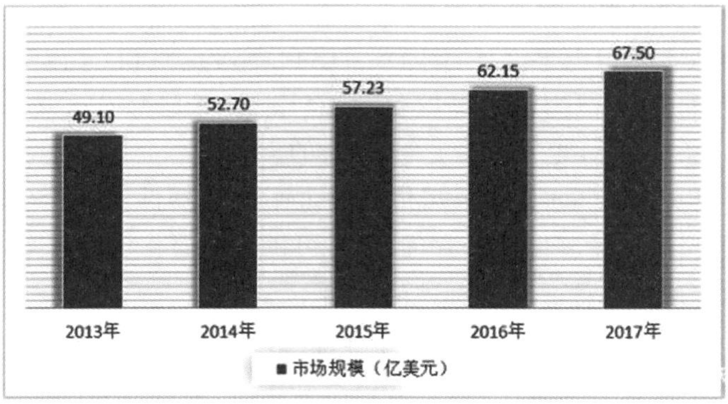

图 1-5　2013—2017 年全球 FPGA 市场规模

FPGA 由于结构的特殊性，可以重复编程，开发周期较短，越来越受到人们的青睐。ASIC 与 FPGA 相比最大的优势是低成本，但是 FPGA 的价格现在也越来越低。根据当前发展的趋势，未来 FPGA 会取代大部分 ASIC 的市场。

这种趋势告诉我们，FPGA 将成为 21 世纪最重要的高科技产业之一，特别是国内的 FPGA 市场，更是一个“未完全开垦的处女地”，抓住现在的机遇就意味着为我们的将来提供更强大的竞争力。我国的 FPGA 市场国产化率非常低，国产应用率不足 30%，商用市场国产化率更低，还有很大提升空间。从信息、产业和国防安全等方面考虑，中国不仅需要自主 FPGA，还需要将其快速国产化。人工智能(artificial intelligence，AI)、物联网(internet of things，IoT)、5G 的快速发展和即将商用，预计将带来庞大的 FPGA 增量市场，而这也是国内厂商快速切入的时机。国内 FPGA 产品采用 40 nm 制程工艺，拥有超过 2500 万门，SerDes 速率为 6.25 Gb/s，目前已经量产，并在通信、安全等中高密度市场逐步打开局面。在大数据时代，云计算的市场逐步扩大。云计算市场的快速增加必然加大对数据中心服务器的需求。在数据中心成本中，77%花费在硬件配置方面，23%花费在软件方面。这也是国内厂商的发展机会。

作为一种可编程逻辑器件，FPGA 在短短三十多年中从电子设计的外围器件逐渐演变为数字系统的核心。伴随半导体工艺技术的进步，FPGA 器件的设计技术取得了飞跃发展及突破。从 FPGA 器件的发展历程来看，今后仍将朝以下几个方向发展：高密度、高速度、宽频带、高保密；低电压、低功耗、低成本、低价格；IP 软/硬核复用、系统集成；动态可重构以及单片集群；紧密结合应用需求，多元化发展。此外，集成了 FPGA 架构、硬核 CPU 子系统(ARM/MIPS/MCU)及其他硬核 IP 的芯片已经发展到了一个“关键点”，它将在今后数十年中得到广泛应用，为系统设计人员提供更多的选择。

第 2 章　开发软件的安装与使用

不同的 FPGA 厂家有自己独立的开发工具，目前广泛使用的包括 Altera 公司的 Quartus Ⅱ软件和 Xilinx 公司的 Vivado 软件。Quartus Ⅱ软件是 Altera 公司推出的新一代、功能强大的 EDA 工具，至今已发布了几十个版本，为了适应新器件的推出，每年都会更新一个软件版本。Quartus Ⅱ软件提供了 EDA 设计的综合开发环境，是 EDA 设计的基础。Quartus Ⅱ集成开发环境支持 EDA 设计的输入、编译、综合、布局、布线、时序分析、仿真、编程下载等设计过程。下面主要介绍软件的安装过程。

初学者学习 Altera(Altera 已被 Intel 收购)的 FPGA 会有一定优势，因为资料比较多，开发板价格也便宜，容易上手。Xilinx 则是世界上第一块 FPGA 的生产者，Xilinx 的底蕴很强，很多大公司在使用它的产品。Xilinx 的开发板太贵了，资料也不如 Altera 那么多。

2.1 Quartus Ⅱ软件安装

安装流程：

第一步：解压安装文件。执行 90_Quartus_windows.exe 文件，该过程为解压安装文件，因为安装文件较大，所以要等待几分钟。解压完成会弹出图 2-1 所示的窗口。

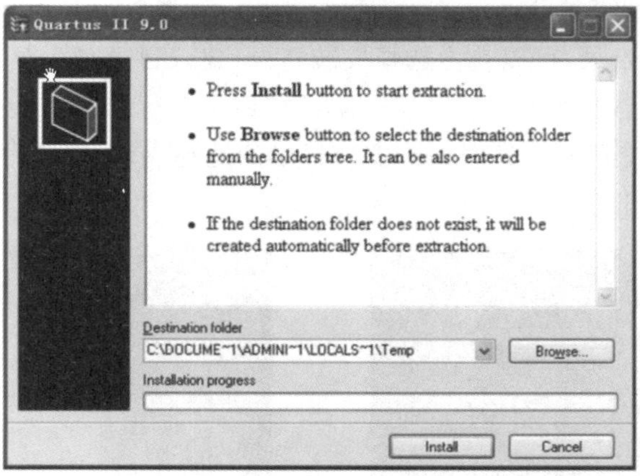

图 2-1　解压完成后弹出路径选择窗口

C:\DOCUME～1\ADMINI～1\LOCALS～1\Temp 这个路径仅仅是一个临时的解压路径，用户可以选择其他的临时路径。接着点击“Install”按钮进入第二步。

第二步：安装程序正在解压文件到临时目录中，如图 2-2 所示。

第三步：解压完成后，出现安装向导窗口，如图 2-3 所示。点击“Next”按钮。

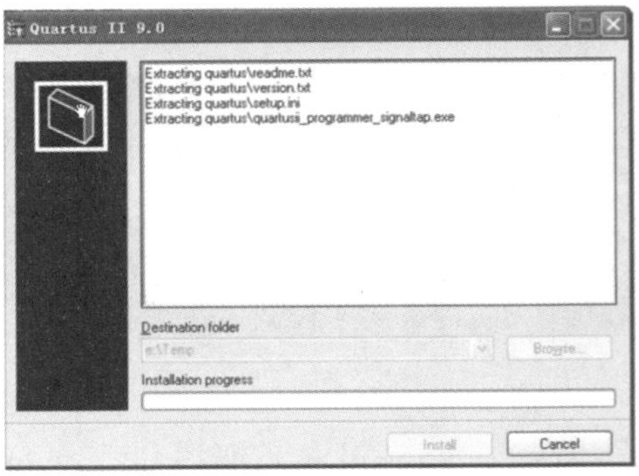

图 2-2　解压文件

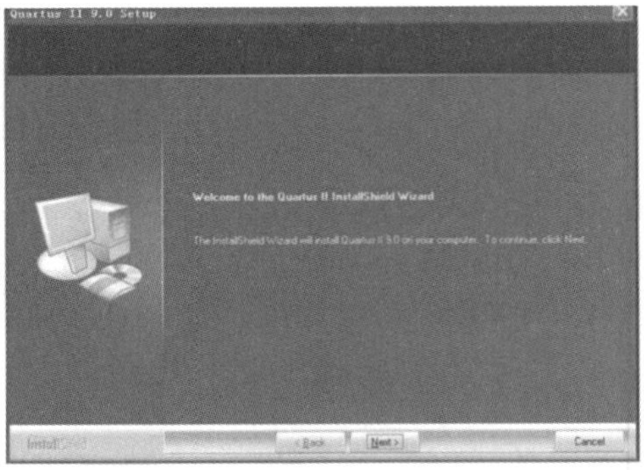

图 2-3　Quartus Ⅱ 9.0 安装向导窗口

第四步：出现授权窗口，点击“I accept the terms of the license agreement.”(见图 2-4)后，再点击“Next”按钮。

第五步：输入用户名和公司名，如用户名为 FPGA Fans，公司名为 Altera，如图 2-5 所示，点击“Next”按钮。

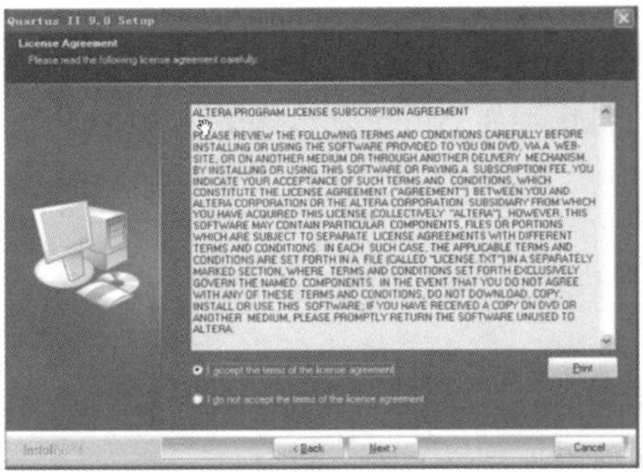

图 2-4　授权窗口

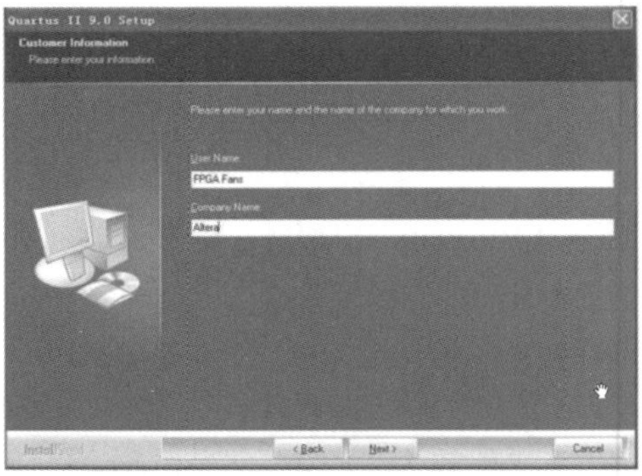

图 2-5　输入用户名和公司名

第六步：选择安装目录，可以自由选择安装目录(建议目录名为英文)，如图 2-6 所示。

第七步：用户可以点击图 2-6 中的“Browse”按钮来自行选择安装路径。选择路径后，点击“确定”按钮，如图 2-7 所示。这时回到安装目录的选择界面，安装目录已更换，如图 2-8 所示。再点击“Next”按钮进入下一步的安装。

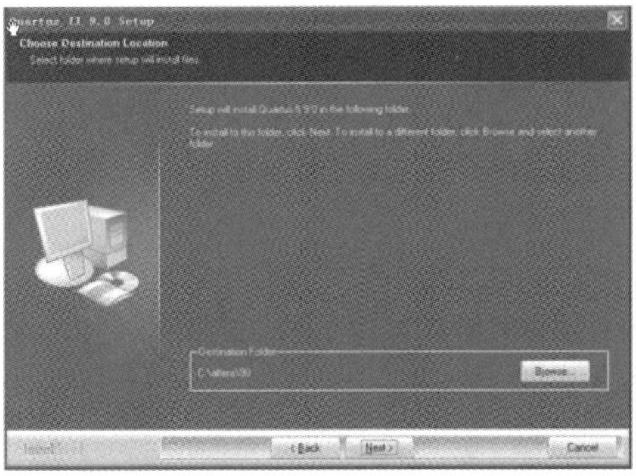

图 2-6　选择安装目录

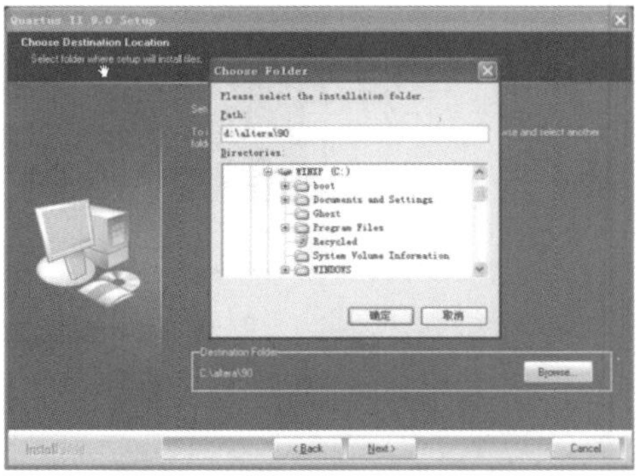

图 2-7　自行选择安装路径

第八步：选择默认的软件名称，默认为 Altera，如图 2-9 所示，点击“Next”按钮继续安装。

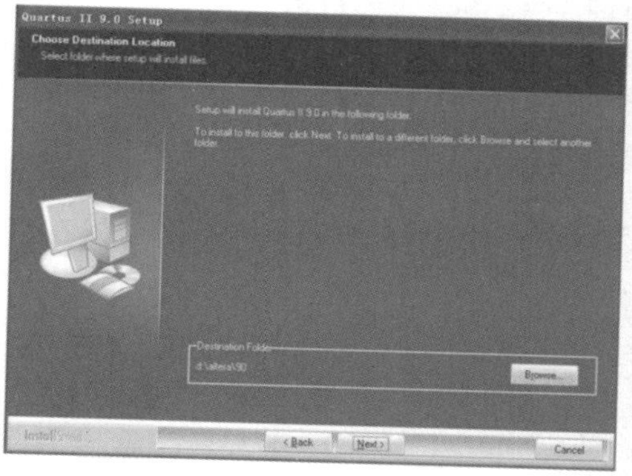

图 2-8 安装目录已更换

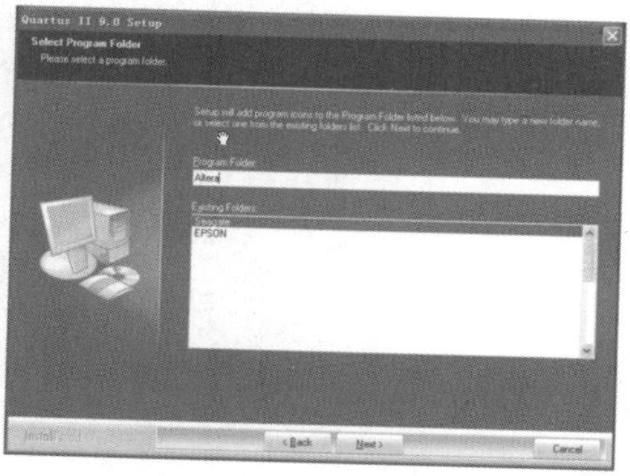

图 2-9 选择默认的软件名称

第九步：安装类型的选择，推荐采用完全安装，如图 2-10 所示，点击“Next”按钮进入下一步。

第十步：确认安装信息，如图 2-11 所示，点击“Next”按钮进入下一步。

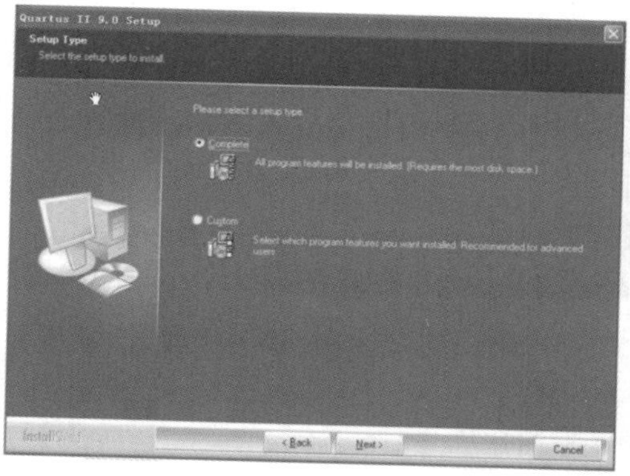

图 2-10 选择完全安装

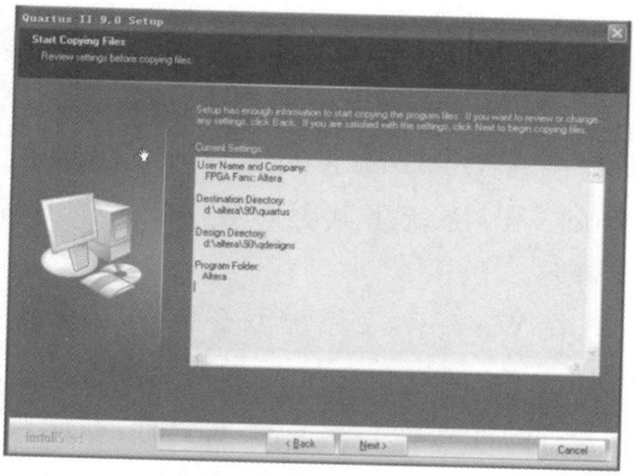

图 2-11 确认安装信息

第十一步：开始安装，如图 2-12 所示，此步骤需要的时间最多，请耐心等待。

第十二步：安装完成，提示是否要创建快捷方式图标在桌面上，点击“是”按钮，如图 2-13 所示。最后点击“Finish”按钮，如图 2-14 所示，完成安装。

图 2-12 开始安装

图 2-13 安装完成，确认放置桌面快捷方式

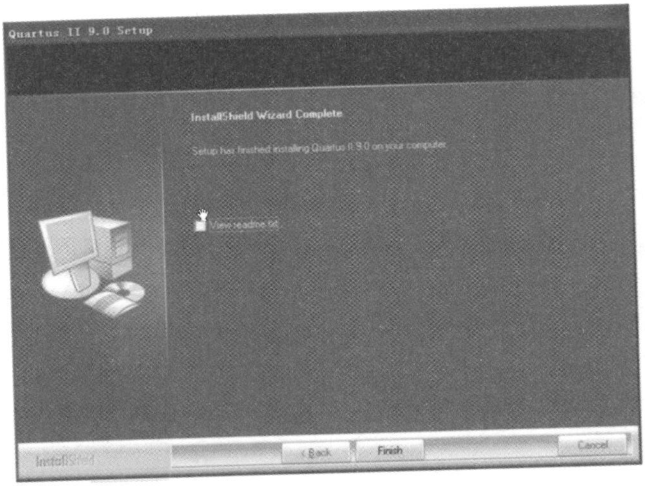

图 2-14　完成安装

2.2 USB-Blaster 驱动安装

USB-Blaster 是 Altera 公司 FPGA/CPLD 的下载程序工具，采用 USB 接口，其驱动程序在 Quartus Ⅱ 安装目录下已经存在。Windows 7 系统下其驱动程序安装的具体步骤如下。

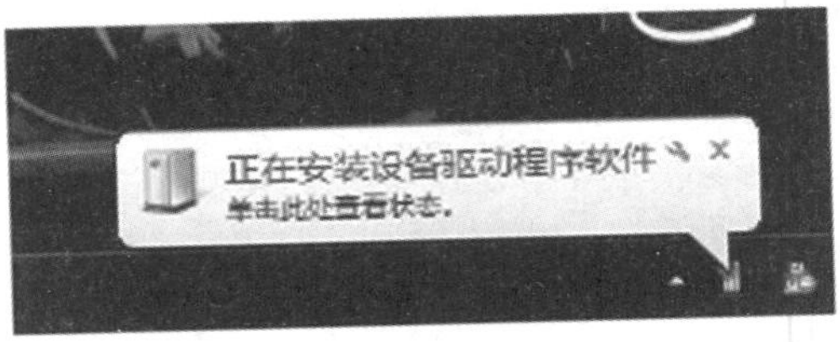

图 2-15　USB-Blaster 插入提示

在 Windows 7 系统下安装时，插上 USB-Blaster 后，可能会有图 2-15 所示的提示。

有的计算机不提示，不管怎样，我们按下面步骤来操作即可：

(1) 打开“开始”菜单，找到“设备和打印机”并单击，如图 2-16(a)所示。

(2) 点击未指定的 USB Composite Device，即“未知设备”，如图 2-16(b)所示。

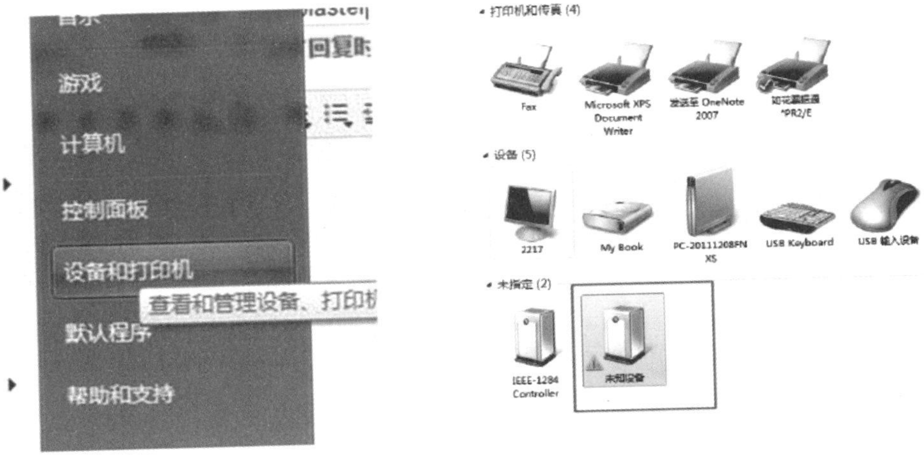

(a)　　(b)

图 2-16　打开设备界面并找到未知设备

(3) 双击打开“未知设备”，或者在“未知设备”上右击，点击属性→驱动程序→更新驱动程序，如图 2-17 所示。

(4) 搜索驱动程序的方式有两种，一般选择浏览计算机以查找驱动程序软件，如图 2-18 所示。

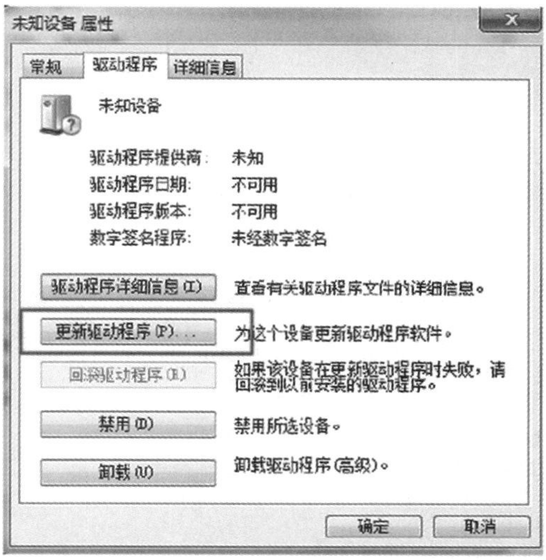

图 2-17　更新驱动程序

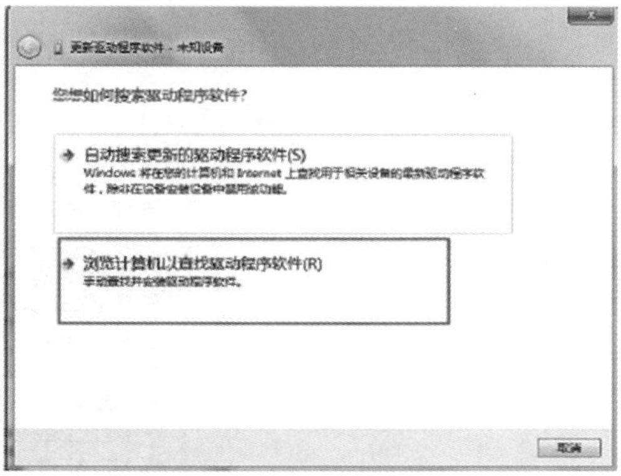

图 2-18　选择浏览计算机以查找驱动程序软件

(5) 要找到驱动程序所在安装目录，可根据计算机的情况选择，一般驱动程序在 Quartus 安装文件路径下，即 C:\altera\90\quartus\drivers\usb-blaster，如图 2-19 所示。点击“下一步”按钮，在弹出的“Windows 安全”对话框中选择“始终安装此驱动程序软件”，如图 2-20 所示。

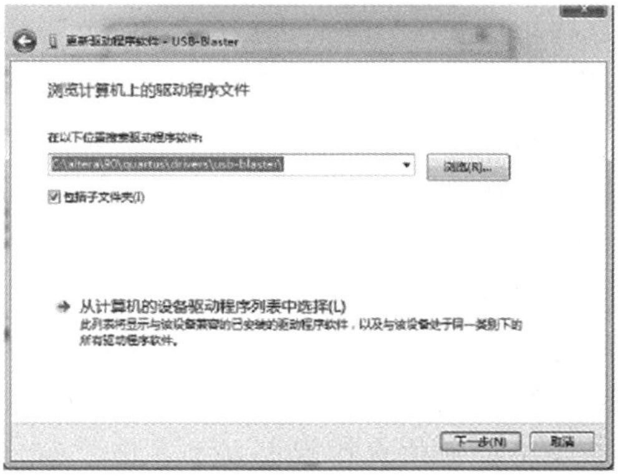

图 2-19　找到驱动程序所在安装目录

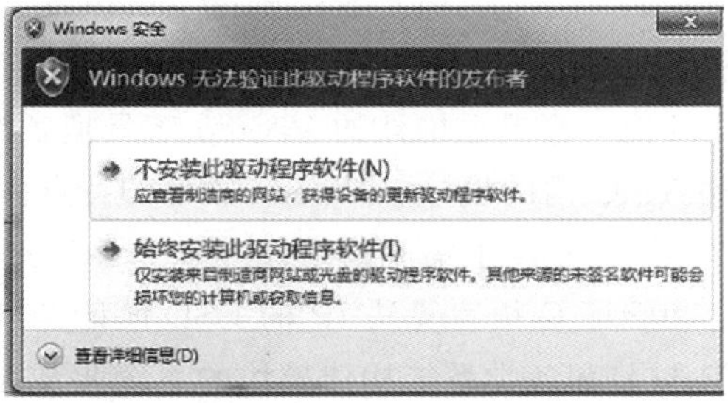

图 2-20　点击“始终安装此驱动程序软件”

(6) 等待驱动程序安装，如图 2-21 所示。最后弹出驱动程序安装成功窗口，如图 2-22 所示。

安装完成后在设备管理器中能找到 Altera USB-Blaster 设备，如图 2-23 所示，证明安装驱动成功。

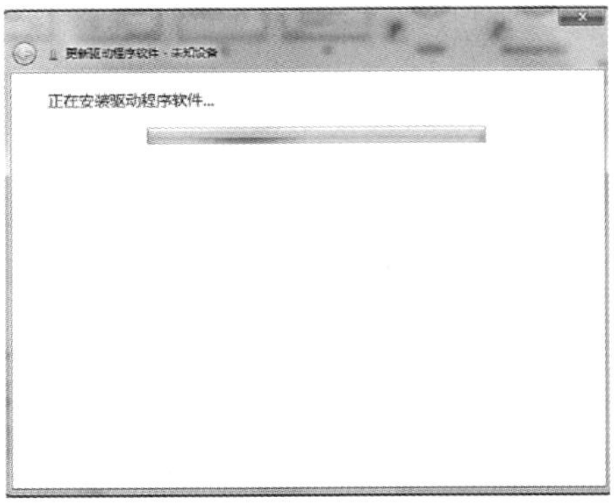

图 2-21　驱动程序安装

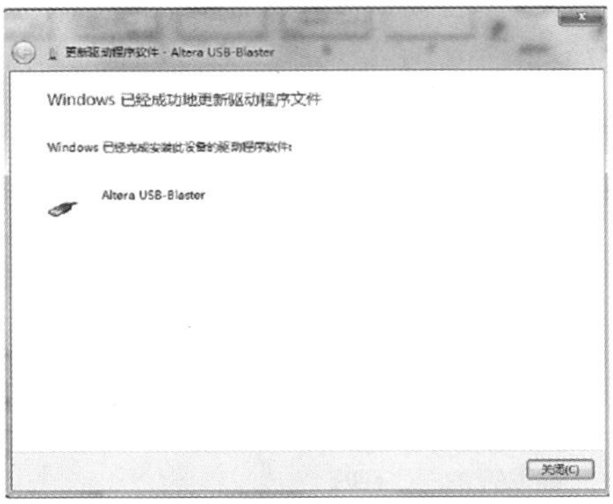

图 2-22　驱动程序安装成功窗口

图 2-23　显示 Altera USB-Blaster 设备

2.3　Vivado 软件介绍

Vivado 设计软件是 FPGA 厂商赛灵思公司 2012 年发布的集成设计环境。它包括高度集成的设计环境和新一代从系统到 IC 级的工具，这些均建立在共享的可扩展数据模型和通用调试环境的基础上。这也是一个基于 AMBA AXI4 互联规范、IP-XACT IP 封装元数据、工具命令语言(tool command language，TCL)、Synopsys 系统设计约束(system design constraints，SDC)以及其他有助于根据客户需求量身定制设计流程并符合业界标准的开放式环境。赛灵思构建的 Vivado 工具把各类可编程技术结合在一起，能够扩展多达 1 亿个等效 ASIC 门的设计。Vivado 软件的特点体现在以下两方面：

(1) 专注于集成的组件——为了解决集成的问题，Vivado 设计套件采用了用于快速综合和验证 C 语言算法 IP 的 ESL 设计，实现重用的标准算法和 RTL IP 封装技术，以及标准 IP 封装和各类系统构建模块的系统集成，模块和系统验证的仿真速度提高了 3 倍，与此同时，硬件的仿真性能提升了 100 倍。

(2) 专注于实现的组件——为了解决实现的问题，Vivado 工具采用层次化器件编辑器和布局规划器，且为 SystemVerilog 提供了业界支持效果最好的逻辑综合工具，速度提升 4 倍且确定性更高的布局布线引擎，以及通过分析技术可最小化时序、线长、路由拥堵等多个变量的"成本"函数。Vivado 工具通过利用最新共享的可扩展数据模型，能够估算设计流程各个阶段的功耗、时序和占用面积，从而达到预先分析，进而优化自动化时钟门等集成功能。

2.4 Vivado 软件安装

Vivado 软件可以通过 Xilinx 官方网站(https://china.xilinx.com)下载,进入开发者界面(见图 2-24)下载 Vivado 工具套件。

图 2-24　开发者界面

Vivado 软件的安装步骤如下:

(1) 在软件安装文件夹中双击安装程序,如图 2-25 所示。

(2) 在弹出的对话框中连续两次点击“Ignore”按钮,接着点击“Next”按钮,如图 2-26 所示。

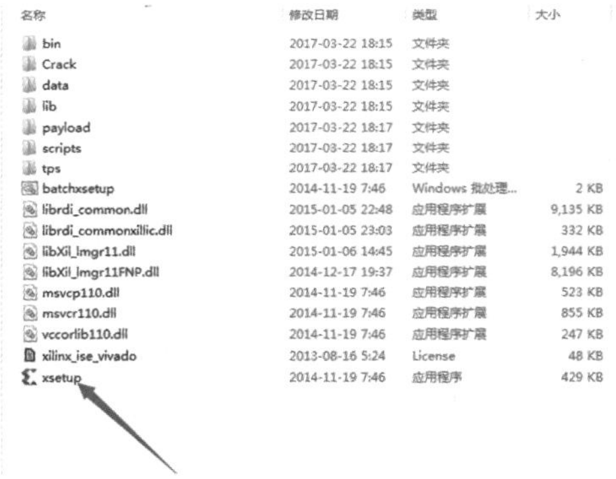

图 2-25　双击安装程序

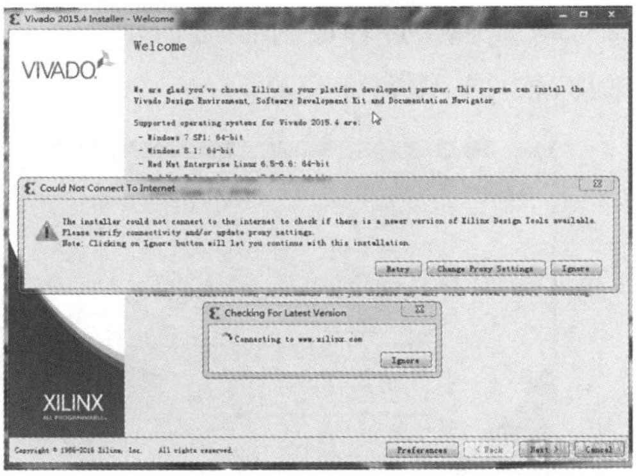

图 2-26　点击“Ignore”“Next”按钮

(3) 在弹出的图 2-27 所示的对话框中选择三个“I Agree”后,点击“Next”按钮。

(4) 选择安装版本,推荐选择“Vivado HL System Edition”,如图 2-28 所示。

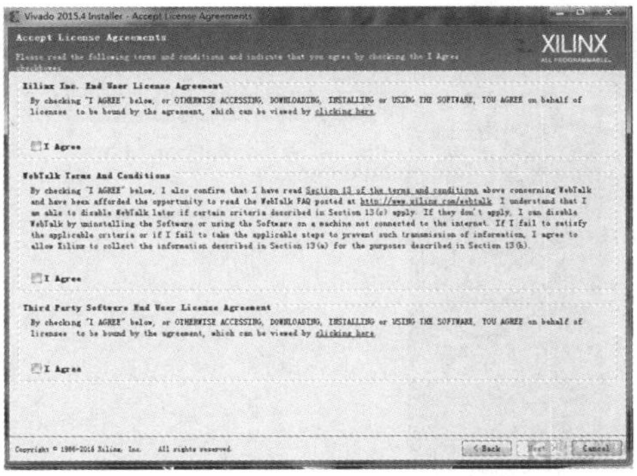

图 2-27　选择“I Agree”

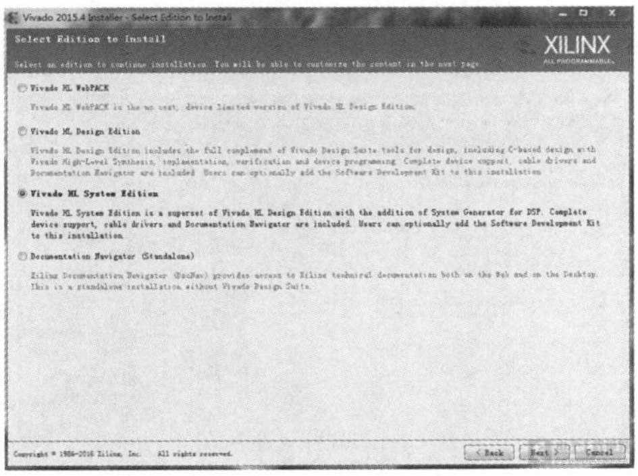

图 2-28　选择安装“Vivado HL System Edition”

(5) 选择要安装的工具、器件,如图 2-29 所示,然后点击“Next”按钮。

（6）选择安装的路径，如图 2-30 所示。点击“Next”按钮，安装刚才选择的工具及器件。

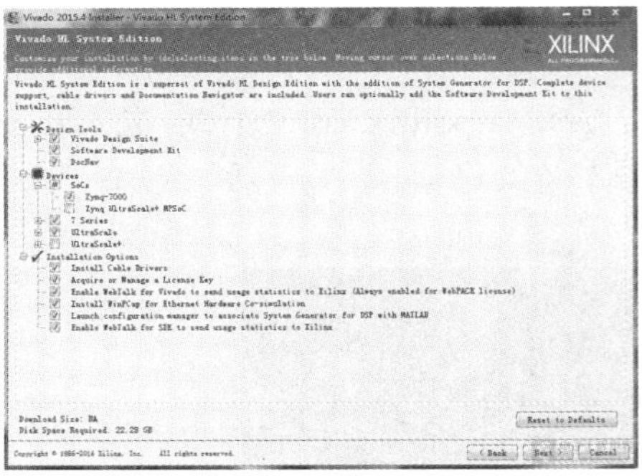

图 2-29　选择安装的工具、器件

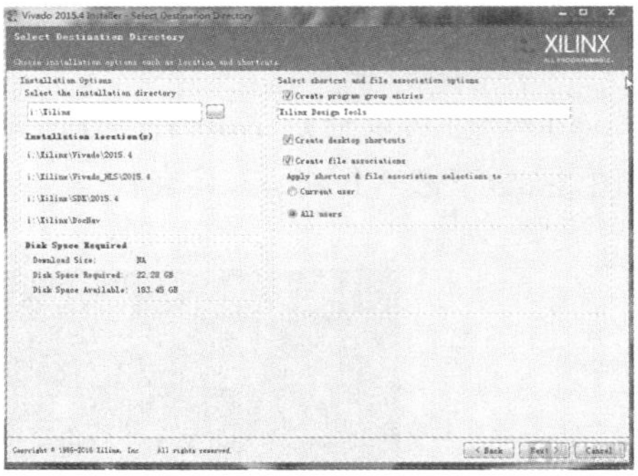

图 2-30　选择安装的路径

注意：

这里不仅安装路径不能有中文，而且安装包文件路径也不能有中文，有中文会提示文件打开错误。同时要确保安装盘存储容量足够满足软件的安装需要。

（7）在图 2-31 中点击“Install”按钮。

（8）安装，过程如图 2-32 所示。安装时间视计算机性能而定，安装过程中，弹出的附属工具、软件一律允许安装。

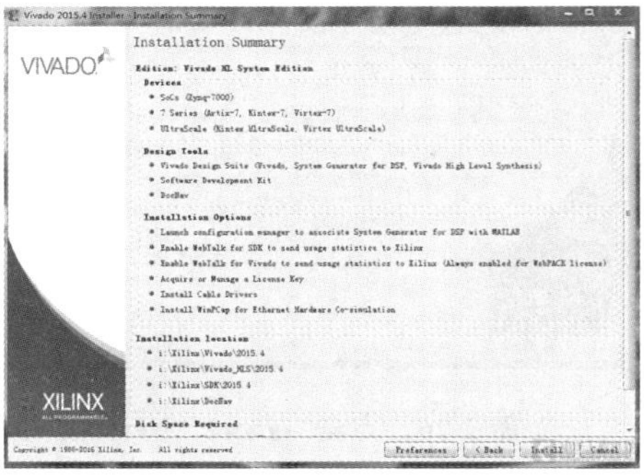

图 2-31　开始安装

图 2-32　安装过程

（9）安装工具，如图 2-33 所示。

（10）安装 WinPcap，如图 2-34 所示。

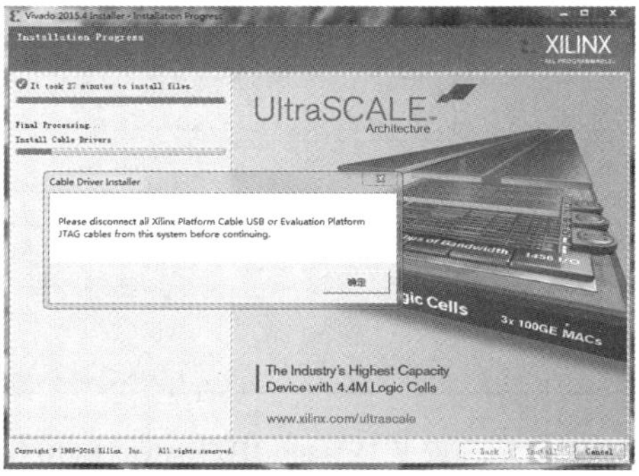

图 2-33　安装工具

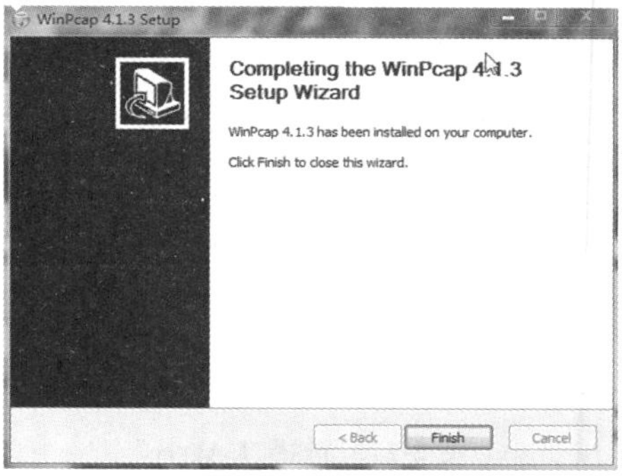

图 2-34　安装 WinPcap

(11) 设置 MATLAB 路径,如图 2-35 所示。

(12) 安装完成后出现图 2-36 所示的快捷图标,总共生成 4 个图标。

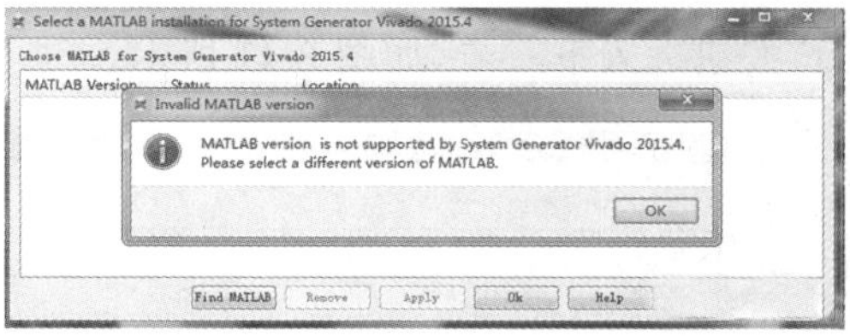

图 2-35 设置 MATLAB 路径

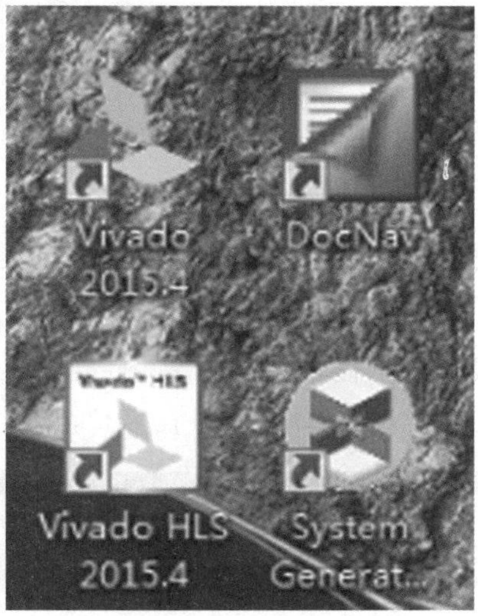

图 2-36 安装完成生成的图标

(13) 打开 Vivado 软件,加载 license 文件,如图 2-37 所示。

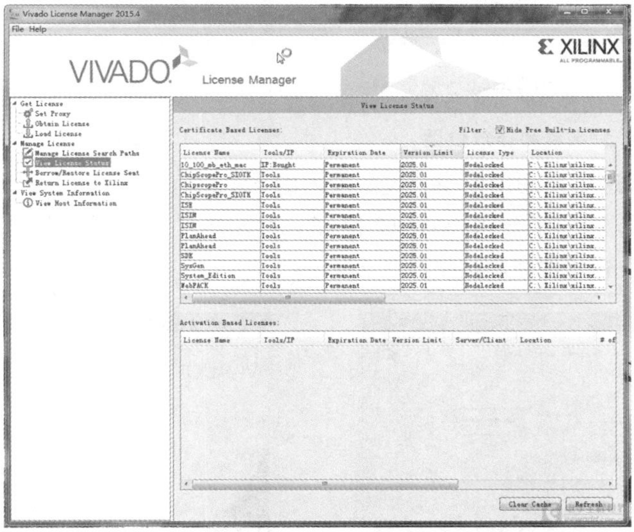

图 2-37 加载 license 文件

到此,Vivado 软件安装完毕。

2.5 Vivado 软件的使用

下面以建立一个完整的工程为例来介绍 Vivado 软件的使用方法。

打开软件,弹出主菜单界面(见图 2-38),点击“Create New Project”,弹出介绍界面(见图 2-39),然后点击“Next”按钮进入下一步。

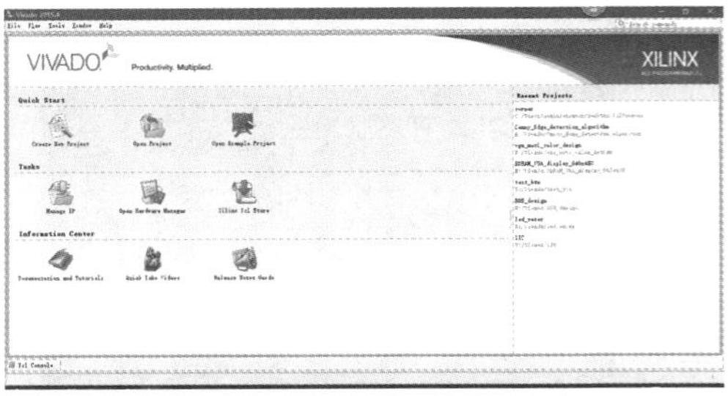

图 2-38　主菜单界面

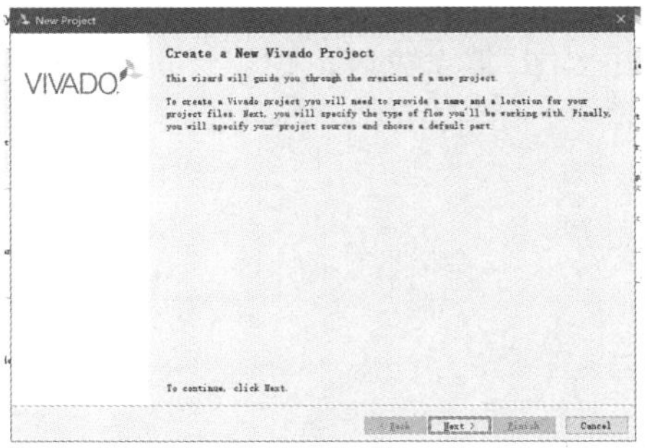

图 2-39　介绍界面

设置好工程名称和工程文件存放位置，然后点击“Next”按钮进入下一步，如图 2-40 所示。工程类型选择“RTL Project”，点击“Next”按钮进入下一步，如图 2-41 所示。

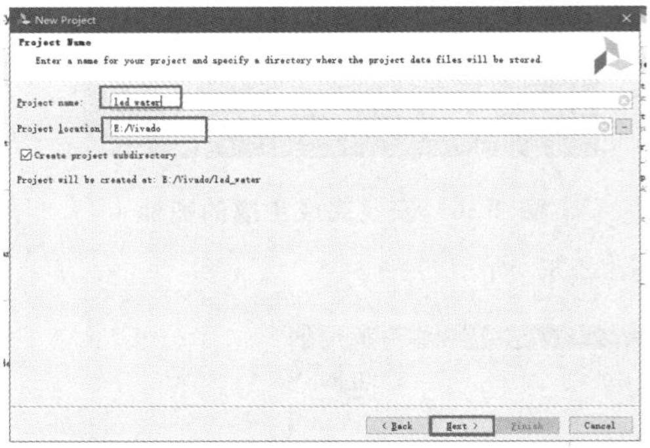

图 2-40　设置工程名称和存放位置

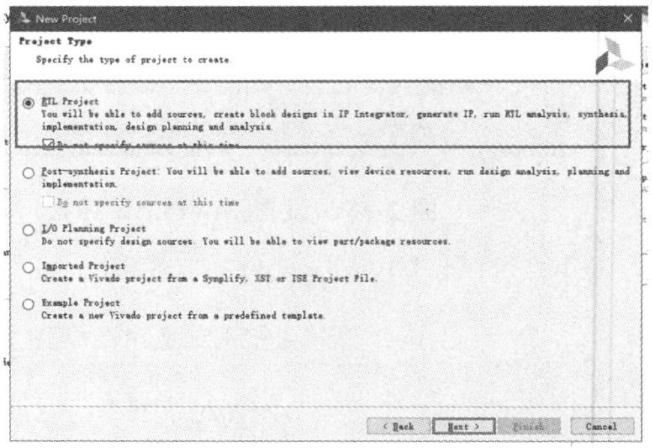

图 2-41　选择“RTL Project”

选择板卡型号，这里使用的是 Artix-7 系列的 cpg236，如图 2-42 所示。用户根据自己的板卡型号自行定义。然后点击“Next”按钮，进入新工程设置总结界面“New Project Summary”，点击“Finish”按钮，如图 2-43 所示。

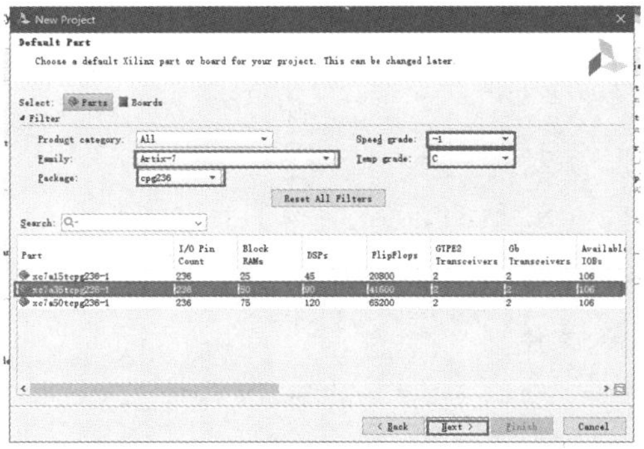

图 2-42　选择板卡型号

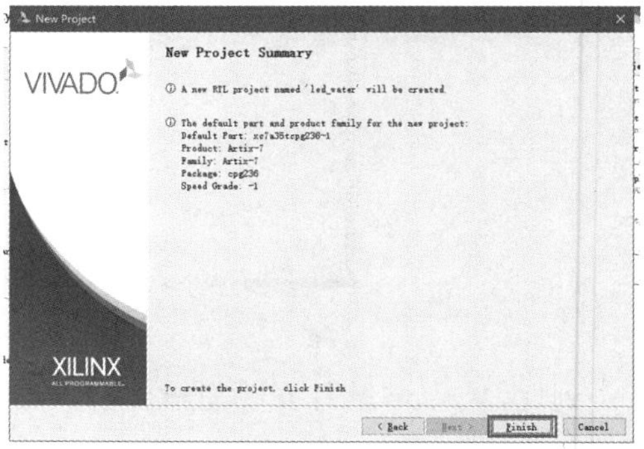

图 2-43　新工程设置总结界面

图 2-44 所示界面左边是工程管理面板。点击“Add Source”以添加 Verilog HDL 文件。

在“Add Sources”对话框中选择“Add or create design sources”选项（见图 2-45），然后点击“Next”按钮。在弹出的对话框中点击“Add Files”按钮是添加已有的文件，点击“Create Files”按钮是新建一个 Verilog HDL 文件，如图 2-46 所示。如果没有现成的文件，就选择新建一个文件，然后点击“Next”按钮。

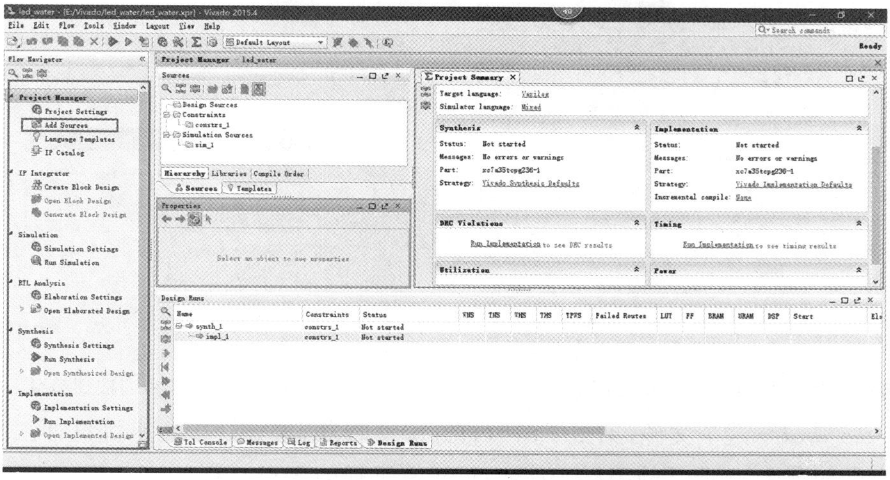

图 2-44　工程管理面板

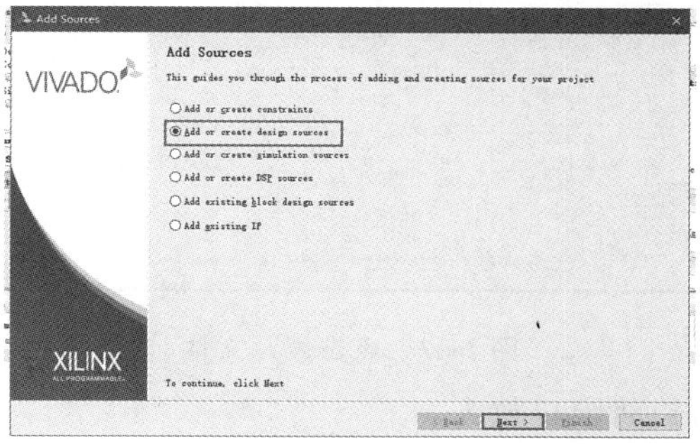

图 2-45　选择“Add or create design sources”选项

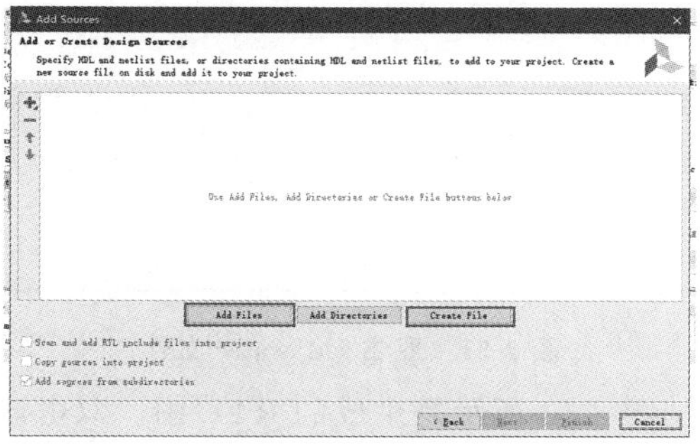

图 2-46　添加已有文件或新建 Verilog HDL 文件

弹出新建文件设置对话框，如图 2-47 所示，选择文件类型为 Verilog，接着设置文件名，一般根据功能来命名，这里设计的是流水灯，文件名为 led_water。创建文件成功，如图 2-48 所示，点击“Finish”按钮。

图 2-47　新建文件设置对话框

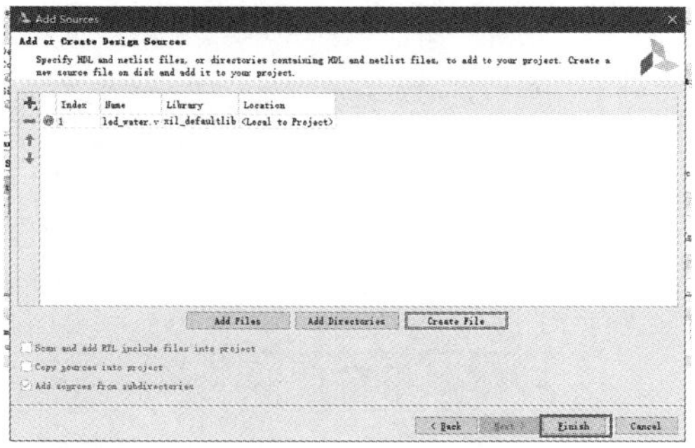

图 2-48　完成文件创建

在弹出的如图 2-49 所示的“Define Module”对话框中点击“OK”按钮，然后在确认对话框中点击“Yes”按钮，如图 2-50 所示。

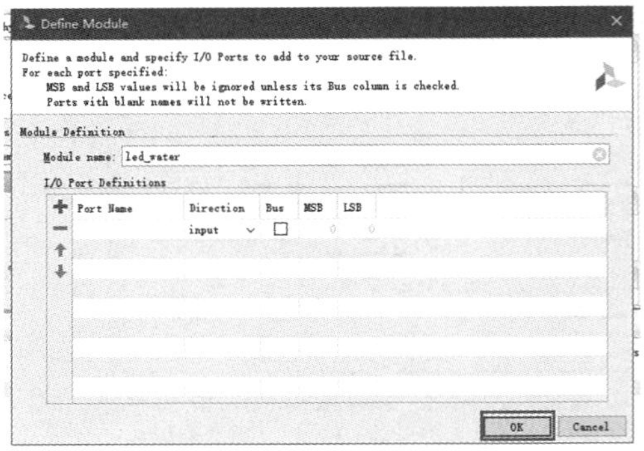

图 2-49 “Define Module”对话框

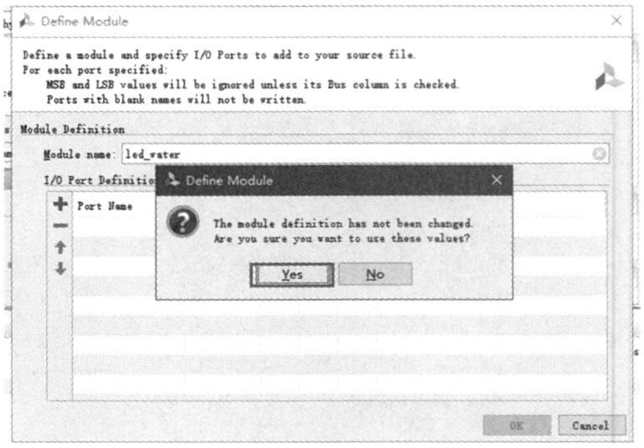

图 2-50 点击“Yes”按钮确认

双击 led_water 这个文件(见图 2-51),打开编写程序,这是一个流水灯设计工程。编写完成后,点击如图 2-52 所示的编译文件,也可查看工程的 RTL 图。

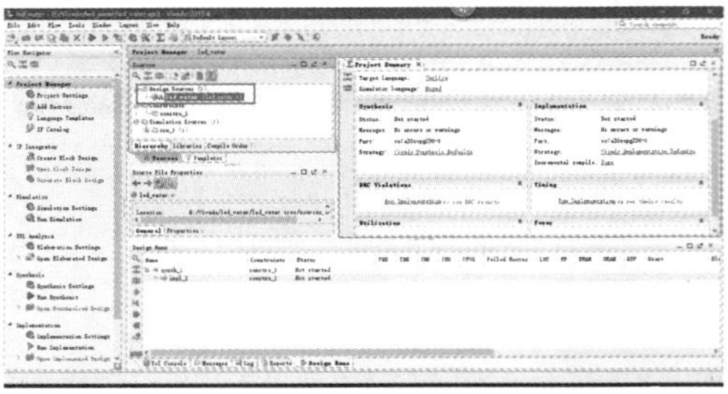

图 2-51 双击 led_water 文件

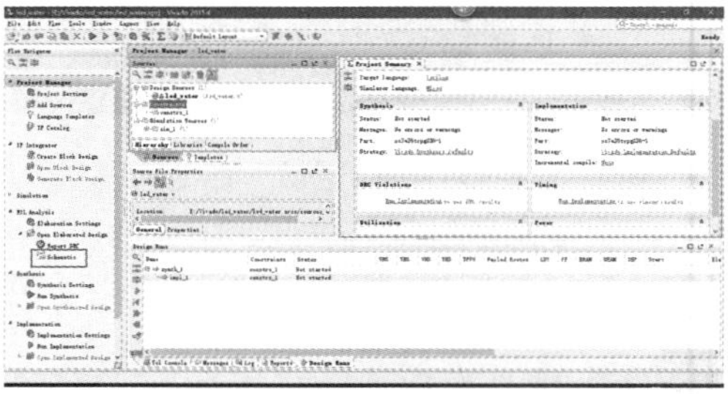

图 2-52 点击编译文件

图 2-53 所示是生成的 RTL 图。双击该图可以将窗口放大。

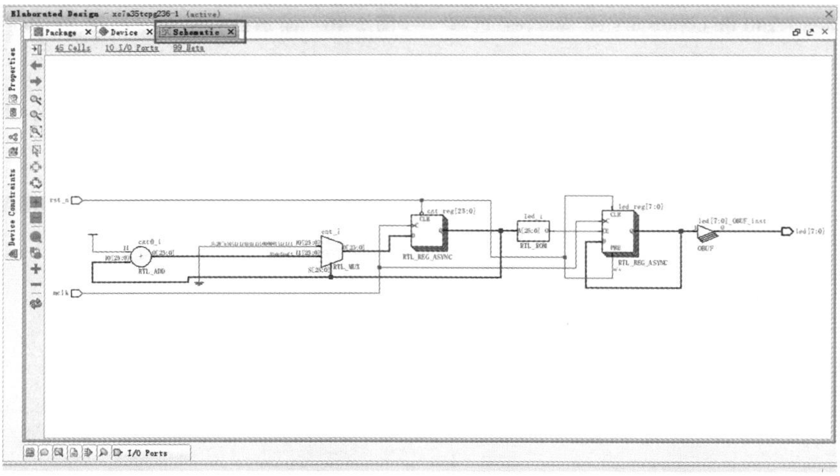

图 2-53 生成的 RTL 图

RTL 图能绘制出来,说明该工程没有语法错误。再次执行“Add Sources”,选择“Add or create simulation sources”(见图 2-54),添加测试文件。如图 2-55 所示,选择新建一个文件。

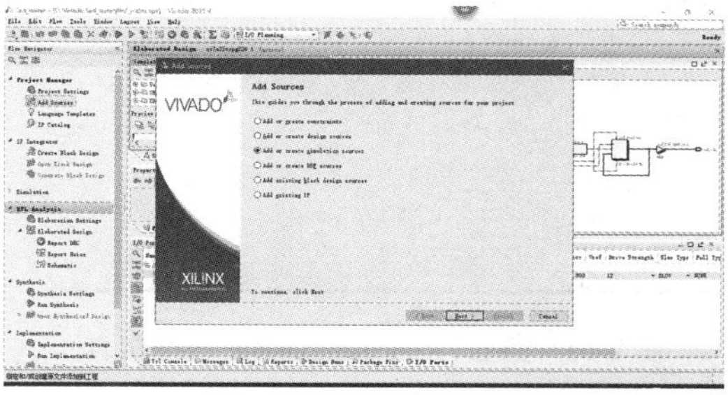

图 2-54　选择“Add or create simulation sources”

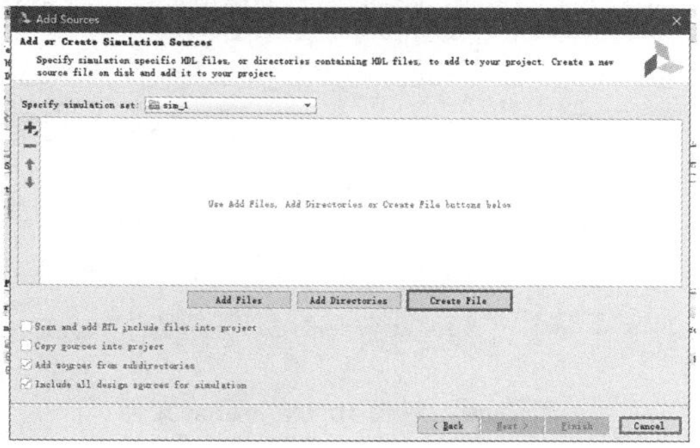

图 2-55　选择新建一个文件

命名文件并确认完成后单击“Finish”按钮，如图 2-56 和图 2-57 所示。

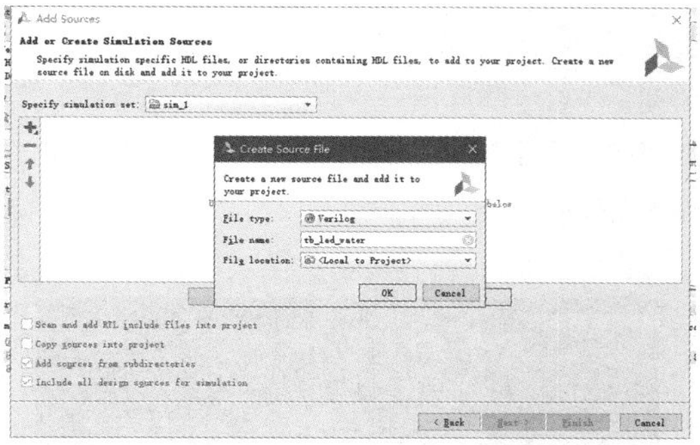

图 2-56　新建文件设置对话框中命名文件

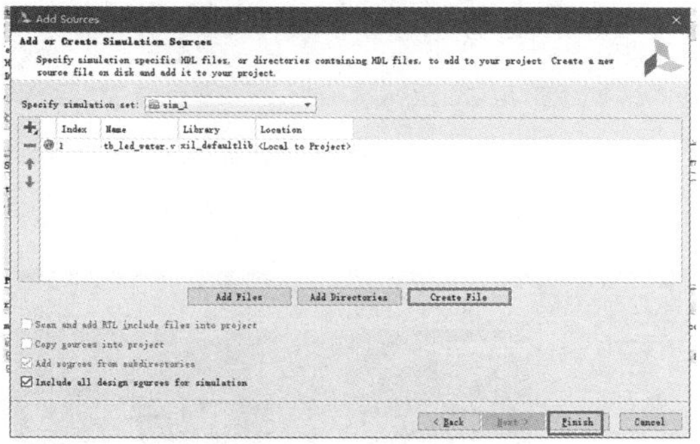

图 2-57　点击“Finish”按钮

在弹出的如图 2-58 所示的“Define Module”对话框中点击“OK”按钮，然后在弹出的确认对话框中点击“Yes”确认，如图 2-59 所示。

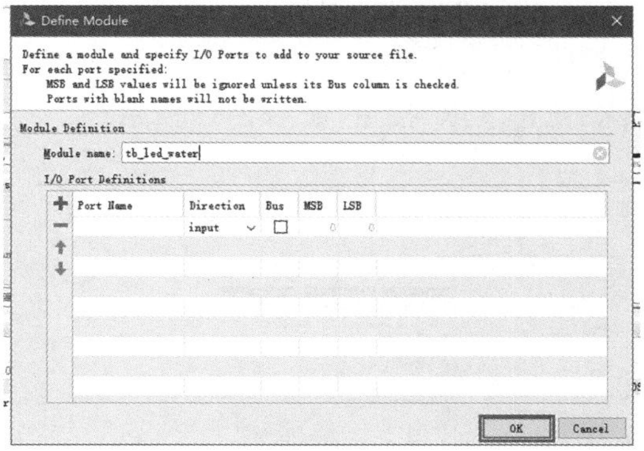

图 2-58　“Define Module”对话框

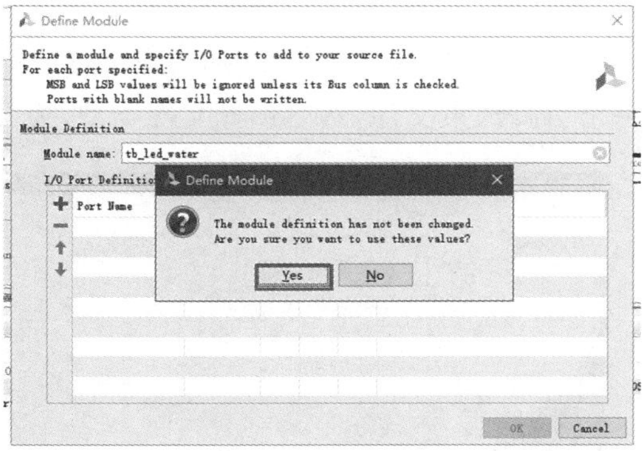

图 2-59　点击“Yes”按钮确认

找到 tb_led_water 文件(见图 2-60)，双击打开，编写测试文件。

点击“Run Simulation”，进行仿真，如图 2-61 所示。

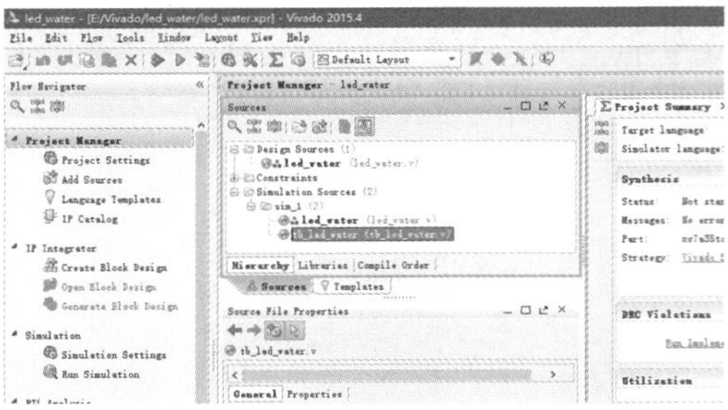

图 2-60　双击 tb_led_water 文件

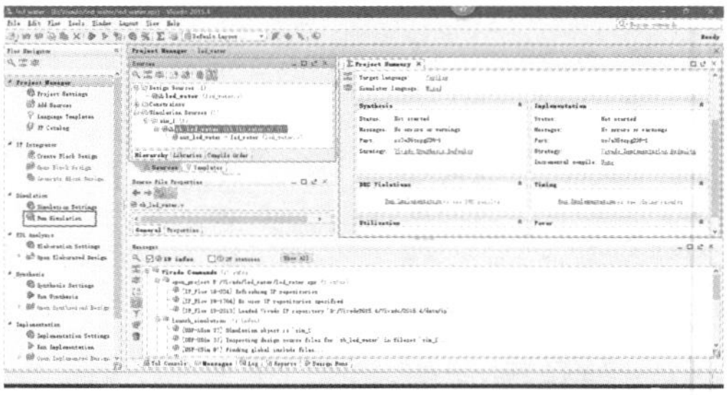

图 2-61　点击“Run Simulation”进行仿真

```
reg [25:0] cnt;//设定一个 26位的计数器
parameter TIME=26'd50000000;//parameter TIME=26'd500;//just test
```

> **注意：**
> 仿真前把测试文件计数值改小一点，如“TIME=26’d500;”，不然运行得太慢。

点击“Run All”按钮，让流水灯测试起来，如图 2-62 所示。

如图 2-63 所示，流水灯的数值在变化，说明设置正确。

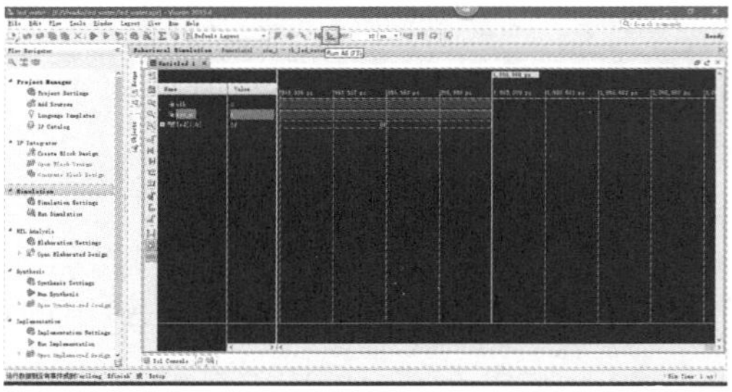

图 2-62　点击“Run All”让流水灯测试起来

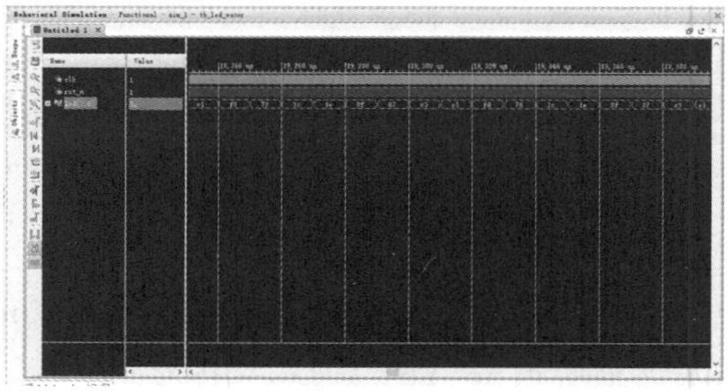

图 2-63　数值在变化

点击“Add Sources”，添加约束文件，选择“Add or create constraints”（见图 2-64），新建一个引脚约束文件，然后选择文件类型，为文件命名，点击“OK”按钮，如图 2-65 所示。

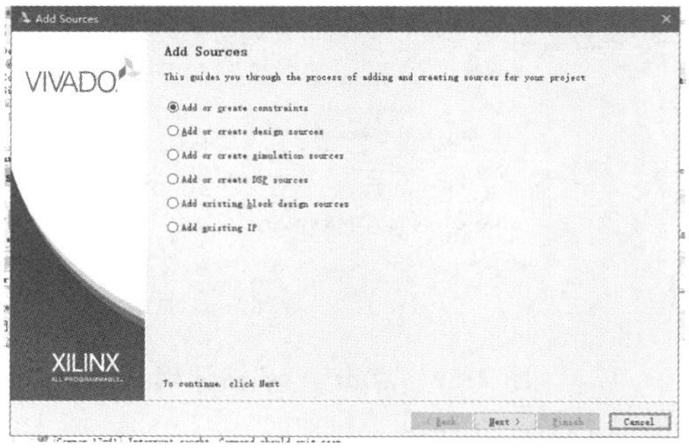

图 2-64　选择“Add or create constraints”

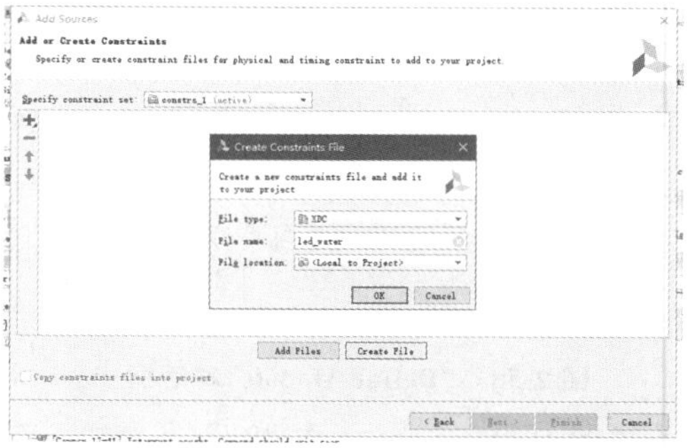

图 2-65　新建引脚约束文件

点击新建好的文件（见图 2-66），将约束文件内容复制进去。然后点击“Generate Bitstream”，如图 2-67 所示，对工程进行综合，综合完成后就可以下载板子了。（下载板子的时候要把测试时改的代码改回来。）

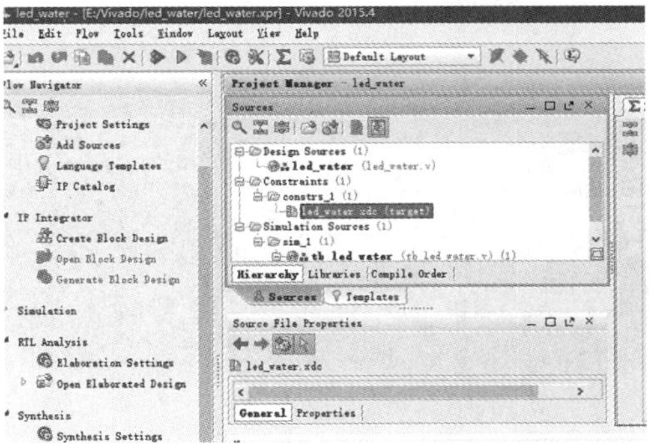

图 2-66　点击新建好的文件

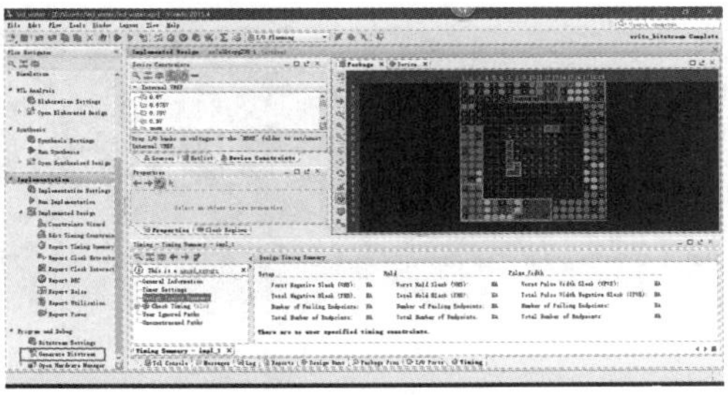

图 2-67　点击"Generate Bitstream"

点击"Open Target"→"Auto Connect"(见图 2-68),会自动连接设备,或者直接选择设备,点击"Program device"(见图 2-69)。

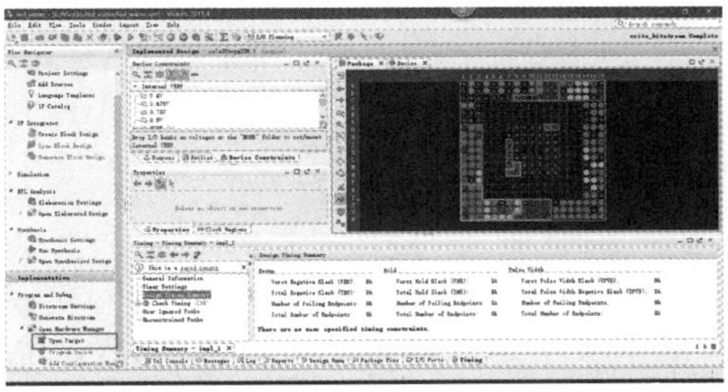

图 2-68　点击"Open Target"

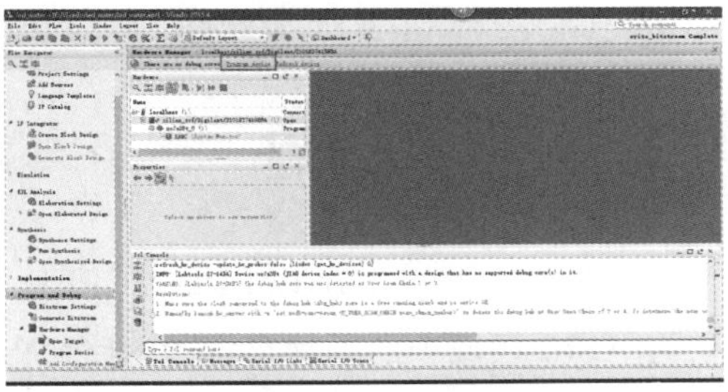

图 2-69　点击"Program device"

选择下载文件,点击"Program"按钮,即可成功下载,如图 2-70 所示。

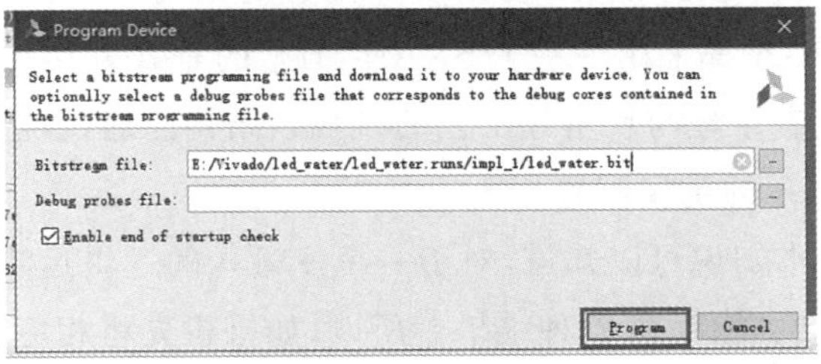

图 2-70　点击"Program"按钮

第 3 章 FPGA 原理和结构

可编程的“万能芯片”FPGA——现场可编程门阵列，是指一切通过软件手段更改、配置器件内部连接结构和逻辑单元，完成既定设计功能的数字集成电路。FPGA 内部包括可配置逻辑模块(configurable logic block，CLB)、输出输入模块 (input output block，IOB)和内部连线(inter connect)3 个部分。

3.1 FPGA 技术原理

FPGA 是在 PAL、GAL、EPLD、CPLD 等可编程器件的基础上进一步发展的产物。它是作为 ASIC 领域中的一种半定制电路而出现的，既解决了定制电路的不足，又克服了原有可编程器件门电路数有限的缺点。

由于 FPGA 需要被反复烧写，故它实现组合逻辑的基本结构不可能像 ASIC 那样通过固定的与非门来完成，而只能采用一种易于反复配置的结构。查找表结构可以很好地满足这一要求，目前主流 FPGA 都采用了基于 SRAM 工艺的查找表结构，也有一些军品和宇航级 FPGA 采用 Flash 或者熔丝与反熔丝工艺的查找表结构。通过烧写文件改变查找表内容的方法可以实现对 FPGA 的重复配置。

根据数字电路的基本知识可以知道，对于一个 n 输入的逻辑运算，不管是与、或、非运算还是异或运算等，最多只可能存在 2^n 种结果。所以，如果事先将相应的结果存放于一个存储单元，就相当于实现了与非门电路的功能。FPGA 的原理也是如此，它通过烧写文件去配置查找表的内容，从而在电路相同的情况下实现不同的逻辑功能。

查找表(look-up table)简称为 LUT，LUT 本质上就是一个 RAM。目前 FPGA 中多使用 4 输入的 LUT，所以每一个 LUT 可以看成一个有 4 位地址线的 RAM。在用户通过原理图或 HDL 语言描述一个逻辑电路以后，PLD/FPGA 开发软件会自动计算逻辑电路的所有可能结果，并把真值表(即结果)事先写入 RAM，这样，每输入一个信号进行逻辑运算就等于输入一个地址进行查找，找出地址对应的内容，然后输出即可。

下面给出一个 4 与门电路的例子来说明 LUT 实现逻辑功能的原理。

表 3-1 给出了一个使用 LUT 实现 4 输入与门电路的真值表。

表 3-1　4 输入与门的真值表

实际逻辑电路		LUT 的实现方式	
a,b,c,d 输入	逻 辑 输 出	RAM 地址	RAM 中存储的内容
0000	0	0000	0
0001	0	0001	0
⋮	⋮	⋮	⋮
1111	1	1111	1

从表 3-1 中可以看到，LUT 具有和逻辑电路相同的功能。实际上，LUT 具有更快的执行速度和更大的规模。

基于 LUT 的 FPGA 具有很高的集成度，其器件密度从数万门到数千万门不等，可以完成极其复杂的时序与逻辑组合的逻辑电路功能，所以适用于高速、高密度的高端数字逻辑电路设计领域。

3.2　FPGA 芯片结构

目前主流的 FPGA 仍是基于查找表技术的，已经远远超出了先前版本的基本性能，并且整合了常用功能（如 RAM、时钟管理和 DSP）的硬核（ASIC 型）模块。如图 3-1（图 3-1 只是一个示意图，实际上每一个系列的 FPGA 都有其相应的内部结构）所示，FPGA 芯片主要由 7 部分完成，分别为可编程输入输出单元、可配置逻辑模块、数字时钟管理模块、嵌入式块 RAM、丰富的布线资源、底层内嵌功能模块和内嵌专用硬件模块。

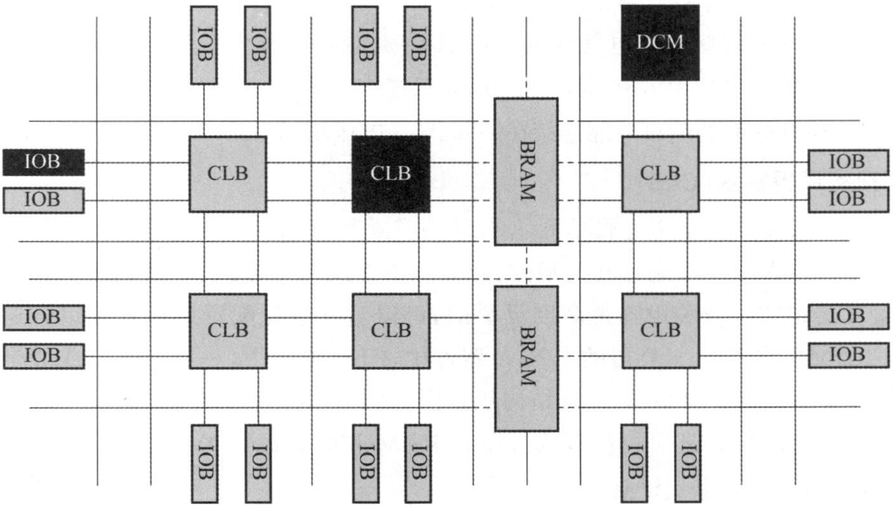

图 3-1　FPGA 内部结构

1. 可编程输入输出单元（IOB）

可编程输入输出单元是芯片与外界电路的接口部分，完成不同电气特性下对输入/输出信号的驱动与匹配要求。典型的 IOB 内部结构示意图如图 3-2 所示。FPGA 内的 I/O

按组分类，每组都能够独立地支持不同的I/O标准。通过软件的灵活配置，可适配不同的电气标准与I/O物理特性，可以调整驱动电流的大小，可以改变上、下拉电阻。目前，I/O口的频率也越来越高，一些高端的FPGA通过DDR寄存器技术可以支持高达2 Gb/s的数据速率。

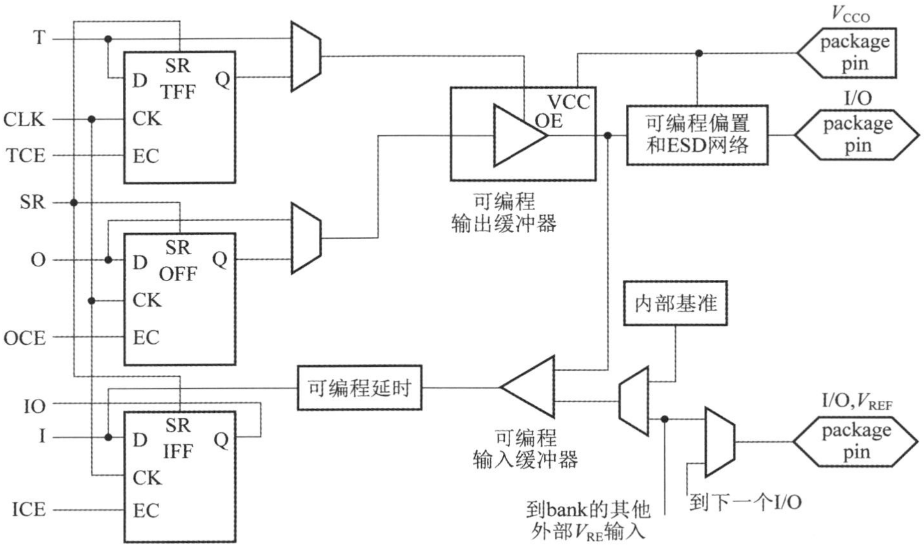

图3-2　典型的IOB内部结构示意图

外部输入信号可以通过IOB模块的存储单元输入FPGA的内部，也可以直接输入FPGA内部。当外部输入信号经过IOB模块的存储单元输入FPGA内部时，其保持时间(hold time)的要求可以降低，通常默认为0。

为了便于管理和适应多种电气标准，FPGA的IOB被划分为若干个组(bank)，每个bank的接口标准由其接口电压V_{CCO}决定，一个bank只能有一种V_{CCO}，但不同bank的V_{CCO}可以不同。只有相同电气标准的端口才能连接在一起，V_{CCO}电压相同是接口标准的基本条件。

2. 可配置逻辑模块(CLB)

CLB是FPGA内的基本逻辑单元。CLB的实际数量和特性会依器件的不同而不同，但是每个CLB都包含一个可配置开关矩阵，此矩阵由4或6个输入、一些选型电路(多路复用器等)和触发器组成。开关矩阵是高度灵活的，可以对其进行配置以便处理组合逻辑、移位寄存器或RAM。在Xilinx公司的FPGA器件中，CLB由多个(一般为4个或2个)相同的Slice和附加逻辑构成。典型的CLB结构示意图如图3-3所示。每个CLB不仅可以用于实现组合逻辑与时序逻辑，还可以配置为分布式RAM和分布式ROM。

3. 数字时钟管理模块(DCM)

业内大多数FPGA均提供数字时钟管理模块。Xilinx推出的较先进的FPGA提供数字时钟管理和相位环路锁定功能。相位环路锁定能够提供精确的时钟综合，且能够降低抖动，并实现过滤功能。

4. 嵌入式块RAM(BRAM)

大多数FPGA都具有内嵌的块RAM，这大大拓展了FPGA的应用范围和灵活性。块

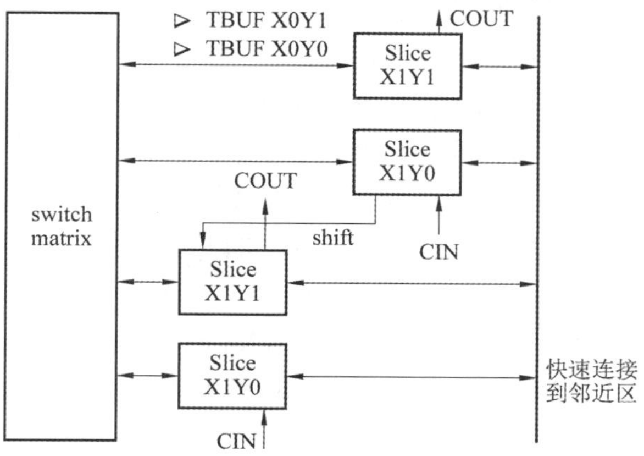

图 3-3 典型的 CLB 结构示意图

RAM 可被配置为单端口 RAM、双端口 RAM、内容地址存储器(CAM)以及 FIFO 等常用存储结构。RAM、FIFO 是比较普及的概念,在此就不赘述。CAM 在其内部的每个存储单元中都有一个比较逻辑,写入 CAM 中的数据会和内部的每一个数据进行比较,并返回与端口数据相同的所有数据的地址,因而在路由地址交换器中有着广泛的应用。除了块 RAM,还可以将 FPGA 中的 LUT 灵活地配置成 RAM、ROM 和 FIFO 等结构。在实际应用中,芯片内部块 RAM 的数量也是选择芯片的一个重要因素。

单片块 RAM 的容量为 18 Kb,即位宽为 18 b,深度为 1024,可以根据需要改变其位宽和深度,但要满足两个原则:首先,修改后的容量(位宽、深度)不能大于 18 Kb;其次,位宽最大不能超过 36 b。当然,可以将多片块 RAM 级联起来形成更大的 RAM,此时只受限于芯片内块 RAM 的数量,而不再受上面两条原则约束。

5. 丰富的布线资源

布线资源连通 FPGA 内部的所有单元,而连线的长度和工艺决定着信号在连线上的驱动能力和传输速度。FPGA 芯片内部有着丰富的布线资源,根据工艺、长度、宽度和分布位置的不同可划分为 4 类。第一类是全局布线资源,用于芯片内部全局时钟和全局复位/置位的布线;第二类是长线资源,用于完成芯片 bank 间的高速信号和第二全局时钟信号的布线;第三类是短线资源,用于完成基本逻辑单元之间的逻辑互连和布线;第四类是分布式的布线资源,用于分布专有时钟、复位等控制信号线。

在实际设计时,设计者不需要直接选择布线资源,布局布线器可自动地根据输入逻辑网表的拓扑结构和约束条件选择布线资源来连通各个模块单元。从本质上讲,布线资源的使用方法和设计的结果有密切、直接的关系。

6. 底层内嵌功能模块

底层内嵌功能模块主要指延迟锁相环(delay locked loop,DLL)、锁相环(phase locked loop,PLL)、DSP 和 CPU 等软处理核(soft core)。现在底层内嵌功能模块越来越丰富,使得单片 FPGA 成为系统级的设计工具,具备了软硬件联合设计的能力,逐步向 SOC 平台过渡。

DLL 和 PLL 具有类似的功能,可以完成时钟高精度、低抖动的倍频和分频,以及占空比调整和移相等功能。Xilinx 公司生产的芯片集成了 DLL,Altera 公司生产的芯片集成了 PLL,Lattice 公司生产的新型芯片同时集成了 PLL 和 DLL。利用 PLL 和 DLL 可以通过 IP

核生成的工具方便地进行管理和配置。

7. 内嵌专用硬核模块

内嵌专用硬核是相对底层内嵌的软核而言的，指 FPGA 处理能力强大的硬核(hard core)，等效于 ASIC 电路。为了提高 FPGA 性能，芯片生产商在芯片内部集成了一些专用的硬核。例如，为了提高 FPGA 的乘法速度，主流的 FPGA 中集成了专用乘法器；为了适用通信总线与接口标准，很多高端的 FPGA 内部集成了串并收发器，可以达到很高的收发速度。

Xilinx 公司的高端产品不仅集成了 PowerPC 系列 CPU，还内嵌了 DSP Core 模块，其相应的系统级设计工具是 EDK 和 Platform Studio，Xilinx 公司还依此提出了片上系统的概念。使用 PowerPC、MicroBlaze、PicoBlaze 等平台，能够开发标准的 DSP 及其相关应用，达到 SOC 的开发目的。

3.3 软核、硬核及固核的概念

IP(intelligent property)核是具有知识产权核的集成电路芯核总称，是经过反复验证过的、具有特定功能的宏模块，与芯片制造工艺无关，可以移植到不同的半导体工艺中。到了 SOC 技术阶段，IP 核设计已成为 ASIC 电路设计公司和 FPGA 提供商的重要任务，也是其实力的体现。对于 FPGA 开发软件，其提供的 IP 核越丰富，用户的设计就越方便，其市场占有率就越高。目前，IP 核设计已经变成系统设计的基本单元，并作为独立设计成果被交换、转让和销售。

从 IP 核的提供方式上，通常将其分为软核、硬核和固核这 3 类。从完成 IP 核设计所花费的成本来讲，硬核代价最大；从使用的灵活性来讲，软核的可复用性最高。

1. 软核

软核在 EDA 设计领域指的是综合之前的寄存器传输级模型；在 FPGA 设计中具体指的是对电路的硬件语言描述，包括逻辑描述、网表和帮助文档等。软核只经过功能仿真，需要经过综合以及布局布线才能使用。其优点是灵活性高，可移植性强，允许用户自己配置；缺点是对模块的预测性较低，在后续设计中存在发生错误的可能性，有一定的设计风险。软核是 IP 核应用最广泛的形式。

2. 硬核

硬核在 EDA 设计领域指的是经过验证的设计版图；具体在 FPGA 设计中指布局和工艺固定、经过前端和后端验证的设计，设计人员不能对其进行修改。不能修改的原因有两个：首先是系统设计对各个模块的时序要求很严格，不允许打乱已有的物理版图；其次是保护知识产权的要求，不允许设计人员对其有任何改动。IP 硬核的不许修改特点使其复用有一定的困难，因此它只有某些特定应用，使用范围较窄。

3. 固核

固核在 EDA 设计领域指的是带有平面规划信息的网表；在 FPGA 设计中可以具体看作带有布局规划的软核，通常以 RTL 代码和对应具体工艺网表的混合形式提供。将 RTL 描述结合具体标准单元库进行综合优化设计，形成门级网表，再通过布局布线工具即可使用。和软核相比，固核的设计灵活性稍差，但在可靠性上有较大提高。目前，固核也是 IP 核的主流形式之一。

第 4 章　FPGA 的开发流程

利用 FPGA 技术进行开发设计的大部分工作是在 EDA 软件工作平台上进行的，FPGA 设计开发流程如图 4-1 所示。FPGA 设计开发流程主要包括设计准备、设计输入、设计编译和器件编程 4 个步骤以及相应的功能仿真、时序仿真和器件测试 3 个设计验证过程。下面以 Quartus Ⅱ 开发软件为平台介绍 FPGA 的部分设计开发流程。

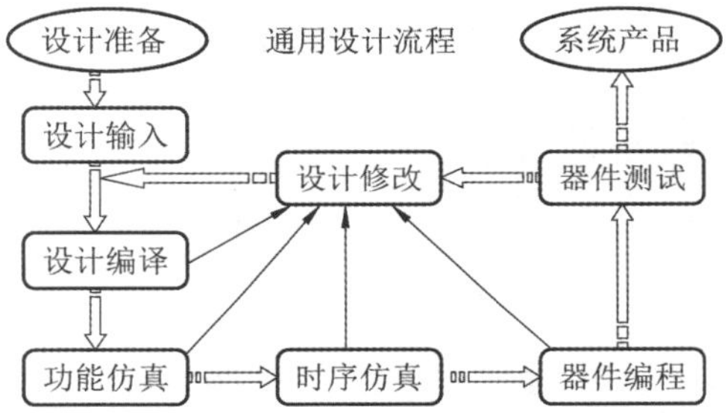

图 4-1　FPGA 设计开发流程

4.1　设计输入

1. 创建工程

可通过创建工程向导创建一个工程，在 Quartus Ⅱ 集成环境下，执行“File”菜单中的“New Project Wizard”命令，弹出新建项目工程对话框，设置好工程保存路径、设计工程的名称和顶层文件实体名，如图 4-2 所示。

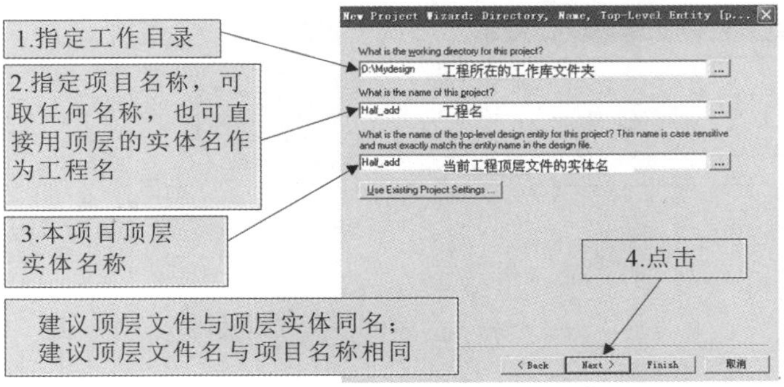

图 4-2　新建项目工程对话框(第 1 页面)

如果顶层设计文件和其他底层设计文件已经包含在工程文件夹中，则可在图 4-3 所示的添加文件对话框中将这些设计文件添加到新建工程中。在新建工程时应先选择下载的目标芯片，否则系统将以默认的目标芯片为基础完成设计文件的编译。目标芯片选择应根据支持硬件开发和验证的开发板或试验开发系统上提供的可编程逻辑器件来决定。这里选择 Cyclone Ⅱ 系列的 EP2C5T144C8 芯片，如图 4-4 所示。

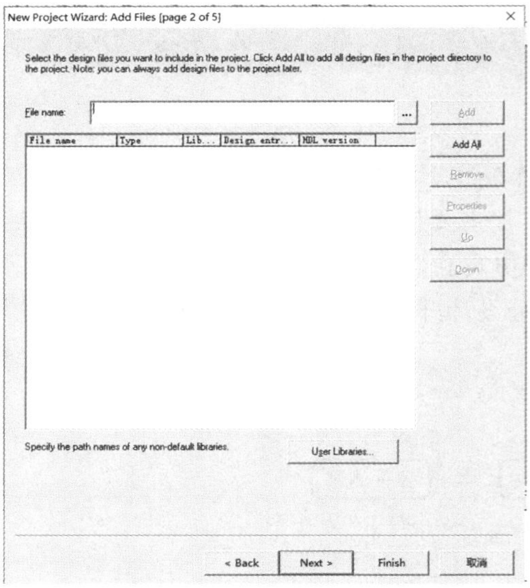

图 4-3　添加文件对话框(第 2 页面)

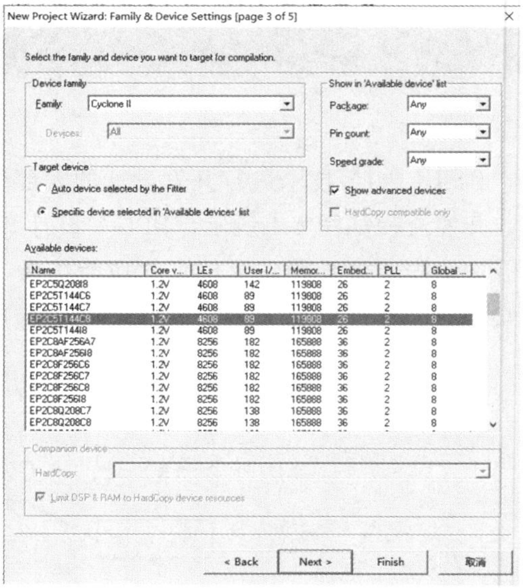

图 4-4　选择器件对话框(第 3 页面)

用户可以选择所用到的第三方工具，比如 ModelSim、Synplify 等。在本例中并没有调用第三方工具，可以都不选，用鼠标单击图 4-5 所示对话框下方的“Next”按钮，进入如图 4-6 所示的显示设置完成信息页面。此页面用于显示新建设计工程的摘要。用鼠标单击此页面下方的“Finish”按钮，完成新设计工程的建立。

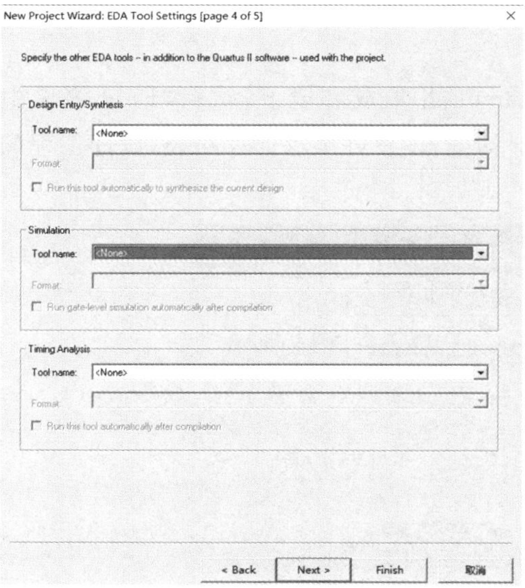

图 4-5　选择设定第三方工具

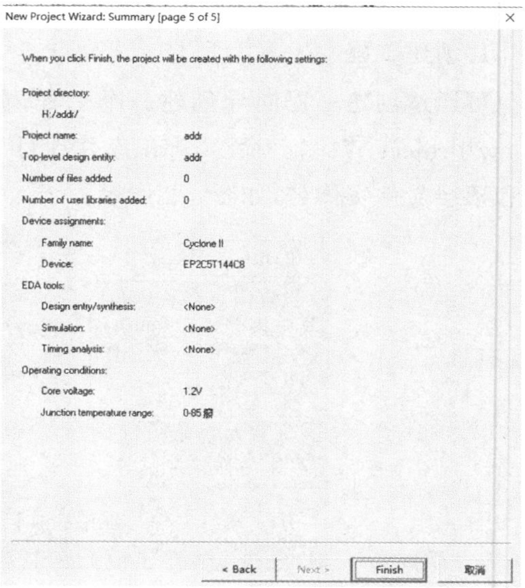

图 4-6　显示设置完成信息

2. 原理图输入

原理图输入法也称为图形编辑输入法。用 Quartus Ⅱ原理图输入设计法进行数字系统设计时，不需要任何硬件描述语言的知识，在具有数字逻辑电路基本知识的基础上，利用 Quartus Ⅱ软件提供的 EDA 平台可设计数字电路或系统。

原理图输入的简要步骤如下：

(1) 选择"File"→"New"选项，打开新建文件类型选择窗口。

(2) 选择 Block Diagram/Schematic File，如图 4-7 所示，打开图形编辑输入窗口（这里以一个半加器为例）。

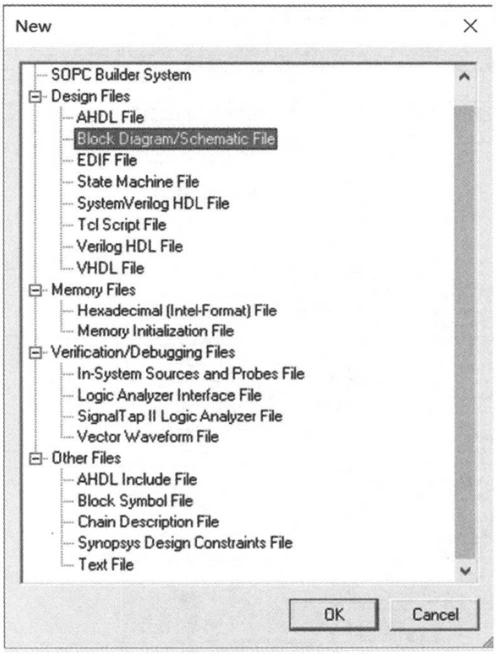

图 4-7　选择新建文件类型

(3) 根据半加器的逻辑功能列出真值表（见表 4-1）。

表 4-1　半加器真值表

A	B	S	C
0	0	0	0
0	1	1	0
1	0	1	0
1	1	0	1

(4) 根据真值表进行公式化简，得出逻辑图，如图 4-8 所示。

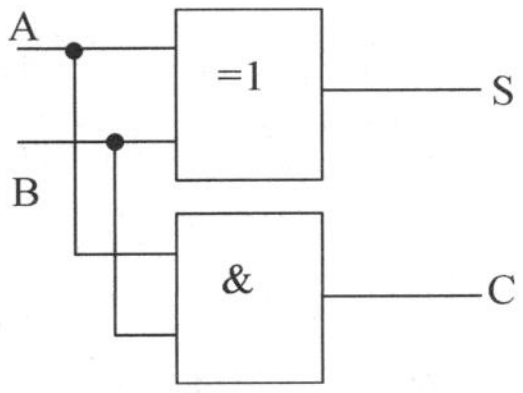

图 4-8　半加器的逻辑图

(5) 进入原理图设计界面查找、放置器件，打开如图 4-9 所示的图形编辑器窗口，进行设计输入。

(6) 在图形编辑工作区中任意位置双击鼠标，或点击图中的"符号工具"按钮，或选择菜单"Edit"下的"Insert Symbol"命令，弹出图 4-10 所示的元件选择窗口。

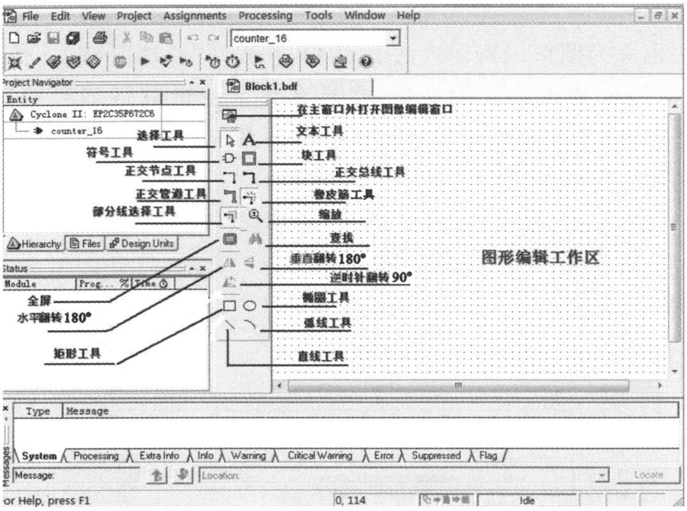

图 4-9　图形编辑器窗口

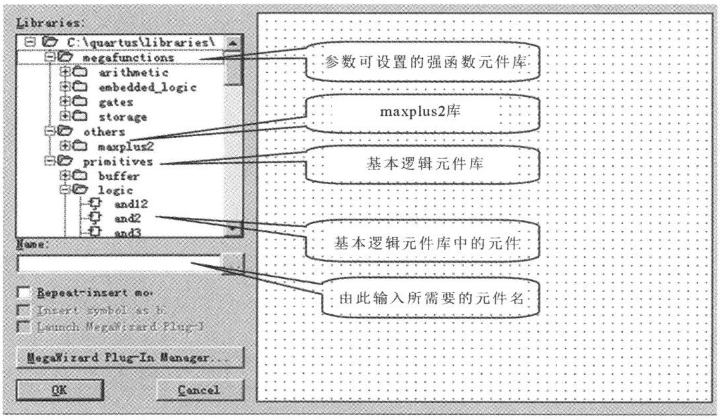

图 4-10　元件选择窗口

在元件选择窗口的符号库“Libraries”栏中，用鼠标选择基本逻辑元件库“primitives”文件夹中的逻辑库“logic”后，该库的基本元件的元件名将出现在“Libraries”栏中。例如“and2”(2 输入端的与门)、“xor”(异或门)、“vcc”(电源)、“input”(输入)、“output”(输出)等。在元件选择窗口的“Name”栏内直接输入元件名(见图 4-11)，或者在“Libraries”栏中，用鼠标单击元件名，可得到相应的元件符号。元件选好后用鼠标单击“OK”按钮，选中的元件符号将出现在原理图编辑窗口中。

(7) 查找、放置元器件、输入输出端口，用鼠标完成电路内部的连接以及与输入、输出端口的连接。元器件的输入和引脚名的更改如图 4-12 所示。

原理图输入法有如下优点：

第一，可以与传统的数字电路设计法接轨，即使用传统设计方法得到电路原理图，然后在 Quartus Ⅱ平台完成设计电路的输入、仿真验证和综合，最后下载到目标芯片中。

第二，它将传统的电路设计中的布局布线、绘制印刷电路板、电路焊接、电路加电测试等过程取消，提高了设计效率，降低了设计成本，减轻了设计者的劳动强度。

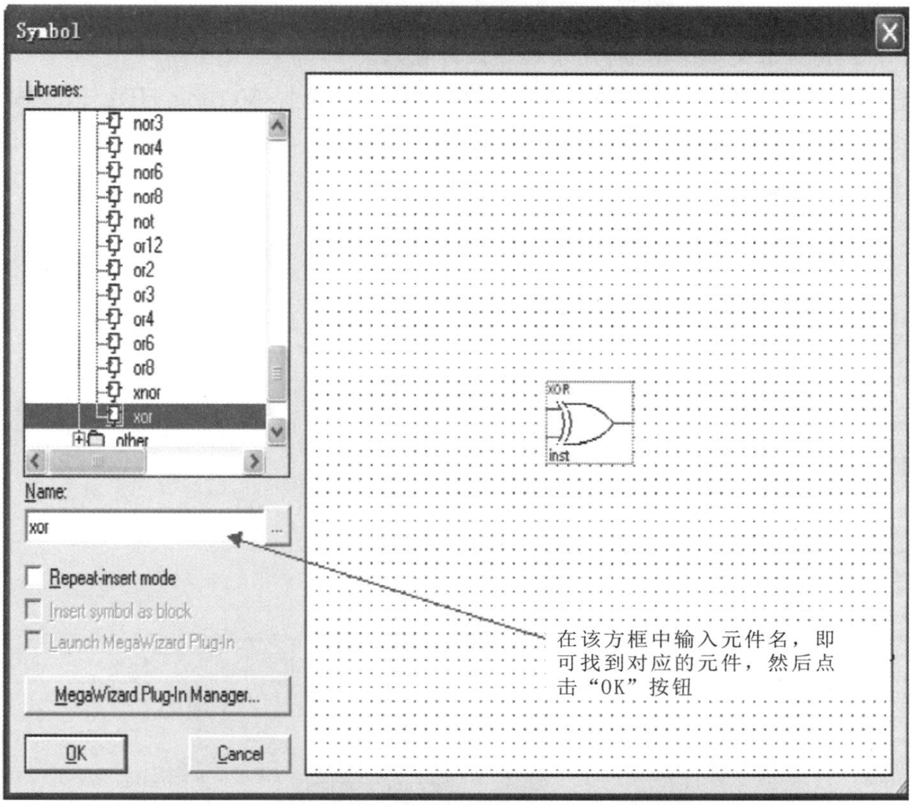

图 4-11　输入元件名查找

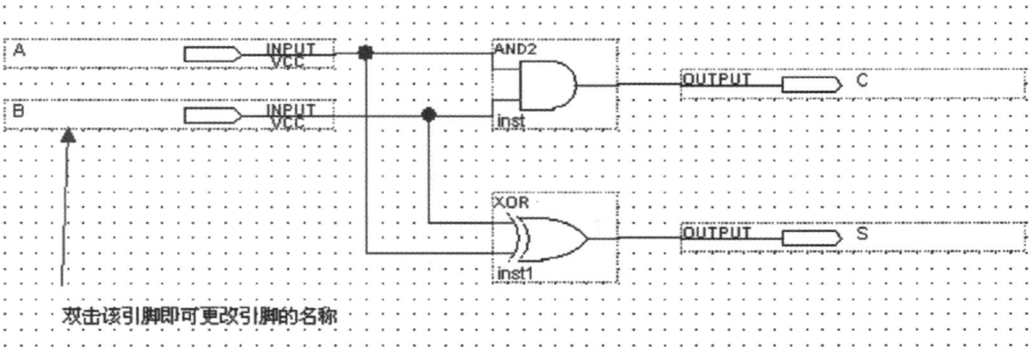

图 4-12　元器件的输入和引脚名的更改

但是，原理图输入法也存在如下缺点：

第一，原理图设计方法没有实现标准化，不同的 EDA 软件中的图形处理工具对图形的设计规则、存档格式和图形编译方式都不同，因此兼容性差，难以交换和管理。

第二，由于兼容性不好，性能优秀的电路模块的移植和再利用非常困难，难以实现用户所希望的面积、速度以及不同风格的综合优化。

第三，原理图输入的设计方法不能实现真实意义上的自顶向下的设计方案，无法建立行为模型，从而偏离了电子设计自动化最本质的含义。

3. 文本输入

Quartus Ⅱ自带文本编辑器，用于程序设计输入。

与图形输入操作类似，打开新建文件类型选择窗口，选择 Verilog HDL File 输入方式，如图 4-13 所示，即可打开文本编辑器；如图 4-14 所示，在文本编辑器中完成程序代码的输入和保存，保存时的文件名要与模块名一致，否则编译会出错。

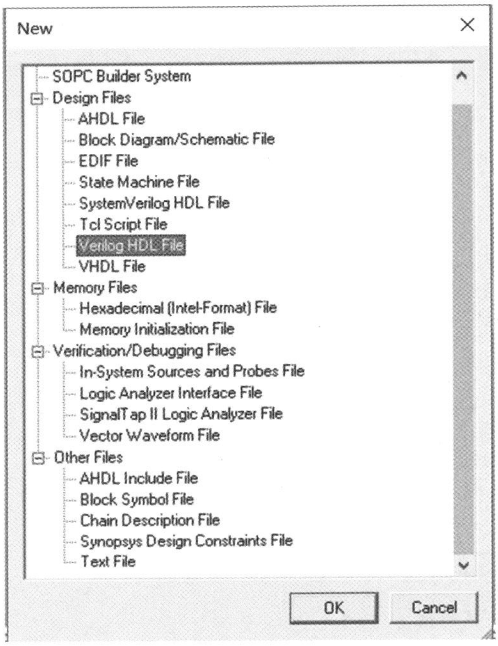

图 4-13　选择输入方式

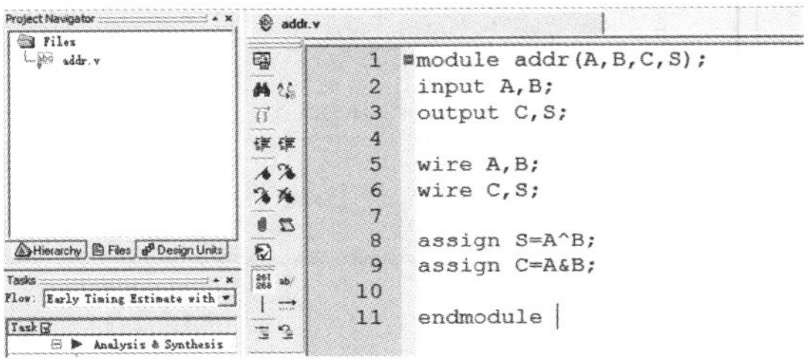

图 4-14　完成代码输入和保存

4.2 设计编译

Quartus Ⅱ编译器的主要任务是对设计项目进行检查并完成逻辑综合，同时将项目最终设计结果生成器件的下载文件。编译开始前，可以对工程的参数进行设置。

Quartus Ⅱ软件中的编译类型有全编译和分步编译两种。

选择 Quartus Ⅱ主窗口"Processing"菜单下的"Start Compilation"命令，或者在主窗口的工具栏上直接点击图标 ▶ 可以进行全编译。

全编译的过程包括分析与综合（"Analysis & Synthesis"）、适配（"Fitter"）、编程（"Assembler"）、时序分析（"Classic Timing Analyzer"）这 4 个环节，而这 4 个环节各自对应相应的菜单命令，可以单独分步执行，也就是分步编译。

分步编译就是使用对应命令分步执行对应的编译环节，每完成一个编译环节，生成一个对应的编译报告。分步编译跟全编译一样分为四步：

(1) 分析与综合（"Analysis & Synthesis"）：对设计文件进行分析和检查输入文件是否有错误，对应的菜单命令是 Quartus Ⅱ主窗口"Processing"菜单下的"Start"→"Start Analysis & Synthesis"，对应的快捷图标是主窗口工具栏上的图标。

(2) 适配(“Fitter”):在适配过程中,完成设计逻辑器件中的布局布线,选择适当的内部互连路径、引脚分配、逻辑元件分配等,对应的菜单命令是 Quartus Ⅱ主窗口“Processing”菜单下的“Start”→“Start Fitter”。

> **注意:**
> 两种编译方式的引脚分配有所区别。

(3) 编程(“Assembler”):产生多种形式的器件编程映像文件,通过软件下载到目标器件当中,菜单命令是 Quartus Ⅱ主窗口“Processing”菜单下的“Start”→“Start Assembler”。

(4) 时序分析(“Classic Timing Analyzer”):计算给定设计与器件上的延时,完成设计分析中的时序分析和所有逻辑的性能分析,菜单命令是 Quartus Ⅱ主窗口“Processing”菜单下的“Start”→“Start Classic Timing Analyzer”,对应的快捷图标是主窗口工具栏上的 。

编译完成后,编译报告窗口“Compilation Report”会报告工程文件编译的相关信息,如编译的顶层文件名、目标芯片的信号、引脚的数目等。

全编译操作简单,适合简单的设计。对于复杂的设计,选择分步编译可以及时发现问题,提高设计纠错的效率,从而提高设计效率。

执行 Quartus Ⅱ主窗口“Processing”菜单的“Start Compilation”命令,或者在主窗口上直接用鼠标单击“开始编译”命令按钮,开始对 addr. bdf 文件进行编译。编译工具的编译进程可以在如图 4-15 所示的状态(“Status”)窗口中看到。编译过程包括分析与综合、适配、编程和时序分析 4 个环节,都是由软件自动完成的。

在设计输入完成后,可以通过选择菜单“Processing”→“Start”→“Start Analysis & Elaboration”选项,对输入进行分析,如果存在错误,信息窗口将出现错误信息。分析完成后,可通过菜单“Tools”→“Netlist Viewer”→“RTL Viewer”查看设计对应的寄存器传输级视图,即 RTL 视图(见图 4-16)。

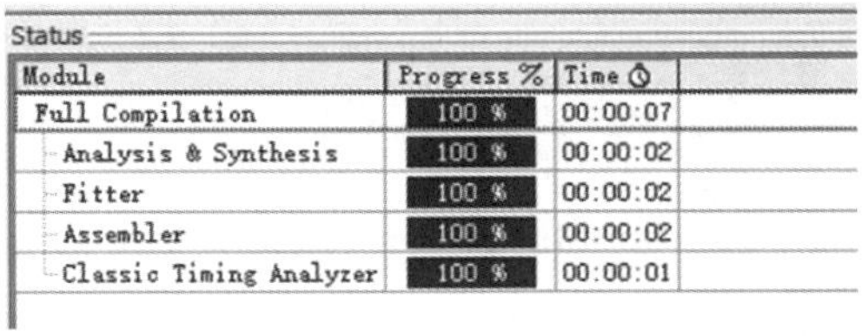

Status
Module
Progress %
Time
Full Compilation
100 %
00:00:07
Analysis & Synthesis
100 %
00:00:02
Fitter
100 %
00:00:02
Assembler
100 %
00:00:02
Classic Timing Analyzer
100 %
00:00:01

图 4-15 Quartus Ⅱ编译状态窗口

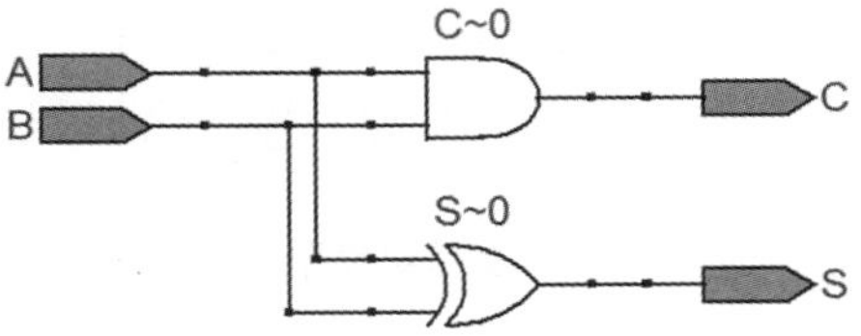

图 4-16 RTL 视图

4.3 仿真验证

在设计输入完成后要进行仿真,验证设计时序是否符合要求;FPGA 仿真也可在第三方工具软件中完成。常用的仿真有两种方式,一种是用 Quartus Ⅱ软件自带的仿真工具,另外一种是采用专业的仿真软件 ModelSim,下面分别介绍。

4.3.1 Quartus Ⅱ仿真验证

Quartus Ⅱ9.0 版本软件自带仿真功能,仿真的目的就是,在软件环境下验证电路的行为和设想中的是否一致。FPGA/CPLD中的仿真分为功能仿真和时序仿真。功能仿真着重考察电路在理想环境下的行为和设计构想的一致性，时序仿真则在电路已经映射到特定的工艺环境后，考察器件在延时情况下对布局布线网表文件进行的一种仿真。

仿真一般需要建立波形文件、输入信号节点、编辑输入信号、保存波形文件和运行仿真器等过程。

1. 建立波形文件

波形文件用来为设计产生输入激励信号。利用 Quartus Ⅱ 波形编辑器可以创建矢量波形文件(.vwf)。创建一个新的矢量波形文件的步骤如下：

(1) 选择 Quartus Ⅱ 主界面“File”菜单下的“New”命令，弹出新建对话框。

(2) 在新建对话框中选择“Verification/Debugging Files”下的“Vector Waveform File”，点击“OK”按钮，打开一个空的波形编辑器窗口，该窗口主要分为信号栏、工具栏和波形栏，如图 4-17 所示。

(3) 添加仿真测试信号，设置输入信号和仿真参数。

2. 输入信号节点

(1) 在波形编辑方式下，执行“Edit”菜单中的“Insert Node or Bus”命令，或者在波形编辑器左边 Name 列的空白处点击鼠标右键，弹出“Insert Node or Bus”对话框，或者在波形编辑器左边 Name 列的空白处双击左键，也会弹出“Insert Node or Bus”对话框，如图 4-18 所示。

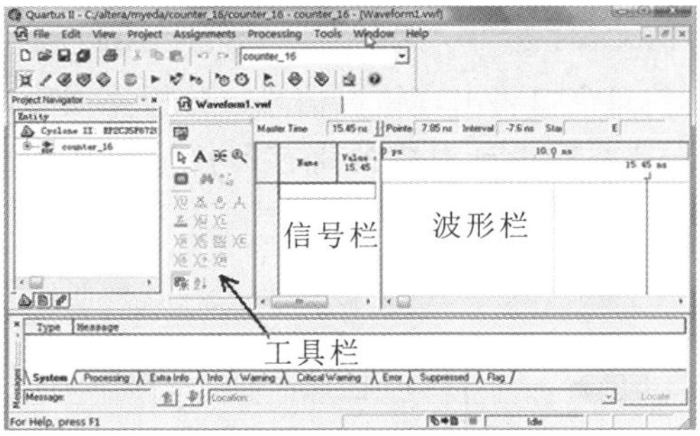

图 4-17 波形编辑器窗口

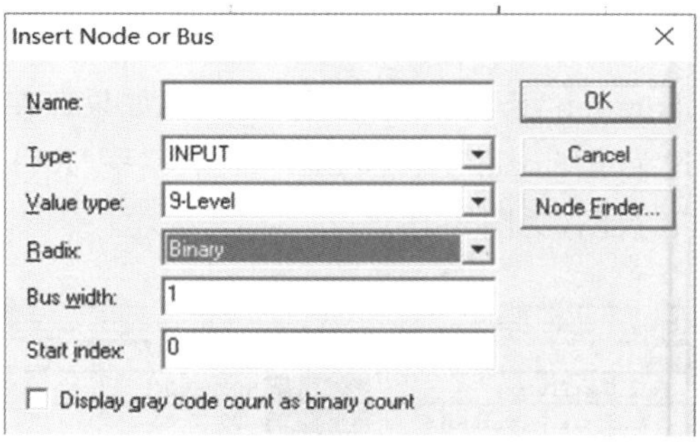

图 4-18 “Insert Node or Bus”对话框

(2) 点击“Insert Node or Bus”对话框中的“Node Finder”按钮，弹出“Node Finder”对话框，在此对话框中添加信号节点，如图 4-19 所示。

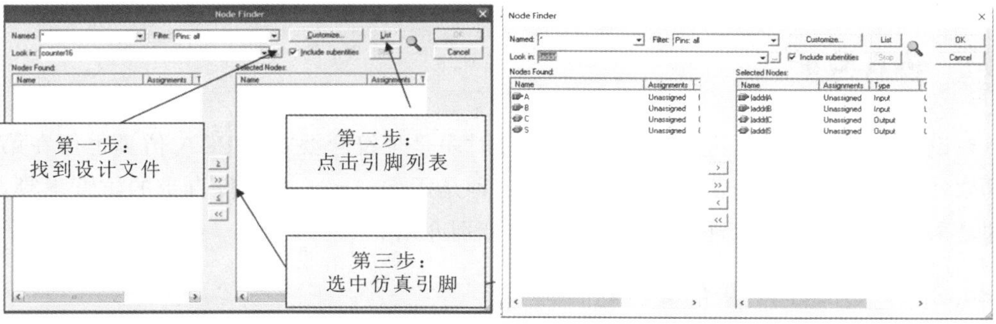

图 4-19 在“Node Finder”对话框中添加信号节点

3. 编辑输入信号

编辑输入信号是指在波形编辑器中指定输入节点的逻辑电平变化，编辑输入节点的波形。

在仿真编辑窗口的工具栏中列出了各种功能选择按钮，主要用于绘制、编辑波形，给输入信号赋值。具体按钮及其功能如下：

A：在波形文件中添加注释。

：修改信号的波形值，把选定区域的波形更改成原值的相反值。

：全屏显示波形文件。

：放大、缩小波形。

：在波形文件信号栏中查找信号名，可以快捷地找到待观察信号。

：将某个波形替换为另一个波形。

：给选定信号赋原值的反值。

：输入任意固定的值。

：输入随机值。

：“U”表示给选定的信号赋值，“X”表示不定态，“0”表示赋 0，“1”表示赋 1，“Z”表示高阻态，“W”表示弱信号，“L”表示低电平，“H”表示高电平，“DC”表示不赋值。

：设置时钟信号的波形参数，先选中需要赋值的信号，然后鼠标右键点击此图标，弹出“Clock”对话框，在此对话框中可以设置输入时钟信号的起始时间（“Start time”）、结束时间（“End time”）、时钟脉冲周期（“Period”）、相位偏置（“Offset”）以及占空比。

：给信号赋计数值，先选中需要赋值的信号，然后鼠标右键点击此图标，弹出“Count Value”对话框，然后赋值。

设计的半加器仿真输入信号波形设置如图 4-20 所示，用波形编辑工具设置输入信号。

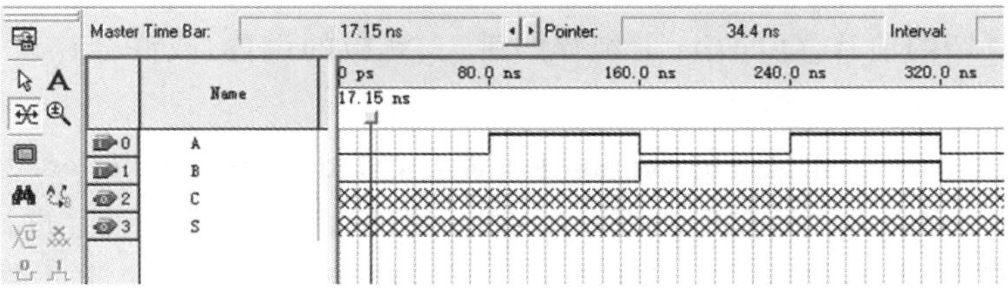

图 4-20　半加器仿真输入信号波形设置

4. 运行仿真器

Quartus Ⅱ 软件中默认的是时序仿真，如果进行功能仿真则需要先对仿真进行设置，步骤如下：

（1）选择 Quartus Ⅱ 主窗口“Assignments”菜单下的“Settings”命令，可以进入参数设置页面，然后单击“Simulation Settings”，在弹出的对话框中的“Simulation mode”栏中选择“Functional”，如图 4-21 所示。

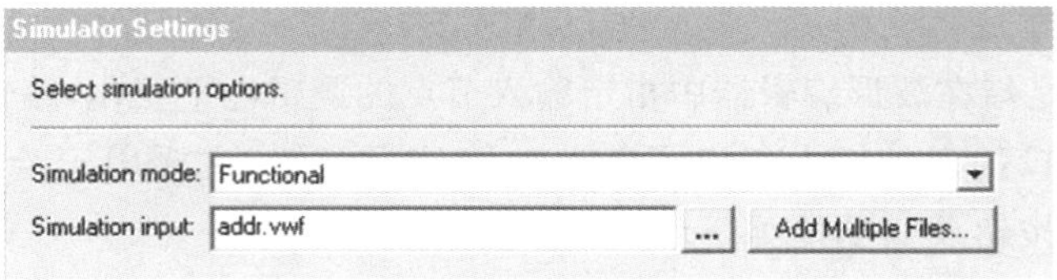

图 4-21 在“Simulation mode”栏中选择“Functional”

(2) 选择 Quartus Ⅱ主窗口“Processing”菜单下的“Generate Functional Simulation Netlist”命令，生成功能仿真网表文件。

(3) 选择 Quartus Ⅱ主窗口“Processing”菜单下的“Start Simulation”进行功能仿真。

功能仿真满足要求后，还要对设计进行时序仿真。时序仿真可以在编译后直接进行，但是要将图 4-21 中的“Simulation mode”设置为“Timing”，设置以后直接点击“Start Simulation”，执行时序仿真。图 4-22 所示为半加器仿真结果。

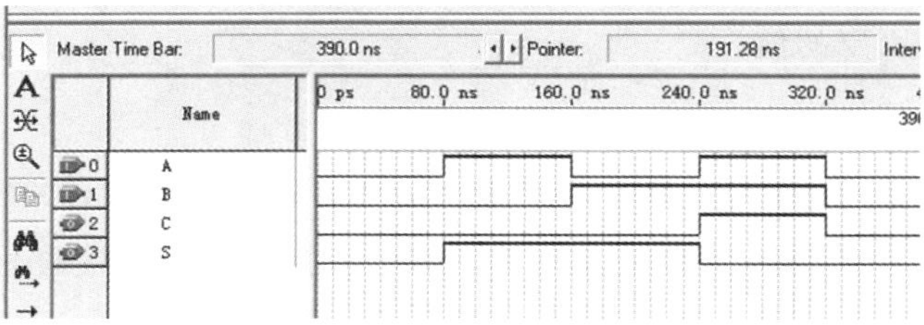

图 4-22 半加器仿真结果

4.3.2 ModelSim 仿真验证

Quartus Ⅱ9.0 及以前版本集成了仿真功能，但是后面版本未集成仿真功能，因此需要掌握 ModelSim 软件仿真技巧。

Quartus Ⅱ9.0 版本自带的 Simulation 仿真与 ModelSim 仿真的优缺点比较如下：

第一，Quartus Ⅱ自带的 Simulation 比较适合初学者使用，纯粹的图形用户界面(graphics user interface，GUI)，用鼠标设置即可进行仿真，非常简洁明了。但是对于比较大的工程和比较复杂的项目，Quartus Ⅱ纯粹的手工、死板的设置，或许会让设计者束手无策，这个时候要使用 ModelSim 仿真。

第二，相对 Quartus Ⅱ自带的 Simulation 而言，ModelSim Simulation 也能简单地进行 GUI 设置激励，其更强大之处在于使用 testbench 测试语言来对逻辑设计进行仿真测试。对于规模大的项目，往往测试就占去了大部分时间，如若还用 Quartus Ⅱ自带的 Simulation，往往得不到满意的结果。ModelSim 适合仿真复杂的项目，能熟练运用 ModelSim 必然会给 FPGA 开发带来事半功倍的效果。

1. Modelsim_Altera_ase 软件安装

ModelSim 软件一般分两个版本：ase 是 Altera Start Edition，即入门版，免费使用；ae 是 Altera Edition，需要付费，支持更多功能。

对于一般设计，ase 已经足够了，装上就能使用。

如想安装 ae，请参考相关教程，网页地址如下：

http://www.cnblogs.com/crazybingo/archive/2011/02/21/1959893.html。

此处以安装 11.0_Altera_Modelsim_ase_windows.exe 为例介绍安装步骤，其他版本的操作基本一样。具体步骤如下：

（1）打开安装目录下的 setup 文件，依次点击界面上的“Next”按钮，直到选择路径的时候，选择与 Quartus Ⅱ 安装目录相同的路径，如图 4-23 所示。

（2）再点击“Next”按钮，等待安装完毕。

（3）安装完毕，出现图 4-24 所示的界面。

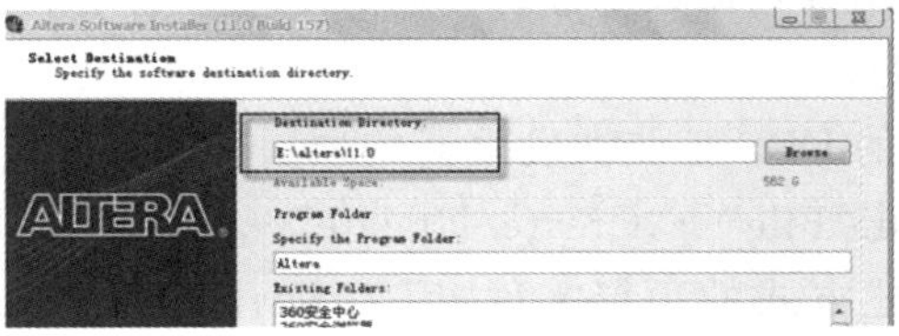

图 4-23　选择安装路径

图 4-24　完成安装出现的界面

（4）点击“OK”按钮。

（5）打开 Quartus Ⅱ，点击菜单“Tool”→“Options”，在 EDA Tool Options 的 ModelSim-Altera 中，选择 MoldelSim-Altera 应用程序的根目录，配置 ModelSim-Altera 应用程序第三方软件路径，如图 4-25 所示，在 ModelSim-Altera 一项指定安装路径为 E:/altera/11.0/modelsim_ase/win32aloem（其中 E:/altera/11.0/modelsim_ase/为计算机中 ModelSim-Altera 6.5e 的安装路径）。

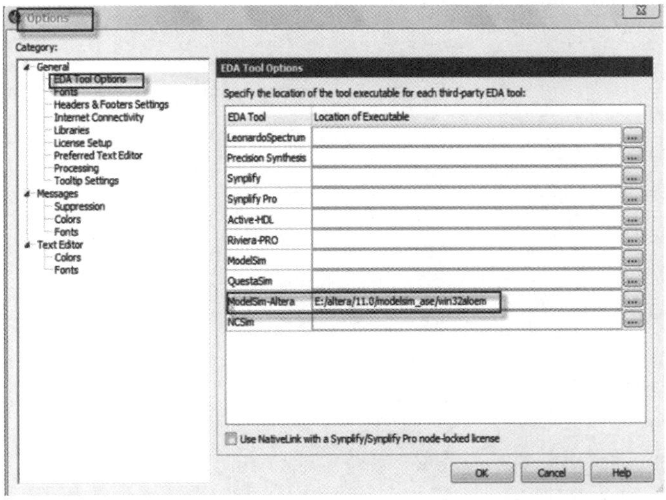

图 4-25　配置第三方软件路径

至此，ModelSim-Altera_ase 版本安装完毕。

2. testbench 的编写

在用 ModelSim 进行功能仿真时，需要编写 testbench 测试文件。由于篇幅的限制，这里只做简要的介绍。

testbench 就是测试平台的意思。testbench 的一般结构如图 4-26 所示。

testbench 的编写一般使用行为级语法，因为它不需要被综合。一般使用元件例化的方

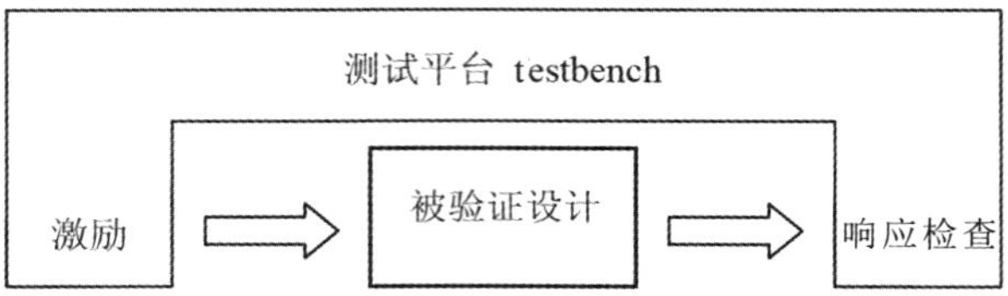

图 4-26 testbench 的一般结构

法将被验证设计例化至 testbench 文件中。下面结合直接数字合成(direct digital synthesis, DDS)正弦波发生器的设计举一个 testbench 的实例。

首先,要得到"被验证设计"文件。如果设计的 DDS 正弦波发生器的顶层文件是一个用原理图方式描述的文件(格式为.bdf),则可以点击"File"→"Create/Update"→"Create HDL Design File for Current File",得到 Verilog 描述方式的顶层文件,因为 testbench 只支持 Verilog 描述设计。代码如下:

```
module DDS_ generater (inclk, reset, enable, control_word,DDS_DATA);
input inclk;
input reset;
input enable;
input [5:0] control_word;
output [11:0] DDS_DATA;
wire sys_clk;
wire [11:0] SYNTHESIZED_WIRE_0;
wire SYNTHESIZED_WIRE_1;
altpll0 Ualtpll0(
.inclk0(inclk),
.areset(reset),
.c0(sys_clk));
lpm_rom0 Ulpm_rom0(
.clock(sys_clk),
.clken(enable),
.aclr(reset),
.address(SYNTHESIZED_WIRE_0),
.q(DDS_DATA));
assign SYNTHESIZED_WIRE_1=~reset;
address_gen Uaddress_gen(
.clk(sys_clk),
.reset(SYNTHESIZED_WIRE_1),
.enable(enable),.control_word(control_word),
.address(SYNTHESIZED_WIRE_0));
endmodule
```

然后,设计 testbench。testbench 包括两部分,一是激励,二是被验证设计的元件例化。对于 DDS 正弦波发生器,我们共需要时钟"inclk"、复位"reset"、使能"enable"和频率控制字"control_word"这四个激励源。具体的 testbench 设计如下:

```
`timescale 1ns/10ps
module Testbench;
parameter CLK_PERIOD=20;
reg clk;
reg rst;
reg enable;
reg word;
reg dds_dataout;

initial //时钟激励（产生周期为 20ns,即频率为 50MHz 的时钟）
begin
  clk=0;
  forever begin
  #(CLK_PERIOD/2) clk=~clk ;
  end
end

initial //reset 激励 （ 产生 5 个周期长度低电平的 reset 信号 ）
begin
  rst=1;
  #CLK_PERIOD rst=0;
  #(5*CLK_PERIOD) rst=1;
end

initial //enable 激励(等待复位操作结束后,对 enable 信号置位)
begin
  enable=0;
  #(3*CLK_PERIOD) enable=0;
  enable=1;
end

initial //频率控制字激励(先将频率控制字设置为 1,在 1000 个周期后为 3)
begin
  word=6'b1;
  #(1000*CLK_PERIOD) word=6'3;
end

$display ("Simulation Finished!");//显示"Simulation Finished!"
$stop;//停止仿真

DDS_ generater UDDS_ generater (.inclk(clk), // 被验证设计的元件例化
.reset(rst),
.enable(enable),
.control_word(word),
.DDS_DATA(dds_dataout));
endmodule
```

完成后就可以将这两个文件 DDS_ generater 和 testbench 添加至 ModelSim 中进行功能仿真。

3. 在 Quartus Ⅱ 中调用 ModelSim-Altera

下面以一个简单的实例来描述整个调用过程：

(1) 打开 Quartus Ⅱ，点击菜单“File”→“New”，新建一个工程。

(2) 新建一个 Verilog HDL File，代码如下：

```
module modelsim_test(clk,rst_n,div);
input clk;
input rst_n;
output div;
reg div;
always @(posedge clk or negedge rst_n)
if(!rst_n) div<=1'b0;
else div<=~div;
endmodule
```

这是很简单的一段代码，能实现二分频电路。下面将对这个电路进行 ModelSim 仿真。

(3) 设置仿真相关选项(见图 4-27)：在 Quartus Ⅱ 界面菜单栏中选择“Assignments”→“Settings”，在弹出的对话框的 EDA Tool Settings 中选择 Simulation 项；Tool name 处选择 ModelSim-Altera；Format for output netlist 处选择开发语言的类型 Verilog HDL 或者 VHDL 等；Time scale 处指定时间单位精度级别；Output directory 处指定测试文件模板的输出路径(该路径是工程文件的相对路径)。

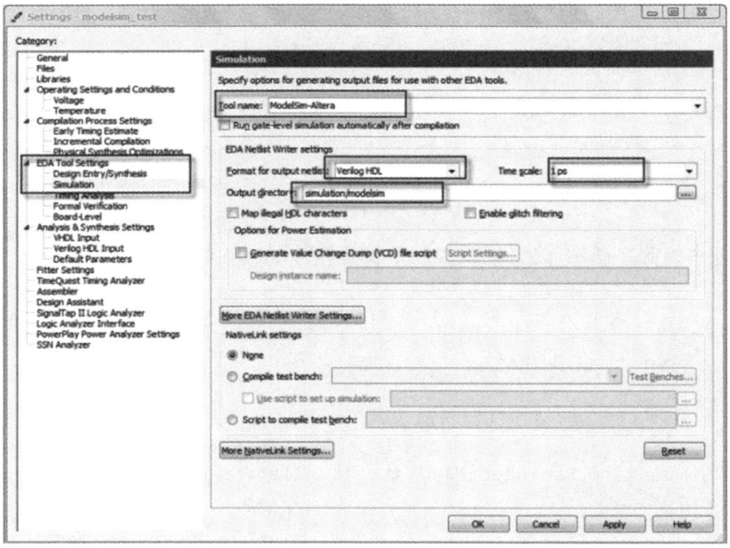

图 4-27　设置仿真选项

(4) 生成仿真测试文件。

点击 Quartus Ⅱ 开发界面菜单栏“Processing”→“Start”→“Start Test Bench Template Writer”(见图 4-28)，提示生成成功。

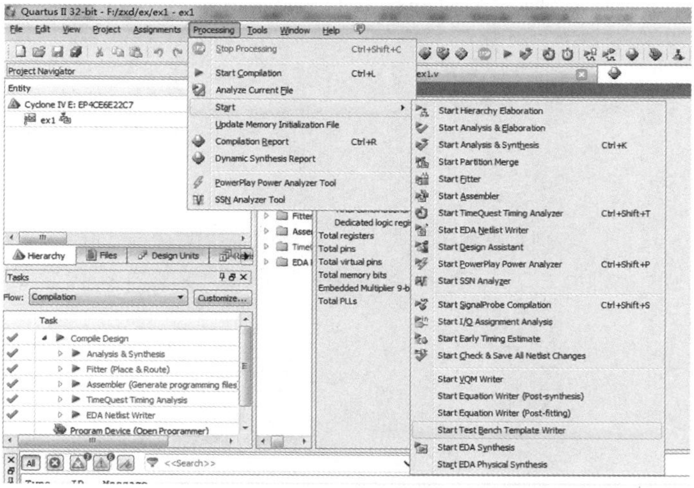

图 4-28　选择“Start Test Bench Template Writer”

生成仿真测试文件(modelsim_test 工程文件中的 modelsim 目录下找到后缀名为.vt 的文件),可以根据需要进行编辑修改。图 4-29 所示是生成的文件原样,还没修改。

```
`timescale 1 ps/ 1 ps
module modelsim_test_vlg_tst();
// constants
// general purpose registers
reg eachvec;
// test vector input registers
reg clk;
reg rst_n;
// wires
wire div;

// assign statements (if any)
modelsim_test i1 (
// port map - connection between master ports and signals/registers
    .clk(clk),
    .div(div),
    .rst_n(rst_n)
);
initial
begin
// code that executes only once
// insert code here --> begin

// --> end
$display("Running testbench");
end
always
// optional sensitivity list
// @(event1 or event2 or .... eventn)
begin
// code executes for every event on sensitivity list
// insert code here --> begin

@eachvec;
// --> end
end
endmodule
```

图 4-29　仿真测试文件原样

注意:

Quartus Ⅱ 中 testbench 文件的后缀是.vt,产生的模板文件只包含端口映射和端口声明等,具体的功能还需要设计者自己编写设计。

下面我们在模板上修改，修改编写分频器的 testbench，代码如下：

```
timescale 1 ps/1 ps
module modelsim_test_vlg_tst();
reg clk;
reg rst_n;
wire div;
modelsim_test i1(        //例化被测模块
  .clk(clk),
  .div(div),
  .rst_n(rst_n)
);
initial
begin
  clk=0;
  forever
  #100 clk=~clk;         //产生时钟信号
end
initial
begin
  rst_n=1;
  #1000 rst_n=0;         //复位信号
  #1000;rst_n=1;
  $stop;                 //停止仿真
end
endmodule
```

测试代码产生时钟信号、复位信号，例化被测模块。

(5) 设置测试文件的链接关系。在 Quartus Ⅱ 界面菜单栏中选择“Assignments”→“Settings”，在弹出的对话框中选中 EDA Tool Settings 的 Simulation 项；在 NativeLink settings 中选择 Compile test bench，并点击后面的“Test Benches”按钮，如图 4-30 所示。

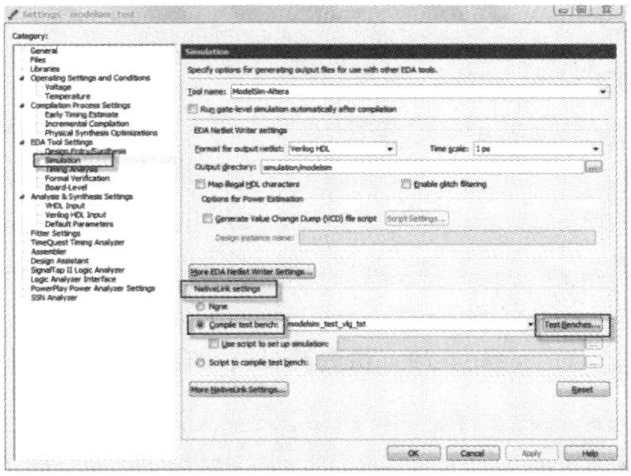

图 4-30　设置测试文件的链接关系

然后在“Test Benches”对话框中点击“New”按钮，如图 4-31 所示。

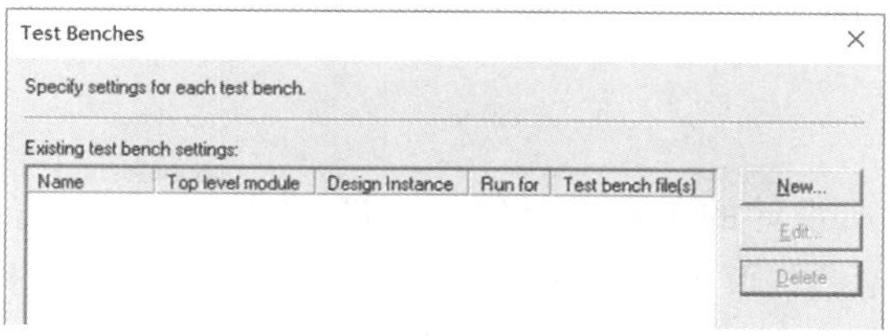

图 4-31 "Test Benches"对话框

在弹出的对话框中的"Test bench name"栏处填写刚刚创建的 testbench 文件的实体名，即 modelsim_test_vlg_tst；在"Top level module in test bench"处也填写 modelsim_test_vlg_tst；在"Design instance name in test bench"处填写 i1，即被测模块例化名称（该名称可以从 testbench 的文件里直接复制过来，避免手误写错）；可设置仿真结束时间（"End simulation at"）。在 Test bench files 选项中浏览、添加 testbench 文件，最后点击"Add"按钮，一步一步进行即可完成测试平台参数设置，如图 4-32 所示。

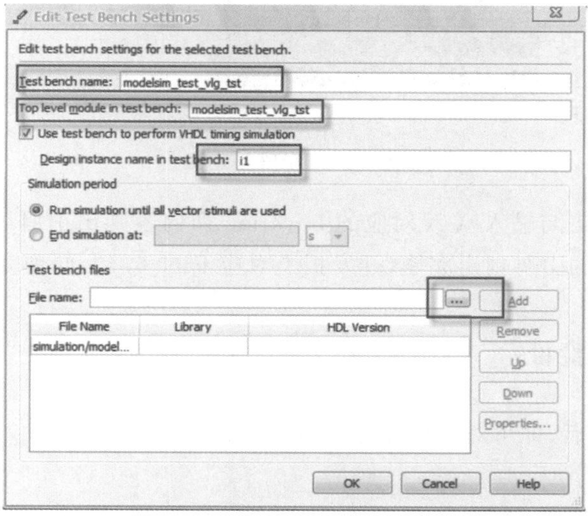

图 4-32 测试平台参数设置

（6）一切准备就绪，在 Quartus Ⅱ界面菜单栏中选择"Tools"→"Run EDA Simulation Tool"→"EDA RTL Simulation"进行行为级仿真，可以看到弹出 ModelSim-Altera 6.5e 的运行界面，放大观察仿真波形，如图 4-33 所示，可以看到 div 信号是 clk 的二分频。

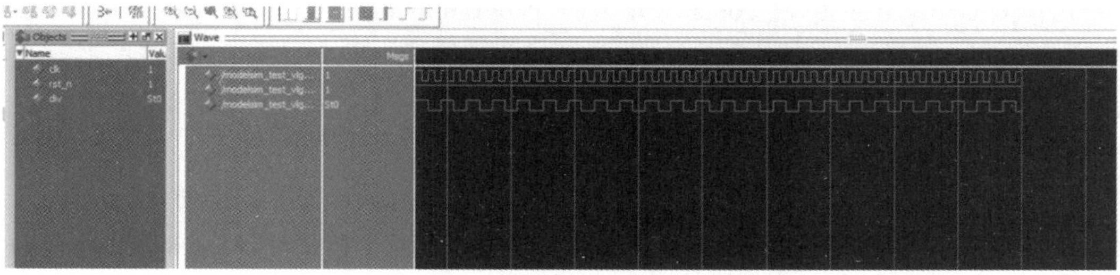

图 4-33 ModelSim 仿真波形

4.4 引脚锁定

引脚锁定是为了对所设计的工程进行硬件测试，将输入/输出信号锁定在器件的某些引脚上。单击“Assignments”菜单下的“Pins”命令，弹出的引脚锁定图如图 4-34 所示，在下方的列表中列出了本项目所有的输入/输出引脚名。

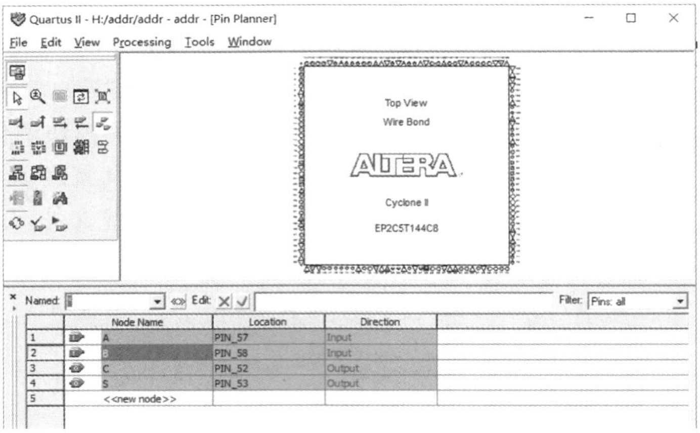

图 4-34 引脚锁定图

在图 4-34 中，双击与输入端 A 对应的 Location 列内容弹出引脚列表，从中选择合适的引脚号，则输入端 A 的引脚锁定完毕(开发板上对应 PIN_57)。同理完成其他引脚的锁定。

4.5 下载调试验证

对设计进行验证后，即可对目标器件进行编程和配置，下载设计文件到硬件中进行硬件验证。

Quartus Ⅱ编程器 Programmer 最常用的编程模式是 JTAG 模式和主动串行(active serial，AS)编程模式。JTAG 模式主要用在调试阶段，主动串行编程模式用于板级调试无误后将用户程序固化在串行配置芯片 EPCS 中。

1. JTAG 编程下载模式(SOF 文件)

此方式的操作主要分为以下步骤：

选择 Quartus Ⅱ主窗口“Tools”菜单下的“Programmer”命令或点击图标，进入器件编程和配置对话框。如果此对话框中的“Hardware Setup”后为“No Hardware”，则需要选择编程的硬件。点击“Hardware Setup”按钮，进入“Hardware Setup”对话框，如图 4-35 所示，在此添加硬件设备。

配置编程硬件后，选择下载模式，在“Mode”处指定编程模式为 JTAG 模式。

确定编程模式后，单击 Add File... 添加相应的 addr. sof 编程文件，勾选 addr. sof 文件后的“Program/Configure”选项，然后点击 Start 图标下载设计文件到器件中。Process 进度条中显示编程进度，编程下载完成后就可以进行目标芯片的硬件验证了。

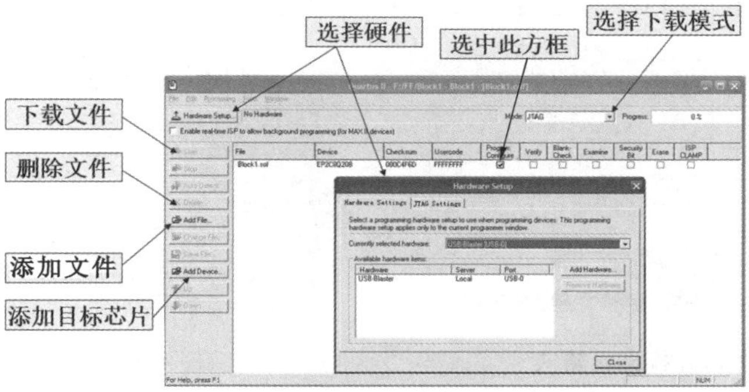

图 4-35 JTAG 模式器件编程和配置对话框

2. JTAG 模式下载 EPCS 器件的方法(JIC 文件)

一般来说,Altera 公司 Cyclone 或者 Cyclone Ⅱ 系列 FPGA 相应的配置器件会选择 EPCS 系列串行 Flash,使用 AS 模式下载 EPCS 系列器件。但有时候可能遇到 AS 模式不能成功下载的案例,原理图以及印制电路板(printed circuit board,PCB)都是按照推荐电路设计的,这时候我们可以通过 Flash Loader 检验 EPCS 器件是否良好,即通过 JTAG 模式下载 EPCS 系列器件。如果这种模式下还是不能进行正确的 AS 模式的下载的话,可能 EPCS 器件本身已经不能正常工作了,此时可以建议客户更换配置芯片。

使用 Flash Loader(JTAG 模式)下载 EPCS 器件的步骤如下:

(1) 把需要下载的工程文件生成××. sof。

(2) 点击“File”菜单,选择“Convert Programming Files”(见图 4-36),进入文件转换操作对话框,把 SOF 文件转换为 JIC 文件输出。

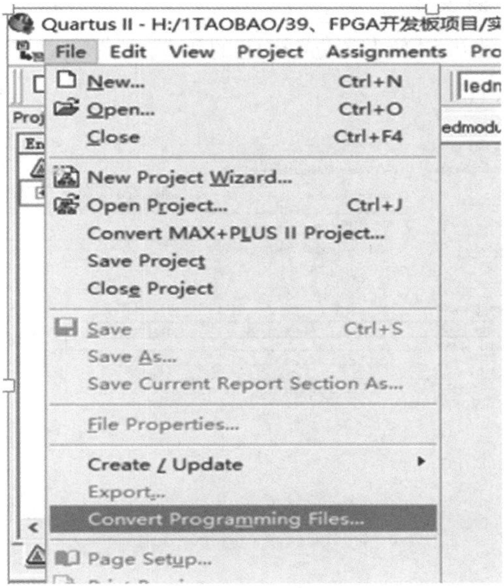

图 4-36 选择“Convert Programming Files”

(3) 鼠标左键点击“Programming file type”栏的下拉箭头,选择“JTAG Indirect Configuration File(. jic)”项,如图 4-37 所示。

(4) 配置器件选择 EPCS4(见图 4-38),即根据电路板上实际器件型号选择。

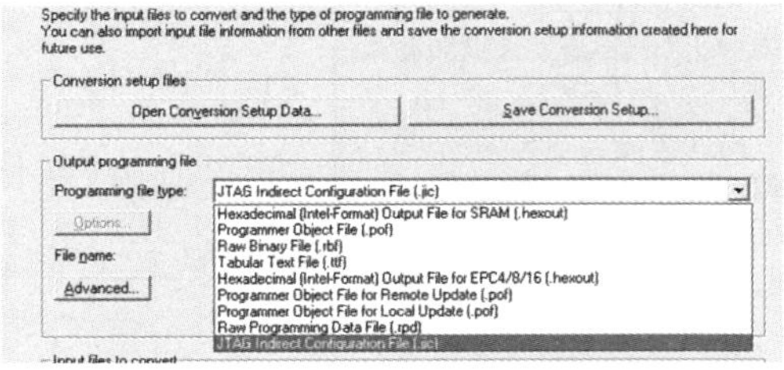

图 4-37 选择转换文件格式

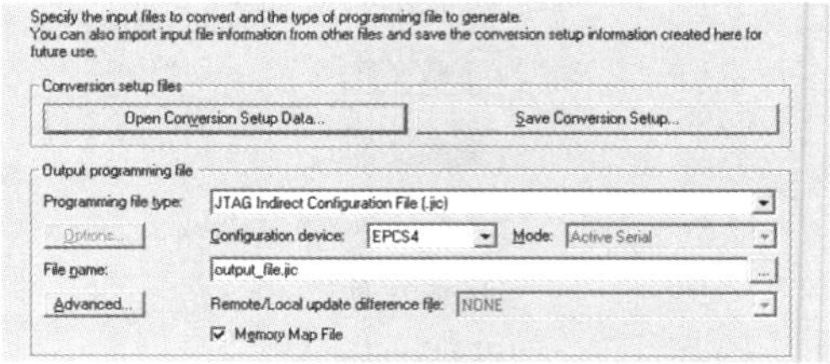

图 4-38 选择配置器件

(5) 选中"Input files to convert"栏中的 SOF Data,左键点击"Add File"按钮,找到生成的相应. sof 文件并打开,此时相应的. sof 下载文件出现在界面中,添加进来,如图 4-39 所示。

(6) 选中 Flash Loader,左键点击"Add Device"按钮,在弹出的"Select Devices"界面选择相应的器件。这里以 EP2C5 为例,如图 4-40 所示,器件选择完毕。

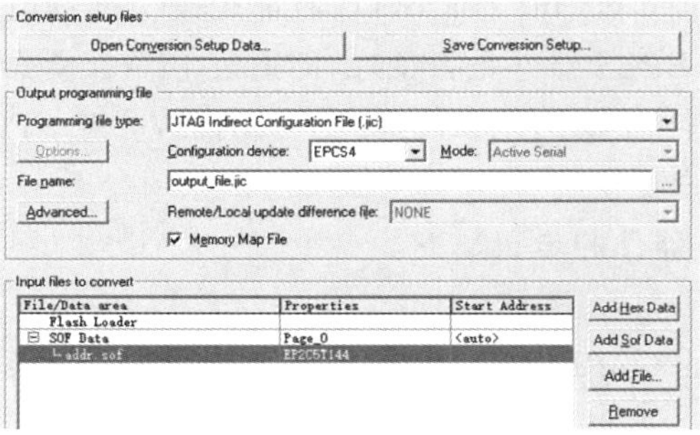

图 4-39 添加. sof 文件

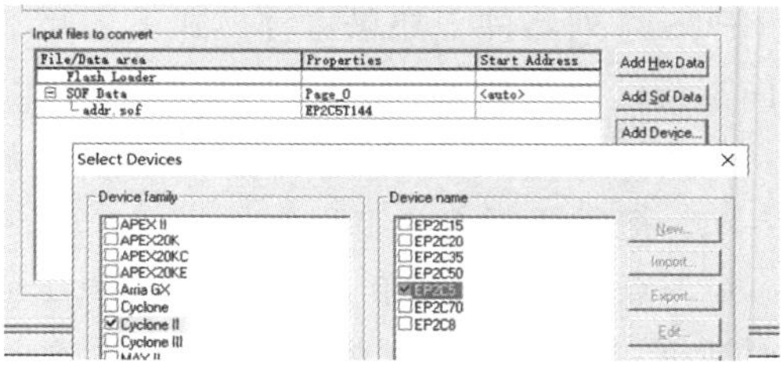

图 4-40 选择 EP2C5 器件

(7) 完成以上步骤后就可以转换生成相应的下载文件了。点击"Generate"按钮(见图 4-41)就可生成 JIC 格式文件。

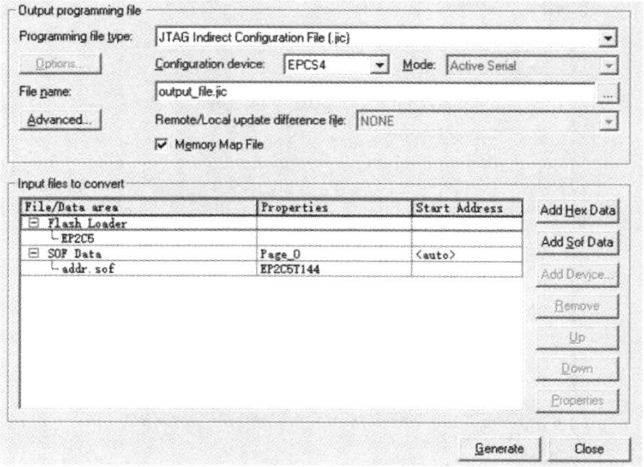

图 4-41 完成设置后点击"Generate"按钮

(8) 下载步骤与普通的 JTAG 模式下载过程基本一致,但需要注意的是,这时下载文件必须选择所生成的. jic 文件。打开 Programmer 窗口,单击"Add File"按钮找到并打开生成的.jic 文件，如图 4-42 所示，最后左键点击“Start”按钮即可。

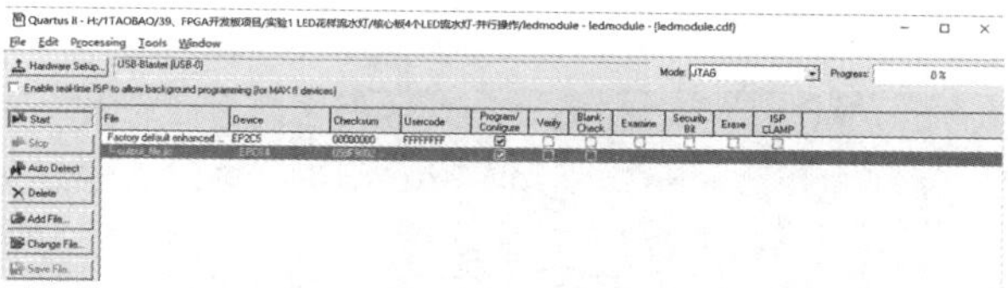

图 4-42　选择.jic 文件

3. 主动串行编程模式

主动串行编程模式的操作界面如图 4-43 所示，步骤如下：

（1）选择 Quartus Ⅱ 主窗口“Assignments”菜单下的“Device”命令，进入“Settings”对话框的“Device”页面进行设置。

（2）选择 Quartus Ⅱ 主窗口“Tools”菜单下的“Programmer”命令或点击图标，进入器件编程和配置对话框，添加硬件，选择编程模式为 Active Serial Programming。

（3）单击 Add File... 添加相应的 addr. pof 编程文件，勾选文件后的“Program/Configure”“Verify”“Blank Check”项，单击图标 Start 下载设计文件到器件中。Process 进度条中显示编程进度。下载完成后程序固化在 EPCS4 中，开发板上电后 EPCS 将自动完成对目标芯片的配置，无须再从计算机上下载程序。

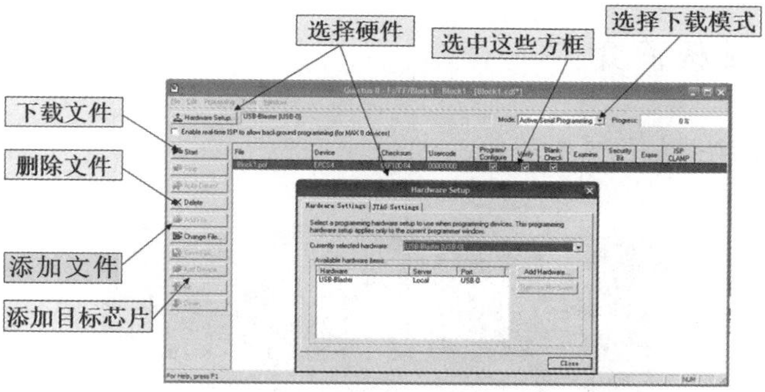

图 4-43　主动串行编程模式的操作界面

注意：

JTAG 接口和 AS 接口不能带电插拔，不然很容易烧坏配置芯片。

第5章 FPGA 开发板

为了更轻松地入门 FPGA 实践操作，本书配套开发了一块 FPGA 开发板，采用 Cyclone Ⅱ系列高性价比的 FPGA 芯片，配置了丰富的硬件资源，其中基础资源有 LED、数码管、蜂鸣器、按键、串口等，进阶实验的资源有 LCD、IIC-AT24C02、RTC 芯片、数模转换芯片 TLC5615、模数转换芯片 TLC549、温度传感器、步进电动机接口、超声波接口、红外接口、视频图形陈列(video graphic array，VGA)接口。为方便扩展使用，开发板将所有 I/O 引出，可以与其他外部模块连接使用。为了让读者更好地学习，本书配套开发了由简单到复杂的相关例程和资料，让读者掌握在 FPGA 上进行数字电路设计的方法。相信读者在掌握电路板上的硬件资源编程设计方法后，就能领略 FPGA 的设计思想，熟练掌握硬件描述语言的编程精髓。

5.1 FPGA 开发板简介

FPGA 开发板实物图如图 5-1 所示。

图 5-1 FPGA 开发板实物图

FPGA 技术实践性极强，拥有一块符合学习需求的 FPGA 开发板是非常有必要的。本书配套推出的 FPGA 开发板由编者精心设计开发，采用 Altera 公司的 Cyclone Ⅱ系列芯片 EP2C5T144C8 或者 Cyclone Ⅳ系列芯片 EP4CE6E22C8N 作为核心处理器进行设计。Cyclone Ⅱ系列芯片是目前市场上性价比较高的芯片，在设计上、内部的逻辑资源上都比第一代芯片有很大的改进，同时价格也可以被广大用户接受。图 5-2 和图 5-3 所示为 FPGA 开发板资源配置位置图和布局图。

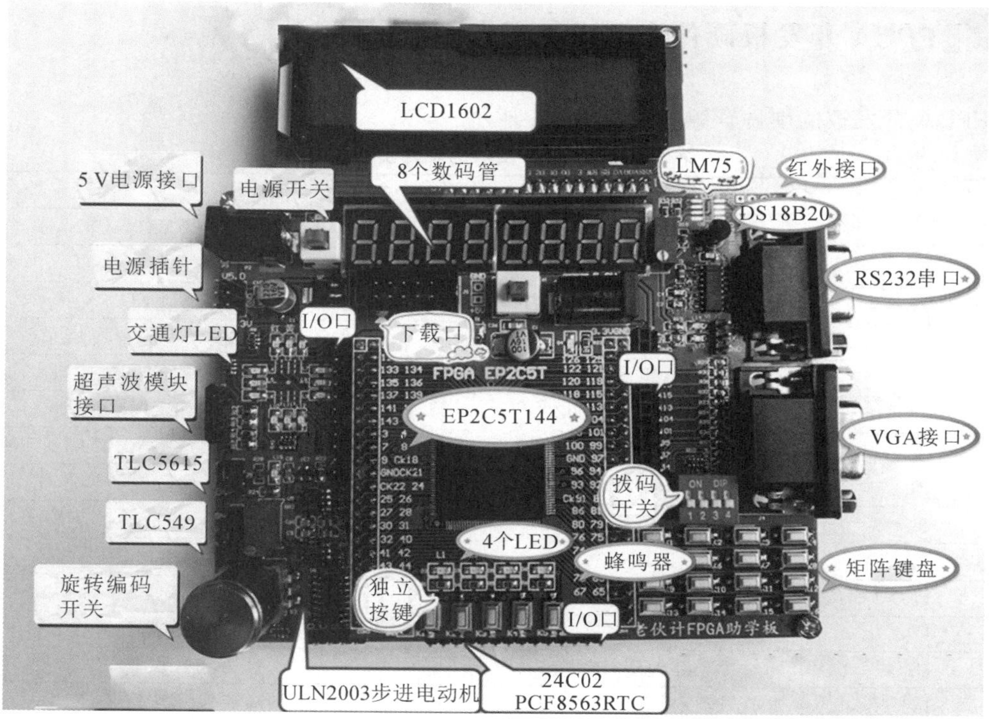

图 5-2　FPGA 开发板资源配置位置图

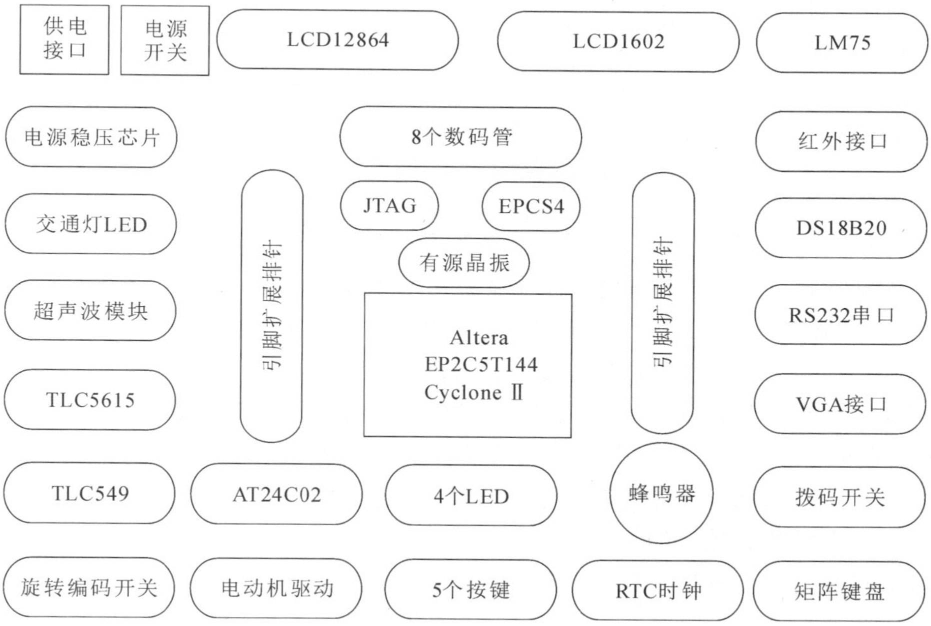

图 5-3　FPGA 开发板资源布局图

5.2 FPGA 开发板硬件资源详细配置

FPGA 开发板的硬件资源配置如表 5-1 所示。

表 5-1　FPGA 开发板的硬件资源配置

序　　号	硬件资源名称	说　　明
1	Cyclone Ⅱ FPGA	型号是 EP2C5T144C8
2	交通灯模式 LED	底板 12 个红色高亮 LED
3	核心板上 4 个 LED	红色高亮 LED
4	EPCS4	用于 JTAG 模式下的程序烧录
5	JTAG 下载接口	用于 JTAG 模式的下载接口
6	IIC-AT24C02	用 IIC 驱动 EEPROM
7	实时时钟 PCF8563	实时时钟芯片，可换成 DS1302 时钟芯片
8	DAC-TLC5615	10 位 14 Mb 串行数模转换芯片
9	ADC-TLC549	8 位 4 Mb 串行模数转换芯片
10	ULN2003	步进电动机驱动芯片
11	DS18B20	温度传感器 1
12	LM75	温度传感器 2
13	红外遥控接口	作为输入设备
14	核心板 5 个独立按键	根据需要设定按键功能
15	4×4 矩阵键盘	输入设备
16	4 位拨码开关	高、低电平输入设备
17	旋转编码开关	作为输入设备，方便调节相关设计参数
18	超声波模块接口	接超声波模块
19	蜂鸣器	用户自定义，根据所编程序可以发出各种声音
20	VGA 显示接口	用来驱动液晶屏
21	RS232 串口	用来和 PC 通信
22	8 位共阳数码管	显示数字
23	LCD1602/12864 接口	LCD1602 和 LCD12864 的共用接口

FPGA 开发板采用核心板与接口板分离的方式，核心板上除 FPGA、各类存储器以及用户扩展接口外，还有按键、LED 及电源插座等。因为有用户扩展接口，核心板完全可以脱离接口板而单独使用，鉴于此，FPGA 扩展性极好，可用于实验设计或电子设计大赛。接口板上集成了常用的和经典的外围电路，所有的外设经过精心分配及设计，不需要进行任何跳线设置，实验时非常方便。此外，FPGA 对于重点外设的关键信号都设置了测试点，方便用户使用逻辑分析仪、示波器、万用表等进行信号测量。总之，FPGA 开发板是完全站在用户的角度精心设计开发的，简约而不简单。

开发板底板与核心板如图 5-4 所示。

FPGA 核心板硬件配置如下：

(1) 板载 Altera 公司高性价比 FPGA——Cyclone Ⅱ系列 EP2C5T144 芯片。

(2) 配置 EPROM 芯片，采用 EPCS4，大小为 4 Mb。

(3) 板载 50 MHz 有源贴片晶振(晶振在板子的背面)。

(4) 电源采用大口电源插座，单 5 V 供电，有自锁按键开关，操作方便。

图 5-4 开发板底板与核心板

(5) 板上有电源指示灯和复位开关。

(6) 板载 4 个贴片 LED,可以做 LED 的测试实验,更多实验利用引线完成。

(7) 板载 4 个贴片按键,按键按下为低电平。

(8) 所有 I/O 口和时钟引脚通过排针引出,通过这些接口可以扩展任何存储器和外设。

(9) 采用 1117-1.2 V 稳压芯片,提供 FPGA 内核电压;采用 1117-3.3 V 稳压芯片,提供 FPGA I/O 口电压;板卡采用高品质钽电容做电源滤波。

(10) JTAG 下载接口,对应下载的是 SOF 文件,速度快,JTAG 将程序直接下载到 FPGA 中,但是掉电程序丢失,平时学习推荐使用 JTAG 方式,最后固化程序的时候再通过 JTAG 下载接口下载 IIC 格式文件。

(11) 支持 Nios Ⅱ 嵌入式 CPU 的开发。

(12) 所有输入/输出口精心设计分配,使用 2 个扩展接口双排插针,通用 2.54 mm 间距。

5.3 FPGA 开发板硬件原理图

FPGA 开发板的硬件资源配置在表 5-1 中列出了,下面对各电路原理进行详细介绍。

5.3.1 核心板硬件电路

1. FPGA 主芯片

核心板上的 FPGA 芯片采用的是 Altera 公司 Cyclone Ⅱ 系列的 EP2C5T144C8,此芯片资源丰富,价格适中,非常适合 FPGA 入门学习使用。Cyclone Ⅱ 系列资源图如图 5-5 所示。

Feature	EP2C5 *(2)*	EP2C8 *(2)*	EP2C15 *(1)*	EP2C20 *(2)*	EP2C35	EP2C50	EP2C70
LEs	4,608	8,256	14,448	18,752	33,216	50,528	68,416
M4K RAM blocks (4 Kbits plus 512 parity bits	26	36	52	52	105	129	250
Total RAM bits	119,808	165,888	239,616	239,616	483,840	594,432	1,152,000
Embedded multipliers *(3)*	13	18	26	26	35	86	150
PLLs	2	2	4	4	4	4	4

图 5-5 CycloneⅡ系列资源图

Cyclone Ⅱ FPGA 系列简介：

Altera 公司 Cyclone Ⅱ采用全铜层、低 *K* 值、1.2 V SRAM 工艺设计，裸片尺寸被优化得尽可能小。采用 300 mm 晶圆，以 TSMC 成功的 90 nm 工艺技术为基础，Cyclone Ⅱ器件提供了 4608 到 68 416 个逻辑单元(logic element，LE)，并具有一整套最佳的功能，包括嵌入式 18 b×18 b 乘法器、专用外部存储器接口电路、4 Kb 嵌入式存储器块、锁相环和高速差分 I/O 能力。

Cyclone Ⅱ器件扩展了 FPGA 在成本敏感性、大批量应用领域的影响力，延续了第一代 Cyclone 器件系列的成功。EP2C5T144C8："2"——Cyclone Ⅱ系列；"5"——逻辑单元 4608 个；"T"——封装类型；"144"——管脚数量；"8"——速度等级为 8。

通常，芯片的逻辑单元和 RAM 的数量是重要的参考指标，EP2C5T144C8 已经足够初学者使用了。FPGA 主芯片原理图如图 5-6 所示，把芯片的可用 I/O 口都引出利用。

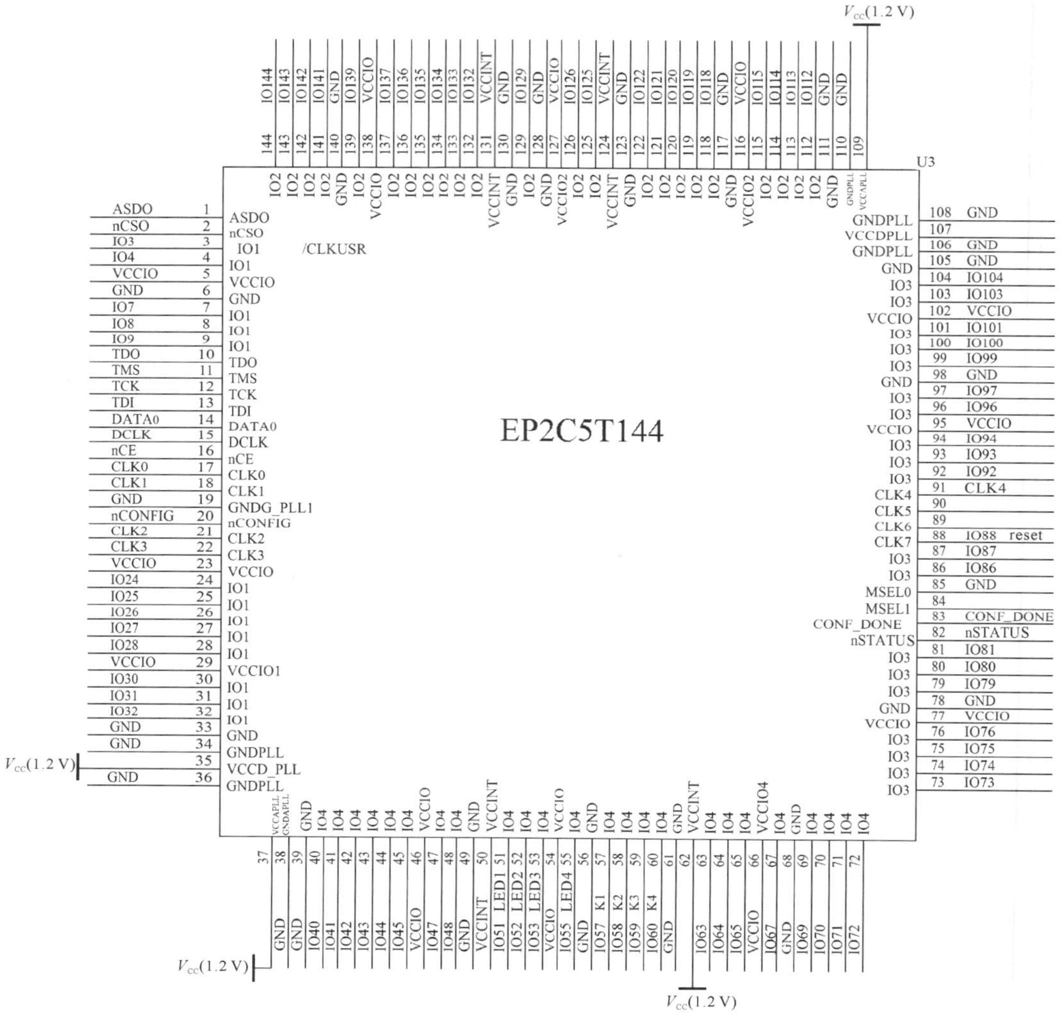

图 5-6　FPGA 主芯片原理图

2. 电源电路

电源是保证整个开发系统正常工作最重要的部分。电源电路分两部分，一部分是底板电源，一部分是核心板电压。开发板底板外部输入 5 V 电源，经过 AMS1117-3.3 V 稳压芯片后输出 3.3 V 电压，给底板上的器件供电。核心板上也通过稳压芯片输出 3.3 V 电压，主要用于给 FPGA 所有 I/O 口、核心板存储器电路、串行配置器件、复位电路和 LED 等供电；3.3 V电压再经过 AMS1117-1.2 V 稳压芯片输出 1.2 V 电压，给 FPGA 的内核和锁相环供电。同时，各电源输入及输出部分设计了高质量钽电容，用作电源滤波处理，提高系统电源稳定性。电源电路如图 5-7 所示。

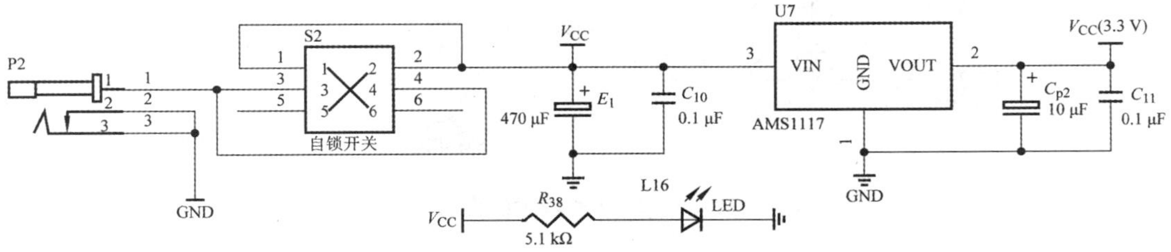

(a) 底板电源电路

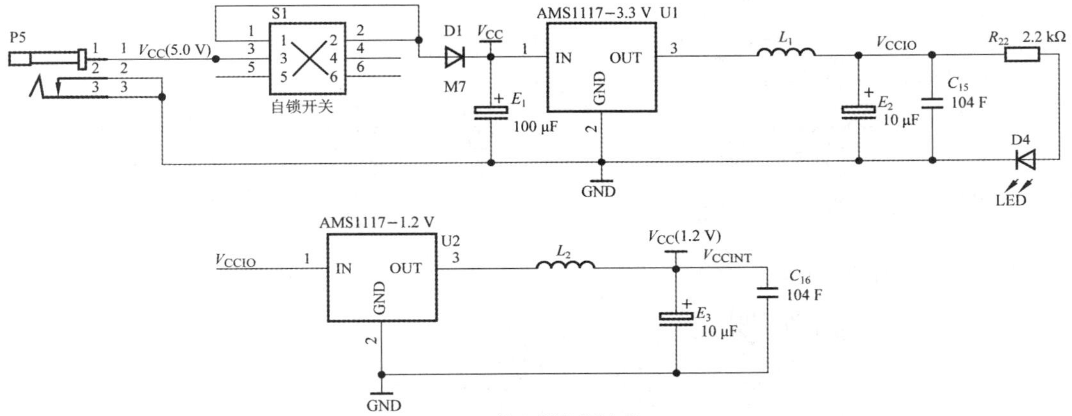

(b) 核心板电源电路

图 5-7 底板和核心板电源电路

3. 核心板独立按键及 LED 电路

核心板上有 4 个由 I/O 口控制的 LED，位于核心板的下方，在单独使用核心板时，可以用来做流水灯等实验项目。核心板上有 5 个独立按键，K1～K4 可以作为操作按键，K5 作为系统复位按键，因为 K5 接 Pin88 引脚(系统时钟专用输入引脚)，作为系统复位输入比较合适。每个独立按键都配有上拉电阻，保证没有按键按下时输入信号是高电平的。LED 和按键的电路如图 5-8 所示。

4. JTAG 下载和存储配置电路

电路包括 JTAG 下载接口及 EPCS4 存储配置芯片。利用 JTAG 接口可以下载 SOF 文件到 FPGA，但是掉电数据会丢失；将 SOF 文件转换为 JIC 文件格式后可通过 JTAG 接口下载到 EPCS4 存储配置芯片中，掉电程序数据不会丢失，上电后数据可从 EPCS4 恢复到 FPGA 中。下载和存储配置相关电路如图 5-9 所示。

5. 系统时钟电路

FPGA 开发板采用 50 MHz 有源贴片晶振为 FPGA 提供运行时钟，时钟部分电路电源经过滤波处理，工作更加稳定可靠。时钟电路如图 5-10 所示，开发板中对 FPGA 时钟引脚

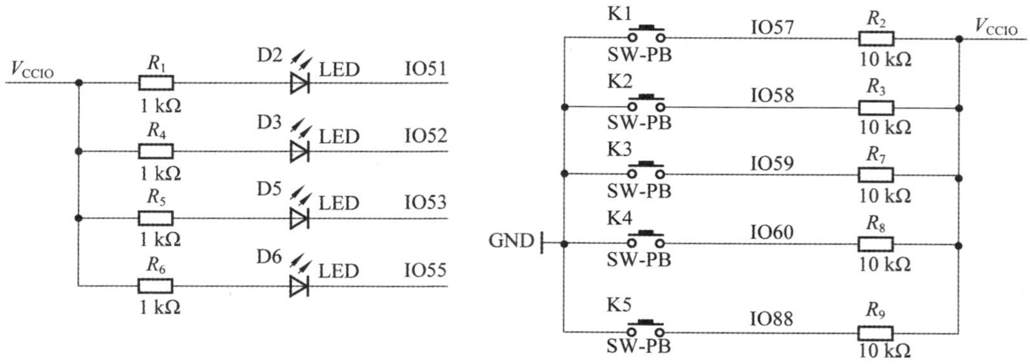

图 5-8　LED 和按键的电路

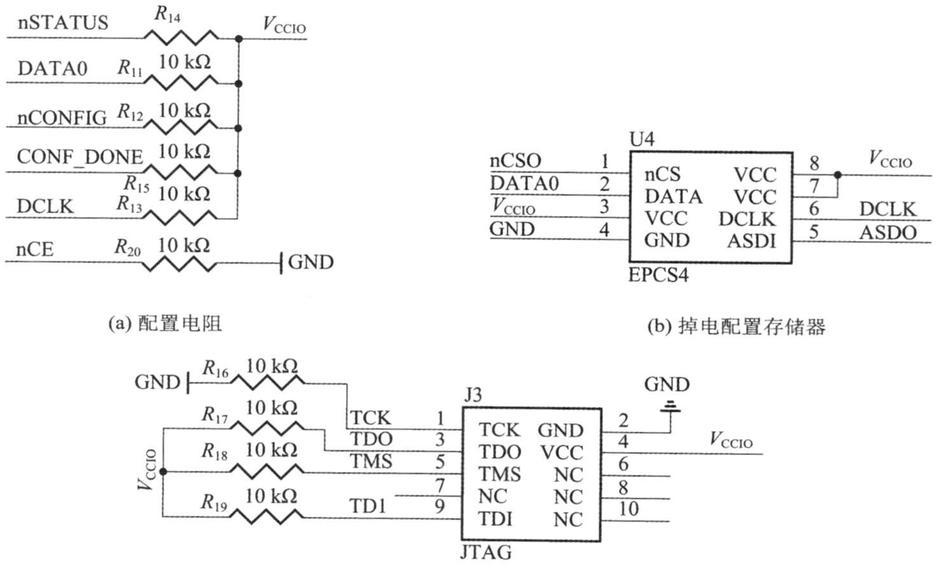

(a) 配置电阻

(b) 掉电配置存储器

(c) 下载接口

图 5-9　下载和存储配置电路

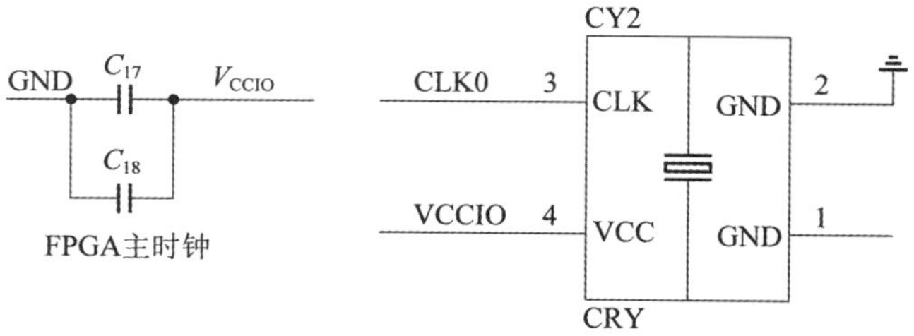

图 5-10　时钟电路

处理如下：

(1) CLK0 用作系统工作时钟，直接接入 50 MHz 晶振；

(2) CLK7 用作系统复位引脚，用户可以通过编程实现复位功能；

(3) CLK1、CLK2、CLK3、CLK4 为用户输入引脚，引出到扩展座，供用户使用；

(4) CLK5、CLK6 未引出。

6. 核心板扩展 I/O 口电路

FPGA 开发板采用核心板与接口板分离的形式，用户可以通过核心板外接其他电路，既保证了通用性，又保证了实用性。核心板上的 FPGA I/O 口通过 P1A、P1B 两个双排插针引出。插针设置了 V_{CC}(5 V)、V_{CC}(3.3 V)、GND 电源接口，方便核心板与其他电路连接。扩展接口的原理图如图 5-11 所示。

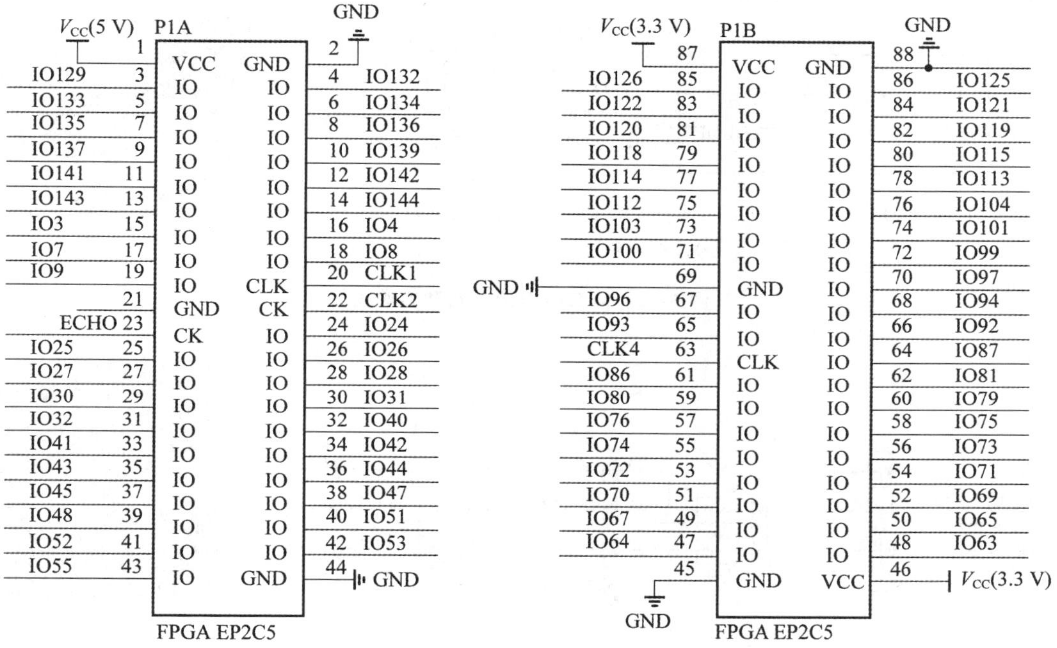

图 5-11 扩展接口原理图

5.3.2 底板硬件电路

1. 底板电源电路

为方便使用，在接口底板上配置了 5 V 电源插口，输入 5 V 电压，通过核心板与接口板的互连插口相连，由底板和核心板各自提供 3.3 V 电压。因此，核心板的电源是可以单独使用的，接口板电源在没有核心板接入的情况下也可以单独使用。接口板电源电路和实物图如图 5-12 所示。

2. 交通灯 LED 电路

接口板上有 12 个独立 LED，电路和实物图如图 5-13 所示，在 PCB 中把这 12 个 LED 布局成十字路口交通灯的形式，方便设计交通灯的实验，也方便设计流水灯及其他相关实验。

3. 矩阵键盘电路

接口板上有 4×4 矩阵键盘，矩阵键盘在应用设计中经常需要用到，是常用的输入设备，比如设计密码锁、DDS 信号源等。矩阵键盘电路和实物图如图 5-14 所示。电路图中的行信号 ROW0～ROW3 作为输入信号需要加上拉电阻，列信号 COL0～COL3 作为输出信号。

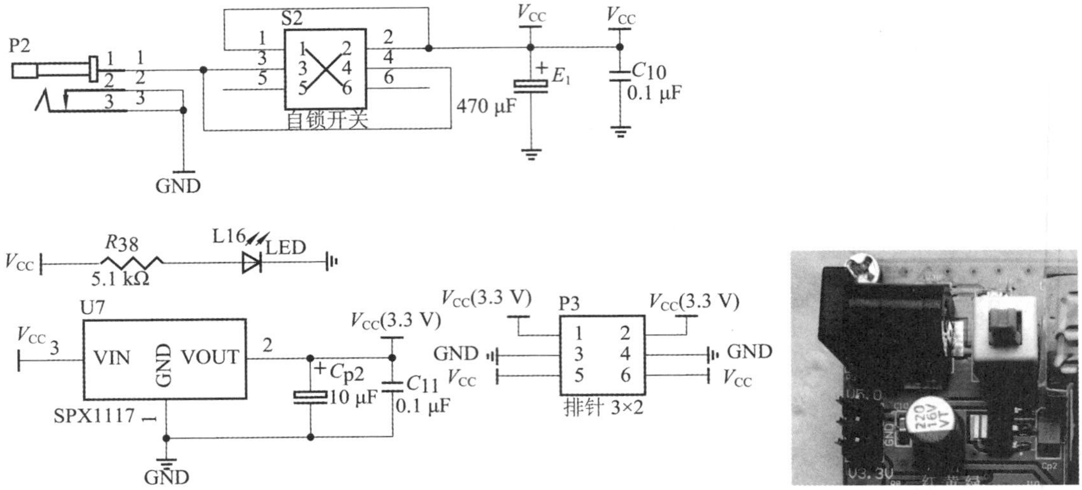

(a) 电源电路　　(b) 实物图

图 5-12　接口板电源电路和实物图

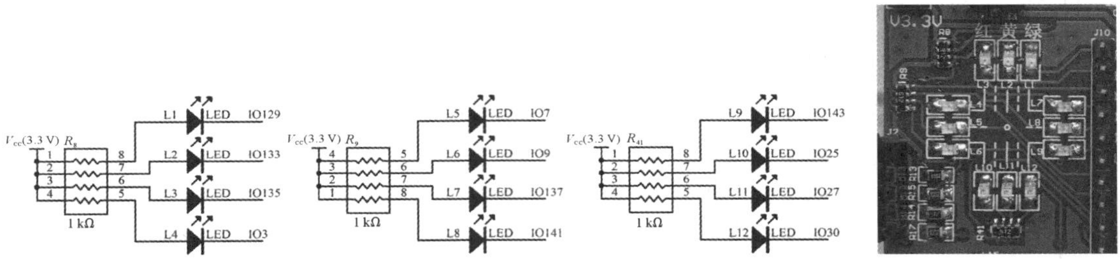

(a) 电路　　(b) 实物图

图 5-13　交通灯电路和实物图

4. 拨码开关电路

拨码开关是常用的输入设备,4 位拨码开关电路相对简单,作输入信号用需要配置上拉电阻。拨码开关电路和实物图如图 5-15 所示。

5. 蜂鸣器电路

蜂鸣器使用 PNP 型三极管驱动控制,如果在基极输入一定频率脉冲,蜂鸣器会发出声响,改变输入频率可以改变蜂鸣器的响声,可以设计电子琴、音乐播放器等实验。蜂鸣器电路和实物图如图 5-16 所示。

6. 数码管显示电路

数码管是常见显示器件,使用频率非常高,电路设计采用共阳数码管,当位显示驱动信号控制驱动三极管的基极为低电平时,对应的数码管被点亮;当段显示驱动信号为低电平时,对应的显示段被点亮。公共位选信号需要的驱动电流较大,所以采用了 PNP 型三极管 S8550 驱动。R_1、R_2、R_3 作为保护限流电阻存在电路中。数码管显示电路如图 5-17 所示。

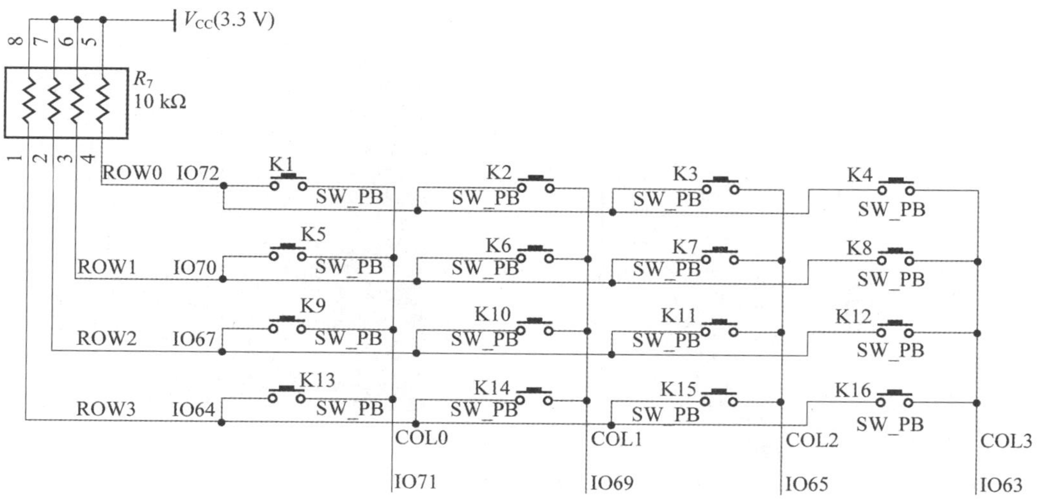

(a) 电路

(b) 实物图

图 5-14 矩阵键盘电路和实物图

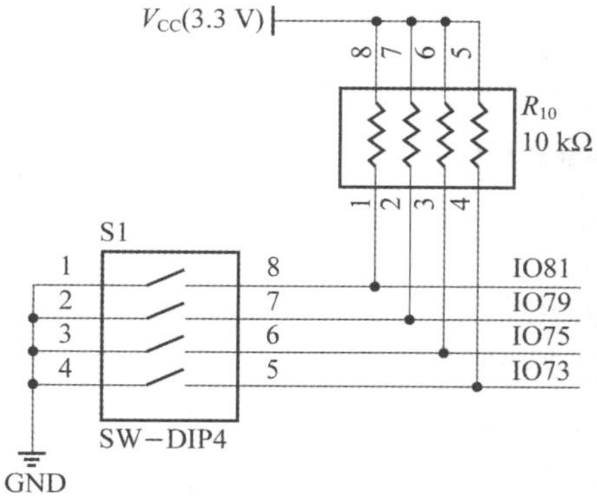

(a)电路

(b)实物图

图 5-15 拨码开关电路和实物图

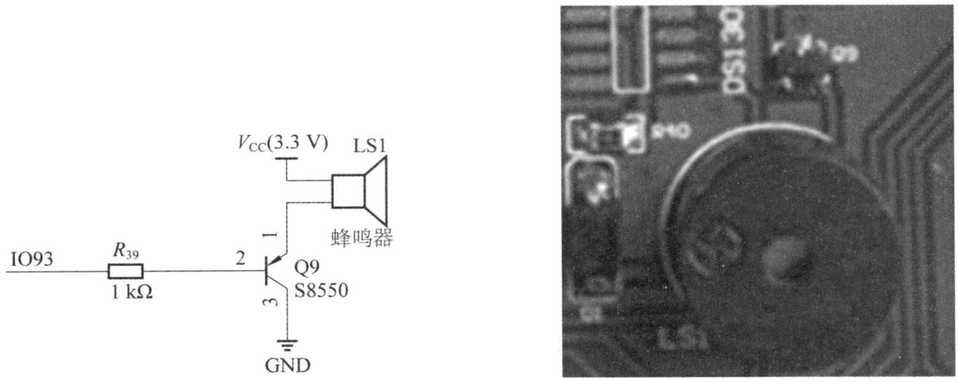

(a)电路　　　　　　　　　　(b)实物图

图 5-16　蜂鸣器电路和实物图

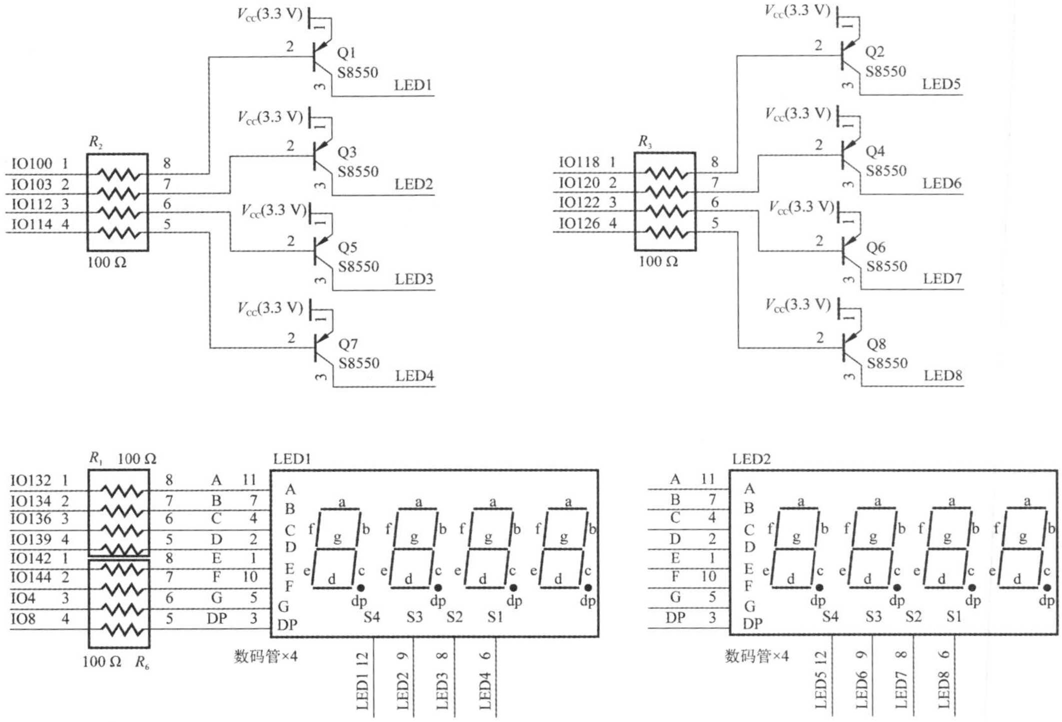

图 5-17　数码管显示电路

7. 液晶显示接口电路

接口板上设有 LCD1602 与 LCD12864 的接口电路，液晶模块是配置器件，如需要实验，可选配液晶器件，注意安装时引脚的顺序。图 5-18 为液晶显示接口电路，其中管脚接口 1～16是接 LCD1602 的，管脚接口1～20是接 LCD12864 的。R_{R1} 可调电阻是调节液晶显示灰度的，R_4、R_5 处可选择焊接 0 Ω 电阻，一般在 R_4 处焊接电阻，这样接 LCD1602 时脚 15 作为背光的 V_{CC} 输入接口，接 LCD12864 时脚 15 为并行接口或者串行接口。

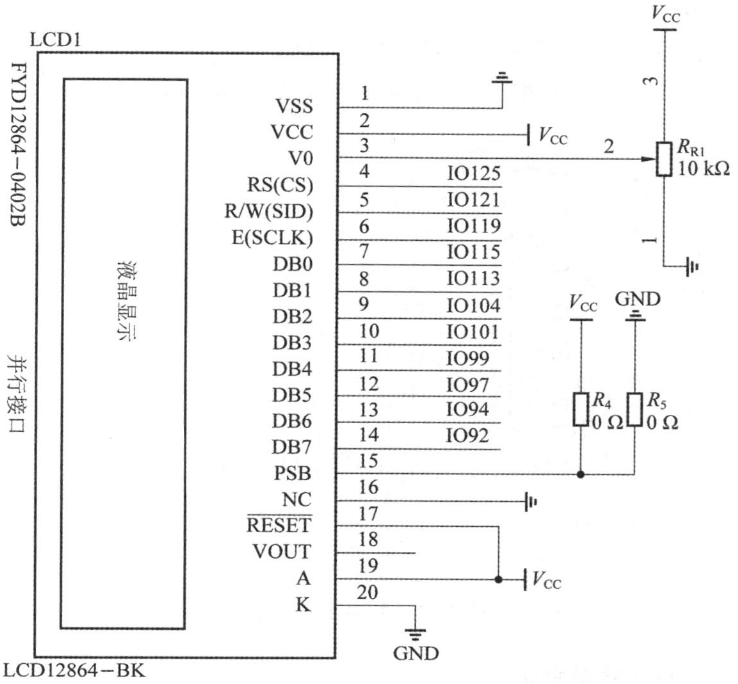

图 5-18　液晶显示接口电路

8. RS232 串口电路

RS232 串口电路如图 5-19 所示。FPGA 管脚是 3.3 V 工作电压，所以使用了 MAX3232 进行 RS232 电平转换，同时，还有两个 LED 用于指示串口的收发工作状态。DB9 接口用于经过电平转换后与计算机进行通信；J3 的 SIP3 接口用于与其他控制器进行通信，或者与 USB 转串口 TTL 电平的转换器通信，不需要经过电平转换芯片。

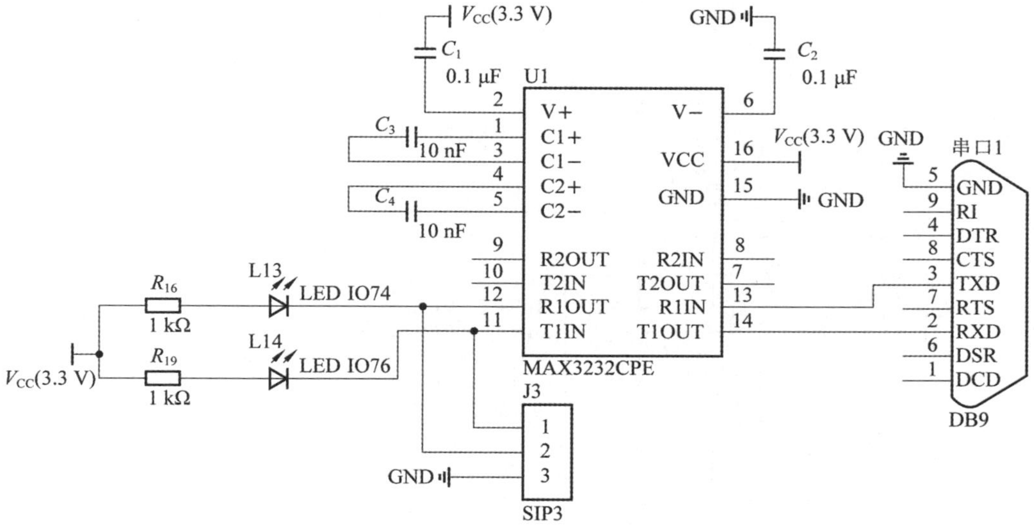

图 5-19　RS232 串口电路

9. VGA 接口电路

VGA 接口电路如图 5-20 所示，本电路采用电阻分压网络的方法来产生 VGA 所需要的不同电压信号，输入端共用了 9 根信号线，可以产生 512 级颜色。

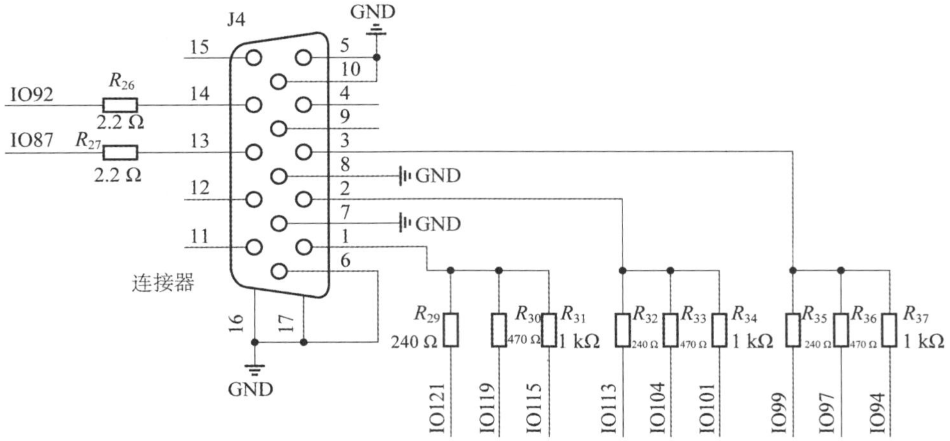

图 5-20　VGA 接口电路

10. 串行 D/A、A/D 转换电路

D/A、A/D 转换电路如图 5-21 所示。

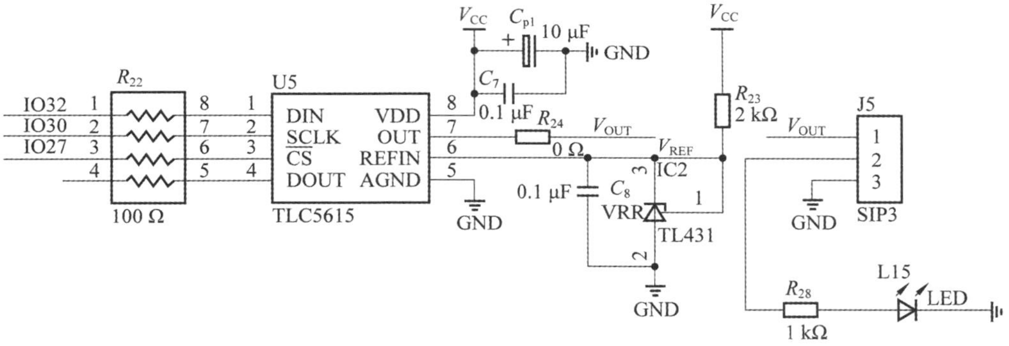

(a) D/A 转换电路

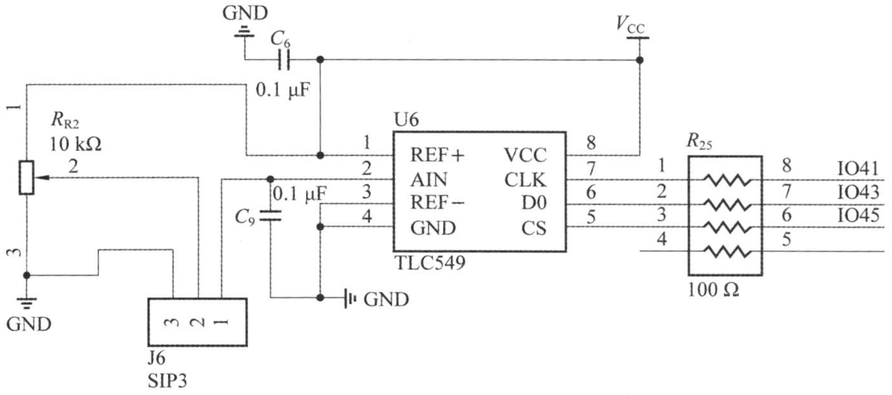

(b) A/D 转换电路

图 5-21　D/A、A/D 转换电路

数模转换(D/A 转换)电路采用串行接口的单通道 10 位 D/A 转换芯片——TLC5615。TLC5615 具有半缓冲输出功能与可编程输出量程功能。数模转换的参考电压从 REFIN 引脚输入，由 TL431 稳压输出 2.5 V 基准电压，D/A 转换输出的电压范围是 0～5 V。

串行模数转换电路采用单通道 8 位 A/D 转换芯片 TLC549，转换所需的电压基准由 REF＋引脚输入，电压基准定为 5 V，芯片可采集的电压范围是 0～5 V。电路图中 R_{R2} 是可调电阻，把 J6 的 1、2 脚用跳线帽短接到可调电阻可作为 AD 的采集电压来源，方便电压测量实验，把 J6 的 2、3 脚连接可从外部接入测量电压。

11. 实时时钟电路

实时时钟(real-time clock，RTC)芯片采用具有 I^2C 接口的低功耗的 CMOS 实时时钟/日历芯片 PCF8563T，它提供一个可编程时钟输出、一个中断输出和掉电检测器，所有的地址和数据通过 I^2C 总线接口串行传输。最大总线速度为 400 Kb/s，每次读/写数据后，内嵌的字地址寄存器会自动产生增量。J8 是备用电池，在电路板不供电时可以保证实时时钟正常运转。实时时钟电路如图 5-22 所示。

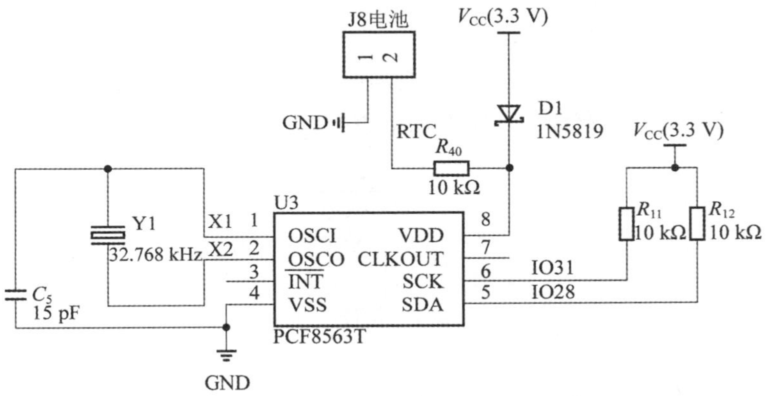

图 5-22　实时时钟电路

另外，为了满足不同的学习需要，底板预留了 DS1302 实时时钟的电路，可以根据习惯和需要在 PCF8563T 和 DS1302 之间选择一种时钟电路，两者都是常用的时钟芯片，网上资料也很丰富。DS1302 控制接口属于 SPI 通信接口，需要三个 I/O 口控制，配置上拉电阻。DS1302 实时时钟电路如图 5-23 所示。

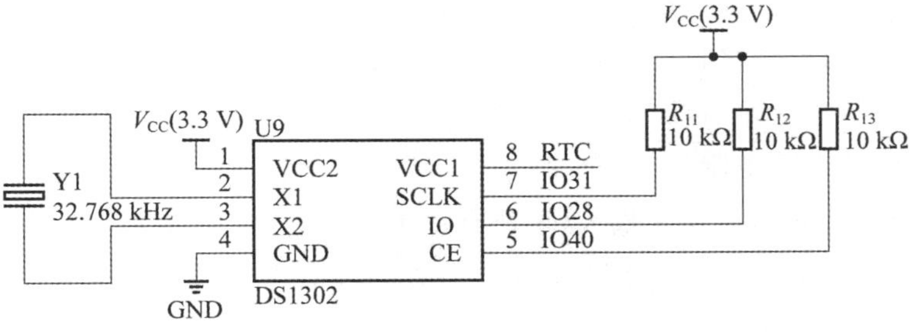

图 5-23　DS1302 实时时钟电路

12. 温度传感器电路

接口板上设有常用的温度传感器电路——DS18B20 温度传感器和 LM75 温度传感器两种。考虑到要兼顾不同用户的兴趣和需求，LM75 是 I^2C 总线通信控制，DS18B20 是单总线控制，数据控制口都需要接上拉电阻。温度传感器电路如图 5-24 所示。

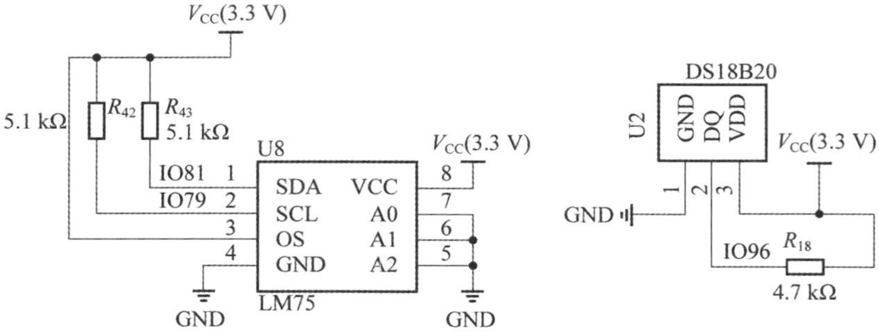

图 5-24　温度传感器电路

13. 存储器 AT24C02 电路

接口板上设有 EEPROM 存储器电路，采用常见的 AT24C02 存储器，该器件使用 I^2C 通信接口，AT24C02 内部可以存储 256 字节的数据。AT24C02 电路如图 5-25 所示。

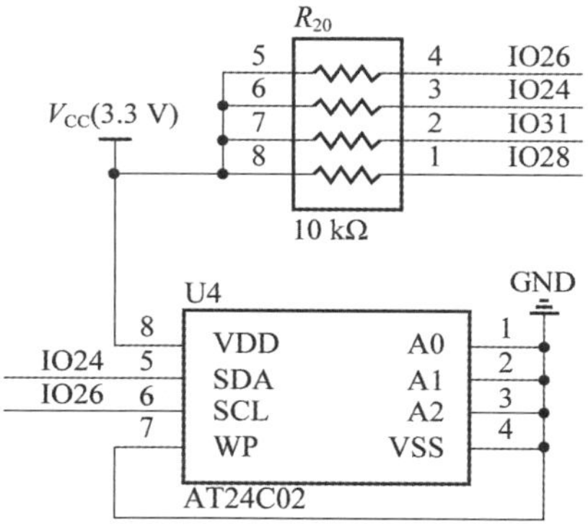

图 5-25　AT24C02 电路

14. 红外接收电路

红外接收电路采用的红外接收头为 HS0038。红外接收电路比较简单，管脚仅有一个电源、接地和数据信号，红外接收头的数据输出口接 FPGA 的引脚 91。HS0038 可以接收红外遥控键盘发出的编码信号，通过 FPGA 解码出来。红外接收电路和实物图如图 5-26 所示。

15. 步进电动机驱动电路

由于 FPGA 接口驱动电流不够大，不能直接驱动步进电动机，需要通过 ULN2003 增大驱动电流再连接到相应的电动机接口，FPGA 控制口接到 ULN2003 的 D0、D1、D2、D3 数字端口，控制输出口 Q0、Q1、Q2、Q3 的电平状态，从而实现对步进电动机的控制。步进电动机驱动电路如图 5-27 所示。

16. 旋转编码开关电路

旋转编码开关有 5 个引脚，使用时脚 2、5 接地，脚 1、3、4 经上拉电阻接到 FPGA 控制

图 5-26　红外接收电路和实物图

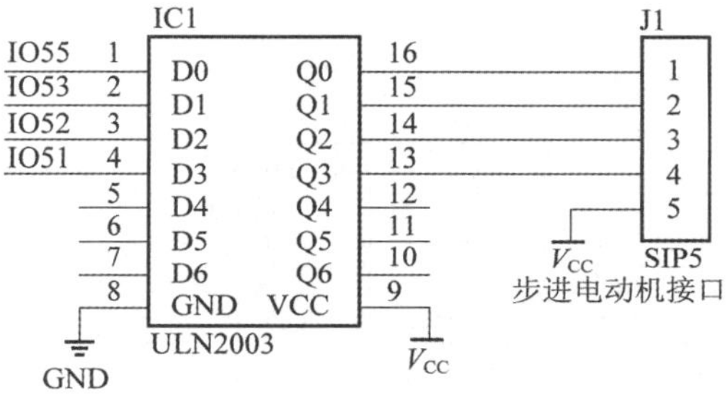

图 5-27　步进电动机驱动电路

I/O口。管脚 1、2、3 的功能：中间脚 2 接地，脚 1、3 接上拉电阻后，开关左转、右转时，在脚 1、3 就有脉冲信号输出了。脚 4、5 为按压开关，按下时导通，恢复时断开。旋转编码开关电路和实物图如图 5-28 所示。

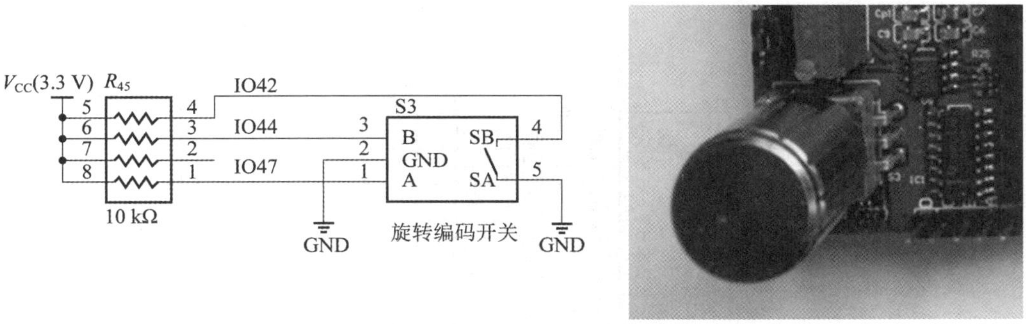

图 5-28　旋转编码开关电路和实物图

17. 超声波模块接口电路

超声波模块采用 HC-SR04 型号，需要将超声波模块的 TRIG 与 FPGA 的一个 I/O 口连接，FPGA 发送触发脉冲信号到 TRIG，ECHO 检测回波输出信号，超声波模块采用 5 V 供电，因为 FPGA 引脚是 3.3 V 的，可采用电阻分压让超声波模块输出信号电压在 FPGA 可接受范围。超声波模块接口电路和实物图如图 5-29 所示。

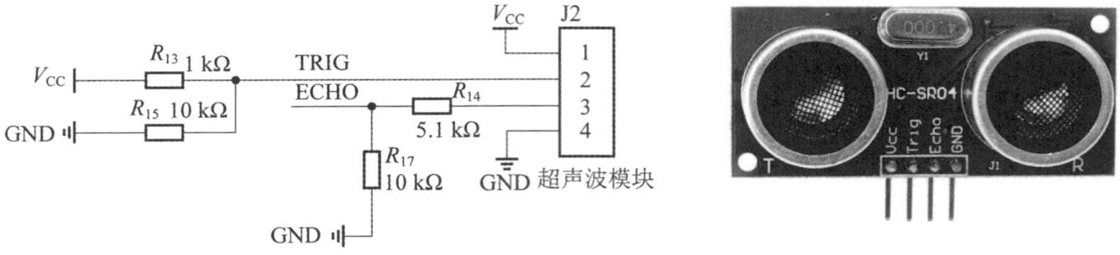

图 5-29　超声波模块接口电路和实物图

18. 插针接口电路

插针接口电路包括与FPGA核心板连接的P1A和P1B接口，以及引出以方便用户使用的接口，其中J10和J11是和底板上其他电路有重叠复用关系的接口，在确认不受其他电路影响时可以使用，J7是和电路板上其他电路没有重叠复用关系的接口，可以放心使用。插针接口电路如图5-30所示。

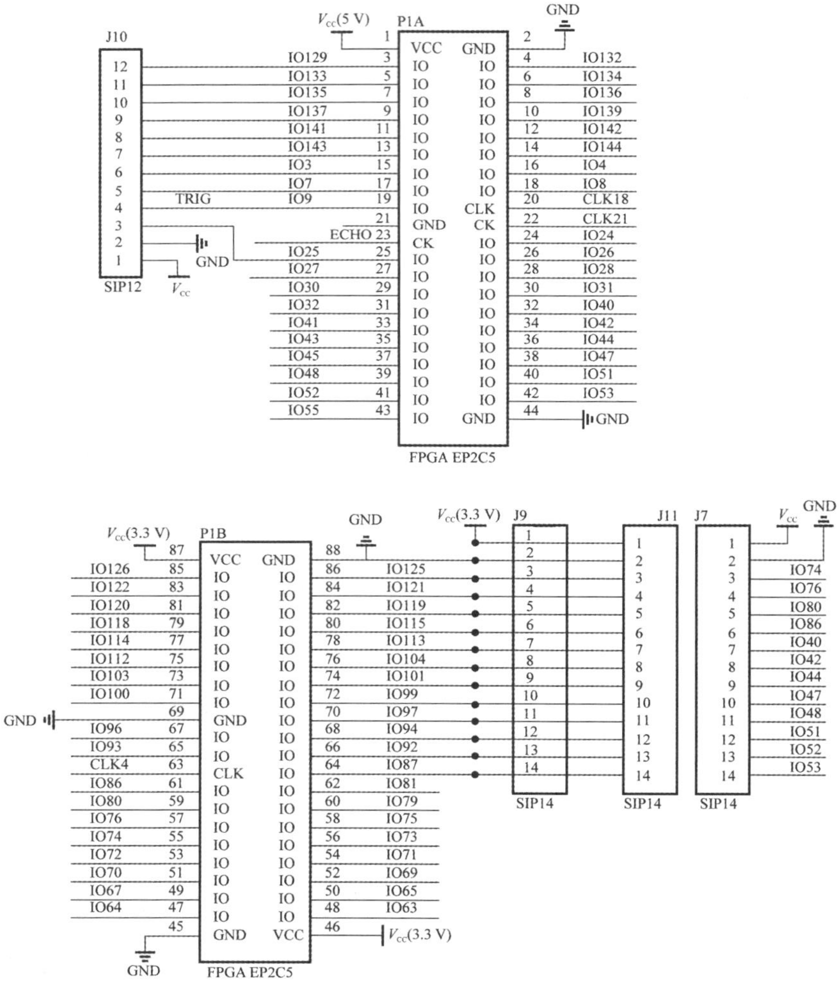

图 5-30　插针接口电路

第 6 章　Verilog HDL 基础知识

本章介绍 Verilog HDL 的语言规则、数据类型和语句结构，并介绍最基本、最典型的数字逻辑电路的 Verilog HDL 描述，作为 Verilog HDL 工程设计的基础。

硬件描述语言(hardware description language，HDL)发展至今已经有多年的历史。现在主要的语言 VHDL(very-high speed-integrated hardware description language)和 Verilog HDL 适应了历史发展的趋势和要求，先后成为 IEEE 标准。硬件描述语言是一种以文本形式来描述数字系统硬件的结构和行为的语言，用它可以描述逻辑电路图、逻辑表达式，还可以表示数字逻辑系统所完成的逻辑功能，任何数字逻辑电路都可以通过硬件描述语言设计实现。硬件描述语言就是用语言描述替代图形化(元件拼凑)设计，把我们要实现的功能和思想用语言的形式写出来，转换成实际电路的工作就交给 EDA 工具去做，从而简化了设计的工作，节约了开发的时间。

Verilog HDL 语言是在最广泛的 C 语言的基础上发展起来的一种硬件描述语言，它是由 GDA(Gateway Design Automation)公司的 Phil Moorby 在 1983 年末首创的，最初只设计了一个仿真与验证工具，之后又陆续开发了相关的故障模拟与时序分析工具。1985 年 Moorby 推出第三个商用仿真器 Verilog-XL，获得了巨大的成功，从而使得 Verilog HDL 迅速得到推广应用。Verilog HDL 的最大特点就是易学易用，有 C 语言编程经验的人可以在较短的时间内学习和掌握 Verilog HDL。

选择学习 VHDL 还是 Verilog HDL? 这是一个初学者最常见的问题。其实这两种语言的差别并不大，它们的描述能力也是类似的。掌握其中一种语言以后，可以通过短期的学习，较快地学会另一种语言。选择何种语言主要还是看周围人群的使用习惯，这样可以方便日后的学习交流。当然，集成电路设计人员必须掌握 Verilog HDL，因为在 IC 设计领域，90%以上的公司都是采用 Verilog HDL 的。对于 PLD/FPGA 设计者而言，两种语言可以自由选择。

设计人员通过计算机对 HDL 进行逻辑仿真和逻辑综合，方便高效地设计数字电路及其产品。常用的 Verilog HDL 开发软件有 Altera 公司的 MAX+plus Ⅱ、Quartus Ⅱ，Xilinx 公司的 ISE 和 Mentor Graphics 公司的 ModelSim。

6.1　Verilog HDL 设计模块的基本结构

相信大家都看过芯片，芯片有名字，有个封装外壳，外壳向外伸出有引脚，各个引脚有对应的名称和功能，用户利用芯片可以实现一定的功能。Verilog HDL 设计模块的功能就相当于设计一个芯片,也包含芯片的相关结构信息。

Verilog HDL 程序设计由模块构成,设计模块的基本结构如图 6-1 所示。一个完整的 Verilog HDL 设计模块包括模块端口定义、I/O 声明、变量类型声明和功能描述 4 个部分。

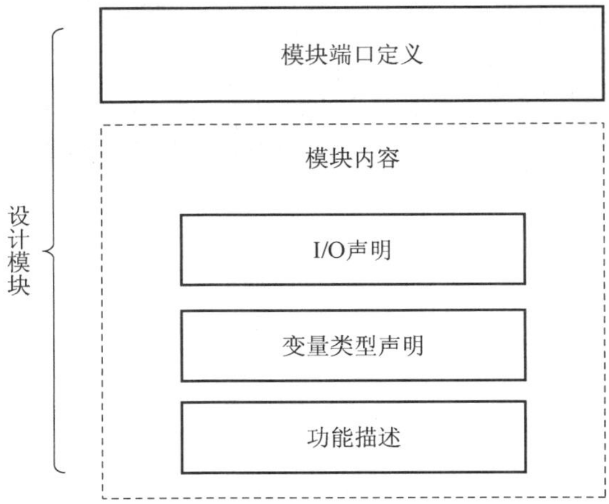

图 6-1　Verilog HDL 程序设计模块的基本结构

简单的 Verilog HDL 例子如下:

```
module block1(a,b,c,d );   //模块端口定义
  input a,b,c;             //输入端口声明
  output d;                //输出端口声明
  wire x;                  //变量类型声明
  assign d=a|x;            //功能描述
  assign x=(b&~c);
endmodule
```

整个 Verilog HDL 程序嵌套在 module 和 endmodule 声明语句中。

每条语句相对 module 和 endmodule 最好缩进 2 格或 4 格。

6.1.1　模块端口定义

模块端口定义用来声明电路设计模块名称及相应的(输入/输出)端口,端口定义格式如下:

```
module 模块名(端口 1,端口 2,端口 3,…);
```

模块名是设计电路的名称,它由用户按照标识符规则命名,它也是保存的源文件名称。例如,设计一个 2 输入 4 与非门电路时,可以用 CT7400 作为模块名,并用 CT7400. v(. v 是 Verilog HDL 源文件的属性后缀)保存设计的源文件。端口定义圆括号中的内容,是设计电路模块与外界联系的全部输入和输出端口的名称或引脚,它是设计模块对外的一个通信界面,是外界可以看到的部分(不包含电源和接地端),多个端口名之间用","分隔。例如,用 adder1 作为 1 位全加器的 Verilog HDL 设计模块名,sum 表示求和输出,cout 表示向高位的进位输出,a 和 b 表示两个加数的输入,cin 表示低位进位输入,则 adder1 模块的端口定义为

```
module adder1(sum,cout,a,b,cin);
```

6.1.2 模块内容

模块内容包括模块的 I/O 声明、变量类型声明和功能描述。

1. 模块的 I/O 声明

模块的 I/O 声明用来声明模块端口定义中各端口数据流动方向，包括输入(input)、输出(output)和双向(inout)。I/O 声明格式如下：

```
input 端口 1,端口 2,端口 3,…;  //声明输入端口
output 端口 1,端口 2,端口 3,…; //声明输出端口
```

例如，1 位全加器的 I/O 声明为

```
input a,b,cin;
output sum,cout;
```

2. 变量类型声明

变量类型声明用来声明设计电路的功能描述中所用的变量的数据类型和函数。变量的类型主要有连线(wire)、寄存器(reg)、整型(integer)、实型(real)和时间(time)等。例如：

```
wire a,b,cin;          //声明 a,b,cin 是 wire 型变量
reg cout;              //声明 cout 是 reg 型变量
reg [7:0] q;           //声明 q 是 8 位 reg 型变量
```

在 Verilog HDL 的 2001 年版本或以上版本，允许将 I/O 声明和变量类型声明放在一条语句中，例如：

```
output reg [7:0] q;//声明 q 是 8 位 reg 型输出变量
```

变量声明部分内容将在后续的章节中详细介绍。

3. 功能描述

功能描述是 Verilog HDL 程序设计中最主要的部分，用来描述设计模块的内部结构和模块端口间的逻辑关系，在电路上相当于实现器件的功能或定义内部电路结构。功能描述可以用 assign 语句、元件例化、always 块语句、initial 块语句等方法来实现，通常把确定这些设计模块功能描述的方法称为建模。

1) 用 assign 语句建模

用 assign 语句建模很简单，只需要在“assign”后面加一个表达式即可。assign 语句一般适合用于对组合逻辑进行赋值，此赋值方式称为连续赋值方式。

例 6-1 设计 1 位全加器。

1 位全加器的逻辑符号如图 6-2 所示，其中 sum 是全加器的求和输出端，cout 是进位输出端，a 和 b 是两个加数输入端，cin 是低位进位输入端。

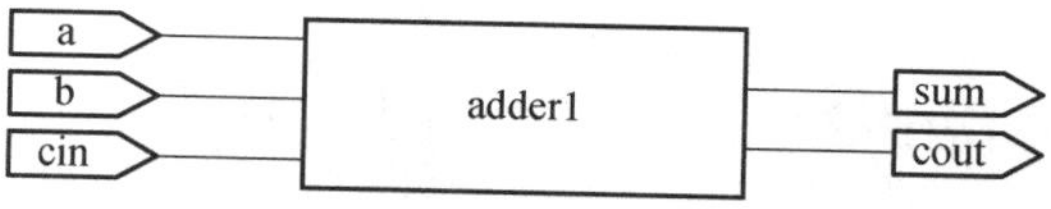

图 6-2 1 位全加器的逻辑符号

全加器设计电路的 Verilog HDL 源程序 adder1. v 如下：

```
module adder1(sum,cout,a,b,cin);
  input a,b,cin;
  output sum,cout;
  assign {cout,sum}=a+b+cin;
endmodule
```

在例 6-1 中，用语句“assign {cout，sum}＝a＋b＋cin;”实现 1 位全加器的进位输入 cout 与和输出 sum 的建模。在语句表达式中，用并接运算符“{}”将 cout、sum 这两个 1 位操作数并接为一个 2 位操作数，位于左边的操作数的权值高，位于右边的操作数的权值低。

2）用元件例化方式建模

用元件例化方式建模是利用 Verilog HDL 提供的元件库实现的。例如，用与门例化元件定义一个 3 输入端与门可以写为

```
and myand3(y,a,b,c);
```

其中：and 是 Verilog HDL 元件库中“与门”元件名，属于关键字；myand3 是可选的自定义例化名(可以忽略)；y 是与门的输出端，a、b 和 c 是输入端。

注意：

(1)元件例化就是调用 Verilog HDL 提供的元件。

(2)元件例化包括门元件例化和模块元件例化。

(3)每个实例元件的名字必须唯一，以避免与其他调用元件的实例相混淆。

(4)例化元件名也可以省略。

3）用 always 块语句建模

always 块语句可以用于设计组合逻辑和时序逻辑；时序逻辑必须用 always 块语句来建模。一个程序设计模块中可以包含一个或多个 always 块语句。程序运行过程中，某种条件每满足一次，就执行一遍 always 结构中的语句。

例 6-2 设计 8 位二进制加法计数器。

用 Verilog HDL 设计的 8 位二进制加法计数器的元件符号如图 6-3 所示，其中：q 是 8 位二进制计数器的输出端(8 位向量)；cout 是进位输出端(1 位)；d 是并行数据输入端(8 位向量)；clk 是时钟控制输入端，上升沿为有效边沿；clrn 是同步复位输入端，低电平有效，当 clk 的上升沿到来且 clrn＝0 时，计数器被复位，q＝0；load 是计数器的预置控制输入端，当 clk 的上升沿到来时，若 load＝1(有效)，q＝d。

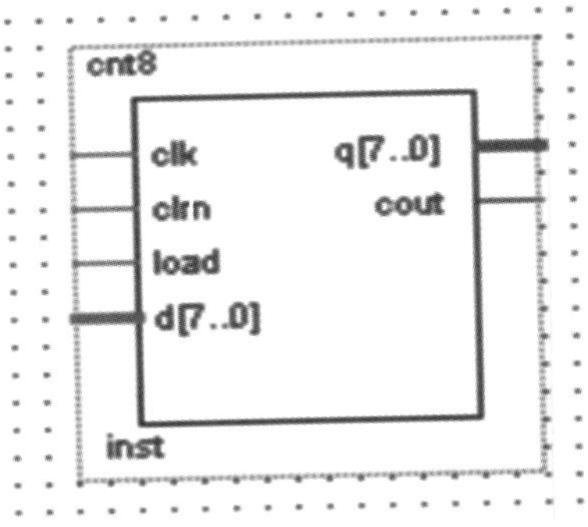

图 6-3　8 位二进制加法计数器的逻辑符号

8 位二进制加法计数器的 Verilog HDL 源程序 cnt8.v 如下：

```
module cnt8(clk,clrn,load,d,q,cout);
  input [7:0] d;
  input clk,clrn,load;
  output reg [7:0] q;
  output reg cout;
always @(posedge clk)
```

```
    begin
      if(~clrn) q=0;
        else if(load) q=d;
          else q=q+1;
            cout=&q;
    end
endmodule
```

在例 6-2 的源程序中，用 always 块语句来实现 8 位二进制加法计数器的建模。

@(posedge clk)是时间控制敏感函数，表示 clk 上升沿到来的敏感时刻。每当 clk 的上升沿到来时，always 块中的全部语句就执行一遍。另外，在程序的最后用"cout＝&q"语句产生进位输出，在语句中"&q"是与缩减运算，只有 q 中的数字全为 1 时，结果 cout 才为 1。

注意：

(1)always 块语句常用于描述时序逻辑，也可描述组合逻辑。

(2)always 块可用多种手段来表达逻辑关系，如用 if-else 语句或 case 语句。

(3)always 块语句与 assign 语句是并发执行的，assign 语句一定要放在 always 块语句之外。

4）用 initial 块语句建模

initial 块语句与 always 块语句类似，不过在程序中它只执行 1 次就结束了。initial 块语句常用于设计电路的初始化操作和仿真。

从例 6-1 和例 6-2 可以看出 Verilog HDL 程序设计模块的基本结构：

① Verilog HDL 程序是由模块构成的。每个模块的内容都是嵌在 module 和 endmodule 两语句之间的，每个模块实现特定的功能，模块是可以进行层次嵌套的。

② 每个模块首先要进行端口定义，并声明输入(input)、输出(output)或双向(inout)端口，然后对模块的功能进行逻辑描述。

③ Verilog HDL 程序的书写格式自由，一行可以写一条或多条语句，一条语句也可以分为多行写。

④ 除了 end 或以 end 开头的关键字(如 endmodule)语句外，每条语句后必须要有分号。程序中的关键字全部用小写字母书写，标点符号全部用半角符号。

⑤ 可以用/* …… */或//对 Verilog HDL 程序的任何部分做注释。一个完整的源程序应当加上需要的注释，以加强程序的可读性。

⑥ 每个 Verilog HDL 源文件中只准有一个顶层模块，其他为子模块。

Verilog HDL 模块的模板(仅考虑用于逻辑可综合的部分)如下：

```
module <顶层模块名>(<输入/输出端口列表>);
  output 输出端口列表;
  input 输入端口列表;
//(1) 使用 assign 语句定义逻辑功能
  wire 结果信号名;
  assign<结果信号名>=表达式;
//(2) 使用 always 块定义逻辑功能
  always @(<敏感信号表达式>)
    begin
```

```
        //过程赋值语句
        //if 语句
        //case 语句
        //while,repeat,for 循环语句
        //task,function 调用
    end
//(3) 元件例化
    <module_name> <instance_name> (<port_list>);       // 模块元件例化
    <gate_type_keyword> <instance_name> (<port_list>);//门元件例化
endmodule
```

6.2 Verilog HDL 的词法

Verilog HDL 源程序由用空白符号分隔的词法符号流所组成。词法符号包括空白符、注释、常数、字符串、关键字、标识符和操作符。准确无误地理解和掌握 Verilog HDL 的词法符号的规则和用法,对正确地完成 Verilog HDL 程序设计十分重要。

6.2.1 空白符和注释

Verilog HDL 的空白符包括空格、Tab 符号、换行和换页。空白符用来分隔不同的词法符号,合理地使用空白符可以使源程序具有一定的可读性和编程风格。空白符如果不是出现在字符串中,编译源程序时将被忽略。

注释分为行注释和块注释两种方式。行注释用符号//(两个斜杠)开始,注释到本行结束。块注释用/* 开始,用 */结束。块注释可以跨越多行,但它们不能嵌套。

6.2.2 常数

在 Verilog HDL 中的常数包括数字、未知值 x(或 X)和高阻态值 z(或 Z)三种。

数字可以用二进制、十进制、八进制和十六进制 4 种不同数制来表示,完整的数字格式为

```
<位宽>'<进制符号><数字>
```

其中:位宽表示数字对应的二进制数的位数宽度;进制符号包括 b(或 B,表示二进制数)、d(或 D,表示十进制数)、o(或 O,表示八进制数)和 h(或 H,表示十六进制数)。例如:

```
8'b10110001        //表示位宽为 8 位的二进制数 10110001
8'hf5              //表示位宽为 8 位的十六进制数 f5
```

数字的位宽可以缺省,例如:

```
'b10110001         //表示二进制数
'hf5               //表示十六进制数
```

十进制数的位宽和进制符号可以缺省,例如:

```
125                //表示十进制数 125
```

未知值和高阻态值可以出现在除十进制数以外的数字形式中。x 和 z 的位数由所在的数字格式决定:在二进制数格式中,一个 x 或 z 表示 1 位未知位或 1 位高阻位;在十六进制

数中，一个 x 或 z 表示 4 位未知位或 4 位高阻位；在八进制数中，一个 x 或 z 表示 3 位未知位或 3 位高阻位。例如：

```
'b1111xxxx        //等效于'hfx
'b1101zzzz        //等效于'hdz
```

6.2.3 字符串

字符串是用双引号括起来的可打印字符序列，它必须包含在同一行中。例如，“ABC”“A BOY.”“A”“1234”中引号内的都是字符串。

6.2.4 关键字

关键字是 Verilog HDL 预先定义的单词，它们在程序中有不同的使用目的。例如，用 module 和 endmodule 来指出源程序模块的开始和结束，用 assign 来描述一个逻辑表达式等。Verilog-1995 的关键字有 97 个，Verilog-2001 增加了 5 个，共 102 个。Verilog HDL 关键字（部分）如表 6-1 所示，关键字一般由小写字母组成，少数关键字中包含数字“0”或“1”。

表 6-1 Verilog HDL 关键字（部分）

序号	关键字	序号	关键字	序号	关键字	序号	关键字
1	always	22	for	43	pmos	64	tri0
2	bufif0	23	highz0	44	pulldown	65	wait
3	cmos	24	input	45	repeat	66	wire
4	edge	25	medium	46	reranif1	67	buf
5	endmodule	26	nor	47	strong0	68	casez
6	event	27	output	48	task	69	disable
7	function	28	pull1	49	tri	70	endfunction
8	inout	29	release	50	vectored	71	endtask
9	macromodule	30	rtranif0	51	while	72	fork
10	nmos	31	specparam	52	begin	73	initial
11	or	32	table	53	casex	74	large
12	pull0	33	tranif1	54	defparam	75	negedge
13	reg	34	trior	55	endcase	76	notif1
14	rtran	35	weak1	56	endtable	77	primitive
15	specify	36	xor	57	forever	78	rcmos
16	supply1	37	assign	58	if	79	rpmos
17	tranif0	38	case	59	join	80	small
18	triand	39	default	60	nand	81	supply0
19	weak0	40	end	61	notif0	82	tran
20	xnot	41	endspecify	62	posedge	83	tri1
21	and	42	force	63	pullup	84	wand

续表

序号	关键字	序号	关键字	序号	关键字	序号	关键字
85	bufif1	89	highz1	93	rnmos	97	wor
86	deassign	90	integer	94	scalared		
87	else	91	module	95	strong1		
88	endprimitive	92	not	96	time		

6.2.5 标识符

标识符是用户编程时为常量、变量、模块、寄存器、端口、连线、示例和 begin-end 块等元素定义的名称。标识符可以是由字母、数字和下画线（“_”）等符号组成的任意序列。定义标识符时应遵循如下规则：

① 首字符不能是数字。

② 字符数不能多于 1024 个。

③ 大小写字母是不同的。

④ 不要与关键字同名。

例如，a、b、adder8、counter、my_adder 都是正确的标识符，而 123a、? b、module 是错误的标识符。

与 VHDL'93 标准支持扩展标识符类似，Verilog HDL 允许使用转义标识符。转义标识符中可以包含任意的可打印字符，转义标识符从空白符号开始，以反斜杠“\”作为开始标记，到下一个空白符号结束，反斜杠不是标识符的一部分。下面是转义标识符的示例：

```
\74LS00
\a+b
```

6.2.6 操作符

操作符也称为运算符，是 Verilog HDL 预定义的函数名字，这些函数对被操作的对象（即操作数）进行规定的运算，得到一个结果。操作符通常由 1～3 个字符组成，例如，“＋”表示加操作，“＝＝”（两个＝字符）表示逻辑等操作，“＝＝＝”（3 个＝字符）表示全等操作。有些操作符的操作数只有 1 个，称为单目操作；有些操作符的操作数有 2 个，称为双目操作；有些操作符的操作数有 3 个，称为三目操作。

Verilog HDL 的操作符分为算术操作符、逻辑操作符、位运算操作符、关系操作符、等值操作符、缩减操作符、转移操作符、条件操作符和并接操作符 9 类。

1. 算术操作符(arithmetic operators)

常用的算术操作符有＋（加）、－（减）、*（乘）、/（除）、%（求余）和 **（乘方）6 种。其中%是求余操作符，在两个整数相除的基础上，取出其余数。例如：5%6 的值为 5；13%5 的值是 3。整除(/)和求余(%)运算符可以方便电路的设计，如将二进制数转换为十进制数，但这两种运算符在综合过程中会占用很多逻辑单元，所以一般电路设计最好不要使用。算术操作符的示例如下：

```
module arithmetic(clk,a,b,c,d,e);
  output [3:0] c,d;
  output [7:0] e;
  input [3:0] a,b;
  input clk;
  reg [3:0] c,d;
  reg [7:0] e;
  always @(posedge clk)
  begin
    c=a/b;  //整数除法运算时,结果值只取整数部分
    d=a%b;  //求余数
    e=a*b;  //乘法
  end
endmodule
```

2. 逻辑操作符(logical operators)

逻辑操作符包括 &&(逻辑与)、||(逻辑或)和!(逻辑非)。例如,A&&B 表示 A 和 B 进行逻辑与运算;A||B 表示 A 和 B 进行逻辑或运算;!A 表示对 A 进行逻辑非运算。该类操作符常用于条件语句的判断条件中,示例如下:

```
always @(a or b)
begin
  if(a&&b) c=1;
  else c=0;
end
```

3. 位运算操作符(bitwise operators)

位运算是将两个操作数按对应位进行逻辑操作。位运算操作符包括~(按位取反)、&(按位与)、|(按位或)、^(按位异或)、^~或~^(按位同或)。例如,设 A='b11010001,B='b00011001,则相关位运行结果如下:

```
~A='b00101110
A&B='b00010001
A|B='b11011001
A^B='b11001000
A^~B='b00110111
```

在进行位运算时,两个操作数的位宽不同,计算机会自动将两个操作数按右端对齐,位数少的操作数会在高位用 0 补齐。

位运算与逻辑操作符运算的结果是相同的,因此,逻辑操作运算可以直接用位运算替代,例如,A&&B 可以写成 A&B。

4. 关系操作符(relational operators)

关系操作符用来对两个操作数进行比较。关系操作符有 <(小于)、<=(小于等于)、>(大于)和>=(大于等于)。其中,<=也是赋值运算的赋值符号。

关系运算的结果是 1 位逻辑值。在进行关系运算时,如果关系是真,则计算结果为 1;如果关系是假,则计算结果为 0;如果某个操作数的值不定,则计算结果不定(为未知值 x),表

示结果是模糊的。该类操作符常用于条件语句的判断条件中。例如：

```
always @(a or b)
begin
  if(a>b) c=1;
  else c=0;
end
```

5. 等值操作符(equality operators)

等值操作符包括==(相等)、!=(不等于)、===(全等)、!==(不全等)4种。

等值运算的结果也是1位逻辑值：当运算结果为真时，返回值1；为假则返回值0。相等操作符(==)与全等操作符(===)的区别是：进行相等运算时，两个操作数必须逐位相等，其比较结果的值才为1(真)，如果某些位是不定或高阻状态，其相等比较的结果就会是不定值；而进行全等运算时，对不定或高阻状态位也进行比较，两个操作数完全一致时，其结果的值才为1(真)，否则结果的值为0(假)。

例如，设A='b1101xx01，B='b1101xx01，则A==B运算的结果为x(未知)，A===B运算的结果为1(真)。

该操作符常用于条件语句的判断条件中，例如：

```
module count(clk,cnt);
  input clk;
  output [2:0] cnt;
  reg [2:0] cnt;
  always @(posedge clk)
  begin
    if(cnt==7)
        cnt<=0;
    else
        cnt<=cnt+1;
  end
endmodule
```

6. 缩减操作符(reduction operators)

缩减操作符包括&(与)、~&(与非)、|(或)、~|(或非)、^(异或)、^~或~^(同或)。缩减操作运算法则与逻辑运算操作相同，但运算对象只有一个。在进行缩减操作运算时，对操作数进行与、与非、或、或非、异或、同或等缩减操作运算，运算结果是1位——“1”或“0”。例如，设A='b11010001，则&A=0(在与缩减运算中，只有A中的数字全为1时，结果才为1)；|A=1(在或缩减运算中，只有A中的数字全为0时，结果才为0)。缩减操作相当于一个逻辑门，与缩减运算相当于一个与门，只有与门的全部输入为“1”时，输出(1位)才为“1”，否则输出为“0”。

缩减操作符是对单个操作数进行递推运算，即先将操作数的最低位与第二位进行与、或、非运算，再将运算结果与第三位进行相同的运算，依次类推，直至最高位。运算结果缩减为1位二进制数。例如：

```
reg [3:0] a;
b=|a;          //等效于 b=((a[0]|a[1])|a[2])|a[3]
```

7. 转移操作符(shift operators)

转移操作符包括＞＞(右移)和＜＜(左移)。其使用方法为

```
操作数>>n;      //将操作数的内容右移 n 位,同时从左边开始用 0 来填补移出的位数
操作数<<n;      //将操作数的内容左移 n 位,同时从右边开始用 0 来填补移出的位数
```

例如,设 A＝'b11010001,则 A＞＞4 的结果是 A＝'b00001101,而 A＜＜4 的结果是 A＝'b00010000。

8. 条件操作符(conditional operators)

条件操作符为?:。

条件操作符的操作数有 3 个,其使用格式为

```
操作数=条件?表达式 1:表达式 2;
```

即当条件为真(条件结果值为 1)时,操作数＝表达式 1;为假(条件结果值为 0)时,操作数＝表达式 2。

例 6-3 用 Verilog HDL 的条件操作符设计三态输出电路。

三态输出电路如图 6-4 所示,其中 a 是 1 位数据输入端,f 是 1 位数据输出端,en 是使能控制输入端,高电平有效。当 en＝1 时,电路工作,输出 f＝a;当 en＝0 时,电路不工作,输出为高阻态(f＝'bz)。

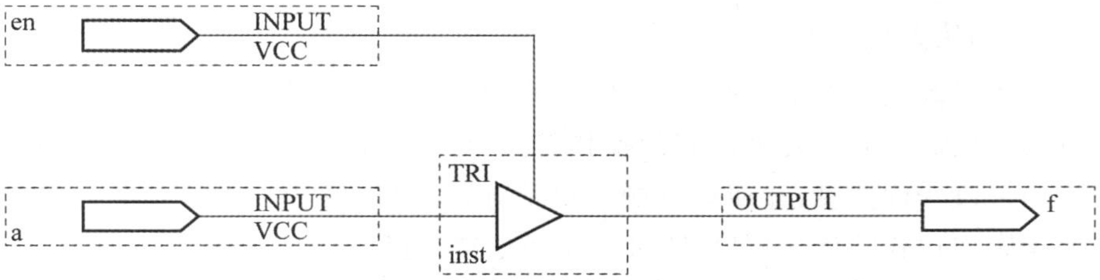

图 6-4 三态输出电路(例 6-3 的硬件实现电路)

用 Verilog HDL 的条件操作符设计三态输出电路的源程序如下:

```
module tri_v(f,a,en);
  input a,en;
  output f;
  assign f=en?a:'bz;
endmodule
```

在例 6-3 中用了一个含有"?:"条件操作符的"assign f＝en?a:'bz;"语句来描述三态输出电路,assign 语句的条件是变量 en,其值只有 0 和 1 两种。当 en 为 1(真)时 y＝a,为 0(假)时则 y＝'bz(高阻态)。三态输出电路的仿真波形如图 6-5 所示。在波形图中,当 en＝0 时输出 f 为高阻态(高阻态以在高、低电平中部的粗线表示);当 en＝1 时,输出 f 与输入 a 的波形相同。

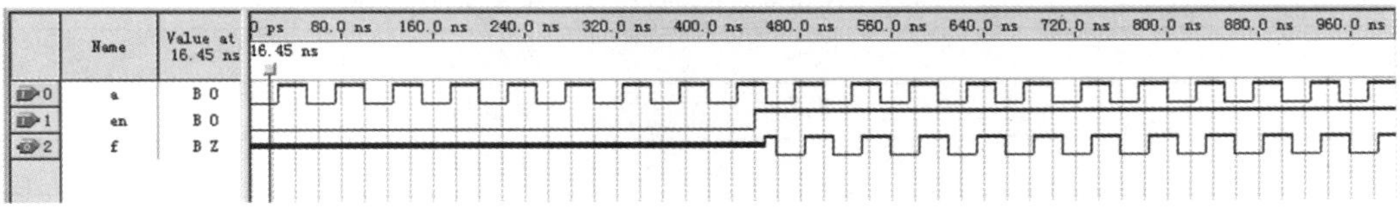

图 6-5 三态输出电路的仿真波形

9. 并接操作符(concatenation operators)

并接操作符为{}。并接操作符的使用格式为

```
{操作数 1 的某些位,操作数 2 的某些位,…,操作数 n 的某些位};
```

即将操作数 1 的某些位、操作数 2 的某些位直至操作数 n 的某些位并接在一起，构成一个由这些数组成的多位数，当作一个整体信号。

例如，将 1 位全加器进位 cout 与求和 sum 并接在一起使用，它们的结果由两个加数 a、b 及低位进位 cin 相加决定，表达式为

```
assign {cout,sum}=a+b+cin;
```

又如，{a,b[3:0],w,3'b101}等同于{a,b[3],b[2],b[1],b[0],w,1'b1,1'b0,1'b1}。

可用重复法简化表达式，如{4{w}}等同于{w,w,w,w}。

还可用嵌套方式简化书写，如{b,{3{a,b}}}等同于{b,{a,b},{a,b},{a,b}}，也等同于{b,a,b,a,b,a,b}。

在位并接表达式中，不允许存在没有指明位数的信号，必须指明信号的位数；若未指明，则默认为 32 位的二进制数。例如，{1,0}等同于 64'h00000001_00000000。

注意：

{1,0}不等于 2'b10。

10. 操作符的优先级

操作符的优先级如表 6-2 所示，表中顶部的操作符优先级最高，底部的最低，列在同一行的操作符的优先级相同。几乎所有的操作符(?:除外)在表达式中都是从左向右结合的。圆括号可以用来改变优先级，并使运算顺序更清晰，对操作符的优先级不能确定时，最好使用圆括号来确定表达式的优先顺序，既可以避免出错，也可以增加程序的可读性。例如：

```
(a>b)&&(b>c);
(a==b)||(x==y);
(!a)||(a>b);
```

表 6-2 操作符的优先级

优先级序号	操 作 符	操作符名称
1	!、~	逻辑非、按位取反
2	*、/、%	乘、除、求余
3	+、-	加、减
4	<<、>>	左移、右移
5	<、<=、>、>=	小于、小于等于、大于、大于等于
6	==、!=、===、!==	相等、不等于、全等、不全等
7	&、~&	缩减与、缩减与非
8	^、^~	缩减异或、缩减同或
9	|、~|	缩减或、缩减或非
10	&&	逻辑与
11	||	逻辑或
12	?:	条件操作符

6.2.7 Verilog HDL 数据对象

Verilog HDL 数据对象是指用来存放各种类型数据的容器，包括常量和变量。

1. 常量

常量是一个恒定不变的值，一般在程序前部定义。常量定义格式为

```
parameter 常量名1=表达式,常量名2=表达式,…,常量名n=表达式;
```

其中，parameter 是常量定义关键字，常量名是用户定义的标识符，表达式是为常量赋的值。例如：

```
parameter Vcc=5, fbus=8'b11010001;
```

上述语句定义了常量 Vcc 的值为十进制数 5，常量 fbus 的值为二进制数 8'b11010001。

每个赋值语句的等号右边必须为常数表达式，即只能包含数字或先前定义过的符号常量。

```
parameter addrwidth=16;                //合法格式
parameter addrwidth=datawidth*2;      //非法格式
```

常用参数来定义延迟时间和变量宽度。

可用字符串表示的任何地方，都可以用定义的参数来代替。

参数是本地的，其定义只在本模块内有效。

在引用模块或实例时，可通过参数传递改变在被引用模块或实例中已定义的参数。

2. 变量

变量是在程序运行时其值可以改变的量。在 Verilog HDL 中，变量分为网络型(nets type)和寄存器型(register type)两种。

1）网络型变量

网络型变量又称 nets 型变量，是输出值始终根据输入变化而更新的变量，它一般被用来定义硬件电路中的各种物理连线。Verilog HDL 提供了多种 nets 型变量，如表 6-3 所列。

表 6-3　常用的 nets 型变量及说明

类　型	功能说明
wire、tri	连线类型(两者功能完全相同)
wor、trior	具有线或特性的连线(两者功能一致)
wand、triand	具有线与特性的连线(两者功能一致)
tri1、tri0	分别为带有上拉电阻和下拉电阻
supply1、supply0	分别为电源线(逻辑 1)和地线(逻辑 0)

在 nets 型变量中，wire 型变量是最常用的一种。wire 型变量常用来表示以 assign 语句赋值的组合逻辑变量。Verilog HDL 模块中的输入/输出变量类型缺省时将被自动定义为 wire 型。wire 型变量可以作为任何方程式的输入，也可以作为 assign 语句和元件例化的输出。综合而言，wire 型变量的取值可以是 0、1、x 和 z。

wire 型变量的定义格式如下：

```
wire 变量名 1,变量名 2,…,变量名 n;
```

例如：

```
wire a,b,c;            //定义了 3 个 wire 型变量，位宽均为 1 位
wire [7:0] databus;    //定义了 1 个 wire 型数据总线，位宽为 8 位
wire [15:0] addrbus;   //定义了 1 个 wire 型地址总线，位宽为 16 位
```

2）寄存器型变量

寄存器型变量又称 register 型变量，对应具有状态保持作用的电路元件（如触发器、寄存器等），常用来表示过程块语句（如 initial、always、task、function）内的指定信号。它作为一种数值容器，不仅可以容纳当前值，也可以保持历史值，这一属性与触发器或寄存器的记忆功能有很好的对应关系。register 型变量也是一种连接线，可以作为设计模块中各器件间的信息传送通道。

register 型变量与 wire 型变量的根本区别在于 register 型变量需要被明确地赋值，并且在被重新赋值前一直保持原值。wire 型变量在 assign 语句中和元件例化时赋值，而 register 型变量在 always、initial 等过程语句中赋值。register 型变量必须通过过程赋值语句赋值，不能通过 assign 语句赋值，在过程块内被赋值的每个信号必须定义成寄存器型。

Verilog HDL 中常用的 register 型变量有 4 种，如表 6-4 所列。

表 6-4　常用的 register 型变量及说明

类　　型	说　　明
reg	常用的寄存器型变量
integer	32 位带符号整数型变量
real	64 位带符号实数型变量
time	无符号时间型变量

integer、real 和 time 3 种寄存器型变量都是纯数学的抽象描述（不可综合），不对应任何具体的硬件电路，但它们可以描述与模拟有关的计算。例如，可以利用 time 型变量控制经过特定的时间关闭显示等。

reg 型变量是可综合的数字系统中存储设备的抽象，常用于具体的硬件描述，因此是最常用的寄存器型变量。下面重点介绍 reg 型变量。

reg 型变量定义的关键字是 reg，定义格式如下：

```
reg [位宽] 变量 1,变量 2,…,变量 n;
```

用 reg 定义的变量有一个范围选项（即位宽），默认的位宽是 1 位。位宽为 1 位的变量称为标量，位宽超过 1 位的变量称为向量。标量的定义不需要加位宽选项，例如：

```
reg a,b;              //定义两个 reg 型标量 a,b
```

定义向量时需要加位宽选项，例如：

```
reg [7:0] data;       //定义 1 个 8 位 reg 型变量，最高有效位是 7，最低有效位是 0
reg [0:7] data;       //定义 1 个 8 位 reg 型变量，最高有效位是 0，最低有效位是 7
```

向量定义后可以有多种使用形式（即赋值）：

① 为整个向量赋值的形式为

```
data=8'b00000000;
```

② 为向量的部分位赋值的形式为

```
data[5:3]=3'b111;        //将 data 的第 3～5 位赋值为“111”
```

③ 为向量的某一位赋值的形式为

```
data[7]=1'b1;
```

在过程块中被赋值的 reg 信号，往往代表触发器，但不一定就是触发器（也可以是组合逻辑信号）。利用 reg 型变量既可生成触发器，也可生成组合逻辑；利用 wire 型变量只能生成组合逻辑。

用 reg 型变量生成组合逻辑举例：

```
module rw1(a,b,out1,out2);
  input a,b;
  output out1,out2;
  reg out1;
  wire out2;
  assign out2=a;        //连续赋值语句
  always @(b)           //电平触发
    out1<=~b;           //过程赋值语句
endmodule
```

其示意图如图 6-6 所示。

用 reg 型变量生成触发器举例：

```
module rw2(clk,d,out1,out2);
  input clk,d;
  output out1,out2;
  reg out1;
  wire out2;
  assign out2=d&~out1;      //连续赋值语句
  always @(posedge clk)     //边沿触发
  begin
    out1<=d;                //过程赋值语句
  end
endmodule
```

其示意图如图 6-7 所示。

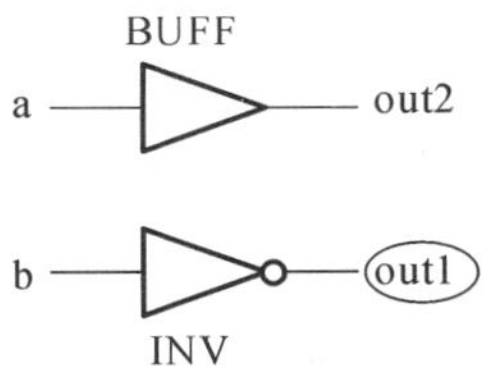

图 6-6　用 reg 型变量生成组合逻辑示意图

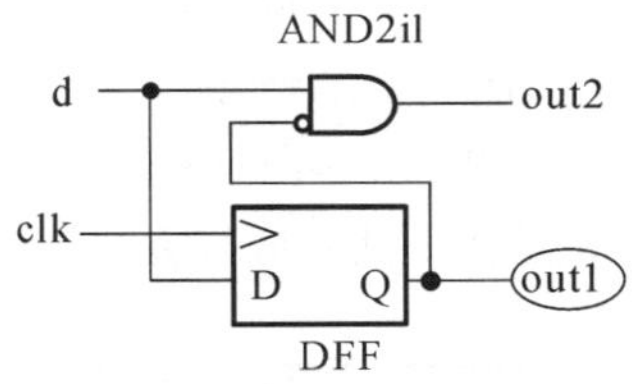

图 6-7　用 reg 型变量生成触发器示意图

3）存储器型变量

若干个相同宽度的向量构成数组。在数字系统中，reg 型数组变量即为存储器型变量。存储器型变量可以用如下语句定义：

```
reg [7:0] mymemory[511:0];
```

上述语句定义了一个 512 字存储器型变量 mymemory，每个字的字长为 8 位。可以用下面的语句来使用该存储器型变量：

```
mymemory[7]=75;        //存储器型变量 mymemory 的第 7 个字被赋值 75
```

存储器型变量又称 memory 型变量，与 reg 型变量的区别在于，一个 n 位的寄存器可用一条赋值语句赋值，一个完整的存储器则不行。若要对某存储器中的存储单元进行读写操作，必须指明该单元在存储器中的地址。

例如：

```
reg [n-1:0] rega;      //一个 n 位的寄存器
reg mema[n-1:0];       //由 n 个 1 位寄存器组成的存储器
```

又如：

```
rega=0;                //合法赋值语句
mema=0;                //非法赋值语句
mema[8]=1;             //合法赋值语句
mema[1023:0]=0;        //合法赋值语句，必须指明存储单元的地址
```

6.3 Verilog HDL 的语句

语句是构成 Verilog HDL 程序不可缺少的部分。Verilog HDL 的语句包括赋值语句、条件语句、循环语句、结构声明语句和编译预处理语句等类型，每一类语句又包括几种不同的语句。在这些语句中，有些属于顺序执行语句，有些属于并行执行语句。

6.3.1 赋值语句

在 Verilog HDL 中，赋值语句常用于描述硬件设计电路输出与输入之间的信息传送，改变输出结果。Verilog HDL 有门基元赋值、连续赋值、过程赋值等赋值方法（即语句），不同的赋值语句使输出产生新值的方法不同。

1. 门基元赋值语句

门基元赋值语句也称为元件例化语句，其格式为

```
基本逻辑门关键字(门输出,门输入 1,门输入 2,…,门输入 n);
```

其中，基本逻辑门关键字是 Verilog HDL 预定义的逻辑门，包括 and、or、not、xor、nand、nor 等；圆括号中的内容是被描述门的输出和输入变量。

例如，具有 a、b、c、d 四个输入、y 为输出的与非门的门基元赋值语句为

```
nand mynand4(y,a,b,c,d);
//该语句与 assign y=~(a&b&c&d);等效
```

基本门级元件如表 6-5 所示。

表 6-5　基本门级元件

元件符号	功能说明	元件符号	功能说明
and	多输入端的与门	nand	多输入端的与非门
or	多输入端的或门	nor	多输入端的或非门
xor	多输入端的异或门	xnor	多输入端的异或非门
buf	多输出端的缓冲器	not	多输出端的反相器
bufif1	控制信号高电平有效的三态缓冲器	notif1	控制信号高电平有效的三态反相器
bufif0	控制信号低电平有效的三态缓冲器	notif0	控制信号低电平有效的三态反相器

基本门级元件按输入输出方式分类如下：

（1）多输入门：只允许有一个输出，但可以有多个输入。

例如：

```
and A1(out,in1,in2,in3);
```

对应的三输入与门元件模型如图 6-8 所示。

（2）多输出门：允许有多个输出，但只有一个输入。

例如：

```
not N1(out1,out2,…,in);
buf B1(out1,out2,…,in);
```

（3）三态门：有一个输出、一个数据输入和一个输入控制。如果输入控制信号无效，则三态门的输出为高阻态 z。

例如：

```
bufif1 B1(out,in,ctrl);
notif1 N1(out,in,ctrl);
```

相应的三态门元件模型如图 6-9 所示。

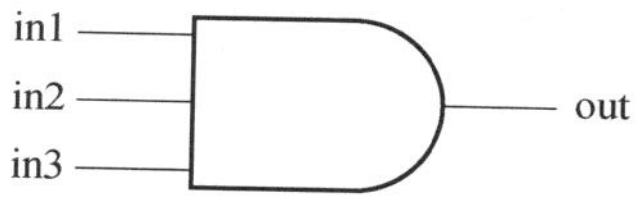

图 6-8　三输入与门元件模型

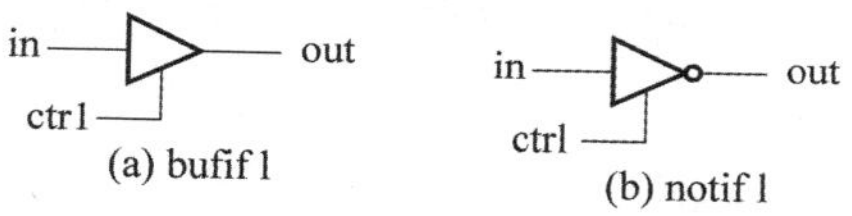

图 6-9　三态门元件模型

2. 连续赋值语句

连续赋值语句的关键字是 assign，赋值符号是“＝”，赋值语句的格式为

```
assign 赋值变量=表达式;
```

例如，具有 a、b、c、d 四个输入、y 为输出的与非门的连续赋值语句为

```
assign y=~(a&b&c&d);
```

连续赋值语句的“＝”号左边的变量 y 应该是 wire 型变量，而右边的变量可以是 reg 型或者 wire 型变量。在执行过程中，输出 y 跟随输入 a、b、c、d 的变化而变化，反映了信息传送的连续性。连续赋值语句用于逻辑门和组合逻辑电路的描述。

例 6-4　编写 4 输入端与非门的 Verilog HDL 源程序。

```
module example_4(y,a,b,c,d);
  output y;
  input a,b,c,d;
  assign y=~(a&b&c&d);
endmodule
```

3. 过程赋值语句

过程赋值语句用于对 reg 型变量赋值，有两种赋值方式：

第一种，阻塞(blocking)赋值方式。赋值符号为“＝”，如：

```
b=a;
```

第二种，非阻塞(non-blocking)赋值方式。赋值符号为“＜＝”，如：

```
b<=a;
```

1）阻塞赋值语句

阻塞赋值语句出现在 initial 块语句和 always 块语句中，它是顺序语句，语句格式为

```
赋值变量=表达式;
```

在阻塞赋值语句中，赋值符号“＝”左边的赋值变量必须是 reg 型（寄存器型）变量，其值在该语句结束即可得到。如果一个块语句中包含若干条阻塞赋值语句，那么这些阻塞赋值语句是按照语句编写的顺序由上至下一条一条地执行的，前面的语句没有完成，后面的语句就不能执行，如同被阻塞了一样。

例如：

```
always @(posedge clk)
begin
  b=a;
  c=b;              //b 和 c 的值相同
end
```

示意图如图 6-10 所示。

2）非阻塞赋值语句

非阻塞赋值语句也出现在 initial 块语句和 always 块语句中，赋值符号是“＜＝”，语句格式为

```
赋值变量<=表达式;
```

在非阻塞赋值语句中，赋值符号“＜＝”左边的赋值变量也必须是 reg 型变量，其值不像在阻塞赋值语句中那样在语句结束时即可得到，而是在该块语句结束时才可得到。

例如：

```
always @(posedge clk)
begin
  b<=a;
  c<=b;              //c 的值比 b 的值落后一个时钟周期
end
```

示意图如图 6-11 所示。

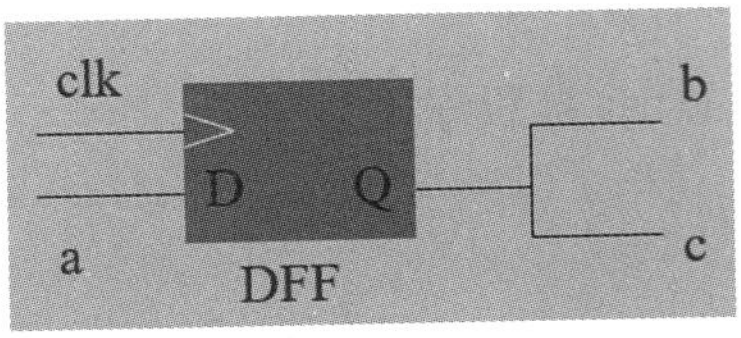

图 6-10　阻塞赋值语句示意图

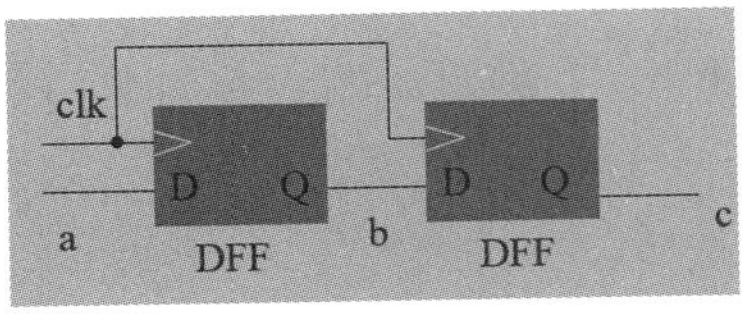

图 6-11　非阻塞赋值语句示意图

3）阻塞赋值与非阻塞赋值的主要区别

（1）非阻塞赋值方式（b＜＝a）：

b 被赋成新值 a 的操作并不是立刻完成的，而在块语句结束时才完成；块语句内的多条赋值语句在块语句结束时同时赋值；硬件有对应的电路。

（2）阻塞赋值方式（b＝a）：

b 的值立刻被赋成新值 a；完成该赋值语句后才能执行下一句的操作；硬件没有对应的电路，因而综合结果未知。

建议在初学时只使用一种方式，不要混用，建议在可综合风格的模块中使用非阻塞赋值语句。

例如，在下面的块语句中包含 4 条赋值语句，语句执行结束后，r 的值是 75，而不是 3，因为第 3 行是非阻塞赋值语句“n<=m”，所以要等到本块语句结束时 n 的值才能改变。块语句中的“@(posedge clock)”是定时控制敏感函数，表示时钟变量 clock 的上升沿到来的敏感时刻。

```
always @(posedge clock)
begin
  m=3;
  n=75;
  n<=m;
  r=n;
end
```

阻塞赋值语句和非阻塞赋值语句都是在 initial 块语句和 always 块语句中使用的，因此都称为过程赋值语句，只是赋值方式不同。过程赋值语句常用于数字系统的触发器、移位寄存器、计数器等时序逻辑电路的描述，也可用于组合逻辑电路的描述。

例 6-5 编写上升沿触发的 D 触发器的 Verilog HDL 源程序。

```
module D_FF(q,d,clock);
  input d,clock;
  output q;
  reg q;
  always @(posedge clock)
  q=d;
endmodule
```

在源程序中，q 是触发器的输出，属于 reg 型变量；d 和 clock 是输入，属于 wire 型变量（由隐含规则定义）。在 always 块语句中，“posedge clock”是敏感变量，只有 clock 的正边沿（上升沿）到来，D 触发器的输出 q 才等于 d，否则触发器的状态不变（处于保持状态）。

6.3.2 条件语句

条件语句包含 if 语句和 case 语句，它们都是顺序语句，应放在 always 块或 initial 块中。

1. if 语句

执行 if 语句时先判定所给条件是否满足，根据判定的结果（真或假）决定执行给出的两种操作之一。完整的 Verilog HDL 的 if 语句结构如下：

```
if(表达式)
  begin 语句;
  end
else if(表达式)
  begin 语句;
  end
  ⋮                //多个条件情况
else
  begin 语句;
  end
```

根据需要，if 语句可以写为另外两种变化形式。

第一种：

```
if(表达式)
  begin 语句;
  end
```

第二种：

```
if(表达式)
  begin 语句;
  end
else
  begin 语句;
  end
```

在 if 语句中，“表达式”一般为逻辑表达式或关系表达式，也可以是位宽为 1 位的变量。系统对表达式的值进行判断，若为 0、x、z，按“假”处理；若为 1，按“真”处理，执行指定的语句。语句可以是多句，为多句时用 begin-end 语句表述；也可以是单句，为单句时可以省略 begin-end 语句。对于 if 语句嵌套，如果不清楚 if 和 else 的匹配，最好用 begin-end 语句表述。

if 语句和它的变化形式属于条件语句，在程序中用来改变控制流程。

条件表达式允许采用一定形式的表达式简写方式，如 if(expression) 等同于 if(expression==1)，if(!expression)等同于 if(expression!=1)。

if 语句可以嵌套；若 if 与 else 的数目不一样，注意用 begin-end 语句来确定 if 与 else 的配对关系。

例如：

```
if(表达式 1)
  if(表达式 2) 语句 1;
  else 语句 2;
else
  if(表达式 3) 语句 3;
  else 语句 4;
```

又如：

```
if(表达式 1)
  begin
    if(表达式 2) 语句 1;
  end
else
  语句 2;
```

例 6-6 设计 8-3 优先编码器。

8-3 优先编码器的功能表如表 6-6 所示，a0～a7 是 8 个变量输入端，a7 的优先级最高，a0 的优先级最低。当 a7 有效时(低电平，为 0)，其他输入变量无效，编码器输出 y2y1y0=111(a7 输入的编码)；如果 a7 无效(高电平，为 1)，而 a6 有效，则 y2y1y0=110(a6 输入的编码)；依次类推。在传统的电路设计中，优先编码器的设计是一个相对困难的课题，而采用 Verilog HDL 的 if 语句，此类难题迎刃而解，这充分体现了硬件描述语言在数字电路设计方面的优越性。

表 6-6　8-3 优先编码器的功能表

输入								输出		
a0	a1	a2	a3	a4	a5	a6	a7	y2	y1	y0
x	x	x	x	x	x	x	0	1	1	1
x	x	x	x	x	x	0	1	1	1	0
x	x	x	x	x	0	1	1	1	0	1
x	x	x	x	0	1	1	1	1	0	0
x	x	x	0	1	1	1	1	0	1	1
x	x	0	1	1	1	1	1	0	1	0
x	0	1	1	1	1	1	1	0	0	1
0	1	1	1	1	1	1	1	0	0	0

8-3 优先编码器设计电路的 Verilog HDL 源程序 coder8_3.v 如下：

```
module coder8_3(y,a);
  input [7:0] a;
  output [2:0] y;
  reg [2:0] y;
  always @(a)
  begin
    if(~a[7]) y='b111;
    else if(~a[6]) y='b110;
    else if(~a[5]) y='b101;
    else if(~a[4]) y='b100;
    else if(~a[3]) y='b011;
    else if(~a[2]) y='b010;
    else if(~a[1]) y='b001;
    else if(~a[0]) y='b000;
    else y='b000;
  end
endmodule
```

例 6-7　编写模为 60 的 BCD 码加法计数器源程序 counter60.v。

```
module counter 60(qout,cout,data,load,cin,reset,clk);
  output [7:0] qout;
  output cout;
  input [7:0] data;
  input load,cin,reset,clk;
  reg [7:0] qout;
  always @(posedge clk)
  begin
  if(reset) qout=0;                         //同步复位
  else if(load) qout=data;                  //同步置数
    else if(cin)                            //cin=1 则加 1 计数
      begin
```

```
    if(qout[3:0]==9)//低位是否为 9
      begin
        qout[3:0]=0;//是则归零
        if(qout[7:4]==5)//高位是否为 5
        qout[7:4]=0;//是则归零
        else
        qout[7:4]=qout[7:4]+1;//高位不是 5 则加 1
      end
    else
    qout[3:0]=qout[3:0]+1;//低位不是 9 则加 1
    end
  end
  assign cout=((qout==8'h59)&cin)?1:0;//产生进位输出
endmodule
```

计数器仿真图如图 6-12 所示，该计数器的置数功能、加计数功能和进位输出功能可通过 Quartus 软件仿真输出。

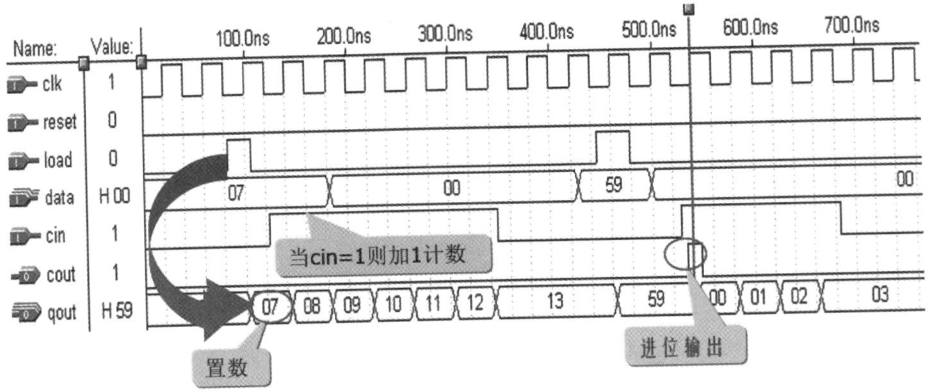

图 6-12　计数器仿真图

在 always 块内的语句是顺序执行的，always 块语句和 assign 语句是并行执行的。

注意：

```
if(reset) qout=0;
else if(load) qout=data;
else if(cin)
……
```

不要写成 3 个并列的 if 语句：

```
if(reset) qout=0;
if(load) qout=data;
if(cin)
……
```

写成 3 个并列的 if 语句是同时对 3 个信号(reset、load 和 cin)进行判断，现实中很可能出现三者同时为“1”的情况，即 3 个条件同时满足，此时会执行它们对应的执行语句，但 3 条执行语句是对同一个信号 qout 赋不同的值，显然相互矛盾，故编译时会报错。

2. case 语句

case 语句是一种多分支的条件语句，当敏感表达式取不同的值时，执行不同的语句。

功能：当某个（控制）信号取不同的值时，给另一个（输出）信号赋不同的值。case 语句常用于多条件译码电路（如译码器、数据选择器、状态机、微处理器的指令译码）设计。

完整的 case 语句的格式为

```
case(敏感表达式)
  选择值 1:语句 1;
  选择值 2:语句 2;
  ⋮
  选择值 n:语句 n;
  default:语句 n+1;
endcase
```

其中“敏感表达式”又称为控制表达式，通常表示为控制信号的某些位。“值 1”～“值 n”称为分支表达式，用控制信号的具体状态值表示，因此又称为常量表达式。某些 case 语句中 default 项可有可无，一个 case 语句里最多只能有一个 default 项。

分支表述式必须互不相同，否则矛盾；位宽必须相等，且与控制表达式的位宽相同。

执行 case 语句时，首先计算表达式的值，然后执行在条件语句中找到的与其值相同的“选择值”对应的语句。当所有的条件语句的“选择值”与表达式的值不同时，执行“default”后的语句。当“选择值”涵盖了表达式的全部结果（如表达式是 3 位二进制数，而“选择值”有 8 个）时，default 语句可以不要；不满足上述条件时，default 语句不可缺省。

例 6-8 用 case 语句描述 4 选 1 数据选择器。

4 选 1 数据选择器的逻辑符号如图 6-13 所示，其功能表如表 6-7 所示。由表 6-7 可知，4 选 1 数据选择器的功能是，在控制输入变量 s1 和 s2 的条件下，使输入数据变量 a、b、c、d 中的一个被选中并传送到输出 y。s1 和 s2 有 4 种组合值，可以用 case 语句实现其功能。

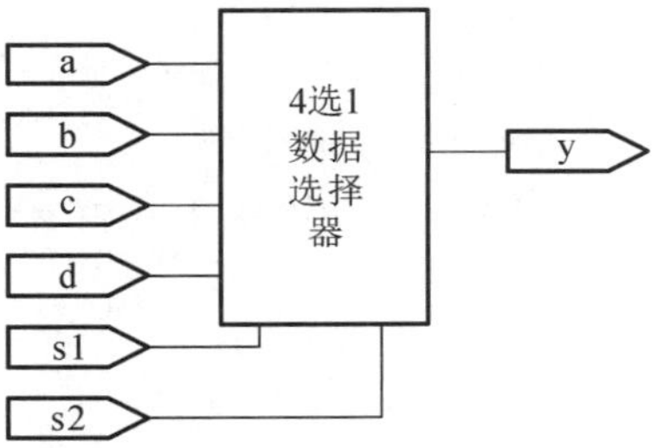

图 6-13　4 选 1 数据选择器逻辑符号

表 6-7　4 选 1 数据选择器功能表

s1	s2	y
0	0	a
0	1	b
1	0	c
1	1	d

4 选 1 数据选择器 Verilog HDL 源程序如下：

```
module mux4_1(y,a,b,c,d,s1,s2);
  input s1,s2;
```

```
    input a,b,c,d;
    output y;
    reg y;
    always @(s1 or s2 or a or b or c or d)
    begin
      case({s1,s2})
        'b00:y=a;
        'b01:y=b;
        'b10:y=c;
        'b11:y=d;
      endcase
    end
endmodule
```

case语句还有两种变体形式，即casez和casex语句。casez和casex语句与case语句的格式完全相同，它们的区别是：在casez语句中，如果分支表达式某些位的值为高阻z，那么对这些位的比较结果就不予以考虑，只关注其他位的比较结果；在casex语句中，把不予以考虑的位扩展到未知x，即不考虑值为高阻z和未知x的那些位的比较结果，只关注其他位的比较结果。在分支表达式中，可用"?"来标识x或z。用casez语句描述的数据选择器如下：

```
module mux_z(out,a,b,c,d,select);
  output out;
  input a,b,c,d;
  input [3:0] select;
  reg out;//必须声明
  always @(select[3:0] or a or b or c or d)
  begin
    casez(select)
      4'b???1:out=a;
      4'b??1?:out=b;
      4'b?1??:out=c;
      4'b1???:out=d;//用"?"来表示高阻态z
    endcase
  end
endmodule
```

3. 使用条件语句注意事项

使用条件语句时应注意列出所有条件分支，否则当条件不满足时，编译器会生成一个锁存器保持原值。这一点可用于设计时序电路，如计数器(条件满足时加1，否则保持原值不变)。在组合电路设计中，应避免生成隐含锁存器，有效的方法是在if语句最后写上else项，在case语句最后写上default项。

图6-14所示为生成不想要的锁存器的例子。

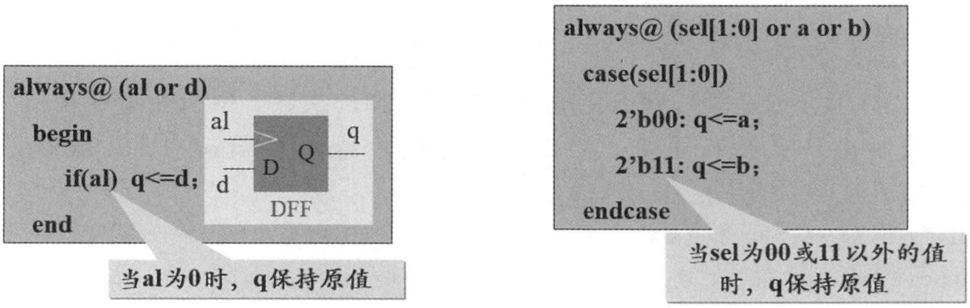

图 6-14　生成不想要的锁存器的例子

图 6-15 所示为不会生成锁存器的例子。

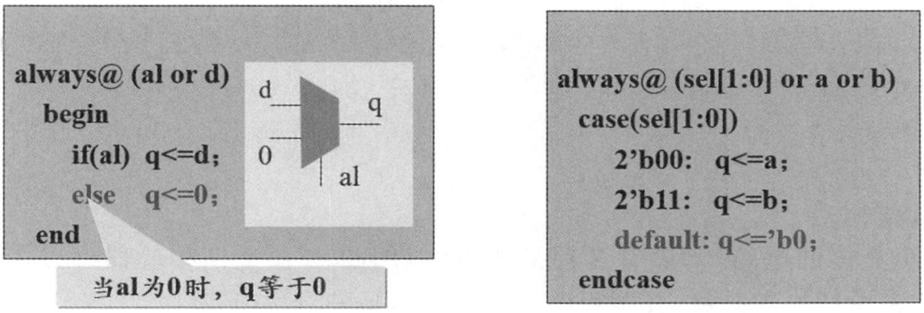

图 6-15　不会生成锁存器的例子(设计数据选择器)

6.3.3　循环语句

循环语句包含 for 语句、repeat 语句、while 语句和 forever 语句 4 种。

for 语句通过 3 个步骤来决定语句的循环执行：

第一步，给控制循环次数的变量赋初值。

第二步，判定循环执行条件，若为假则跳出循环；若为真，则执行指定的语句后，转到下一步。

第三步，修改循环变量的值，返回上一步。

repeat 语句：连续执行一条语句 n 次。

while 语句：执行一条语句，直到循环执行条件不满足为止；若一开始条件即不满足，则该语句一次也不能被执行。

forever 语句：无限连续地执行语句，可用 disable 语句中断。

1. for 语句

for 语句的语法格式为

```
for(索引变量=初值;索引变量<终值;索引变量=索引变量+步长值)
  begin
    语句;
  end
```

利用 for 语句可以使一组语句重复执行，语句中的索引变量、初值、终值和步长值是循环语句定义的参数，这些参数一般属于整型变量或常量。语句重复执行的次数(循环重复次数)由语句中的参数确定，即

$$循环重复次数=(终值-初值)/步长值$$

例 6-9 设计 8 位奇偶校验器。

用 a 表示输入变量，它是一个长度为 8 位的向量。在程序中，用 for 语句对 a 的值逐位进行模 2 加运算（即异或运算），索引变量 n 控制模 2 加的次数。索引变量的初值为 0，终值为 8，因此，控制循环共执行了 8 次。8 位奇偶校验器的 Verilog HDL 源程序 parity_checker8. v 如下：

```
module parity_checker8(a,out);
  input [7:0] a;
  output out;
  reg out;
  integer n;//定义整型索引变量
  always
    begin
      out=0;
      for(n=0;n<8;n=n+1) out=out^a[n];
    end
endmodule
```

对于一个具体的电路，可以有多种描述方法，例如，8 位奇偶校验器可以用缩减异或运算来实现，这种设计非常简单，其源程序 parity_checker8. v 如下：

```
module parity_checker8(a,out);
  input [7:0] a;
  output out;
  reg out;
  assign out=^a;
endmodule
```

例 6-10 设计用 for 语句描述的 7 人投票表决器：若超过 4 人（含 4 人）投赞成票，则表决通过。

设计的表决器源程序 voter. v 如下：

```
module voter7(pass,vote);
  output pass;
  input [6:0] vote;
  reg [2:0] sum;                    //sum 为 reg 型变量，用于统计赞成的人数
  integer i;
  reg pass;
  always @(vote)
    begin
      sum=0;                        //sum 初值为 0
      for(i=0;i<=6;i=i+1)           //for 语句
      if(vote[i]) sum=sum+1;        //只要有人投赞成票，则 sum 加 1
      if(sum[2]) pass=1;            //若超过 4 人赞成，则表决通过
      else pass=0;
    end
endmodule
```

表决器仿真图如图 6-16 所示。

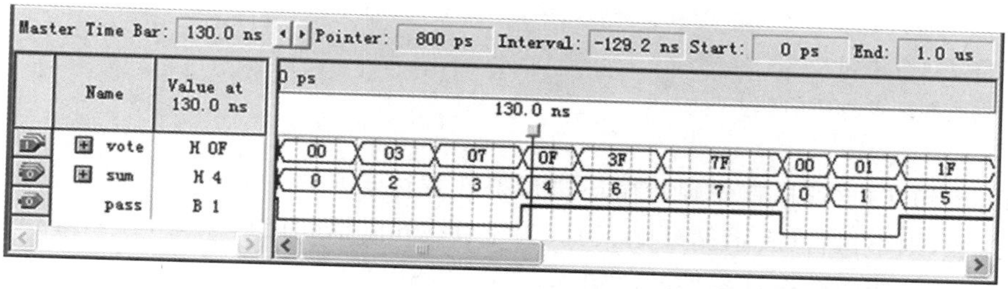

图 6-16　表决器仿真图

2. repeat 语句

repeat 语句的语法格式为

```
repeat(循环次数表达式) 语句;
```

或

```
repeat(循环次数表达式)
  begin
    ……
  end
```

例 6-11　用 repeat 语句实现例 6-9(8 位奇偶校验器)的描述。

描述如下：

```
module parity_checker8(a,out);
  parameter size=7;
  input [7:0] a;
  output out;
  reg out;
  integer n;
  always @(a)
   begin
     out=0;
     n=0;
     repeat(size)
       begin
         out=out^a[n];
         n=n+1;
       end
   end
endmodule
```

有的 EDA 工具软件不支持 repeat 语句，因此将 repeat 语句视为非法语句。

3. while 语句

while 语句的语法格式为

```
while(循环执行条件表达式)
  begin
    重复执行语句;
    修改循环条件语句;
  end
```

while 语句在执行时，首先判断循环执行条件表达式是否为真。若为真，则执行其后的语句；若为假，则不执行(表示循环结束)。为了使 while 语句能够结束，在循环执行的语句中必须包含一条能改变循环条件的语句。

> **注意：**
> (1)先判断循环执行条件表达式是否为真，若不为真，则其后的语句一次也不被执行。
> (2)在执行语句中，必须有一条改变循环执行条件表达式的值的语句。
> (3)while 语句只有当循环块有事件控制(即@(posedge clock))时才可综合。

例 6-12 用 while 语句对一个 8 位二进制数中值为 1 的位进行计数。

```
module count1s_while(count,rega,clk);
  output [3:0] count;
  input [7:0] rega;
  input clk;
  reg [3:0] count;
  always @(posedge clk)
    begin:count1
      reg [7:0] tempreg;           //用作循环执行条件表达式
      count=0;                     //count 初值为 0
      tempreg=rega;                //tempreg 初值为 rega
      while(tempreg)               //若 tempreg 非 0,则执行以下语句
        begin
          if(tempreg[0]) count=count+1;
                                   //只要 tempreg 最低位为 1,则 count 加 1

          tempreg=tempreg>>1;
                                   //右移 1 位,改变循环执行条件表达式的值

        end
    end
endmodule
```

> **思考：**
> 如何用 for 语句改写此程序？能否找到更简洁的设计方法？

4. forever 语句

forever 语句的语法格式为

```
forever
  begin
    语句;
  end
```

forever 是一种无穷循环控制语句，它不断地执行其后的语句或语句块，永远不会结束。一般情况下 forever 语句是不可综合的，常用在测试文件中。forever 语句常用来产生周期性的波形，作为仿真激励变量，常用 disable 语句跳出循环。

例如，产生的时钟周期为 20 个延迟单位（纳秒）、占空比为 50% 的时钟脉冲 clk 的语句为

```
initial
  begin:Clocking
    clk=0;
    #10 forever #10 clk=!clk;
  end
initial
  begin:Stimulus
    ……
    disable Clocking;//停止时钟
  end
```

注意：

不同于 always 块语句，forever 语句不能独立写在程序中，一般用在 initial 语句块中。

6.3.4 结构声明语句

Verilog HDL 的任何过程模块都是放在结构声明语句中的，结构声明语句包括 always 块语句、initial 语句、task 语句和 function 语句 4 种结构。

always 块语句——不断重复执行，直到运行结束。

initial 语句——只执行一次。

task 语句——可在程序模块中的一处或多处被调用。

function 语句——可在程序模块中的一处或多处被调用。

1. always 块语句

在一个 Verilog HDL 模块中，always 块语句的使用次数是不受限制的，块内的语句也是不断重复执行的。always 块语句的语法结构为

```
always @(敏感变量表达式)
  begin
    语句;
    //过程赋值语句
    //if 语句、case 语句
    //for 语句、while 语句、repeat 语句
    //task 语句、function 语句
  end
```

在 always 块语句中，敏感变量表达式中应该列出影响块内取值的所有变量（一般指设计电路的输入变量或者其他结构声明语句中的 reg 型变量），多个变量之间用“or”分隔（也可以用逗号“,”分隔）。当表达式中任何变量发生变化时，系统就会执行一遍块内的语句。块内语句可

以包括过程赋值、if、case、for、while、repeat、task 和 function 等语句。

在 always 块中被赋值的只能是 register 型变量（如 reg 型、integer 型、real 型和 time 型）。

每个 always 块在仿真一开始便开始执行，执行完块中最后一个语句后，继续从 always 块的开头执行。

在进行时序逻辑电路描述时，敏感变量表达式中经常使用“posedge”和“negedge”这两个关键字来声明事件是由时钟的正边沿（上升沿）或负边沿（下降沿）触发的。若 clk 是设计电路的时钟变量，则“always @(posedge clk)”表示模块的事件是由 clk 的上升沿触发的，而“always @(negedge clk)”表示模块的事件是由 clk 的下降沿触发的。在 8 位二进制加法计数器的模块中，就使用了这类语句（见例 6-2）。

在进行组合逻辑电路描述时，敏感变量表达式中不使用边沿触发“posedge”和“negedge”这两个关键字，而是使用电平触发，多个变量之间用“or”分隔（也可以用逗号“,”分隔）。

always 块语句是用于综合过程的最有用的语句之一，为得到最好的综合效果，always 块程序应严格按以下模板来编写。

① 模板 1：

```
always @(Inputs)           //所有输入变量必须列出,用 or 隔开
  begin
    ……                     //组合逻辑关系
  end
```

② 模板 2：

```
always @(Inputs)           //所有输入变量必须列出,用 or 隔开
  if(Enable)
    begin
      ……                   //锁存动作
    end
```

③ 模板 3：

```
always @(posedge Clock)
  begin
    ……                          //同步动作
  end
```

④ 模板 4：

```
always @(posedge Clock or negedge Reset)
  begin
    if(!Reset)               //测试异步复位电平是否有效
      ……                     //异步动作
    else
      ……                     //同步动作
  end                        //可产生触发器和组合逻辑
```

注意：

(1) 当 always 块语句中有多个敏感信号时，一定要采用 if-else if 语句，而不能采用并列的 if 语句，否则易造成一个寄存器由多个时钟驱动，出现编译错误。正确语句示例如下：

```
always @(posedge min_clk or negedge reset)
  begin
    if(reset)
       min<=0;
    else if(min=8'h59) //当 reset 无效且 min=8'h59 时，不能写成 if
      begin
        min<=0;h_clk<=1;
      end
  end
```

(2) 通常采用异步清零，只有在时钟周期很小或清零信号为电平信号(容易捕捉到清零信号)时采用同步清零，即在敏感列表中不写 negedge reset 信号。

2. initial 语句

initial 语句的语法格式为

```
initial
  begin
    语句 1;
    语句 2;
   ⋮
  end
```

initial 语句的使用次数也是不受限制的，其特点与 always 块语句相同，不同之处在于其块内的语句仅执行一次(不重复)，因此 initial 语句常用于设计电路的初始化数据设置和仿真。

1) 利用 initial 语句生成激励波形

```
initial
  begin
    inputs='b000000;
    #10 inputs='b011001;
    #10 inputs='b011011;
    #10 inputs='b011000;
    #10 inputs='b001000;
  end
```

2) 对各变量进行初始化

```
……
parameter size=16;
reg [3:0] addr;
reg reg1;
reg [7:0] memory [0:15];
initial
```

```
begin
  reg1=0;
  for(addr=0;addr<size;addr=addr+1);
  memory[addr]=0;     //初始化 ROM
end
……
```

3. task 语句

在 Verilog HDL 模块中，task 语句用来定义任务。任务类似高级语言中的子程序，用来单独完成某项具体任务，并可以被模块或其他任务调用。利用 task 语句可以把一个大的程序模块分解成为若干小的任务，使程序清晰易懂，而且便于调试。

希望能够对一些信号进行一些运算并输出多个结果（即有多个输出变量）时，宜采用 task 语句结构。task 语句常常用来帮助实现结构化的模块设计，将批量的操作以任务的形式独立出来，使设计简单明了。

可以被调用的任务必须事先用 task 语句定义，定义格式如下：

```
task 任务名;
  端口声明语句;
  类型声明语句;
  begin
    语句;
  end
endtask
```

任务定义与模块定义的格式相同，但任务用 task-endtask 语句来定义，而且没有端口名列表。例如，8 位加法器任务的定义如下：

```
task adder8;
  output [7:0] sum;
  output cout;
  input [7:0] ina,inb;
  input cin;
  {cout,sum}=ina+inb+cin;
endtask
```

任务调用的格式如下：

```
任务名(端口名列表);
```

例如，8 位加法器任务调用语句如下：

```
adder8(tsum,tcout,tina,tinb,tcin);
```

例 6-13 编写完整的 8 位加法器任务调用的源程序。

源程序如下：

```
module adder8(a,b,cin,sum,cout);
  input [7:0] a,b;
  input cin;
  output [7:0] sum;
  output cout;
```

```
    always @(a,b,cin)
      begin
        adder8(a,b,cin,sum,cout);     //任务调用
      end

    task adder8;                      //没有端口名列表
      input [7:0] a,b;
      input cin;
      output [7:0] sum;
      output cout;
      begin
        {cout,sum}=a+b+cin;
      end
    endtask
  endmodule
```

使用 task 语句时，需要注意几点：

① 任务的定义和调用必须在同一个 module 模块内，任务调用语句应在 always 块或 task-endtask块中。

② 定义任务时，没有端口名列表，但要进行端口和数据类型的声明，任务用顺序语句完成功能的描述。

③ 当任务被调用时，任务被激活。任务调用与模块调用一样，通过任务名实现，调用时需列出端口名列表，端口名的排序和类型必须与任务定义中的排序和类型一致。例如，8 位加法器任务调用时的端口名列表中的端口 tsum、tcout、tina、tinb、tcin 与任务定义中的端口 sum、cout、ina、inb、cin 的排序和类型保持一致。

④ 一个任务可以调用别的任务或函数，可调用的任务和函数的个数不受限制。

任务的作用是方便编程，模块也具有任务的性质，可以被其他模块调用（调用方法与调用任务相同），而且模块可以独立存在（任务只能包含在模块中），因此在电路设计的编程中，可以用模块替代任务。

4. function 语句

在 Verilog HDL 模块中，function 语句用来定义函数。此处函数类似高级语言中的函数，用来单独完成某项具体操作，并可以作为表达式中的一个操作数，被模块或任务以及其他函数调用，函数调用时返回一个用于表达式的值。

调用函数的目的是通过返回一个用于某表达式的值，来响应输入信号，适用于对不同变量采取同一运算的操作。函数在模块内部定义，通常在本模块中调用，也能根据按模块层次分级的函数名从其他模块中调用；而任务只能在同一模块内定义与调用。

可以被调用的函数必须事先定义，函数定义格式如下：

```
function [最高有效位:最低有效位] 函数名;
  端口声明语句;
  类型声明语句;
    begin
      语句;
```

```
    end
endfunction
```

在函数定义语句中，“[最高有效位:最低有效位]”是函数调用返回值位宽或类型声明。

例 6-14 定义求最大值的函数。

```
function [7:0] max;
  input [7:0] a,b;
  begin
    if(a>=b) max=a;
    else max=b;
  end
endfunction
```

函数调用的格式如下：

```
函数名(关联参数表);
```

函数调用一般出现在模块、任务或函数语句中，通过函数的调用来完成某些数据的运算或转换。例如，调用例 6-14 中的求最大值的函数：

```
Peak=max(data,peak);
```

其中，data 和 peak 是与函数定义的两个参数 a、b 关联的关联参数，通过函数的调用，求出 data 和 peak 中的最大值，并用函数名 max 返回。

函数的定义不能包含任何时间控制语句——用延迟“#”、事件控制“@”或等待“wait”标识的语句。函数不能启动(即调用)任务。定义函数时至少要有一个输入变量，且不能有任何输出变量或输入/输出双向变量。在函数的定义中必须有一条赋值语句，给函数中的一个内部寄存器赋以函数的结果值，该内部寄存器与函数同名。

例 6-15 利用函数对一个 8 位二进制数中为 0 的位进行计数。

```
module count0s_function(number,rega);
  output [7:0] number;
  input [7:0] rega;
  function [7:0] gefun;                //定义函数
    input [7:0] x;
    reg [7:0] count;
    integer i;
    begin
      count=0;
      for(i=0;i<7;i=i+1)
        if(x[i]==1'b0) count=count+1;
      gefun=count;                     //返回函数值
    end
  endfunction
  assign number=gefun(rega);           //调用函数
endmodule
```

函数和任务存在以下几处区别：

① 任务可以有任意不同类型的输入/输出变量，函数不能将 inout 类型作为输出变量

类型。

② 任务只可以在过程语句中调用，不能在连续赋值语句中调用；函数可以作为表达式中的一个操作数，在过程赋值语句和连续赋值语句中调用。

③ 任务可以调用其他任务或函数；函数可以调用其他函数，但不能调用任务。

④ 任务不向表达式返回值，函数向调用它的表达式返回一个值。

6.3.5 编译预处理语句

编译预处理是 Verilog HDL 编译系统的一个组成部分。编译预处理语句以符号“ \` ”开头——注意，不是单引号“ ’ ”。

在编译时，编译系统先对编译预处理语句进行预处理，然后将处理结果和源程序一起进行编译。

编译预处理语句主要包括以下几种。

1. \`define 语句

\`define 语句即宏定义语句——用一个指定的标识符（即宏名）来代表一个字符串（即宏内容）。

格式：

```
`define 标识符(即宏名) 字符串(即宏内容)
```

例如：

```
`define IN ina+inb+inc+ind
```

宏展开是指在编译预处理时将宏名替换为字符串的过程。

宏定义的作用：① 以一个简单的名字代替一个长的字符串或复杂表达式；② 以一个有含义的名字代替没有含义的数字和符号。

宏定义使用说明：

(1) 宏名可以用大写字母表示，也可以用小写字母表示；但建议用大写字母，以与变量名相区别。

(2) \`define 语句可以写在模块定义的外面或里面。宏名的有效范围为定义命令之后到源文件结束。

(3) 在引用已定义的宏名时，必须在其前面加上符号“ \` ”。

(4) 使用宏名代替一个字符串，可简化书写，便于记忆，易于修改。

(5) 预处理时只是将程序中的宏名替换为字符串，不管含义是否正确。只有在编译宏展开后的源程序时才可能报错。

(6) 宏名和宏内容必须在同一行中进行声明。

(7) 宏定义不是 Verilog HDL 语句，不必在行末加分号。如果加了分号，会连分号一起置换。

例如：

```
module test;
  reg a,b,c,d,e,out;
  `define expression a+b+c+d;
  assign out=`expression+e;
……
```

经过宏展开后，assign 语句为

```
assign out=a+b+c+d;+e;    //出现语法错误
```

(8) 在进行宏定义时，可引用已定义的宏名，实现层层置换。

例如：

```
module test;
  reg a,b,c;
  wire out;
  `define aa a+b
  `define cc c+`aa              //引用已定义的宏名`aa 来定义宏 cc
  assign out=`cc;
……
```

经过宏展开后，assign 语句为

```
assign out=c+a+b;
```

2. `include 语句

`include 语句即文件包含语句——一个源文件可将另一个源文件的全部内容包含进来。

格式：

```
`include "文件名"
```

`include 语句实现效果如图 6-17 所示。预处理后，将 file2. v 中全部内容复制并插入 `include "file2. v"命令出现的地方。

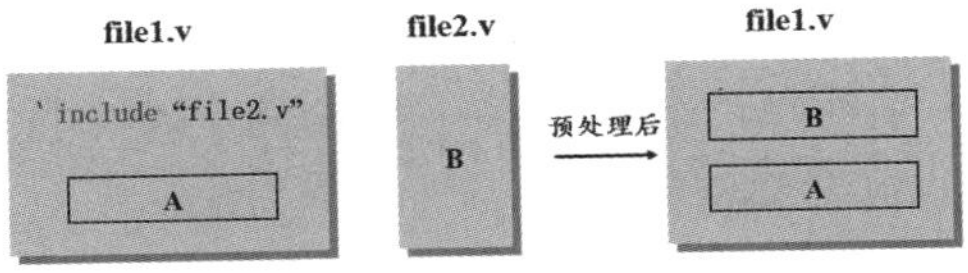

图 6-17　`include 语句实现效果

使用文件包含语句可避免程序设计人员的重复劳动，利用它程序设计人员不必将源代码复制到自己的另一源文件中，使源文件显得简洁。

第一，可以将一些常用的宏定义命令或任务组成一个文件，然后用 `include 语句将该文件包含到自己的另一源文件中，相当于将工业上的标准元件拿来使用。

第二，当某几个源文件经常需要被其他源文件调用时，可在其他源文件中用 `include 语句将所需源文件包含进来。

例如，用 `include 语句设计 16 位加法器：

```
`include "adder.v"
module adder16(cout,sum,a,b,cin);                //16位加法器
  output cout;
  parameter my_size=16;
  output [my_size-1:0] sum;
  input [my_size-1:0] a,b;
  input cin;
  adder #(my_size) my_adder(cout,sum,a,b,cin); //调用加法器模块
endmodule
```

以上语句改变被引用模块 adder 中的参数 size 为 my_size。被引用的 adder 模块如下：

```
module adder(cout,sum,a,b,cin);
  output cout;
  parameter size=1;
  output [size-1:0] sum;
  input [size-1:0] a,b;
  input cin;
  assign {cout,sum}=a+b+cin;
endmodule
```

关于文件包含语句的说明：

(1) 一个 \`include 语句只能指定一个被包含的文件；若要包含 $n$ 个文件，需用 $n$ 个 \`include语句。例如：

```
`include "aaa.v" "bbb.v" //非法
`include "aaa.v"
`include "bbb.v" //合法
```

(2) \`include 语句可出现在源程序的任何地方。被包含的文件若与包含文件不在同一子目录下，必须指明其路径。例如：

```
`include "parts/count.v"  //合法
```

(3) 可将多个 \`include 语句写在一行；在该行中，只可出现空格和注释行。例如：

```
`include "aaa.v" `include "bbb.v" //合法
```

(4) 文件包含语句允许嵌套。示意图如图 6-18 所示。

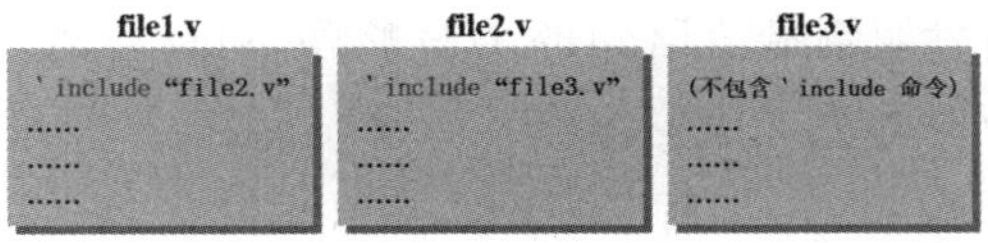

图 6-18　文件包含语句嵌套示意图

3. \`timescale 语句

\`timescale 语句即时间尺度语句——用于定义跟在该命令后的模块的时间单位和时间精度。MAX+plus Ⅱ 和 Quartus Ⅱ 都不支持该语句，该语句通常用在测试文件中。

格式：

```
`timescale<时间单位>/< 时间精度>
```

时间单位——用于定义模块中仿真时间和延迟时间的基准单位。

时间精度——用来声明该模块的仿真时间和延迟时间的精确程度。

在同一设计程序里，可以包含采用不同时间单位的模块。此时，用最小的时间精度值决定仿真的时间单位。

时间精度至少要和时间单位一样精确，时间精度值不能大于时间单位值。例如：

```
`timescale 1ps/1ns          //非法
`timescale 1ns/1ps          //合法
```

在 \`timescale 语句中，用来说明时间单位和时间精度变量值的数字必须是整数。其有效数字为 1、10 和 100。单位为秒(s)、毫秒(ms)、微秒(μs，程序写作 us)、纳秒(ns)、皮秒

(ps)、毫皮秒(飞秒,fs)。

\`timescale 语句应用举例:

```
`timescale 10ns/1ns          //时间单位为 10 ns,时间精度为 1 ns
……
reg sel;
  initial
    begin
      #10 sel=0;             //在 10 ns×10 时刻,sel 变量被赋值为 0
      #10 sel=1;             //在 10 ns×20 时刻,sel 变量被赋值为 1
    end
……
```

6.3.6 语句的顺序执行与并行执行

Verilog HDL 中有顺序执行语句和并行执行语句之分。Verilog HDL 的 always 块语句与 VHDL 的 process 语句类似,always 块中的语句是顺序执行语句,按照程序书写的顺序执行。always 块本身却是并行执行语句,它与其他 always 块语句以及 assign 语句、元件例化语句和 initial 语句都是同时执行(即并行)的。由于 always 块语句具有并行行为和顺序行为的双重特性,所以它成为 Verilog HDL 程序中使用最频繁和最能体现 Verilog HDL 风格的一种语句。

1. 语句的顺序执行

在 always 块内,逻辑按书写的顺序执行。

always 块内的语句是顺序执行语句。

在 always 块内,若随意颠倒赋值语句的书写顺序,可能导致不同的结果,且应注意,阻塞赋值语句在本语句结束时即完成赋值操作。

顺序执行模块 1:

```
module serial1(q,a,clk);
  output q,a;
  input clk;
  reg q,a;
  always @(posedge clk)
    begin
      q=~q;     //阻塞赋值语句
      a=~q;
    end
endmodule
```

仿真所得 a 和 q 的波形反相,如图 6-19 所示。

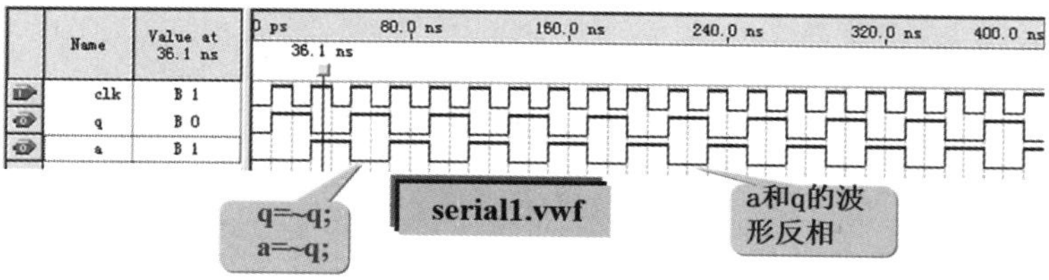

图 6-19 模块 1 仿真图

顺序执行模块 2：

```
module serial2(q,a,clk);
  output q,a;
  input clk;
  reg q,a;
  always @(posedge clk)
    begin
      a<=~q;//非阻塞赋值语句
      q<=~q;
    end
endmodule
```

仿真所得 a 和 q 的波形完全相同，如图 6-20 所示。

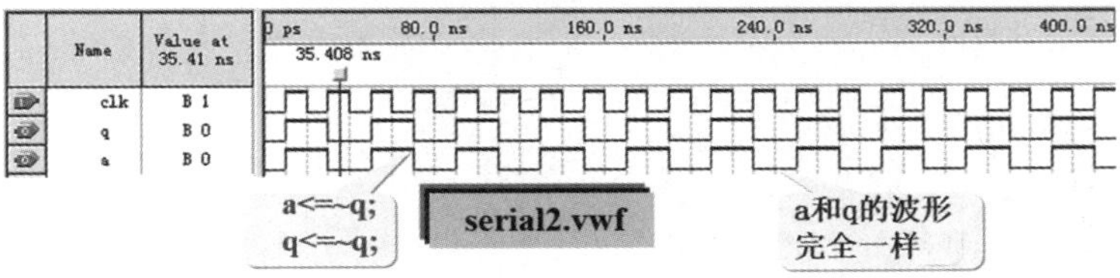

图 6-20　模块 2 仿真图

2. 语句的并行执行

always 块语句、assign 语句、元件例化语句都是同时执行（即并行）的，它们在程序中的先后顺序对结果并没有影响。

将两条赋值语句分别放在两个 always 块中，尽管两个 always 块顺序相反，但仿真波形完全相同，q 和 a 的波形完全一样，如图 6-21 所示。

always 块语句中有一个敏感变量表，表中列出的任何变量改变，都将启动 always 块语句，使 always 块语句内相应的顺序执行语句被执行一次。实际上，用 Verilog HDL 描述的硬件电路的全部输入变量都是敏感变量，为了使 Verilog HDL 的软件仿真与综合和硬件仿真对应起来，应当把 always 块语句中所有输入变量都列入敏感变量表。在时序逻辑电路的编程过程中，时钟变量（clk）和复位变量（clr）是电路变化的主要条件，因此在敏感变量表中，仅列出 clk 或 clr 就可以了（其他电平型变量可以不列出）。

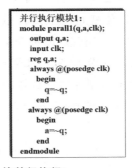

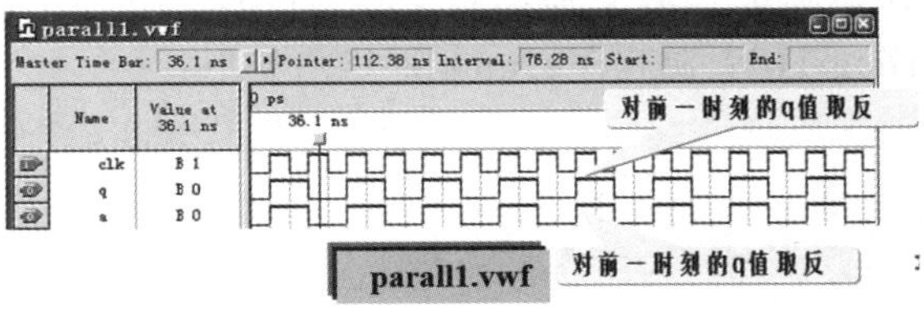

并行执行模块1：

```
module parall1(q,a,clk);
  output q,a;
  input clk;
  reg q,a;
  always @(posedge clk)
    begin
      q=~q;
    end
  always @(posedge clk)
    begin
      a=~q;
    end
endmodule
```

并行执行模块2：

```
module parall2(q,a,clk);
  output q,a;
  input clk;
  reg q,a;
  always @(posedge clk)
    begin
      a=~q;
    end
  always @(posedge clk)
    begin
      q=~q;
    end
endmodule
```

图 6-21　两个 always 块并行执行

例 6-16 描述同步清除十进制加法计数器。

同步清除是指，复位变量有效而且时钟变量的有效边沿到来时，计数器的状态被清零。在本例中，复位变量是 clr，高电平有效；时钟变量是 clk，上升沿是有效边沿。当 clk 的上升沿到来时，如果 clr 有效（为 1），则计数器被清零；clr 无效时，如果计数器原态是 9，计数器回到 0 态，否则计数器的状态将加 1。同步清除十进制加法计数器的 Verilog HDL 源程序 example_10.v 如下：

```
module example_10(clr,clk,q,cout);
  input clr,clk;
  output [3:0] q;
  output cout;
  reg [3:0] q;
  reg cout;
  always @(posedge clk)
    begin
      if(clr) q=0;
      else begin
        if(q==9) q=0;
          else q=q+1;
        if(q==0) cout=1;
          else cout=0;end
    end
endmodule
```

本例设计的计数器的仿真波形如图 6-22 所示，从仿真结果可以看到，当 clk 的上升沿到来时，若 clr 有效（为高电平），计数器被清零。仿真结果验证了设计的正确性。

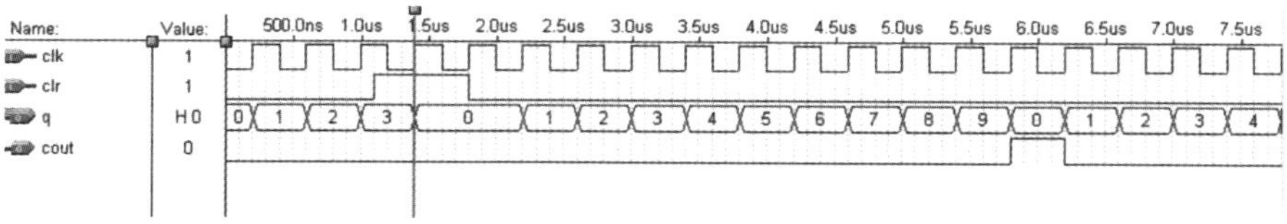

图 6-22 同步清除十进制加法计数器的仿真波形

例 6-17 描述异步清除十进制加法计数器。

异步清除是指，复位变量有效后计数器的状态立即被清零，与时钟变量无关。在本例中，复位变量是 clr，高电平有效；时钟变量是 clk，上升沿是有效边沿。当 clr=1，计数器被清零；clr 无效且 clk 的上升沿到来时，如果计数器原态是 9，计数器回到 0 态，否则计数器的状态将加 1。异步清除十进制加法计数器的 Verilog HDL 源程序example_11.v如下：

```
module example_11(clr,clk,q,cout);
  input clr,clk;
  output [3:0] q;
  output cout;
  reg [3:0] q;
  reg cout;
```

```
always @(posedge clk or posedge clr)
  begin
    if(clr) q=0;
    else begin
      if(q==9) q=0;
        else q=q+1;
      if(q==0) cout=1;
        else cout=0;end
  end
endmodule
```

注意：

同步清除十进制加法计数器的源程序(example_10.v)与异步清除十进制加法计数器的源程序(example_11.v)的区别在于：在 example_10.v 源程序中，复位变量 clr 不包含在 always 块的敏感变量表中，因此只有在 clk 的上升沿到来时，复位语句才能执行，构成同步复位电路；而在 example_11.v 源程序中，复位信号 clr 包含在 always 块的敏感变量表中，因此不受时钟信号的制约，当 clr 的上升沿到来时电路立即被清除，构成异步复位电路。

异步清除十进制加法计数器的仿真波形如图 6-23 所示，可以看出复位信号与时钟信号无关，仿真结果验证了设计的正确性。

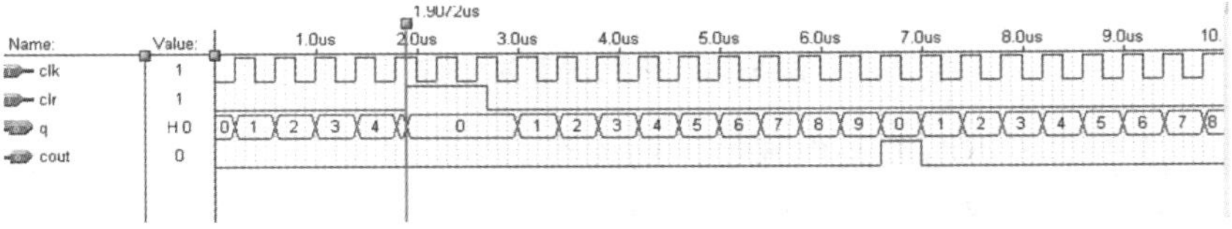

图 6-23　异步清除十进制加法计数器的仿真波形

6.4　不同抽象级别的 Verilog HDL 模型

Verilog HDL 是一种用于逻辑电路设计的硬件描述语言。用 Verilog HDL 描述的电路称为该设计电路的 Verilog HDL 模型。

Verilog HDL 具有行为描述和结构描述功能。

行为描述是对设计电路的逻辑功能进行描述，并不关心设计电路使用哪些元件以及这些元件之间的连接关系。行为描述属于高层次的描述方法，在 Verilog HDL 中，行为描述包括系统级(system level)、算法级(algorithm level)和寄存器传输级(register transfer level，RTL)三种抽象级别。

结构描述是对设计电路的结构进行描述，即描述设计电路使用的元件及这些元件之间的连接关系。结构描述属于低层次的描述方法，在 Verilog HDL 中，结构描述包括门级(gate level)和开关级(switch level)两种抽象级别。

在 Verilog HDL 的学习中，应重点掌握高层次的行为描述方法，但结构描述也可以用来实现电路的系统设计。对于一个实际的数字系统电路，一般先用行为描述方法设计底层模块电路，然后用结构描述方法将各模块连接起来，构成顶层文件，完成系统电路的设计。

6.4.1 Verilog HDL 的结构描述——门级描述

Verilog HDL 提供了丰富的门类型关键字用于门级描述，比较常用的包括 not(非门)、and(与门)、nand(与非门)、or(或门)、nor(或非门)、xor(异或门)、xnor(异或非门)、buf(缓冲器)以及 bufif1、bufif0、notif1、notif0(各种三态门)等。

门级描述语句格式为

```
门类型关键字 例化门的名称(端口列表);
```

其中，“例化门的名称”是用户定义的标识符，属于可选项；端口列表按“输出→输入→使能控制端”的顺序列出。例如：

```
nand nand2(y,a,b);            //2 输入端与非门
xor myxor(y,a,b);             //异或门
bufif0 mybuf(y,a,en);         //低电平使能的三态缓冲器
```

例 6-18 采用结构描述方法描述图 6-24 所示的硬件电路。

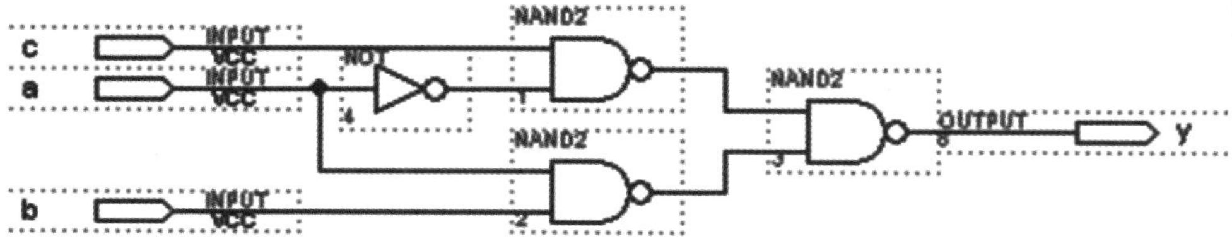

图 6-24 待描述硬件电路

在结构描述中需要声明电路内部使用的连线，其中 s1、s2、s3 是线型变量连线，用结构描述的 Verilog HDL 源程序 example_18.v 如下：

```
module example_18(y,a,b,c);
  input a,b,c;
  output y;
  wire s1,s2,s3;
  not(s1,a);
  nand(s2,c,s1);
  nand(s3,a,b);
  nand(y,s2,s3);
endmodule
```

6.4.2 Verilog HDL 的行为描述

Verilog HDL 的行为描述是最能体现 EDA 风格的硬件描述方法，采用它既可以描述简单的逻辑门，也可以描述复杂的数字系统乃至微处理器；既可以描述组合逻辑电路，也可以描述时序逻辑电路。下面再通过几个组合逻辑和时序逻辑电路设计例子，来加深对 Verilog HDL 行为描述方法的理解。

例 6-19 逻辑功能描述——算法级：用逻辑表达式描述 4 选 1 数据选择器。

```
module mux4_1(out,in1,in2,in3,in4,cntrl1,cntrl2);
  output out;
```

```
  input in1,in2,in3,in4,cntrl1,cntrl2;
  assign out=(in1&~cntrl1&~cntrl2)|
             (in2&~cntrl1&cntrl2)|
             (in3&cntrl1&~cntrl2)|
             (in4&cntrl1&cntrl2);
endmodule
```

注意：

采用算法级描述首先必须根据逻辑功能写出逻辑表达式，再根据表达式进行功能设计。

例 6-20 条件运算符描述——算法级：用条件运算符描述 4 选 1 数据选择器。

用条件运算符描述只需知道输入与输出间的真值表。

```
module mux4_1(out,in1,in2,in3,in4,cntrl1,cntrl2);
  output out;
  input in1,in2,in3,in4,cntrl1,cntrl2;
  assign out=cntrl1?(cntrl2?in4:in3):(cntrl2?in2:in1);
endmodule
```

注意：

相比调用门级描述，采用逻辑表达式或 case 语句描述代码更简单，但也更抽象，且耗用器件资源更多。

例 6-21 case 语句描述——系统级：用 case 语句描述 4 选 1 数据选择器。

系统级行为描述只需知道输入与输出间的真值表，比调用门级描述和采用逻辑功能描述都简洁。case 语句应放在 always 块内。

```
module mux4_1(out,in1,in2,in3,in4,cntrl1,cntrl2);
  output out;
  input in1,in2,in3,in4,cntrl1,cntrl2;
  reg out;
  always @(in1 or in2 or in3 or in4 or cntrl1 or cntrl2)
    case({cntrl1,cntrl2})
      2'b00:out=in1;
      2'b01:out=in2;
      2'b10:out=in3;
      2'b11:out=in4;
      default:out=1'bx;
    endcase
endmodule
```

例 6-22 if 语句描述——系统级：设计 3-8 译码器。

3-8 译码器设计电路的元件符号如图 6-25 所示，en 是低电平有效的使能控制输入端，a、b、c 是数据输入端，y 是 8 位数据输出端。

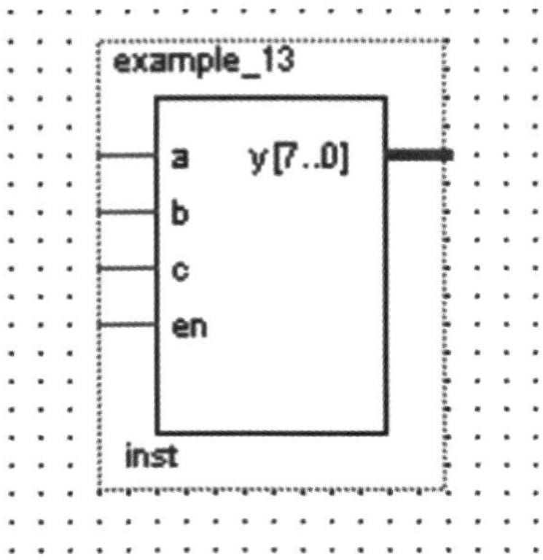

图 6-25　3-8 译码器设计电路的元件符号

3-8 译码器设计电路的 Verilog HDL 源程序 decoder3_8. v 如下：

```
module decoder3_8(a,b,c,y,en);
  input     a,b,c,en;
  output[7:0]y;
  reg[7:0]  y;
  always    @(en or a or b or c)
    begin
      if(en) y='b11111111;
      else
        begin
          case({c,b,a})
            'b000:y='b11111110;
            'b001:y='b11111101;
            'b010:y='b11111011;
            'b011:y='b11110111;
            'b100:y='b11101111;
            'b101:y='b11011111;
            'b110:y='b10111111;
            'b111:y='b01111111;
          endcase
        end
    end
endmodule
```

例 6-23　if 语句描述——系统级:设计 8D 锁存器。

8D 锁存器设计电路的元件符号如图 6-26 所示,其中 d[7..0]是 8 位数据输入端,q[7..0]是 8 位数据输出端,en 是使能控制输入端。当 en=0(无效)时,锁存器的状态不变;当 en=1(有效)时,q[7..0]=d[7..0]。

8D 锁存器设计电路的 Verilog HDL 源程序 latch8. v 如下：

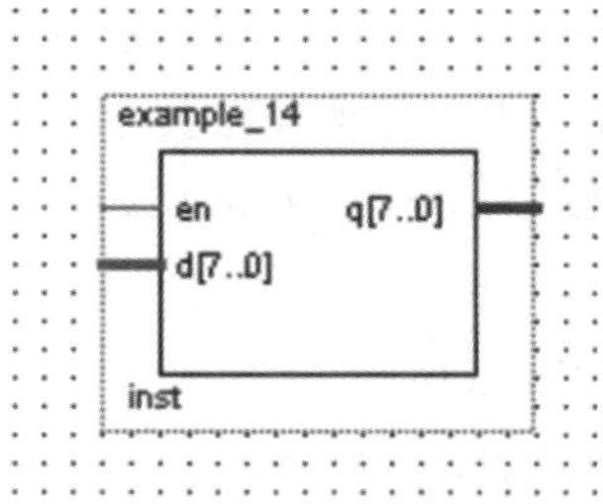

图 6-26　8D 锁存器设计电路的元件符号

```
module latch8(d,q,en);
  input en;
  input [7:0] d;
  output [7:0] q;
  reg [7:0] q;
  always @(en or d)
    begin
      if(~en) q=q;
      else
        q=d;
    end
endmodule
```

6.4.3　用模块例化语句实现系统电路设计

任何用 Verilog HDL 描述的电路设计模块，均可用模块例化语句，例化一个元件，来实现系统电路的设计。

模块例化语句格式与逻辑门例化语句格式类似，具体格式如下：

```
设计模块名 例化电路名(端口列表);
```

其中，“设计模块名”是用户设计的电路模块名，相当于设计电路中的一个元件；“例化电路名”是用户为系统电路设计定义的标识符(为可选项)，相当于系统电路板上为插入设计模块元件而定义的插座；而“端口列表”用于描述设计模块元件上的引脚与“插座”上引脚的连接关系。

端口列表的关联方法有两种：

一种是位置关联法。要求端口列表中的引脚名称与设计模块的输入/输出端口一一对应。例如，设计模块名为 cnt10 的输入/输出端口为 clk 和 cout，而以 u1 为例化电路名的两个引脚名是 x1 和 x2，那么采用位置关联法描述的模块例化语句为

```
cnt10 u1(x1,x2);
```

另一种是名称关联法。名称关联法的格式如下：

```
设计模块名 例化电路名(.设计模块端口名(插座引脚名),.设计模块端口名(插座引脚名),…);
```

例如，用名称关联法完成 cnt10 的模块例化语句如下：

```
cnt10 u1(.clk(x1),.cout(x2));
```

两种关联法各有特点，位置关联法简单，但没有名称关联法直观。

例 6-24 用模块例化语句设计 8 位计数译码器系统电路。

在 8 位计数译码器系统电路设计中，需要事先设计一个 4 位二进制加法计数器 cnt4e 模块和一个七段数码显示的译码器 Dec7s 模块，然后用模块例化方式将这两种模块组成计数译码器系统电路。

① 设计 4 位二进制加法计数器 cnt4e 模块。

cnt4e 的元件符号如图 6-27 所示，clk 是时钟输入端；clrn 是复位控制输入端，当 clrn＝1 时计数器被复位，输出 q[3..0]＝0000；ena 是使能控制输入端，当 ena＝1 时，计数器才能工作；cout 是进位输出端，当输出 q[3..0]＝'b1111 时，cout＝1。

cnt4e 的 Verilog HDL 源程序 cnt4e.v 如下：

```
module cnt4e(clk,clrn,ena,cout,q);
  input clk,clrn,ena;
  output reg[3:0] q;
  output reg cout;
  always @(negedge clrn or posedge clk)
    begin
      if(~clrn) q=0;
      else begin
          if(ena) q=q+1;
          if(q==15) cout=1;
          else cout=0;end
    end
endmodule
```

② 设计七段数码显示的译码器 Dec7s 模块。

Dec7s 的元件符号如图 6-28 所示，a[3..0]是 4 位数据输入端，将接至 cnt4e 的输出端 q[3..0]；q[7..0]是译码器的输出端，提供七段数码显示数据。

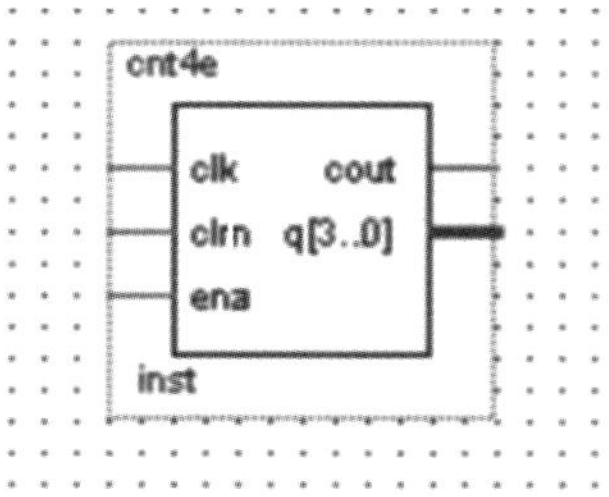

图 6-27 cnt4e 的元件符号

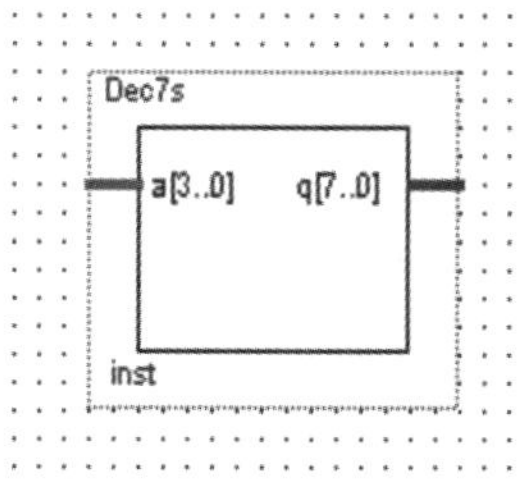

图 6-28 Dec7s 的元件符号

Dec7s 的 Verilog HDL 源程序 dec7s.v 如下：

```
module dec7s(a,q);
  input [3:0] a;
  output reg [7:0] q;
  always @(a)
    begin
      case(a)
```

```
            0:q='b00111111;            1:q='b00000110;
            2:q='b01011011;            3:q='b01001111;
            4:q='b01100110;            5:q='b01101101;
            6:q='b01111101;            7:q='b00000111;
            8:q='b01111111;            9:q='b01101111;
            10:q='b01110111;           11:q='b01111100;
            12:q='b00111001;           13:q='b01011110;
            14:q='b01111001;           15:q='b01110001;
        endcase
    end
endmodule
```

③ 设计计数译码器系统电路。

计数译码器系统电路的结构图如图 6-29 所示，它是用 Quartus Ⅱ 的图形编辑方式设计出来的。其中，u1 和 u2 是两个 cnt4e 元件的例化模块名，相当于 cnt4e 系统电路板上的插座；u3 和 u4 是 Dec7s 元件的例化模块名，相当于 Dec7s 在系统电路板上的插座；x1、x2、x3 是电路内部的连线。

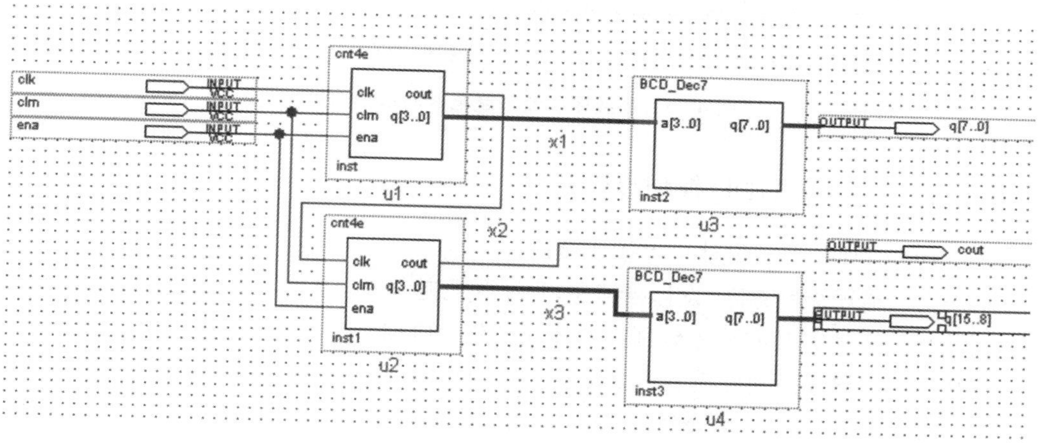

图 6-29　计数译码器系统电路的结构图

用模块例化方式将 cnt4e 和 Dec7s 两种模块组成计数译码器系统电路，用 Verilog HDL 位置关联法描述的计数译码器电路的顶层源程序文件 cnt_dec7s. v 如下：

```
module cnt_dec7s(clk,clrn,ena,q,cout);
  input clk,clrn,ena;
  output [15:0] q;
  output cout;
  wire x1,x2,x3;
  cnt4e u1(clk,clrn,ena,x2,x1);
  cnt4e u2(x2,clrn,ena,cout,x3);
  dec7s u3(x1,q[7:0]);
  dec7s u4(x3,q[15:8]);
endmodule
```

用 Verilog HDL 名称关联法描述的计数译码器电路的顶层源程序文件 cnt_dec7s_1. v

如下：

```
module cnt_dec7s_1(clk,clrn,ena,q,cout);
  input clk,clrn,ena;
  output [15:0] q;
  output cout;
  wire x1,x2,x3;
  cnt4e u1(.q(x1),.cout(x2),.clk(clk),.clrn(clrn),.ena(ena));
  cnt4e u2(.q(x3),.cout(cout),.clk(clk),.clrn(clrn),.ena(x2));
  dec7s u3(.a(x1),.q(q[7:0]));
  dec7s u4(.a(x3),.q(q[15:8]));
endmodule
```

计数译码器系统电路的仿真波形如图6-30所示，其中，数据“3F3F”是电路输出端q[15:0]送给七段数码显示的译码器“00”的数据；“3F06”是显示“01”的数据；依次类推。仿真结果验证了设计的正确性。

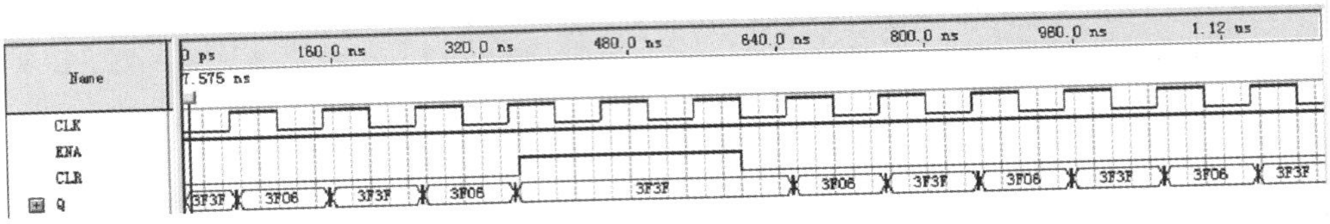

图6-30　计数译码器系统电路的仿真波形

6.4.4　Verilog HDL模型设计总结

对Verilog HDL模型设计得出如下结论：

① 采用的描述级别越高，设计越容易，程序代码越简单，但耗用器件资源越多。对于特定综合器，可能无法将某些抽象级别高的描述转化为电路。

② 基于门级描述的硬件模型不仅可以仿真，而且可以综合，且系统运行速度快。

③ 所有Verilog HDL编译软件只是支持该语言的一个子集。

④ 尽量采用编译软件支持的语句来描述设计，或多个软件配合使用。

⑤ 一般用算法级(写出逻辑表达式)或RTL级来描述逻辑功能，尽量避免用门级描述；对系统速度要求比较高的场合才采用门级描述。

1. 思考

(1) 采用什么描述级别更合适？

系统级描述太抽象，有时无法综合成具体的物理电路；门级描述要求根据逻辑功能画出逻辑电路图，对于复杂的数字系统很难做到；而算法级和RTL级描述级别适中，代码不是很复杂，且一般容易综合成具体的物理电路，故建议尽量采用算法级和RTL级来描述。

(2) 怎样减少器件逻辑资源的耗用？

当器件容量有限时，为减少器件逻辑资源的耗用，建议少用if-else语句和case语句，尽量直接使用逻辑表达式来描述系统的逻辑功能；或者用case语句取代if-else语句。

2. 建议

(1) 在进行设计前，一定要仔细分析并熟悉所需设计电路或系统的整个工作过程，合理划分功能模块，并弄清每个模块输入和输出间的逻辑关系。

(2) 在调试过程中，仔细阅读并理解错误信息，随时查阅相关资料、了解有关语法，纠正语法错误。

6.5 Verilog HDL 设计流程

Verilog HDL 的设计流程与原理图输入法设计流程基本相同，关于 Quartus Ⅱ软件平台的使用方法，在前面章节中已经做过比较详细的介绍，下面仅以 BCD 码加法器电路为例，简要介绍 Verilog HDL 的设计流程。

BCD 码加法器电路的设计包括 BCD_adder. v、BCD_Dec7. v 和 bcd_dec. bdf 三个模块，其中 BCD_adder. v 和 BCD_Dec7. v 是用 Verilog HDL 编写的 BCD 码加法器和共阴极七段数码显示译码器的源程序，bcd_dec. bdf 则是以原理图输入法设计的顶层文件。在 bcd_dec. bdf 原理图中以 BCD_adder. v 和 BCD_Dec7. v 作为元件，设计一个 BCD 码加法器电路。设计前应为设计建立一个工程目录(如 D:\myeda\v)，用于存放 Verilog HDL 设计文件。

6.5.1 编辑 Verilog HDL 源程序

在 Quartus Ⅱ集成环境下，首先为 BCD 码加法器设计电路建立一个新工程，然后执行“File”菜单的“New”命令，弹出如图 6-31 所示的打开新文件对话框，选择对话框中的“Verilog HDL File”文件类型，进入 Verilog HDL 文本编辑方式。

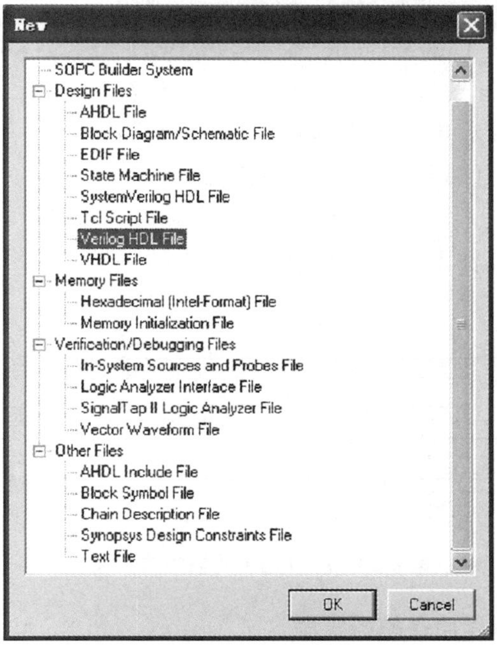

图 6-31 打开新文件对话框

1. 编辑 BCD 码加法器的 Verilog HDL 源程序

进入 Verilog HDL 文本编辑方式后，编辑 BCD 码加法器的 Verilog HDL 源程序，并以

BCD_adder. v 为源程序的文件名，保存在 D:\myeda\v 工程目录中，后缀. v 表示文件为 Verilog HDL 源程序文件。

注意：

Verilog HDL 源程序的文件名应与设计模块名相同，否则将是一个错误，无法通过编译。

BCD 码加法器的 BCD_adder. v 源程序如下：

```
module BCD_adder(a,b,cin,sum,cout);
  input [3:0] a,b;
  input cin;
  output reg [3:0] sum;
  output reg cout;
  always @(a,b,cin)
    begin
      {cout,sum}=a+b+cin;
      if({cout,sum}>'b01001)
      {cout,sum}=sum+'b0110;
    end
endmodule
```

完成 BCD 码加法器源程序的编辑后，用 BCD_adder. v 文件名存盘，然后在 Quartus Ⅱ 集成环境下，对 BCD_adder 进行编译，执行“File”菜单的“Create/Update”项的“Create Symbol Files for Current File”命令，为 BCD_adder 设计文件生成元件符号，如图 6-32 所示。在元件符号中，细的输入/输出线表示单变量线，如 cin 和 cout；粗的输入/输出线表示多变量总线，如 a[3..0]、b[3..0]和 sum[3..0]。

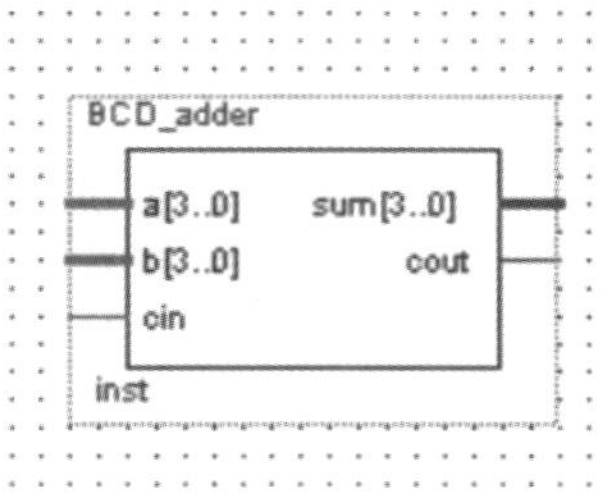

图 6-32 BCD_adder 元件符号

BCD 码加法器的仿真波形如图 6-33 所示，仿真结果验证了设计的正确性。

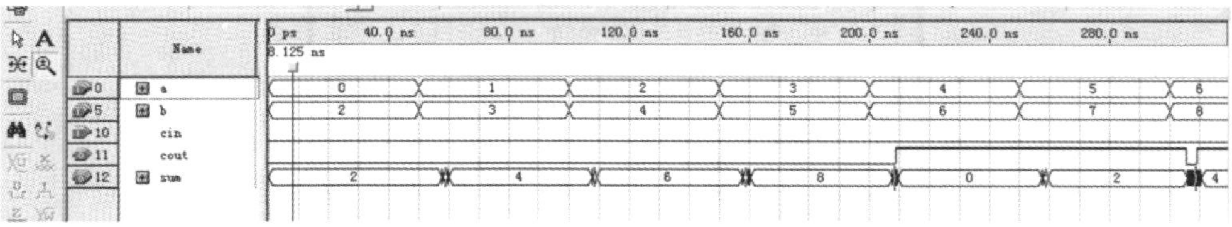

图 6-33 BCD 码加法器的仿真波形

2. 编辑七段数码显示译码器的源程序

首先为七段数码显示译码器设计电路建立一个新工程，然后在 Verilog HDL 文本编辑方式下，编辑七段数码显示译码器的源程序，并以 BCD_Dec7. v 为源程序名，保存在工程目录中。BCD_Dec7. v 源程序如下：

```
module BCD_Dec7(a,q);
  input [3:0] a;
  output [7:0] q;
  reg [7:0] q;
  always @(a)
    begin
      case(a)
        'b0000:q='b00111111;      'b0001:q='b00000110;
        'b0010:q='b01011011;      'b0011:q='b01001111;
        'b0100:q='b01100110;      'b0101:q='b01101101;
        'b0110:q='b01111101;      'b0111:q='b00000111;
        'b1000:q='b01111111;      'b1001:q='b01101111;
        'b1010:q='b01110111;      'b1011:q='b01111100;
        'b1100:q='b00111001;      'b1101:q='b01011110;
        'b1110:q='b01111001;      'b1111:q='b01110001;
      endcase
    end
endmodule
```

为了使 BCD_Dec. v 源程序也能作为十六进制译码器，应将 A～F 十六进制数的译码输出也包括在内。BCD_Dec. v 通过编译后，生成显示译码器的元件符号，如图 6-34 所示。在元件符号中，a[3..0]是译码器的输入端，将与 BCD 码加法器的输出端 sum[3..0]连接；q[7..0]是译码器的输出端，为七段数码显示译码器提供显示数据。

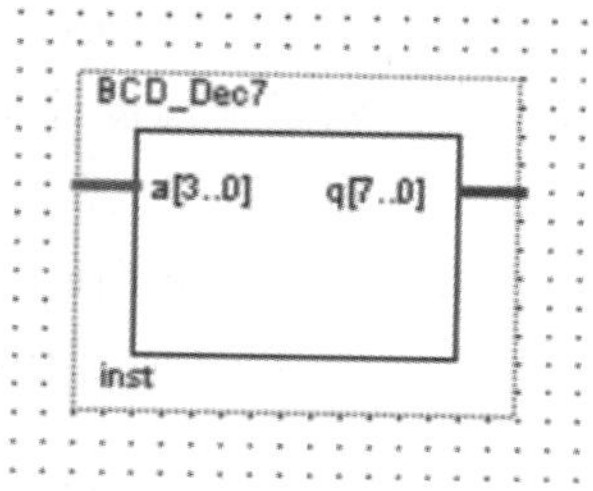

图 6-34　显示译码器的元件符号

6.5.2　设计 BCD 码加法器电路的顶层文件

生成的 BCD_adder 和 BCD_Dec7 设计电路的元件图形符号只是代表两个分立的电路设计结果，并没有形成系统。设计顶层文件就是调用 BCD_adder 和 BCD_Dec7 两个功能元件，将它们组装起来，成为一个完整的设计。bcd_dec. bdf 是本例的顶层设计文件，在 Quartus Ⅱ集成环境下，首先为顶层设计文件建立一个新工程(bcd_dec)，然后打开一个新文件，并进入图形编辑方式(选择“Block Diagram/Schematic File”)。在图形编辑框中，调出 BCD_adder和 BCD_Dec7 元件符号以及输入和输出元件符号。

根据 BCD 码加法器电路设计原理，用鼠标按连接关系将各端口拉接在一起。具体操作如下：

① 把输入元件 INPUT 与 BCD_adder 的 cin 拉接在一起，并把输入元件的名称改为 cin，作为加法器低位进位输入端。

② 把输入元件 INPUT 与 BCD_adder 的加数输入拉接在一起，并把输入元件的名称分别改为 a[3..0]和 b[3..0]，作为加法器 4 位加数输入端。

③ 把 BCD_adder 输出 sum[3..0]与 BCD_Dec 的输入 a[3..0]拉接在一起，把 BCD_Dec7 的输出 q[7..0]与输出元件 OUTPUT 拉接在一起，并把输出元件的名称改为 q[7..

0]，作为译码器输出端。

④ 把输出元件 OUTPUT 与 BCD_adder 的 cout 拉接在一起，并把输出元件的名称改为 cout，作为加法器进位输出端。

完成上述操作后，得到 BCD 码加法器的顶层设计图形，如图 6-35 所示。顶层设计图形完成后，用 bcd_dec. bdf 作为文件名存入工程目录。“bcd_dec”是用户为顶层文件定义的名字，后缀. bdf 表示文件为图形设计文件。

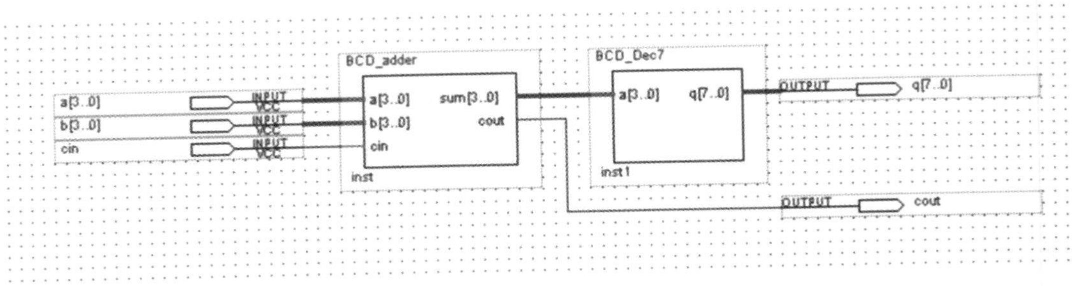

图 6-35　BCD 码加法器的顶层设计图形

6.5.3　编译顶层设计文件

选择 Quartus Ⅱ 中“Processing”菜单下的“Start Compilation”命令，对顶层设计文件进行编译。完成对图形编辑文件的编译后，系统为 BCD 码加法器设计文件生成的元件符号如图6-36 所示。此元件符号可以作为共享元件，供其他电路或系统设计调用。

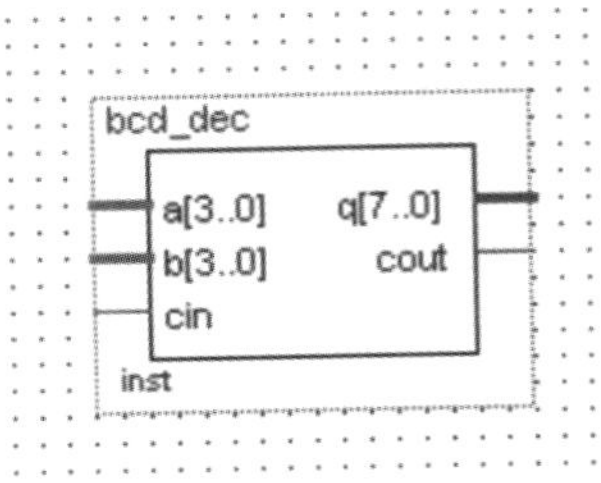

图 6-36　BCD 码加法器的元件符号

6.5.4　仿真顶层设计文件

BCD 码加法器顶层设计文件的仿真波形如图 6-37 所示，其中 q[7..0]输出的“7D”是七段数码显示“6”(0 加 6)的数据；“07”是显示“7”(1 加 6)的数据；依次类推。仿真结果验证了设计的正确性。

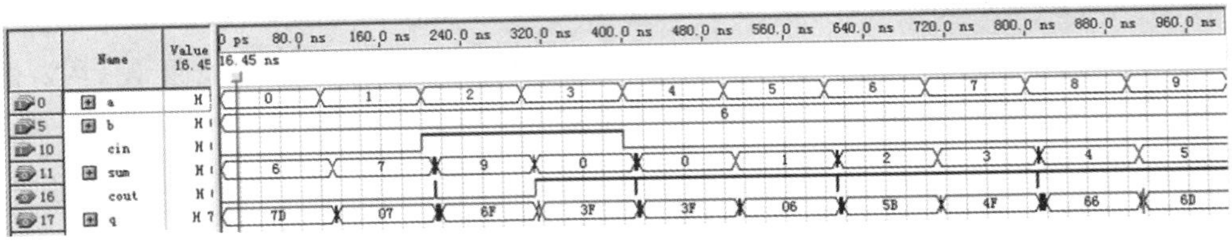

图 6-37　顶层设计文件的仿真波形

6.6　Verilog HDL 仿真

Verilog HDL 是一种用于设计数字系统电路的硬件描述语言，为了检验设计的正确性，一般需要对设计模块进行仿真验证。几乎所有的 EDA 工具软件都支持 Verilog HDL 的仿真，而且 Verilog HDL 本身也具有支持仿真的语句。下文主要介绍 Verilog HDL 仿真支持语句及 Verilog HDL 测试平台软件的设计，并给出了 ModelSim 软件工具的仿真结果。

6.6.1 Verilog HDL 仿真支持语句

Verilog HDL 仿真支持语句包括 initial 块语句、系统任务、系统函数和编译指令。关于 initial 块语句前面已介绍，下面介绍系统任务、系统函数和编译指令。

系统任务和系统函数是 Verilog HDL 中预先定义的任务和函数，主要用途是在设计仿真过程中完成信息显示、仿真监视、模拟控制等工作任务。系统任务和系统函数都是以 $ 为首字符构成标识符的，如 $display、$write、$time(注意，$ 与其后的保留字单词之间不能有空格)等。下面介绍用途比较广泛的信息显示系统任务($display 和 $write)、仿真监视系统任务($monitor)、暂停仿真系统任务($stop)、结束仿真系统任务($finish)和模拟时间函数($time 和 $realtime)。

1) 信息显示系统任务($display 和 $write)

信息显示系统任务用于仿真过程中在标准输出设备(如显示器、打印机等)上显示字符串、表达式或变量的数值。信息显示系统任务名包括 $display 或 $write(默认的，以十进制形式显示数据)、$displayb 或 $writeb(以二进制形式显示数据)、$displayh 或 $writeh(以十六进制形式显示数据)和 $displayo 或 $writeo(以八进制形式显示数据)。信息显示语句的格式为

```
信息显示系统任务名(显示列表);
```

其中，“显示列表”中列出被显示的信息。例如：

```
$display("hello!");          //显示“hello!”字符串
$display($time);             //显示当前时间
```

$display 和 $write 功能相同，主要区别在于：用 $display 命令完成一条语句的信息显示后能自动换行，从新的一行开始显示下一条语句的信息；而用 $write 命令完成一条语句的信息显示后不会换行，继续在同一行显示下一条语句的信息。

模拟仿真时信息显示的数据是 64 位二进制数。例如，使用 $displayb 或 $writeb(二进制信息显示格式)显示数据“0”时，显示设备(显示器或打印机)上显示 64 个“0”；使用 $displayh 或 $writeh(十六进制信息显示格式)显示数据“0”时，显示设备上显示 16 个“0”；使用 $display 或 $write(十进制信息显示格式)显示数据“0”时，显示设备上显示 1 个“0”。因此，在一般情况下，使用 $display 或 $write 命令来显示数据信息比较便于观察。

在显示列表中显示对象的格式还可以用“%”符号来定义，主要包括：

① %d 或%D——以十进制格式显示数据。

② %b 或%B——以二进制格式显示数据。

③ %h 或%H——以十六进制格式显示数据。

④ %o 或%O——以八进制格式显示数据。

⑤ %s 或%S——显示字符串。

⑥ %e 或%E——以科学计数法格式显示实数。

例如

```
$display("a=%d",a);       //以十进制格式显示变量 a 的数值
```

2) 仿真监视系统任务($monitor)

仿真监视系统任务是在仿真过程中对字符串、表达式或变量的数值显示进行监视，只要

被监视的数据对象的数值发生变化，立即显示变化后的结果。

$monitor任务的格式与$display任务完全相同，但$display任务仅对显示列表中的内容执行一次显示，而$monitor任务用于激活显示列表中的显示对象，在不同激励语句的触发下不断显示对象的信息，直至执行$stop任务或$finish任务才停止监视。

例 6-25 用$display任务编写4输入端与非门的测试程序。

编写的4输入端与非门测试程序(display_test.v)如下：

```
module display_test;
  wire y;
  reg a,b,c,d;
  nand #1 g1(y,a,b,c,d);
  initial
    begin
    $display("hello!",$time,,,"a=%b b=%b c=%b d=%b,y=%b",a,b,c,d,y);
    #10 a=0;b=0;c=0;d=0;
    #10 d=1;
    #10 a=1;b=1;c=1;d=1;
    #10 $finish;
    end
endmodule
```

程序中使用initial块语句来完成仿真条件的设置，程序中的“#1”表示延迟1个基本单位时间，“#10”表示延迟10个基本单位时间。程序执行时显示的信息为

```
# hello! 0   a=x b=x c=x d=x,y=x
```

例 6-26 用$monitor任务编写4输入端与非门的测试程序。

编写的4输入端与非门测试程序(monitor_test.v)如下：

```
module monitor_test;
  wire y;
  reg a,b,c,d;
  nand #1 g1(y,a,b,c,d);
  initial
    begin
      $monitor("hello!",$time,,,"a=%b b=%b c=%b d=%b,y=%b",a,b,c,d,y);
      #10 a=0;b=0;c=0;d=0;
      #10 d=1;
      #10 a=1;b=1;c=1;d=1;
      #10 $finish;
    end
endmodule
```

程序执行时显示的信息为

```
#hello! 0   a=x b=x c=x d=x,y=x
#hello! 10   a=0 b=0 c=0 d=0,y=x
#hello! 11   a=0 b=0 c=0 d=0,y=1
```

```
#hello! 20  a=0 b=0 c=0 d=1,y=1
#hello! 30  a=1 b=1 c=1 d=1,y=1
#hello! 31  a=1 b=1 c=1 d=1,y=0
```

display_test. v 和 monitor_test. v 两个源程序中是完全相同的 4 输入端与非门仿真测试设计程序语句，a、b、c 和 d 是测试输入端，y 是测试输出端。在 display_test. v 源程序中，用 $display 系统任务显示信息，因此仅一次性地显示该命令的显示列表中的信息（其中的“x”表示未知数据）。用 $monitor 命令显示信息时，不仅显示了显示列表中的信息，而且不断监视显示列表中数据对象的变化，在任何数据对象发生变化后，立即显示变化后的信息，直至遇到 $finish 命令才结束显示。

对 monitor_test. v 源程序执行的显示结果解释如下：

① 显示结果“＃ hello！0　a＝x b＝x c＝x d＝x，y＝x”表示 time＝0 个单位时间时，数据对象 a、b、c、d 和 y 的数据未知。

② 显示结果“＃ hello！10　a＝0 b＝0 c＝0 d＝0，y＝x”表示 time＝10 个单位时间时，数据对象 a、b、c、d 分别被赋值 0、0、0、0，与非门需要 1 个单位时间（＃1）输出 y 才能出现新的数据，因此此时的 y 仍然是未知数据。

③ 显示结果“＃ hello！11　a＝0 b＝0 c＝0 d＝0，y＝1”表示 time＝11 个单位时间时数据对象 a、b、c、d 和 y 的数据，经过 1 个单位时间后输出 y 出现了新的数据。

④ 显示结果“＃ hello！20　a＝0 b＝0 c＝0 d＝1，y＝1”表示 time＝20 个单位时间时，数据对象 a、b、c、d 分别被赋值 0、0、0、1，输出 y 仍然为 1（不变）。

⑤ 显示结果“＃ hello！30　a＝1 b＝1 c＝1 d＝1，y＝1”表示 time＝30 个单位时间时数据对象 a、b、c、d 和 y 的数据。

⑥ 显示结果“＃ hello！31　a＝1 b＝1 c＝1 d＝1，y＝0” 表示 time＝31 个单位时间时数据对象 a、b、c、d 和 y 的数据，因为经过 1 个单位时间，输出 y 出现了新的数据。用仿真结果可以验证与非门的功能，即只有输入 a、b、c、d 全部为 1（高电平），输出 y 才为 0（低电平），输入的其余组合都会使输出 y 为 1。

3）暂停仿真系统任务（ $stop）

$stop 系统任务用于暂停仿真，进入仿真软件的命令交互模式。

4）结束仿真系统任务（ $finish）

$finish 系统任务用于结束仿真。

5）模拟时间函数（ $time 和 $realtime）

$time 系统函数执行时根据系统任务（如 $display、$write、$monitor 等）的格式要求，返回一个 64 位整型模拟时间，对小数部分自动进行四舍五入处理；而 $realtime 系统函数执行时返回一个 32 位实型（十进制数格式）模拟时间，其输出格式与系统任务规定的格式无关。

6.6.2　Verilog HDL 测试平台软件的设计

测试平台软件是用硬件描述语言编写的程序，在该程序中用语句为一个设计电路或系统生成测试条件，如输入的高低电平、时钟信号等，在 EDA 工具的支持下，直接运行程序（不需要再设计输入条件），就可以得到仿真结果。下面介绍 Verilog HDL 测试平台软件的设计。

测试平台软件的结构如图 6-38 所示，被测元件是一个已经设计好的电路或系统，测试平台软件用元件例化语句将其嵌入程序。Verilog HDL 测试平台软件是一个没有输入/输出端口的设计模块，被测元件的输入端被定义为 reg 型（寄存器型）变量，在 always 块或 initial 块中赋值（产生测试条件），被测元件的输出端被定义为 wire 型变量，产生相应输入变化的输出结果（波形）。

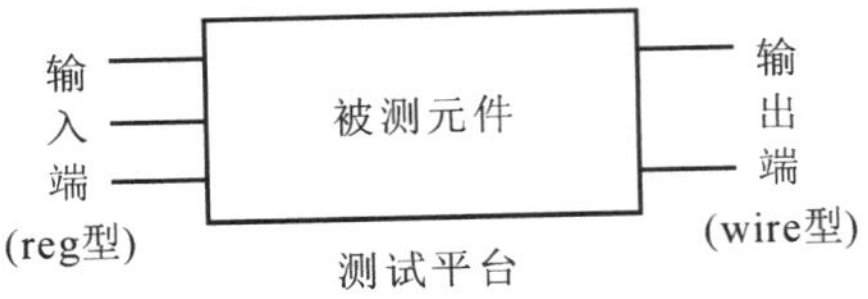

图 6-38　测试平台软件的结构

下面介绍组合逻辑电路和时序逻辑电路的测试平台软件的设计，并以 ModelSim 为 EDA 工具，验证这些测试软件。

1. 组合逻辑电路测试平台软件的设计

组合逻辑电路的设计验证，主要是检查设计结果是否符合该电路真值表的功能，因此在组合逻辑电路测试平台软件设计编写时，用 initial 块把被测电路的输入按照真值表提供的数据进行变化，作为测试条件，就能实现软件的设计。

例 6-27　编写全加器电路的测试平台软件。

全加器电路的逻辑符号如图 6-39 所示，全加器真值表如表 6-8 所示。A、B 是两个 1 位二进制加数的输入端，CI 是低位进位输入端，SO 是和数输出端，CO 是向高位进位输出端。

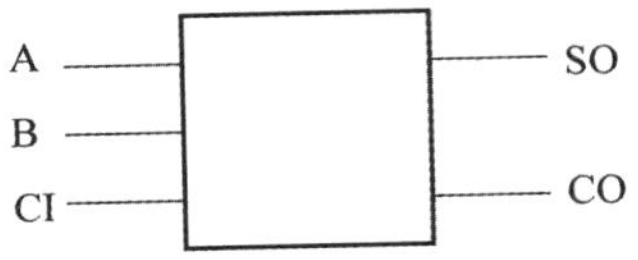

图 6-39　全加器电路的逻辑符号

表 6-8　全加器真值表

输　入			输　出	
A	B	CI	SO	CO
0	0	0	0	0
0	0	1	1	0
0	1	0	1	0
0	1	1	0	1
1	0	0	1	0
1	0	1	0	1
1	1	0	0	1
1	1	1	1	1

用 Verilog HDL 编写的全加器源程序（adder1. v）如下：

```
module adder1(a,b,ci,so,co);
  input a,b,ci;
  output so,co;
  assign {co,so}=a+b+ci;
endmodule
```

根据全加器的真值表，编写的全加器测试程序（adder1_tb. v）如下：

```
module adder1_tb;
  wire so,co;
  reg a,b,ci;
```

```
    adder1 u1(a,b,ci,so,co);      //嵌入 adder1 元件
    initial                       //产生测试条件
      begin
        #20 a=0;b=0;ci=0;
        #20 a=0;b=0;ci=1;
        #20 a=0;b=1;ci=0;
        #20 a=0;b=1;ci=1;
        #20 a=1;b=0;ci=0;
        #20 a=1;b=0;ci=1;
        #20 a=1;b=1;ci=0;
        #20 a=1;b=1;ci=1;
        #200 $finish;
      end
endmodule
```

在测试程序中，把全加器的输入 a、b 和 ci 定义为 reg 型变量；把输出 so 和 co 定义为 wire 型变量；用元件例化语句“adder1 u1(a,b,ci,so,co);”把全加器设计电路嵌入测试平台软件；用 initial 块语句来改变输入的变化而生成测试条件，输入的变化语句完全根据全加器的真值表编写。

用 ModelSim 工具完成全加器源程序 adder1. v 及其测试程度 adder1_tb. v 的编译。测试平台软件的仿真过程与波形仿真相同，包括装载设计文件、设置仿真激励信号和执行仿真 3 个操作。全加器(adder1_tb. v 文件)的仿真结果如图 6-40 所示。

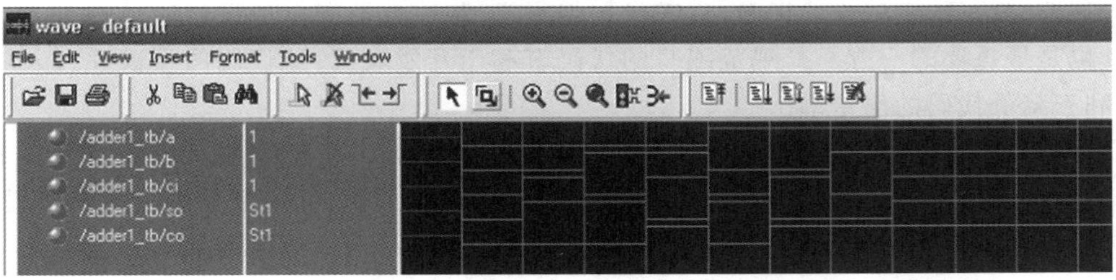

图 6-40　全加器的仿真结果

2. 时序逻辑电路测试平台软件的设计

时序逻辑电路测试平台软件设计的要求与组合逻辑基本相同，主要区别在于，时序逻辑电路测试平台软件中，需要用 always 块语句生成时钟信号。

例 6-28　编写十进制加法计数器的测试程序。

用 Verilog HDL 编写的 4 位二进制加法计数器源程序 cnt4e. v 已在例 6-24 中给出，其测试程序(cnt4e_tb. v)如下：

```
module cnt4e_tb;
  reg clk,clrn,ena;
  wire [3:0] q;
  wire cout;
  cnt4e u1(clk,clrn,ena,cout,q);        //嵌入 cnt4e 元件
  always
```

```
    begin #50 clk=~clk;end              //生成 clk 时钟
  initial begin
          clk=0;clrn=0;ena=1;
          #1200 clrn=1;
          #120 clrn=0;
          #2000 ena=0;
          #200 ena=1;
          #20000 $finish;
        end
endmodule
```

在源程序中，用元件例化语句“cnt4e u1(clk,clrn,ena,cout,q);”把二进制计数器设计元件嵌入测试软件；在 always 块中用语句“＃50 clk＝～clk;”产生周期为 100(标准时间单位)的时钟(方波)；用 initial 块生成复位信号 clrn 和使能控制信号 ena 的测试条件。

注意：

时钟 clk 只能用 always 块语句生成，但要在 initial 块中设置时钟的初值(如 clk＝0 或 clk＝1)，如果不设置时钟的初值，则在仿真时时钟输出端是一个未知 x(不变)结果。另外，用 always 块生成时钟后，一定要用“$finish”语句结束仿真，否则仿真执行将不会结束。

6.7 代码编写规范

“规范”就是约定俗成的标准，遵守代码编写规范，一方面能体现设计者足够专业，另一方面(也是最重要的一方面)，规范编写的代码有利于开发交流，让代码的可读性大大增强，也有利于降低代码的出错率。

如果初学开发的时候没有养成一个很好的规范编写代码的习惯，在大的项目工程中，这方面的弊端会慢慢显现，对后续的修改和维护会造成很大的影响，重新去编写又浪费很多的时间，所以，“千里之行始于足下”，学习编写代码时就应该学习代码编写规范。

Verilog HDL 代码编写的一些规范总结如下：

(1) 文件名必须体现出设计模块的功能。

在设计中，模块名就是文件名，这是由于软件编译的问题而被限制的，设置模块名的时候也是在决定文件名。因此，模块名的设定要体现出模块的功能，这种设定便于查找分析，对于大的工程项目设计很有用处。

(2) 时钟信号及低电平有效信号的命名应统一。

时钟信号一般命名为 clk。

程序中复位信号 reset、rst、reset_n、rst_n 四种。前两种体现该信号是高电平有效的，后两种体现该复位信号是低电平有效的。在设计规范中采用“_n”来表示低电平有效。所有低电平有效信号命名时一律加上“_n”，增强代码的可读性。

(3) 参数 parameter 和宏定义 \`define 命名应用大写字母。

在定义参数和宏定义时，名字要采用大写字母进行表示，例如：

```
parameter DATA_WIDTH=32;
`define AHB_TRANS_SEQ 2'b11;
```

(4) 有关信号、端口、模块、例化这四个方面的代码最好采用小写进行设计。

(5) 命名字符的长度一般不要超过 32 个。

(6) 有关模块调用的实体名的设定,参考如下:

```
mux4 u_mux4_1(……);
mux4 u_mux4_2(……);
```

(7) 位宽的描述应符合一定顺序。

在 Verilog HDL 中一般描述位宽采用的是[x:0]的形式;在 VHDL 中一般采用的是 x downto 0的形式。

以上两种形式中都是高位在左、低位在右,符合人的阅读顺序习惯。

(8) begin 和 end、case 和 endcase、if 和 else 的配对应上下对齐,语句应注意缩进,方便阅读。可添加必要的注释。

以上几点都是关于文本输入形式的,那么在原理图输入方式中有没有相关的规范问题呢? 答案是肯定的。

原理图输入方式中,设计者有时会将自己所写的文本生成一个原理图的模块,然后导入原理图设计,这时该原理图也被设置为顶层模块,有时问题就产生在这里。当有多个模块被导入原理图时,需要将这些模块连接起来,如果在连接的时候用一些分立的逻辑元件,就产生了所谓胶合逻辑的问题,因为该逻辑元件在综合时是没有加入任何一个模块的,无法进行整体的最优化综合,所以无法产生一个最优化的电路,这样的逻辑元件将两个模块“有缝”地连接起来,这样的电路在同步中就会不稳定。

所以,有文本输入和原理图输入的工程中,原理图作为顶层文件时最好是页水平的分层结构,即原理图中的模块都是采用文本输入形式生成的,这样就避免了胶合逻辑的问题,让综合器能更好地综合设计的电路。

非阻塞赋值和阻塞赋值问题,在 FPGA 设计中是经常需要注意的问题,这两种赋值模式产生的硬件电路是不一样的。从时间上进行分析的话,非阻塞赋值就是同时赋值;而阻塞赋值就是顺序赋值,软件综合时也会对电路进行简化。

在一个源程序中,要么都采用阻塞赋值语句,要么都采用非阻塞赋值语句,最好不要混合使用,否则可能导致逻辑关系出错。

为易于综合,建议采用非阻塞赋值语句。

在需要信号输入的模块中,如 always 块中“always @”后的括号内包含的就是敏感信号列表(也称敏感变量表达式),也就是说在括号内的信号都将会影响模块的工作或模块内某些信号的输出。凡是影响模块输出和工作状态的信号都是敏感信号,一般有时钟信号、复位信号、置数信号、条件信号等。

在 FPGA 中经常要用到“reg”,可以说,没有“reg”就没有 FPGA,而 reg 型变量在上电后所寄存的是 1 还是 0 是不一定的,这将会造成很大的问题,如输出不确定等,所以就需要在上电的时候利用复位信号进行初始化,对 reg 型变量的值进行初始化,使一切都是确定的,防止不确定状态的出现。实例如下:

```
always @(posedge clk or negedge rst_n)
  begin
    if(!rst_n)
      data_out<=1'b0;
```

```
    else if(Y==3'b001)
      data_out<=1'b1;
    else
      data_out<=1'b0;
  end
```

代码编写设计的过程中存在一些设计技巧：

① 一个变量不能在多个 always 块中被赋值。这个问题一定要注意，否则编译不能通过。当某个变量有多个触发条件时，最好将触发条件集中放在一个 always 块中，并用 if-else 语句描述在不同触发条件下应执行的操作。

② 在 always 块语句中，当敏感信号为两个以上的时钟边沿触发信号时，应注意不要使用多个 if 语句，以免因逻辑关系描述不清晰而导致编译错误。

```
always @(posedge start or posedge reset)
  begin
    if(reset) enable<=0;
    if(start) enable<=1;   //错误写法
  end
```

变量 enable 不能被分配新的值。按以上写法，在最开始，start 和 reset 均为 0，会导致 enable 为不定态。

```
always @(posedge start or posedge reset)
  if(reset) enable<=0;
  else enable<=1;           //正确写法
```

语句“else enable<=1;”隐含了 reset 无效且 start 有效的意思，因此与“else if(start) enable<=1;”效果一样。

③ 输出信号为总线信号时，一定要在 I/O 说明中指明其位宽，否则在生成逻辑符号时，输出信号会被误认为是单个信号(没有标明位宽，就不会被当成总线信号)。

④ 要用到计数器时，一定要根据计数最大值事先计算好所需的位宽。若位宽不够，计数器不能计到设定的最大值，则将该计数器用作分频时，输出时钟始终为 0，所设计电路将不能按预定功能正常工作。

本章小结

Verilog HDL 是 EDA 技术的重要组成部分。本章介绍 Verilog HDL 的语法结构，包括变量、语句、模块和不同级别的电路描述和设计。

Verilog HDL 具有行为描述和结构描述功能，可以对系统级、算法级和寄存器传输级等高层次抽象级别进行电路描述和设计，也可以对门级和开关级等低层次的抽象级别进行电路描述和设计。由于 Verilog HDL 在数字电路设计领域具有先进性和优越性，成为 IEEE 标准的硬件描述语言得到了多种 EDA 设计平台工具软件的支持。

第 7 章 数字电路基础实验

7.1 分频器的设计及其 Quartus Ⅱ 仿真

7.1.1 分频器简介

所谓“分频”，就是把输入信号的频率变成成倍数的低于输入频率的输出信号。文献资料上所谓用计数器做分频器的方法，只是众多方法中的一种，它的原理是：把输入的信号作为计数脉冲，因为计数器的输出端口是按一定规律输出脉冲的，所以对不同的端口输出不同的信号脉冲，就可以看作是对输入信号的“分频”。至于分频频率是怎样的，由选用的计数器决定。如果是十进制的计数器那就是十分频；如果是二进制的计数器那就是二分频；还有四进制、八进制、十六进制计数器，依次类推。

在数字系统的设计中，分频器是一种应用十分广泛的电路，其功能就是对频率较高的信号进行分频。本质上，分频电路是加法计数器的“变异”，其计数值由分频系数决定，分频器不是输出一般计数器的计数结果，而是根据分频系数对输出信号的高、低电平进行控制。通常来说，分频器常用于对数字电路中的时钟信号进行分频，从而得到较低频率的时钟信号、选通信号、中断信号等。

7.1.2 分频系数为 10 的偶数分频器

偶数分频在设计中极为常用。分频系数 M 和计数器值 N 的计算方法如下：

$$M = 时钟输入频率 / 时钟输出频率$$

$$N = M/2$$

如输入时钟频率为 50 MHz，输出时钟频率为 25 MHz，则 $M=2$，$N=1$。M 为偶数则意味着偶数分频。

以 $M=4$，$N=2$ 为例，输入时钟频率为 50 MHz，输出时钟频率为 12.5 MHz，得到的输出时钟时序如图 7-1 所示。

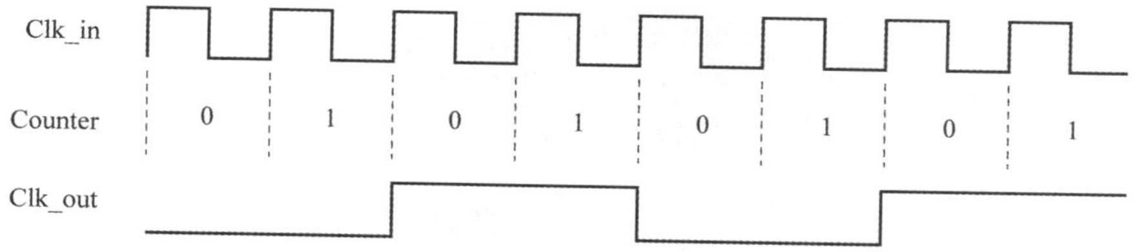

图 7-1 得到的输出时钟时序

对于分频系数为 $M=10$ 的分频器，如输入时钟频率为 50 MHz(clk_50M)，输出为十分频时钟(f_10)，设计方法为，通过一个 3 位的计数寄存器(cnt)来实现，每个系统时钟周期的上升沿计数一次，当计数寄存器计数到 4 的时候，将输出分频信号取反即可得到十分频的输出。

本例的 Verilog HDL 源程序为

```
module fenpin_2(clk_50M,f_10);
  input clk_50M;                //系统输入时钟，频率为 50 MHz，周期为 20 ns
  output f_10;                  //十分频输出，频率为 5 MHz
  reg f_10;                     //输出寄存器
  reg [2:0] cnt;                //计数寄存器
  always @(posedge clk_50M)     //每个时钟周期的上升沿触发，执行 begin-end 中的语句
    begin
      if(cnt==3'b100)           //判断 cnt 是否为 4，是的话执行以下程序
        begin
          f_10<=~f_10;          //把 f_10 取反
          cnt<=3'b0;            //计数寄存器清零
        end
      else                      //cnt 不为 4，执行以下程序
        begin
          cnt<=cnt+3'b1;        //计数寄存器自加 1
        end
    end
endmodule
```

7.1.3 分频器波形仿真

关于 Quartus Ⅱ 的波形仿真操作过程，简要介绍如下。

(1) 首先建立波形仿真的文件。

在“File”中选中“New”选项，选择“Vector Waveform File”并新建文件，如图 7-2 所示。

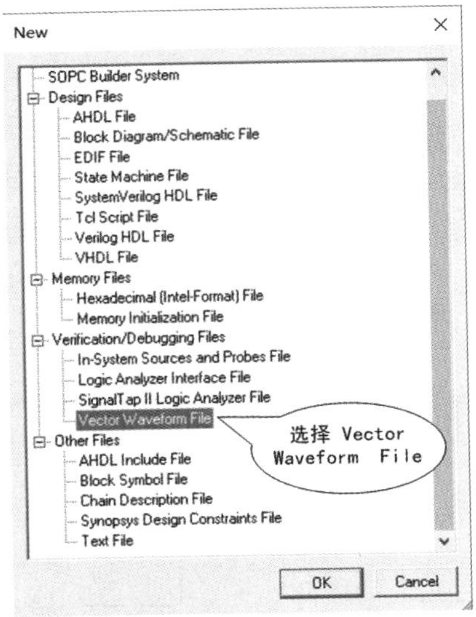

图 7-2 选择“Vector Waveform File”并新建文件

(2) 对建立的仿真文件进行保存。

单击软件左上角的保存按钮,在弹出的窗口中进行设置后单击“保存”,如图 7-3 所示。

(3) 在新建的仿真文件中导入需要仿真的信号。在“Name”栏目的空白处双击鼠标左键,如图 7-4 所示。

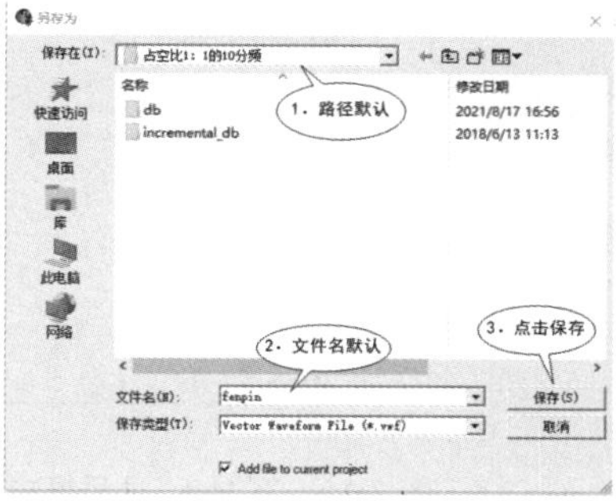

图 7-3 保存仿真文件

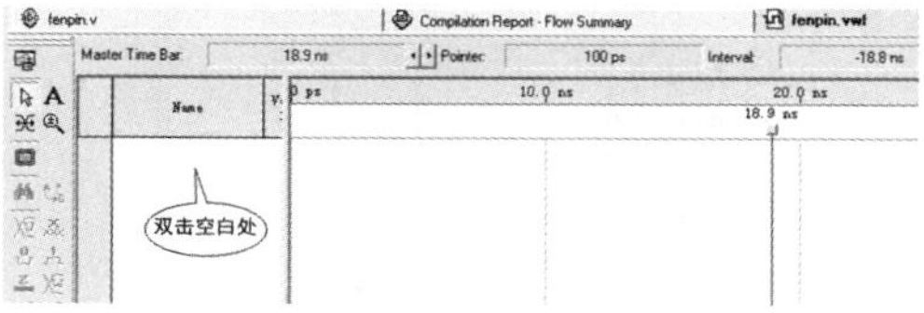

图 7-4 在“Name”栏目的空白处双击鼠标左键

在弹出的“Insert Node or Bus”对话框中选择数据格式,再单击“Node Finder”按钮,如图 7-5 所示。

在“Node Finder”界面的“Filter”栏目中选中“Pins:all”选项,然后点击“List”按钮,如图 7-6 所示,“Name”栏中显示信息。

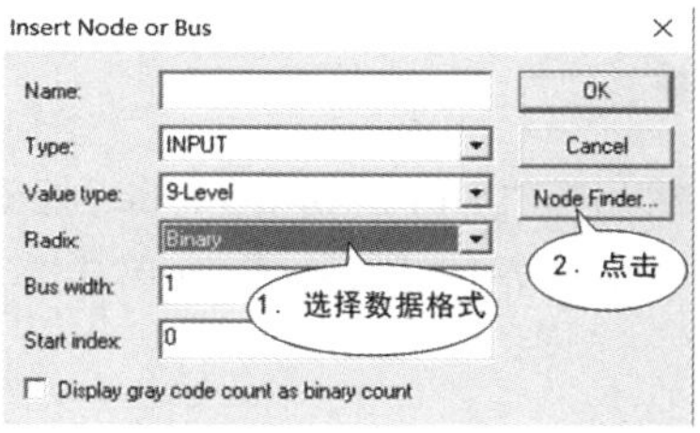

图 7-5 “Insert Node or Bus”对话框中的操作

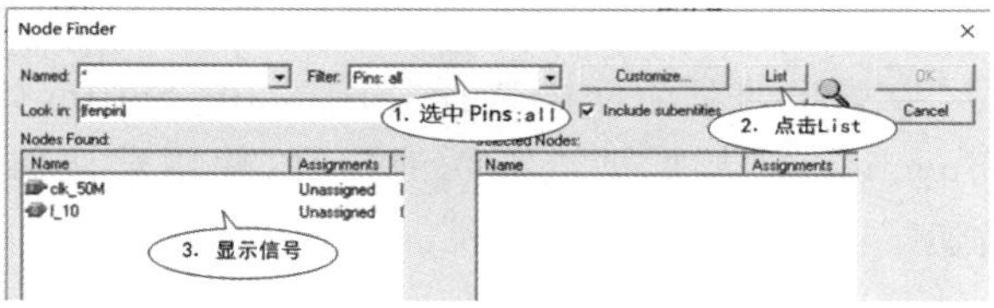

图 7-6 “Node Finder”界面中的操作

(4) 将左边窗口中的信息导入右边的窗口,如图 7-7 所示,点击“OK”按钮,返回“Insert Node or Bus”对话框。

(5) 在返回的对话框中单击“OK”按钮,如图 7-8 所示。

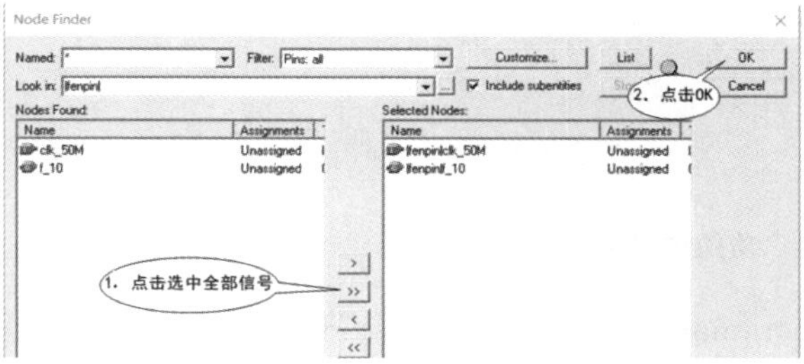

图 7-7 将左边窗口的信号导入右边窗口

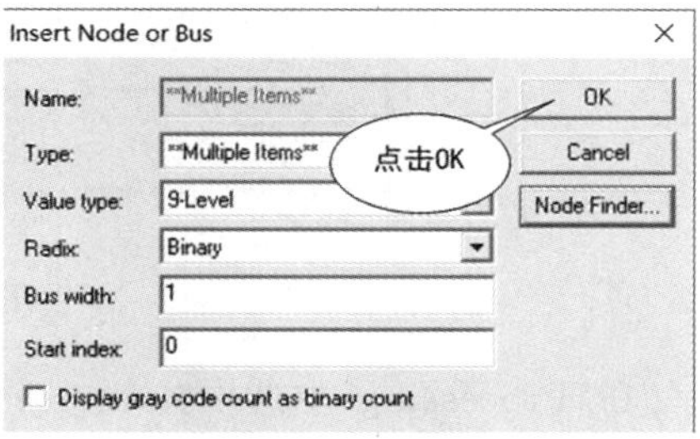

图 7-8 完成信号设置并单击“OK”按钮

(6) 用鼠标左键选中 clk_50M 那一栏,然后点击左下角的时钟设置工具,设置系统的仿真时钟,如图 7-9 所示。

(7) 在弹出的“Clock”对话框中,可以设置系统时钟的占空度以及时钟周期,此处我们的占空度设置为 50%，时钟周期为 10 ns，然后点击“OK”按钮即可，如图 7-10 所示。

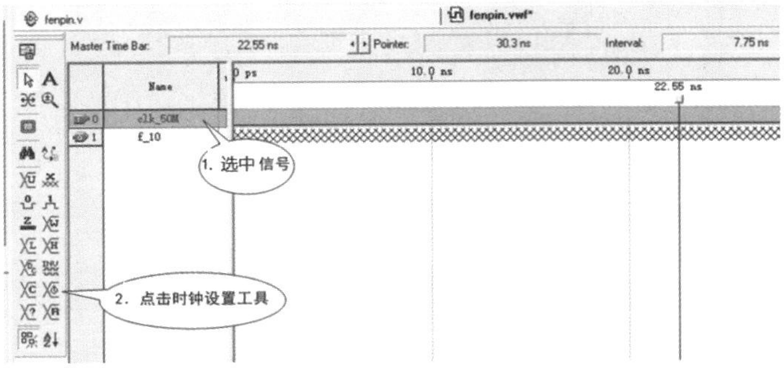

图 7-9 选中信号时钟设置工具

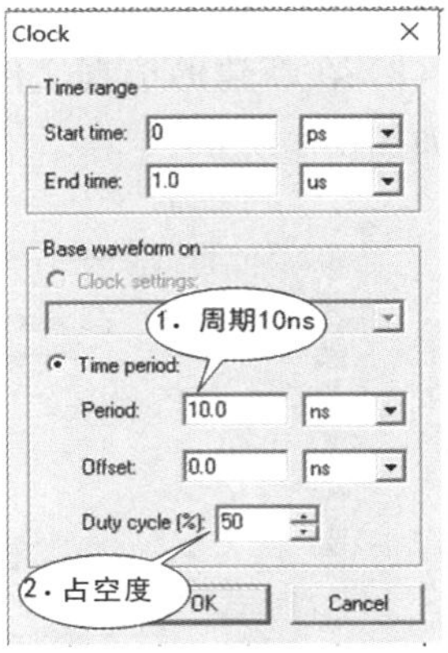

图 7-10 “Clock”对话框中的设置

(8) 进行仿真。此处仿真可分两种，即功能仿真和时序仿真。

① 进行功能仿真。功能仿真简单来说就是理想的运行情况，不会存在任何的逻辑器件的延时(实际运行时会存在延时)。在软件上方工具栏中点击图 7-11 所示的设置按钮，对所建立的工程参数进行设置。

图 7-11 工具栏中的设置按钮

在弹出的对话框中选择“Simulator Settings”选项，然后在“Simulation mode”处选中“Functional”选项，即选择功能仿真，使用默认仿真文件，如图 7-12 所示，最后单击“OK”按钮。

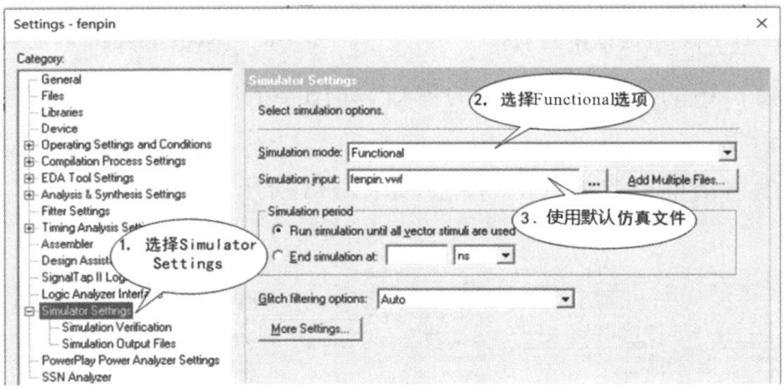

图 7-12 功能仿真设置

在“Processing”中选中“Generate Functional Simulation Netlist”选项，如图 7-13 所示，从而产生功能仿真网表文件。

点击软件上方工具栏中的开始仿真按钮，如图 7-14 所示。

软件运行后，功能仿真波形即可出来，如图 7-15 所示。仿真结果为，10 个 clk_50M 周期产生一个 f_10 周期，证明分频系数为 $M=10$ 的分频器设计正确。

② 进行时序仿真。时序仿真相对于功能仿真而言其仿真结果比较接近实际情况，即存

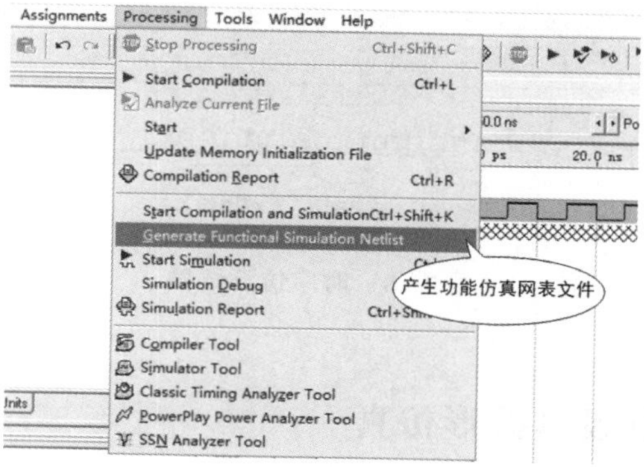

图 7-13　选中“Generate Functional Simulation Netlist”选项

图 7-14　工具栏中的开始仿真按钮

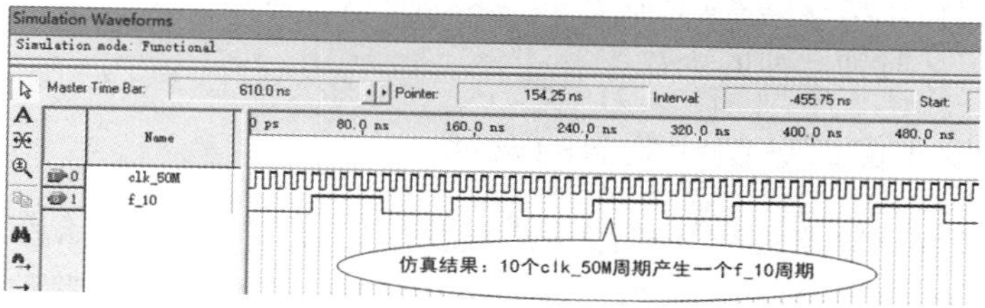

图 7-15　功能仿真波形

在逻辑器件的时间延迟。

在软件上方工具栏中点击设置按钮，对所建立的工程进行设置。

在弹出的对话框中选择“Simulator Settings”选项，然后在“Simulation mode”处选中“Timing”选项，即选择时序仿真，如图 7-16 所示，最后单击“OK”按钮。

对工程进行编译。单击编译按钮，如图 7-17 所示。

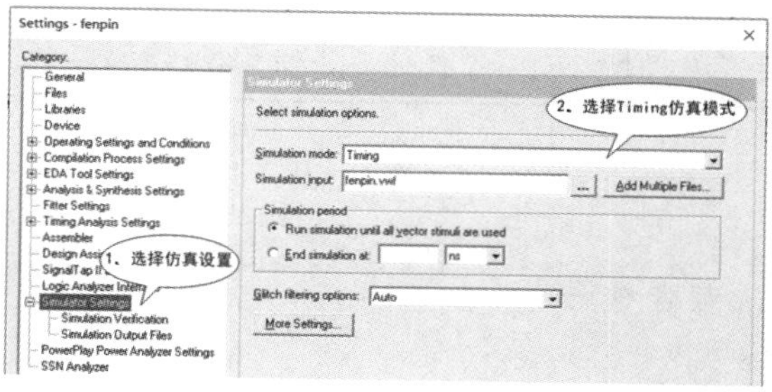

图 7-16　时序仿真设置

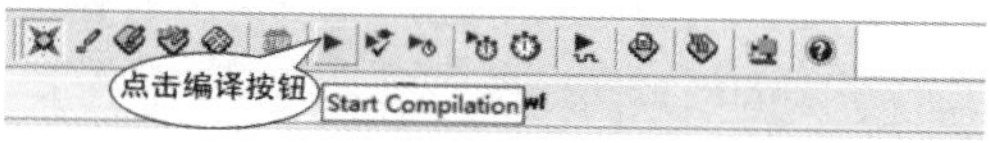

图 7-17　编译按钮

点击软件上方工具栏中的开始仿真按钮。

软件运行后，时序仿真波形即可出来，大家仔细看不难发现，时序仿真在每个信号电平变化处都出现了相应的时序延时，因为时序仿真是模拟 FPGA 实际运行时的状态，信号传输有十几纳秒的延时。时序仿真结果如图 7-18 所示。

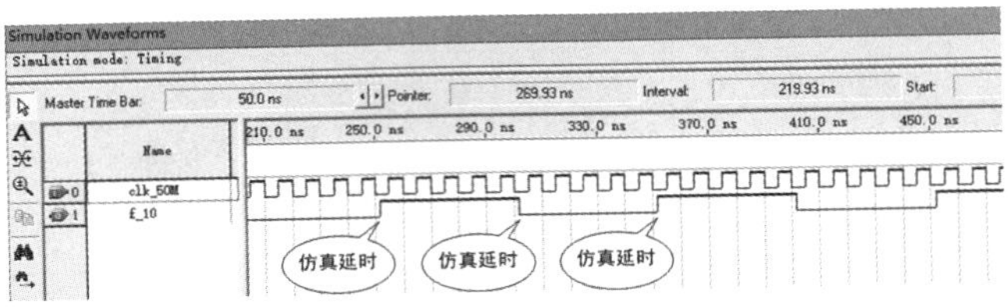

图 7-18　时序仿真结果

7.2　计数器的设计及其波形仿真

7.2.1　计数器简介

计数器的逻辑功能是记忆时钟脉冲的具体个数，通常计数器能够记忆的时钟脉冲的最大数目 m 称为计数器的模，即计数器的范围为 $0\sim m-1$ 或 $m-1\sim 0$。其基本原理是将几个触发器按照一定的顺序连接起来，然后根据触发器的组合状态，按照一定的计数回路随着时钟脉冲的变化来记忆时钟脉冲的个数。

7.2.2　同步 4 位二进制计数器的设计

同步 4 位二进制计数器是数字电路中广泛使用的计数器。此处介绍一种具有异步清零、同步置数功能的 4 位二进制计数器的设计方法。输入时钟为 clk；置数端为 s；清零端为 r；使能端为 en；置数输入端为 d[3:0]；计数输出端为 q[3:0]；进位端为 co。同步 4 位二进制计数器的状态表如表 7-1 所示。

表 7-1　同步 4 位二进制计数器的状态表

clk	r	s	en	工作状态
x	1	x	x	置零
↑	0	1	x	预置数
↑	0	0	1	计数
x	0	0	0	保持不变

本例的 Verilog HDL 程序为

```
module counter(clk,co,q,r,s,en,d);
  input clk,r,s,en;           //时钟、清零端、置数端、使能端
  input [3:0] d;              //置数输入端
  output co;                  //进位端
  output [3:0] q;             //计数输出端
  reg [3:0] q;                //4 位的计数寄存器
  reg co;                     //1 位进位寄存器
  always @(posedge clk)       //时钟上升沿触发
  if(r)                       //判断清零端是否为 1
    begin q=0;end             //清零端为 1 时把计数寄存器清零
```

```
    else
    begin
      if(s)//判断置数端是否为 1
      begin q=d;end //置数端为 1 时把置数输入端的值赋予计数寄存器
      else
      if(en)//判断使能端是否为 1
      begin
        q=q+4'b1;//使能端为 1 时 q 自加 1
        if(q==4'b1111)//判断 q 是否计满
        begin co=1;end //q 计满则进位端置 1
        else
        begin co=0;end //q 未计满则进位端置 0
      end
      else
      begin q=q;end //q 保持原值
    end
endmodule
```

7.2.3 计数器的波形仿真

功能仿真结果如图 7-19 所示。

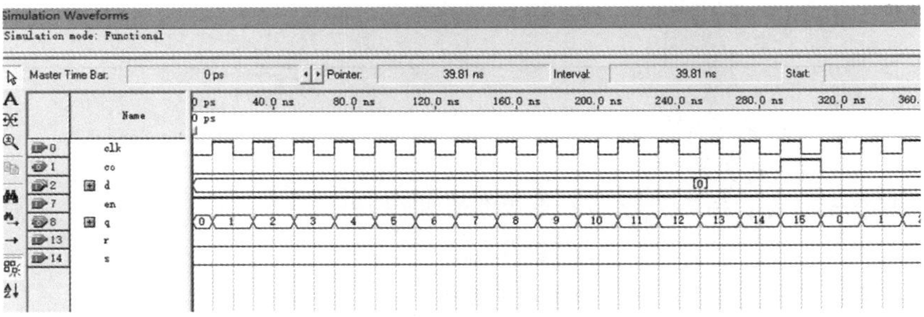

图 7-19 计数器功能仿真结果

时序仿真结果如图 7-20 所示。

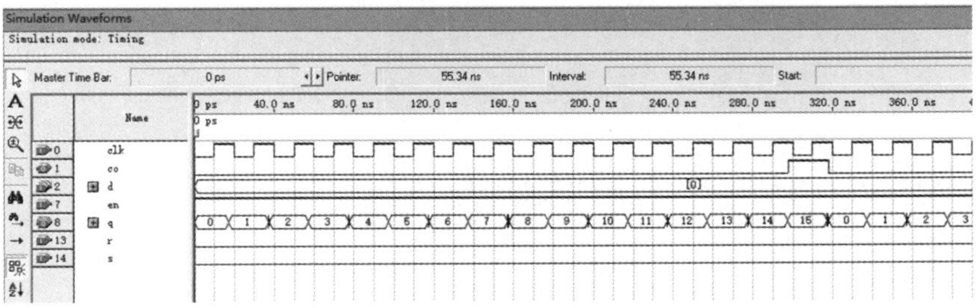

图 7-20 计数器时序仿真结果

7.3 D触发器的设计及其波形仿真

7.3.1 D触发器简介

D触发器是最常用的触发器之一。对于上升沿触发的D触发器来说，其输出q只在输入时钟clk由L到H的转换时刻才会随着输入d的状态变化而变化，其他时候q维持不变。

7.3.2 D触发器的设计

D触发器的真值表如表7-2所示，其中，输入信号有信号输入端d、时钟信号cp、清零端r、置数端s；输出信号有q和qn。以此为例设计D触发器。

表7-2 D触发器的真值表

输入				输出	
cp	r	s	d	q	qn
x	0	1	x	0	1
x	1	0	x	1	0
0	1	1	x	保持	保持
↑	1	1	0	0	1
↑	1	1	1	1	0

本例的Verilog HDL程序为

```
module D(q,qn,d,cp,r,s);
  output q,qn;                //D触发器的两个输出
  input d,cp,r,s;             //D触发器的四个输入
  reg q,qn;                   //输出寄存器
  always @(posedge cp)        //在cp的上升沿触发
  begin
    if({r,s}==2'b01)          //判断是否有r=0,s=1
      begin
        q=1'b0;
        qn=1'b1;
      end
    else if({r,s}==2'b10)     //判断是否有r=1,s=0
      begin
        q=1'b1;
        qn=1'b0;
      end
    else if({r,s}==2'b11)     //判断是否有r=1,s=1
      begin
        q=d;
```

```
        qn=~d;
      end
    end
endmodule
```

7.3.3 D 触发器的波形仿真

功能仿真结果如图 7-21 所示。

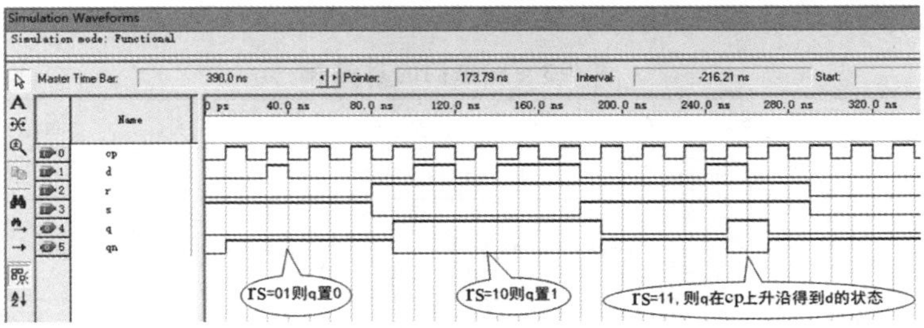

图 7-21　D 触发器功能仿真结果

时序仿真结果如图 7-22 所示。

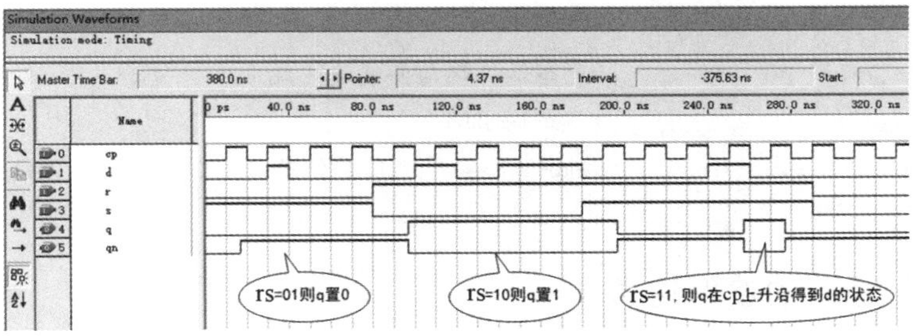

图 7-22　D 触发器时序仿真结果

7.4 三态门的设计及其波形仿真

7.4.1 三态门简介

三态门是指逻辑门的输出除了有高电平、低电平两种状态外，还有第三种状态——高阻状态的门电路，其符号示意图如图 7-23 所示。高阻状态相当于隔离状态。三态门都有一个使能控制端 en，来控制门电路的通断。

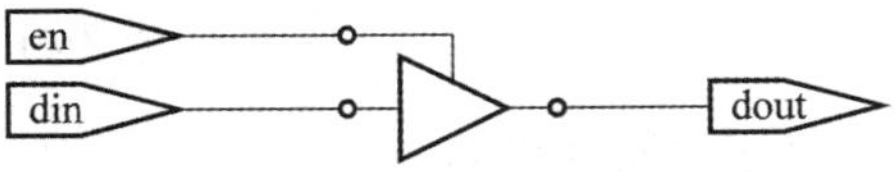

图 7-23　三态门符号示意图

三态门有三种输出状态，即输出高电平、输出低电平和高阻状态。前两种状态为工作状态，后一种状态为禁止状态。值得注意的是，三态门不是具有三种逻辑值。在工作状态下，三态门的输出可为逻辑值“0”或者逻辑值“1”；在禁止状态下，其输出呈现高阻态，相当于开路。

三态门有广泛的应用，利用三态门可以实现线与功能，它也被广泛应用于总线传送。总线传送时，为了保证数据传送的准确性，任意时刻 n 个三态门的控制端只能有一个为 1，其余均为 0，三态门利用高阻态可以很好地实现这一要求。

7.4.2 三态门的设计

三态门可采用条件操作语句进行设计。en=0 时，输出端处于开路状态，也称高阻状态，这种状态下，无论输入端是高电平还是低电平对输出都无影响；en=1 时，为工作状态，输入和输出为与非关系。

三态门的真值表如表 7-3 所示。

表 7-3 三态门的真值表

输入		输出
en	din	dout
0	0	z
0	1	z
1	0	0
1	1	1

本例的 Verilog HDL 程序为

```
module tri_gata(dout,din,en);
  input din,en;                //三态输入端与使能输入端
  output dout;                 //三态输出端
  assign dout=en?din:'bz;      //判断 en 是否为 1,是就把 din 赋予 dout,否则把 dout 置高阻态
endmodule
```

7.4.3 三态门的波形仿真

功能仿真结果如图 7-24 所示。

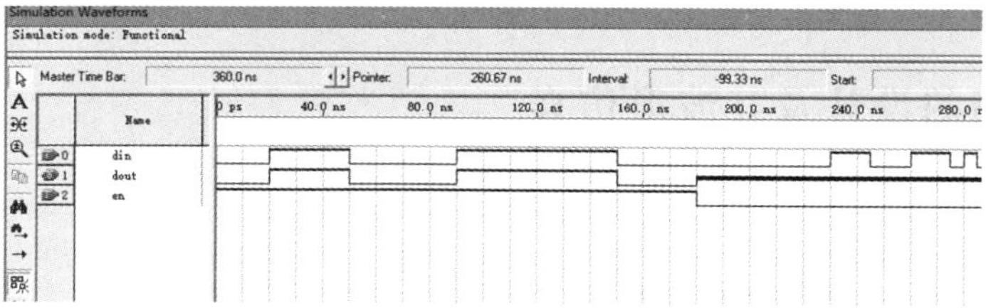

图 7-24 三态门功能仿真结果

时序仿真结果如图 7-25 所示。

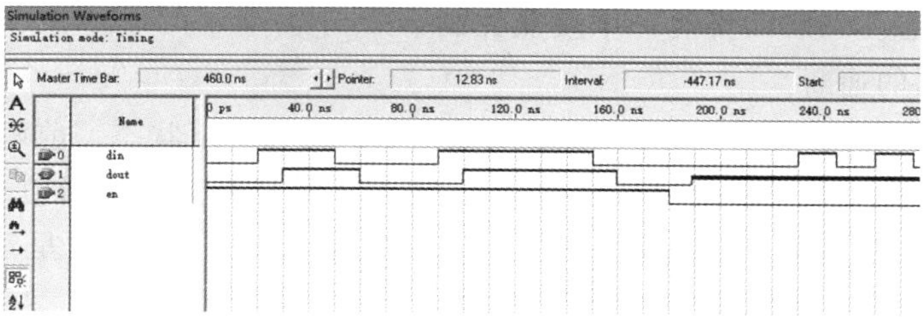

图 7-25 三态门时序仿真结果

7.5 8-3 编码器的设计及其波形仿真

7.5.1 8-3 编码器简介

在数字系统里，有时需要将某一信息变换成某一特定的代码，如 8421 码、格雷码等。把二进制码按照一定的规律编排，使每组代码具有一特定的含义称为编码。具有编码功能的路基电路称为编码器。

编码器是将2^n个分离的信息代码以 n 个二进制码来表示。8-3 编码器有 8 个输入，3 个二进制输出。其真值表如表 7-4 所示。

表 7-4 8-3 编码器的真值表

输入								输出		
10	11	12	13	14	15	16	17	y2	y1	y0
1	0	0	0	0	0	0	0	0	0	0
0	1	0	0	0	0	0	0	0	0	1
0	0	1	0	0	0	0	0	0	1	0
0	0	0	1	0	0	0	0	0	1	1
0	0	0	0	1	0	0	0	1	0	0
0	0	0	0	0	1	0	0	1	0	1
0	0	0	0	0	0	1	0	1	1	0
0	0	0	0	0	0	0	1	1	1	1

7.5.2 8-3 编码器的设计

输入信号：信号输入端 x[7:0]。

输出信号：输出信号端 y[2:0]。

本例的 Verilog HDL 程序为

```
module mb_83(x,y);
  input [7:0] x;                    //输入变量 x
  output [2:0] y;                   //输出变量 y
  reg [2:0] y;                      //输出变量 y 寄存器
  always @(x)                       //电平触发，若 x 改变则执行以下操作
  begin
  case(x)                           //判断 x 的取值
    8'b00000001:y=3'b000;           //若 x=8'b00000001,则 y 输出为 3'b000
    8'b00000010:y=3'b001;           //若 x=8'b00000010,则 y 输出为 3'b001
    8'b00000100:y=3'b010;           //若 x=8'b00000100,则 y 输出为 3'b010
    8'b00001000:y=3'b011;           //若 x=8'b00001000,则 y 输出为 3'b011
```

```
        8'b00010000:y=3'b100;          //若 x=8'b00010000,则 y 输出为 3'b100
        8'b00100000:y=3'b101;          //若 x=8'b00100000,则 y 输出为 3'b101
        8'b01000000:y=3'b110;          //若 x=8'b01000000,则 y 输出为 3'b110
        8'b10000000:y=3'b111;          //若 x=8'b10000000,则 y 输出为 3'b111
      default:y=3'b000;                //其他情况下,y 输出为 3'b000
      endcase
      end
    endmodule
```

7.5.3　8-3 编码器的波形仿真

功能仿真结果如图 7-26 所示。

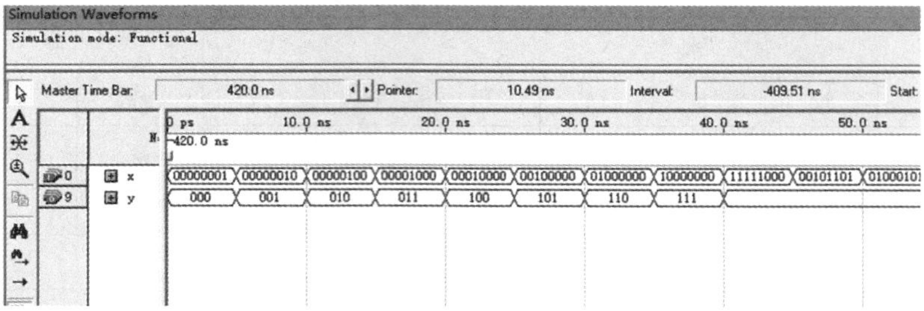

图 7-26　8-3 编码器功能仿真结果

时序仿真结果如图 7-27 所示。

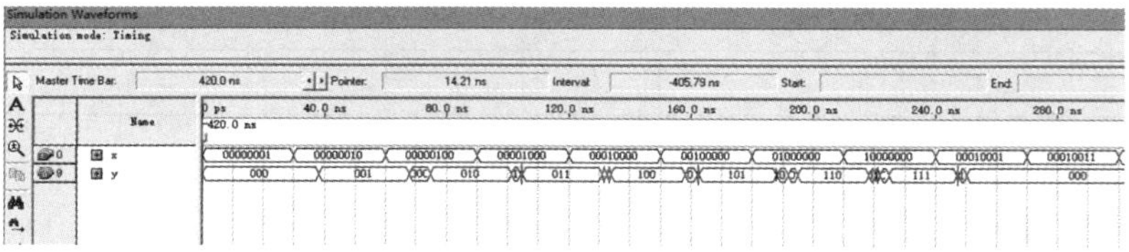

图 7-27　8-3 编码器时序仿真结果

7.6　8-3 优先编码器的设计及其功能仿真

7.6.1　8-3 优先编码器简介

普通编码器有一个缺点，即在某一时刻只允许有一个有效的输入信号，若同时有两个或者两个以上的输入信号要求编码，输出端一定会发生混乱，出现错误。为了解决这一问题，人们设计了优先编码器。优先编码器的功能是，允许同时在几个输入端有输入信号，编码器按照输入信号预先排定的优先顺序，只对同时输入的几个信号中优先权高位的一个信号进行编码。

下面以 8-3 优先编码器为例，介绍优先编码器的设计方法。8-3 优先编码器的真值表如表 7-5 所示。

表 7-5　8-3 优先编码器的真值表

输　入									输　出				
e1	10	11	12	13	14	15	16	17	y2	y1	y0	eo	gs
1	x	x	x	x	x	x	x	x	1	1	1	1	1
0	1	1	1	1	1	1	1	1	1	1	1	0	1
0	x	x	x	x	x	x	x	0	0	0	0	1	0
0	x	x	x	x	x	x	0	1	0	0	1	1	0
0	x	x	x	x	x	0	1	1	0	1	0	1	0
0	x	x	x	x	0	1	1	1	0	1	1	1	0
0	x	x	x	0	1	1	1	1	1	0	0	1	0
0	x	x	0	1	1	1	1	1	1	0	1	1	0
0	x	0	1	1	1	1	1	1	1	1	0	1	0
0	0	1	1	1	1	1	1	1	1	1	1	1	0

7.6.2　8-3 优先编码器的设计

输入信号：信号输入端 i[7:0]；使能输入端 ei。

输出信号：输出信号端 y[2:0]；使能输出端 eo；优先标志端 gs。

本例的 Verilog HDL 程序为

```
module yxbm_83(y,eo,gs,i,ei);
  input [7:0] i;              //8 位输入 i
  input ei;                   //使能输入端 ei
  output eo,gs;               //使能输出端 eo 和优先标志端 gs
  output [2:0] y;             //3 位输出 y
  reg [2:0] y;                //3 位输出寄存器 y
  reg eo,gs;                  //使能输出寄存器
  always @(i,ei)              //电平触发方式，当 i 跟 ei 有改变的时候，执行以下操作
  begin
    if(ei==1'b1)              //当 ei 为 1 时
      begin
        y<=3'b111;
        gs<=1'b1;
        eo<=1'b1;
      end
    else
      begin
        if(i[7]==1'b0)        //当 i 的第 8 位为 0 时
          begin
            y<=3'b000;
            gs<=1'b0;
            eo<=1'b1;
          end
```

```
else if(i[6]==1'b0)          //当 i 的第 7 位为 0 时
  begin
    y<=3'b001;
    gs<=1'b0;
    eo<=1'b1;
  end
else if(i[5]==1'b0)          //当 i 的第 6 位为 0 时
  begin
    y<=3'b010;
    gs<=1'b0;
    eo<=1'b1;
  end
else if(i[4]==1'b0)          //当 i 的第 5 位为 0 时
  begin
    y<=3'b011;
    gs<=1'b0;
    eo<=1'b1;
  end
else if(i[3]==1'b0)          //当 i 的第 4 位为 0 时
  begin
    y<=3'b100;
    gs<=1'b0;
    eo<=1'b1;
  end
else if(i[2]==1'b0)          //当 i 的第 3 位为 0 时
  begin
    y<=3'b101;
    gs<=1'b0;
    eo<=1'b1;
  end
else if(i[1]==1'b0)          //当 i 的第 2 位为 0 时
  begin
    y<=3'b110;
    gs<=1'b0;
    eo<=1'b1;
  end
else if(i[0]==1'b0)          //当 i 的第 1 位为 0 时
  begin
    y<=3'b111;
    gs<=1'b0;
    eo<=1'b1;
  end
else if(i==8'b11111111)   //当 i 为 8'b11111111 时
```

```
        begin
          y<=3'b111;
          gs<=1'b1;
          eo<=1'b0;
        end
      end
   end
endmodule
```

7.6.3 8-3 优先编码器的功能仿真波形

8-3 优先编码器功能仿真图如图 7-28 所示。

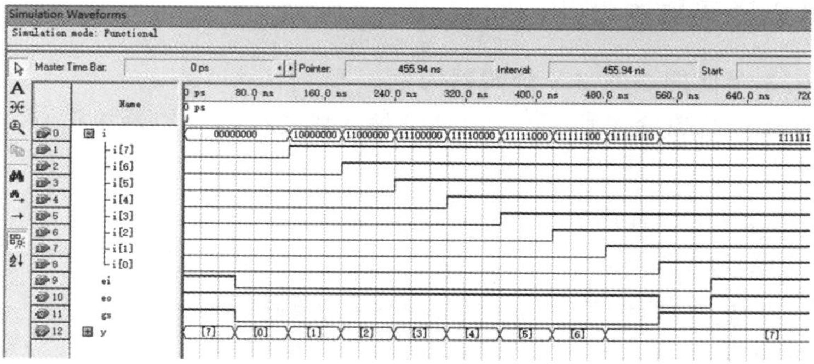

图 7-28 8-3 优先编码器功能仿真图

7.7 3-8 译码器的设计及其功能仿真

7.7.1 3-8 译码器简介

译码是编码的逆过程，具有译码功能的逻辑电路称为译码器，它的功能是对具有特定含义的二进制码进行辨别，并将其转换成控制信号。

此处以 3-8 译码器为例。如果输入为 n 个二进制选择线，则最多可译码转换成为 2^n 个数据。其真值表如表 7-6 所示。

表 7-6 3-8 译码器的真值表

输入						输出							
g1	g2	g3	a2	a1	a0	y7	y6	y5	y4	y3	y2	y1	y0
x	1	x	x	x	x	1	1	1	1	1	1	1	1
x	x	1	x	x	x	1	1	1	1	1	1	1	1
0	x	x	x	x	x	1	1	1	1	1	1	1	1
1	0	0	0	0	0	1	1	1	1	1	1	1	0
1	0	0	0	0	1	1	1	1	1	1	1	0	1
1	0	0	0	1	0	1	1	1	1	1	0	1	1

续表

输入						输出							
g1	g2	g3	a2	a1	a0	y7	y6	y5	y4	y3	y2	y1	y0
1	0	0	0	1	1	1	1	1	1	0	1	1	1
1	0	0	1	0	0	1	1	1	0	1	1	1	1
1	0	0	1	0	1	1	1	0	1	1	1	1	1
1	0	0	1	1	0	1	0	1	1	1	1	1	1
1	0	0	1	1	1	0	1	1	1	1	1	1	1

7.7.2 3-8 译码器的设计

此处以具有 3 个使能端的 3-8 译码器为例。

输入信号有 3 位编码输入端 a[2:0]，使能输入端 g1、g2、g3；输出信号有 8 位编码输出端 y[7:0]。

本例的 Verilog HDL 程序为

```
module ym_3_8(a,g1,g2,g3,y);
  input [2:0] a;                    //3位二进制编码输入端
  input g1,g2,g3;                   //3个使能输入端
  output [7:0] y;                   //8位编码输出端
  reg [7:0] y;
  always @(a or g1 or g2 or g3)     //电平触发方式
  begin
    if(g1==0) y=8'b11111111;        //如果 g1 为 0,则 y 输出为 11111111
    else if(g2==1) y=8'b11111111;   //如果 g2 为 1,则 y 输出为 11111111
    else if(g3==1) y=8'b11111111;   //如果 g3 为 1,则 y 输出为 11111111
    else
      case(a[2:0])                  //判断 a 的值,并通过 a 的值来给 y 设置输出值
        3'b000:y[7:0]=8'b11111110;
        3'b001:y[7:0]=8'b11111101;
        3'b010:y[7:0]=8'b11111011;
        3'b011:y[7:0]=8'b11110111;
        3'b100:y[7:0]=8'b11101111;
        3'b101:y[7:0]=8'b11011111;
        3'b110:y[7:0]=8'b10111111;
        3'b111:y[7:0]=8'b11111111;
      endcase
  end
endmodule
```

7.7.3 3-8 译码器的功能仿真波形

3-8 译码器功能仿真图如图 7-29 所示。

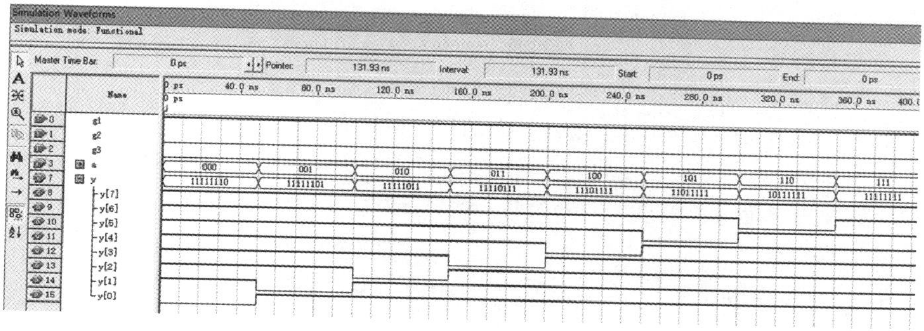

图 7-29 3-8 译码器功能仿真图

7.8 移位寄存器的设计及其功能仿真

7.8.1 移位寄存器简介

移位寄存器是指寄存器里面存储的二进制数据能够在时钟信号的控制下进行一次左移或者右移，在数字电路中通常用于数据的串/并转换、数值运算等。移位寄存器按照不同的分类方法可以分为不同的类型。如果按照移位寄存器的移位方向来进行分类，可以分为左移移位寄存器、右移移位寄存器和双向移位寄存器；如果按照工作方式来分类，可以分为串入/串出移位寄存器、串入/并出移位寄存器和并入/串出移位寄存器。

7.8.2 移位寄存器的设计

此处以异步清零的 4 位并入/串出移位寄存器为例介绍其设计方法。所谓并入/串出，是指输入为并行数据，而输出为串行数据。

输入信号有时钟输入端 clk、清零端 clr 和 4 位并行数据输入端 din[3:0]。输出信号为 1 位串行数据输出端 dout。

本例的 Verilog HDL 程序为

```
module reg_bc(clk,clr,din,dout);
  input clk,clr;                 //时钟输入端和清零端(高电平有效)
  input [3:0] din;               //数据输入端
  output dout;                   //数据输出端
  reg [1:0] cnt;
  reg [3:0] q;
  reg dout;
  always @(posedge clk)          //时钟上升沿触发
  begin
    cnt<=cnt+1;                  //cnt 自加 1
    if(clr)                      //判断清零信号是否有效
      begin
```

```
        q<=4'b0000;//q置 0
      end
    else
      begin
        if(cnt>0)                   //判断 cnt 是否大于 0
          begin
            q[3:1]<=q[2:0];         //q 中的值向左移 1 位
          end
        else if(cnt==2'b00)         //判断 cnt 是否为 0
          begin
            q<=din;                 //把 din 的值赋予 q
          end
        dout<=q[3];                 //把 q 的最高位输出
      end
  end
endmodule
```

7.8.3 移位寄存器的功能仿真波形

移位寄存器功能仿真图如图 7-30 所示。

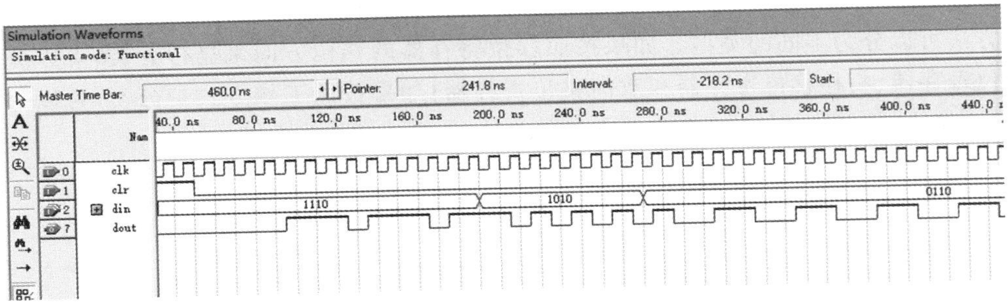

图 7-30 移位寄存器功能仿真图

7.9 多路选择器的设计及其功能仿真

7.9.1 多路数据选择器简介

数据选择是指经过选择把多个通道的数据传到唯一的公共数据通道上。实现数据选择功能的数字逻辑电路称为数据选择器。多路数据选择器的作用相当于多个输入的单刀多掷开关。

7.9.2 多路数据选择器的设计

此处以 4 选 1 数据选择器为例。4 选 1 数据选择器是对 4 个数据源进行选择，使用 2 位地址 a1a0 产生 4 个地址信号，由 a1a0 等于 00、01、10、11 来选择输出。4 选 1 数据选择器真值表如表 7-7 所示。

表 7-7　4 选 1 数据选择器的真值表

输　　入			输　　出
使　　能	地　　址		
g	a1	a0	y
0	x	x	0
1	0	0	D0
1	0	1	D1
1	1	0	D2
1	1	1	D3

输入信号为数据源 d0、d1、d2、d3，2 位地址码 a[1:0]和使能端 g。

输出信号为选择输出端 y。

本例的 Verilog HDL 程序为

```
module mux4(d0,d1,d2,d3,y,a,g);
  input d0,d1,d2,d3;                          //输入的 4 个数据
  input g;                                    //使能输入端
  input [1:0] a;                              //输入的选择端
  output y;                                   //输出数据
  reg y;                                      //输出数据寄存器
  always @(d0 or d1 or d2 or d3 or g or a)    //电平触发，若 d0、d1、d2、d3、a 有变化就触发
  begin
    if(g==1'b0)                               //当 g 为 0 时
      y=1'b0;                                 //y 置 0
    else
      case(a)                                 //判断 a 的取值，并做出相应赋值
        2'b00:y=d0;
        2'b01:y=d1;
        2'b10:y=d2;
        2'b11:y=d3;
        default:y=1'b0;                       //a 为其他值的条件下，y 被赋值为 0
      endcase
  end
endmodule
```

7.9.3　多路数据选择器的功能仿真波形

4 选 1 数据选择器功能仿真图如图 7-31 所示。

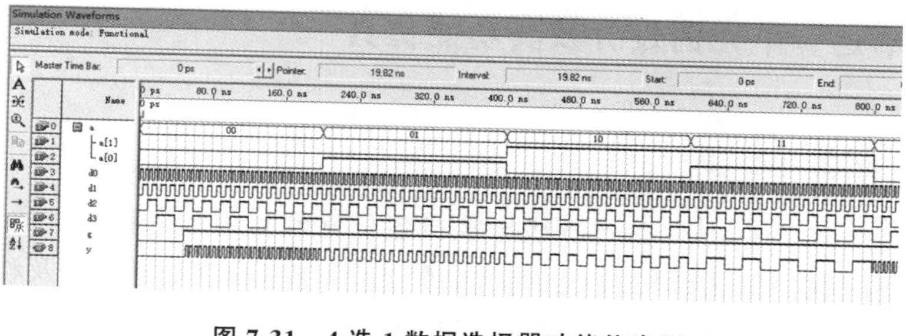

图 7-31　4 选 1 数据选择器功能仿真图

7.10 串行加法器的设计及其功能仿真

7.10.1 串行加法器简介

加法器是一种较为常见的算术运算电路，包括半加器、全加器、多位全加器等。全加器能将加数、被加数和低位来的进位信号相加，并根据求和结果给出该进位的信号。

串行加法器即为可执行串行操作的加法器。

7.10.2 串行加法器的设计

此处以 4 位全加器为例，介绍串行加法器的设计方法。

输入信号有被加数 a、加数 b 和低位进位 ci。

输出信号有和数 s 和进位 co。

本例的 Verilog HDL 程序为

```
module adder4(a,b,ci,s,co);
  input [3:0] a,b;          //输入 4 位数据 a、b
  input ci;                 //输入进位 ci
  output [3:0] s;           //输出 4 位数据 s
  output co;                //输出进位 co
  assign {co,s}=a+b+ci;     //把相加后的结果赋予 co、s，其中 co 放最高位，s 放低 3 位
endmodule
```

7.10.3 串行加法器的功能仿真波形

4 位全加器功能仿真图如图 7-32 所示。

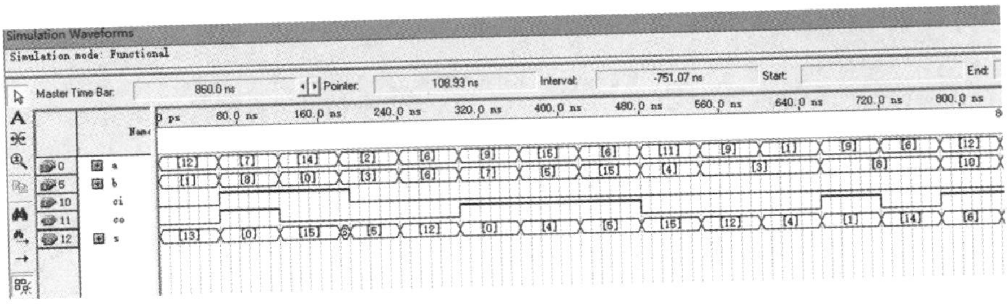

图 7-32　4 位全加器功能仿真图

7.11 简单运算单元的设计及其功能仿真

7.11.1 运算单元简介

运算单元(arithmetic unit)是计算机中执行各种算术和逻辑运算操作的部件。运算单元的基本操作包括加、减、乘、除四种运算，与、或、非、异或等逻辑操作，以及移位、比较和传送等操作，也可称为算术逻辑单元(arithmetic logic unit，ALU)。

7.11.2 简单运算单元的设计

此处以具有 11 种简单运算功能的电路为例，设计一种通过选择端来选择运算功能的简单运算单元。

输入信号有数据输入 in1[7:0]、数据输入 in2[7:0]和运算操作选择 op[3:0]。

输出信号有数据输出 out[15:0]。

本例的 Verilog HDL 程序如下：

```
module ALU(in1,in2,op,out);
  input [7:0] in1,in2;                              //两个 8 位数据输入
  input [3:0] op;                                   //运算操作选择
  output [15:0] out;                                //一个 16 位数据输出
  wire [7:0] in1,in2;
  wire [3:0] op;
  reg [15:0] out;
                                                    //将操作符定义为参数
 parameter transfer=4'b0001,
           increase=4'b0010,
           decrease=4'b0011,
           addtion=4'b0100,
           subtraction=4'b0101,
           AND=4'b0110,
           OR=4'b0111,
           XOR=4'b1000,
           NOT=4'b1001,
           shift_left=4'b1010,
           shift_right=4'b1011;

 always @(in1 or in2 or op)                         //电平触发方式
  begin
    case(op)                                        //case 语句选择运算操作
        transfer:       out=in1;                    //赋值操作
        increase:       out=in1+1'b1;               //in1 自加 1 运算
        decrease:       out=in1-1'b1;               //in1 自减 1 运算
        addtion:        out=in1+in2;                //in1 与 in2 相加运算
        subtraction:    out=in1-in2;                //in1 与 in2 相减运算
        AND:            out=in1&in2;                //相与运算
        OR:             out=in1|in2;                //相或运算
        XOR:            out=in1^in2;                //异或运算
        NOT:            out=~in1;                   //取非运算
        shift_left:     out=in1<<1;                 //左移运算
        shift_right:    out=in1>>1;                 //右移运算
        default:        out=16'bz;                  //如果 op 为其他值，out 设置为高阻态
```

```
        endcase
    end
endmodule
```

7.11.3 简单运算单元的功能仿真波形

简单运算单元功能仿真图如图 7-33 所示。

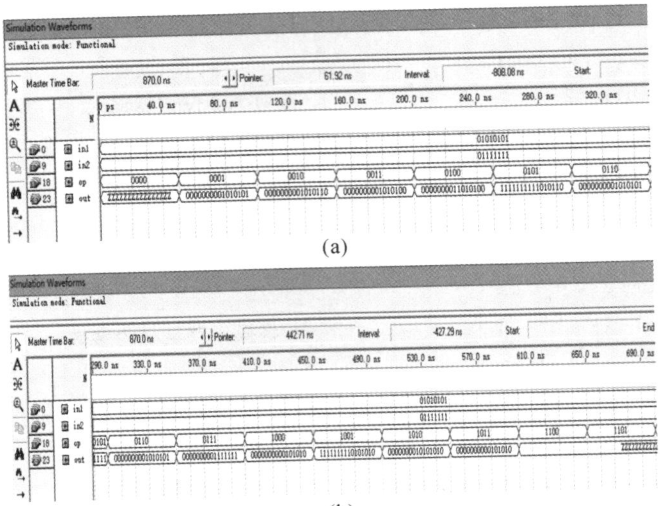

(a)

(b)

图 7-33 简单运算单元功能仿真图

第 8 章　开发板基础实验

在数字电路基础实验中，因为设计功能简单，只需要一个设计模块文件就可以实现，但是在进行复杂的设计时只用一个文件是不好实现的，需要划分模块进行设计。一般而言，一个复杂系统设计可以划分多个模块，包括功能模块、控制模块、存储模块等，最后构成系统组合模块。模块划分技巧非常重要，好的模块结构能大大精简各模块的设计，从而用最少的代码实现所需的功能，使各模块顺畅运行，保证系统更加稳定。

模块划分的一般原则：模块内部联系紧密，各个模块的功能尽量独立，模块间连接尽量简单。按功能划分模块是模块划分的基本指导思想。拿到一个项目后，可以先确定项目需要多少小功能为之服务，然后把一个个小功能实现，最后通过顶层模块的例化，完成项目要求。

在确定模块划分后，需要明确模块的端口及模块与模块之间的数据交互信号。端口命名主要原则是从命名中可以看出端口的主要作用，从而增强程序的可读性。编者通过实际项目经验总结得到了一般模块端口（信号）命名规范，如表 8-1 所示，读者在完成项目模块划分后，确定端口及数据流向时可参考使用。

表 8-1　端口（信号）命名规范

信号名称	作　用	举例说明
CLK	系统时钟	
RSTn	系统复位信号	
×××_Data	2 位以上数据	SMG_Data、Write_Data、ROM_Data
×××_Addr	地址数据	ROM_Addr
×××_Sig	1 位标志信号	Read_Sig、Write_Sig、Done_Sig、Start_Sig、EN_Sig、Empty_Sig、Full_Sig
×××_Out	输出信号	Data_Out、LED_Out
×××_IN	输入信号	Key_IN、Data_IN

8.1 LED 流水灯

8.1.1 实验硬件说明

发光二极管（light emitting diode，LED）是一种能够将电能转化为可见光的固态的半导体器件，它可以直接把电能转化为可见光，是正向（正极到负极）导通、反向（负极到正极）截止的器件。对于直插式LED，长脚为正极，短脚为负极；对于贴片式LED，有绿点的一端为负极。在正常工作情况下，常规的绿光、蓝光、白光、暖白光LED的导通电压为3.0～3.5 V，红光、黄光LED的为2.5～2.8 V；电流一般以15 mA为宜，一般高亮LED采用的限流电阻是400～500 Ω，普通LED采用1 kΩ左右的就行了；加大限流电阻可以降低LED的亮度，可根据需要配置。LED的反向击穿电压约为5 V。LED的特点非常明显，即寿命长，光效高，低辐射，低功耗。白光LED的光谱几乎全部集中于可见光频段，其发光效率可超过150 lm/W。

8.1.2 实验原理图

底板发光二极管电路原理图如图8-1所示。通过原理图可以看出，当LED的负极为低电平时，LED导通；否则截止。

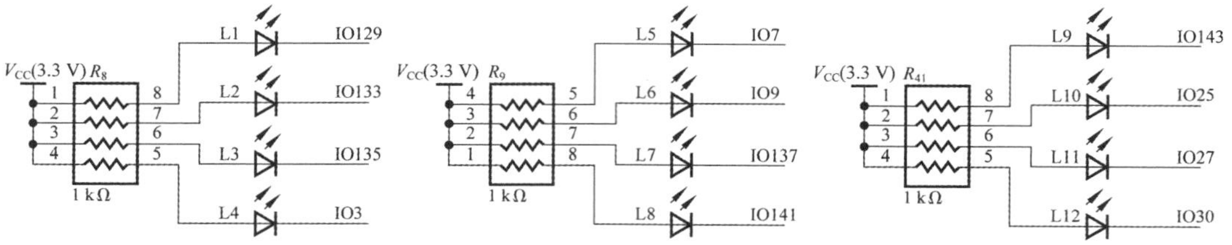

图8-1 底板发光二极管电路原理图

8.1.3 实验设计

1. 实验设计原理

设计LED流水灯，就是控制12个LED亮灭的顺序，通常采用的方法有移位、循环赋值等。

移位方式：首先产生移位时钟，该时钟的频率不能过高，否则LED的显示速度过快，达不到预期效果，然后通过移位时钟控制led_temp循环右移。

循环赋值方式：首先产生显示时钟，该时钟的频率不能过高，否则LED的显示速度过快，达不到预期效果，然后通过显示时钟，在每个时钟的上升沿向LED赋值。

2. 实验设计要求

控制开发板底板12个LED轮流亮灭，实现流水灯效果；控制12个LED，使其按照一定模式被点亮，实现花样流水灯效果。

3. 模块划分

分频器模块：产生低频信号，控制LED流水灯亮灭速度。

流水灯功能模块：实现LED亮灭。

4. 实验程序

1）移位方式

顶层原理图组合模块如图8-2所示。

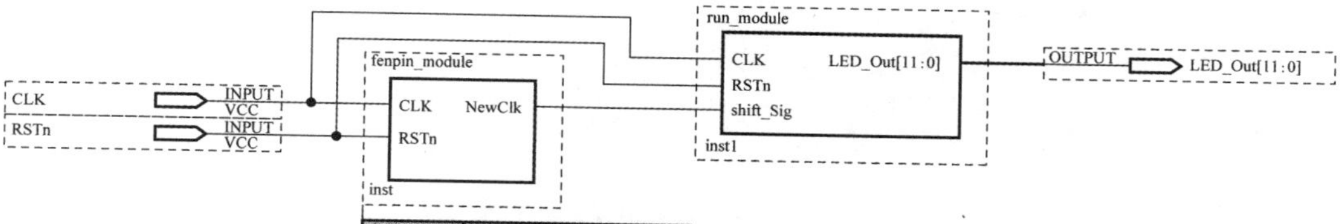

参数	值	类型
T1S	25 000 000	无符号整型

图 8-2　移位方式顶层原理图组合模块

分频器模块 Verilog HDL 程序如下：

```
module fenpin_module
  (
   CLK,RSTn,NewClk
  );
  input CLK;
  input RSTn;
  output NewClk;
  /*******************************************/
  parameter T1S=26'd50000_000;
  /*******************************************/
  reg [25:0] Count1;
  always @(posedge CLK or negedge RSTn)
    if(!RSTn)
      Count1<=26'd0;
    else if(Count1==T1S)
      Count1<=26'd0;
    else
      Count1<=Count1+1'b1;
  /*******************************************/
  reg rNewClk;

  always @(posedge CLK or negedge RSTn)
    if(!RSTn)
      rNewClk<=1'b0;
    else if(Count1==T1S)
      rNewClk<=1'b1;
    else
      rNewClk<=1'b0;
  /*******************************************///
  assign NewClk=rNewClk;
endmodule
```

流水灯功能模块 Verilog HDL 程序如下：

```
module run_module
  (
    CLK, RSTn,shift_Sig,LED_Out
  );
  input CLK;
  input RSTn;
  input shift_Sig;
  output [11:0] LED_Out;
  reg [11:0] rLED_Out;
  always @(posedge CLK or negedge RSTn)
  begin
    if(!RSTn)
      rLED_Out<=12'b1111_11111110;
    else if(shift_Sig)
      begin
        rLED_Out<={rLED_Out[10:0],rLED_Out[11]};  //实现循环移位操作
        //rLED_Out<=rLED_Out<<1;
        //rLED_Out[0]<=rLED_Out[7];
      end
  end
  /*******************************************/
  assign LED_Out=rLED_Out;
endmodule
```

2）循环赋值方式

顶层原理图组合模块如图8-3所示。

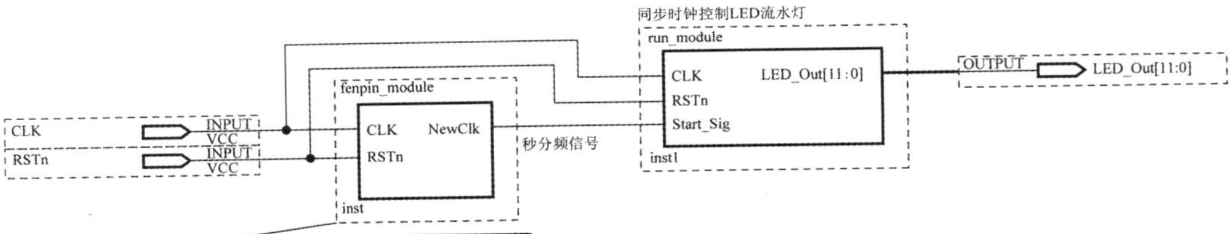

参数	值	类型
T1S	25 000 000	无符号整型

图8-3 循环赋值方式顶层原理图组合模块

分频器模块 Verilog HDL 程序与上面移位方式程序相同。

流水灯功能模块采用 case 语句实现，Verilog HDL 程序如下：

```
module run_module(CLK,RSTn,Start_Sig,LED_Out);
  input CLK;
  input RSTn;
  input Start_Sig;
  output [11:0] LED_Out;
  reg [11:0] rLED_Out;
  reg [5:0] i;
```

```
always @(posedge CLK or negedge RSTn)
begin
  if(!RSTn)
    begin
      rLED_Out<=12'b1111_11111110;
      i<=6'd0;
    end
  else if(Start_Sig)
    begin
    i<=i+1'b1;                                    //i 计数器,用于切换流水灯状态
    case(i)
      6'd0: rLED_Out<=12'b1111_11111110;    //实现花样流水灯
      6'd1:rLED_Out<=12'b1111_11111101;
      6'd2:rLED_Out<=12'b1111_11111011;
      6'd3:rLED_Out<=12'b1111_11110111;
      6'd4:rLED_Out<=12'b1111_11101111;
      6'd5:rLED_Out<=12'b1111_11011111;
      6'd6:rLED_Out<=12'b1111_10111111;
      6'd7:rLED_Out<=12'b1111_01111111;
      6'd8:rLED_Out<=12'b1110_11111111;
      6'd9:rLED_Out<=12'b1101_11111111;
      6'd10:rLED_Out<=12'b1011_11111111;
      6'd11:rLED_Out<=12'b0111_11111111;
      6'd12:rLED_Out<=12'b1011_11111111;
      6'd13:rLED_Out<=12'b1101_11111111;
      6'd14:rLED_Out<=12'b1110_11111111;
      6'd15:rLED_Out<=12'b1111_01111111;
      6'd16:rLED_Out<=12'b1111_10111111;
      6'd17:rLED_Out<=12'b1111_11011111;
      6'd18:rLED_Out<=12'b1111_11101111;
      6'd19:rLED_Out<=12'b1111_11110111;
      6'd20:rLED_Out<=12'b1111_11111011;
      6'd21:rLED_Out<=12'b1111_11111101;
      6'd22:rLED_Out<=12'b1111_11111110;
      6'd23:rLED_Out<=12'b1111_11111100;
      6'd24:rLED_Out<=12'b1111_11111000;
      6'd25:rLED_Out<=12'b1111_11110000;
      6'd26:rLED_Out<=12'b1111_11100000;
      6'd27:rLED_Out<=12'b1111_11000000;
      6'd28:rLED_Out<=12'b1111_10000000;
      6'd29:rLED_Out<=12'b1111_00000000;
      6'd30:rLED_Out<=12'b1110_00000000;
```

```
            6'd31:rLED_Out<=12'b1100_00000000;
            6'd32:rLED_Out<=12'b1000_00000000;
            6'd33:begin rLED_Out<=12'b0000_00000000;i<=6'd0;end
          endcase
          end
    end
    /****************************************/
    assign LED_Out=rLED_Out;
endmodule
```

8.2 按键消抖

8.2.1 实验原理图

FPGA 核心板上 LED 与按键原理图如图 8-4 所示。

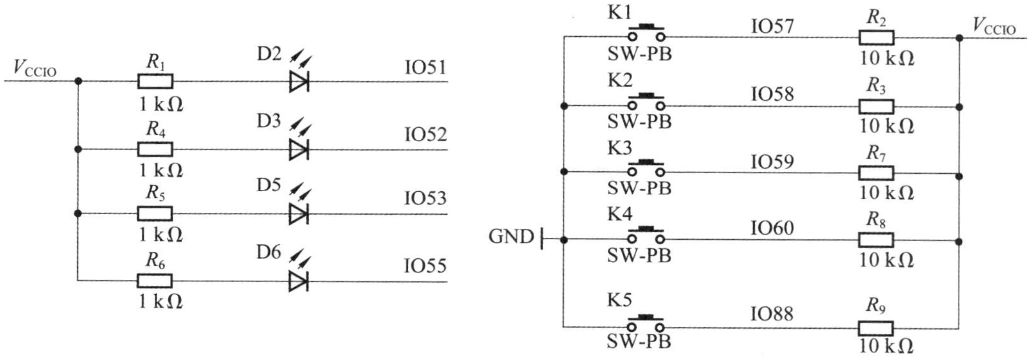

图 8-4 FPGA 核心板上 LED 与按键原理图

8.2.2 实验设计

1. 实验设计原理

按键活动的时序示意图如图 8-5 所示，高电平为按键默认状态，按键一旦被按下，"按下事件"就发生了，电平随之发生抖动，抖动周期大约为 10 ms。事后，如果按键依然被按着不放，便会处于低电平状态。换言之，如果按键此刻被释放，即"释放事件"发生了，电平则随之由低变高，然后发生抖动，抖动周期大约为 10 ms。

按键消抖处理一般有 3 个工作要做，即检测电平变化，过滤抖动，以及产生有效按键。

1）检测电平变化

检测电平变化就是指察觉"按下事件"和"释放事件"，或者监控电平的状态变化，如图 8-6所示，可以建立一组寄存器(F1 和 F2)，F1 暂存当前的电平状态，F2 则暂存上一个时钟的电平状态。

Verilog HDL 代码如下：

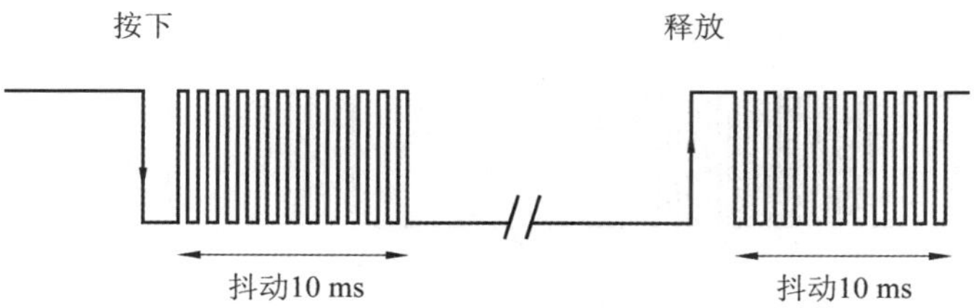

图 8-5　按键活动的时序示意图

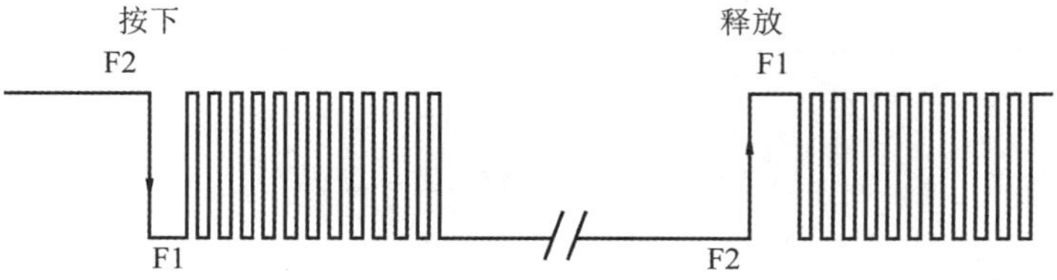

图 8-6　检测电平变化示意图

```
reg F2,F1;
always @( posedge CLK)
    {F2,F1}<={F1,Pin_In};  //暂存当前的电平状态
```

根据图 8-6，“按下事件”是 F2 为 1 值、F1 为 0 值；“释放事件”则是 F2 为 0 值、F1 为 1 值。为了不要错过电平变化的“黄金时间”，“按下事件”和“释放事件”必须作为即时事件，为此 Verilog HDL 程序代码如下：

```
wire H2L_Sig=(F2==1&&F1==0);  //判断按键下降沿信号
wire L2H_Sig=(F2==0&&F1==1);  //判断按键上升沿信号
```

2）过滤抖动

过滤抖动也可以称为延迟抖动。常规的机械按键抖动时间大约是 10 ms。抖动一般发生在“按下事件”或者“释放事件”以后，过滤抖动就是指延迟若干时间。Verilog HDL 程序代码如下：

```
4'd1:
if(Count_MS==8'd10) begin isCount<=1'b0;i<=i+1'b1;end  //延时
else isCount<=1'b1;
```

3）产生有效按键

产生有效按键亦即使“按下事件”有效，如图 8-7 所示，按下有效信号为 isPress，释放有效信号为 isRelease。

除了常见的按下有效和释放有效以外，根据设计要求，也有其他有效按键，例如，按键被按下两次有效（双击），按键被按下一段时间有效（长击）。本例根据最常用的设计只产生按下有效脉冲信号，稍做修改就可以产生释放有效脉冲信号或其他信号。Verilog HDL 程序代码如下：

```
4'd2:  //一个时钟周期的高电平脉冲
begin rPin_Out<=1'b1;i<=i+1'b1;end
4'd3:
begin rPin_Out<=1'b0;i<=i+1'b1;end
```

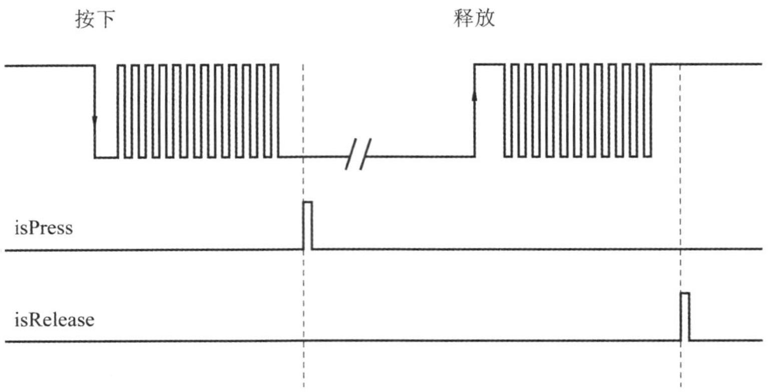

图 8-7　产生有效按键示意图

2. 实验设计要求

设计按键消抖模块，验证按键消抖，每按一次按键 FPGA 核心板上的 4 个 LED 轮流点亮(每次亮 1 个)，实现按键控制流水灯效果。

3. 模块划分

按键消抖模块：按键按下，产生按下有效脉冲信号。

流水灯功能模块：实现 LED 亮灭。

顶层原理图组合模块系统连接图如图 8-8 所示。

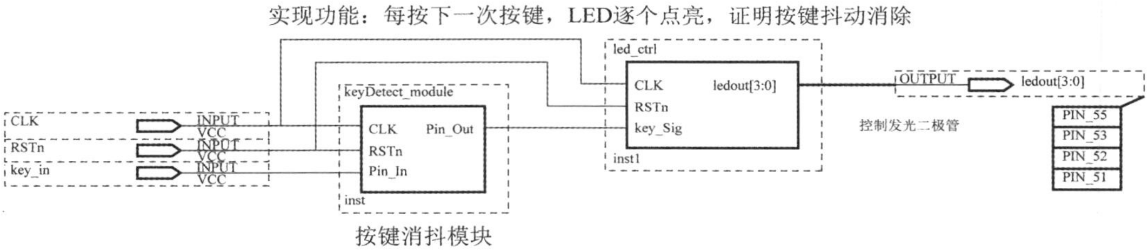

图 8-8　顶层原理图组合模块系统连接图

4. 实验程序

按键消抖模块 Verilog HDL 程序如下：

```
module keyDetect_module(CLK,RSTn,Pin_In,Pin_Out);
  input CLK;
  input RSTn;
  input Pin_In;
  output Pin_Out;
  /********************************************/
  reg F2,F1;
  always @( posedge CLK )
      {F2,F1}<={F1,Pin_In};
  /********************************************/
  wire H2L_Sig=(F2==1&&F1==0);                //判断按键下降沿信号
  wire L2H_Sig=(F2==0&&F1==1);                //判断按键上升沿信号
```

```
/****************************************/
reg [15:0] Count1;
always @(posedge CLK or negedge RSTn)
  begin
    if(!RSTn)
      Count1<=16'd0;
    else if(isCount&&Count1==16'd49999)                        //毫秒计数
      Count1<=16'd0;
    else if(isCount)
      Count1<=Count1+1'b1;
    else if(!isCount)
      Count1<=16'd0;
  end
/****************************************/
reg [7:0] Count_MS;
always @(posedge CLK or negedge RSTn)
  begin
    if(!RSTn)
      Count_MS<=8'd0;
    else if(isCount&&Count1==16'd49999)                        //毫秒计时
      Count_MS<=Count_MS+1'b1;
    else if(!isCount)
      Count_MS<=11'd0;
  end
/****************************************/
reg isCount;                                                   //计时使能信号
reg rPin_Out;
reg [3:0] i;
always @(posedge CLK or negedge RSTn)
  begin
    if(!RSTn)
      begin
        isCount<=1'b0;
        rPin_Out<=1'b0;
        i<=4'd0;
      end
    else
      case(i)
        4'd0:
        if(H2L_Sig) i<=4'd1;                                   //按键按下脉冲
        else if(L2H_Sig) i<=4'd3;                              //按键释放脉冲
        4'd1:
        if(Count_MS==8'd10) begin isCount<=1'b0;i<=i+1'b1;end  //消抖延时
        else isCount<=1'b1;
```

```
        4'd2:
        begin rPin_Out<=1'b1;i<=i+1'b1;end                  //一个时钟周期的高电平
                                                              脉冲
        4'd3:
        begin rPin_Out<=1'b0;i<=i+1'b1;end
        4'd4:
        if(Count_MS==8'd50) begin isCount<=1'b0;i<=4'd0;end //消抖延时
        else isCount<=1'b1;
      endcase
    end
  /****************************************/
  assign Pin_Out=rPin_Out;                                  //按键脉冲输出
  /****************************************/
endmodule
```

流水灯功能模块 Verilog HDL 程序如下：

```
module led_ctrl(CLK,RSTn,key_Sig,ledout);
  input CLK,RSTn;
  input key_Sig;
  output reg [3:0] ledout;

  reg [1:0] couter;
  always @(posedge CLK or negedge RSTn)
    begin
      if(!RSTn) begin ledout='b1110;end
      else if(key_Sig)
        begin
          couter=couter+1'b1;
          case(couter)
            2'd0:begin ledout='b1110;end
            2'd1:begin ledout='b1101;end
            2'd2:begin ledout='b1011;end
            2'd3:begin ledout='b0111;end
            default:begin ledout='b1111;end
          endcase
        end
    end
endmodule
```

8.3 PWM 控制 LED 的亮暗

8.3.1 实验原理图分析

通过 FPGA 核心板上 LED 与按键原理图(见图 8-4)可以看出，当 LED 的负极为低电平时，LED 导通；否则截止。

8.3.2 实验设计

1. 实验设计原理

PWM 的全称为 pulse-width modulation，即脉冲宽度调制，实际是指调节脉冲的占空比。当输出的脉冲频率一定时，输出脉冲的占空比越大，相当于输出的有效电平越大，这样也就简单实现了用 FPGA 来控制模拟量。

LED 的亮暗是靠平均电压来控制的。假设把一个时钟平均分成 10 块，只有 1 块时钟的 LED 是导通的，剩下的 9 块 LED 是截止的，如果 PWM 信号的幅值是 5 V，那么导通的 1 块时钟的 LED 电压的确是 5 V，但是在剩下 9 块时钟里，LED 电压却是 0 V。也就是说，从一个周期整体看来，LED 的平均电压只有 5 V×0.1+0 V×0.9=0.5 V，得出计算公式为

$$输出电压 = (接通时间 / 脉冲周期) \times 最大电压值$$

又由于 PWM 信号频率较高(100 Hz 以上)，我们无法通过肉眼来观察每一个周期 LED 亮灭的过程，人眼看到的 LED 亮暗即通过平均电压的方式显示，如图 8-9 所示。

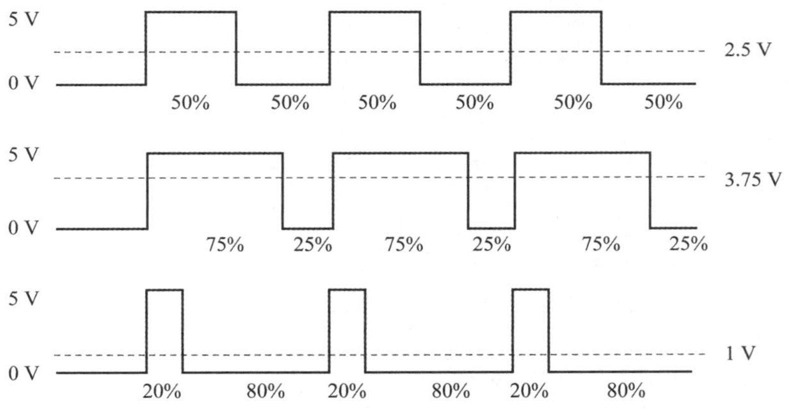

图 8-9　PWM 控制 LED 亮暗的平均电压显示方式示意图

2. 实验设计要求

设计一个 LED 特效呼吸灯。

要求采用 PWM 的方式，即采用调节占空比的方式，在固定的频率下实现 LED 亮度的变化。占空比为 0，LED 不亮；占空比为 100%，LED 最亮。将占空比从 0 到 100%，再从 100% 到 0 不断变化，实现 LED 呼吸特效。

3. 模块划分

分频器模块：产生 1000 Hz 信号，用于 PWM 模块计数信号。

PWM 模块：实现 LED 亮度调节。

4. 实验程序

顶层原理图组合模块如图 8-10 所示。

分频器模块 Verilog HDL 程序如下：

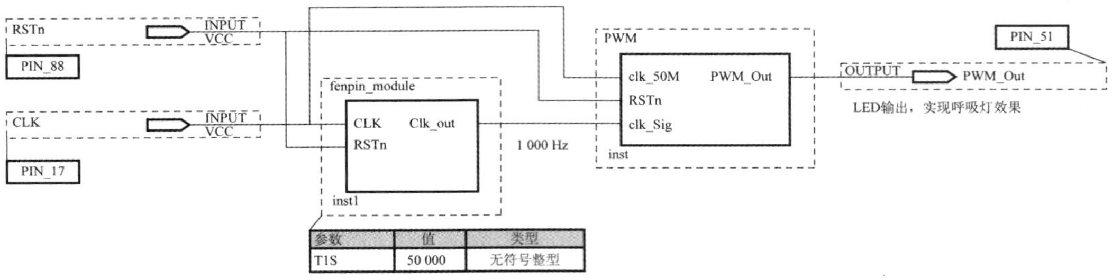

图 8-10　顶层原理图组合模块

```
module fenpin_module(CLK, RSTn, Clk_out);
  input CLK;
  input RSTn;
  output Clk_out;
  /****************************************/
  parameter T1S=26'd50000;
  /****************************************/
  reg [25:0] Count1;
  always @(posedge CLK or negedge RSTn)
    if(!RSTn)
      Count1<=26'd0;
    else if(Count1==T1S)
      Count1<=26'd0;
    else
      Count1<=Count1+1'b1;
  /****************************************/
  reg rNewClk;
  always @(posedge CLK or negedge RSTn)
    if(!RSTn)
      rNewClk<=1'b0;
    else if(Count1==T1S)
      rNewClk<=1'b1;
    else
      rNewClk<=1'b0;
  /****************************************/
  assign Clk_out=rNewClk;
endmodule
```

PWM 模块 Verilog HDL 程序如下：

```
module PWM(clk_50M,RSTn,clk_Sig,PWM_Out);
  input clk_50M,RSTn;                 //系统输入时钟,频率为 50 MHz,周期为 20 ns
  input clk_Sig;                      //1000 Hz 信号
  output PWM_Out;                     //PWM 输出
  reg PWM_Out;                        //输出寄存器
  reg [24:0] cnt;                     //计数寄存器
  reg [24:0] pwm_counter;
```

```
    reg flag;
    always @(posedge clk_50M or negedge RSTn)
      begin
        if(!RSTn)
          begin
          pwm_counter=25'd2500;
          flag=1'b0;
          end
        else if(clk_Sig)                                //1000 Hz 信号脉冲到来
          begin
            if(flag==1'b0)                              //标志位灯逐渐变亮
              begin
              pwm_counter=pwm_counter+2'd2;
              if(pwm_counter>5000)flag=1'b1;            //pwm_counter>5000
              end
            else if(flag==1'b1)                         //标志位灯逐渐变暗
              begin
              pwm_counter=pwm_counter-2'd2;
              if(pwm_counter==0) flag=1'b0;             //pwm_counter=25'd0;
              end
          end
      end
   always @(posedge clk_50M or negedge RSTn)            // 每个时钟周期的上升沿触发
     begin                                              // 执行 begin-end 中的语句
       if(!RSTn)
         begin
           cnt=25'd0;
           PWM_Out=1'b0;
         end
       else
         begin
           if(cnt==25'd5000)                            // 判断 cnt 是否为 5000,是的话执行以
                                                           下程序
             begin
               cnt=25'd0;                               // 计数寄存器清零
             end
           else                                         //cnt 没到 5000,执行以下程序
             begin
               cnt=cnt+1'b1;                            // 计数寄存器自加 1
               if(pwm_counter>cnt)PWM_Out=1'b0;         //PWM 低电平
               else PWM_Out=1'b1;                       //PWM 高电平
             end
         end
     end
endmodule
```

8.4 数码管的动态显示

8.4.1 数码管动态扫描简介

学习过单片机的朋友，多多少少都对数码管有些认识，而动态扫描就是轮流向各位数码管送出段码和相应的位选，只要扫描显示速度足够快，利用发光管的余辉和人眼视觉暂留作用，人就会感觉好像各位数码管都在显示。动态显示的特点是将所有数码管的段选线并联在一起，由位选线控制是哪一位数码管有效。这样一来，就没有必要每一位数码管配一个锁存器，从而大大地简化了硬件电路。

数码管不同位显示的时间间隔可以通过调整延时程序的延时长短来完成。数码管显示的时间间隔还能够确定数码管显示时的亮度。若显示的时间间隔长，则显示时数码管将亮些；若显示的时间间隔短，发光二极管的电流导通时间也就短，则显示时数码管将暗些；若显示的时间间隔过长，则数码管显示时将产生闪烁现象。所以，在调整显示的时间间隔时，既要考虑显示时数码管的亮度，又要考虑使数码管显示时不闪烁。动态扫描显示时刷新频率最好大于 50 Hz，即显示一轮的时间不超过 20 ms，一般 1 ms 左右最佳，本实验设计开发板的刷新时间为 1 ms。

8.4.2 硬件电路原理图

由于 LED 静态显示需要占用较多的 I/O 口，且功耗较大，在大多数场合通常不采用静态显示，而采用动态扫描的方法来控制 LED 数码管的显示。动态显示的特点是将 8 位数码管的段选线并联在一起，由位选线控制是哪一位数码管有效。点亮数码管采用动态扫描显示。

开发板上共有 8 位共阳数码管，采用 PNP 三极管来驱动并控制数码管选通点亮，数码管段码共用 8 段控制信号，100 Ω 的电阻是限流保护电阻。

数码管动态扫描原理图如图 8-11 所示。对于数码管动态扫描，需要动态选通 LED1～LED8 位选信号，每位选通时根据该位需要显示的数字送入相应的段码(A、B、C、D、E、F、G 或 DP)，依次轮询扫描，即可显示出动态效果。

8.4.3 实验设计

1. 实验设计原理

数码管模块顶层原理图如图 8-12 所示，输入信号有 CLK、RSTn 及 Number_Sig 显示的数据输入，输出信号有位选 Scan_Sig 和段码 SMG_Data。模块对系统时钟 CLK 进行计数，每次计数到 50 000 次(1 ms)就改变扫描位选信号和显示的数字，再经过译码后转换为数码管段码从 SMG_Data 端口输出。

2. 实验设计要求

在开发板 8 位数码管上按顺序显示 1、2、3、4、5、6、7、8，实现动态扫描程序设计。

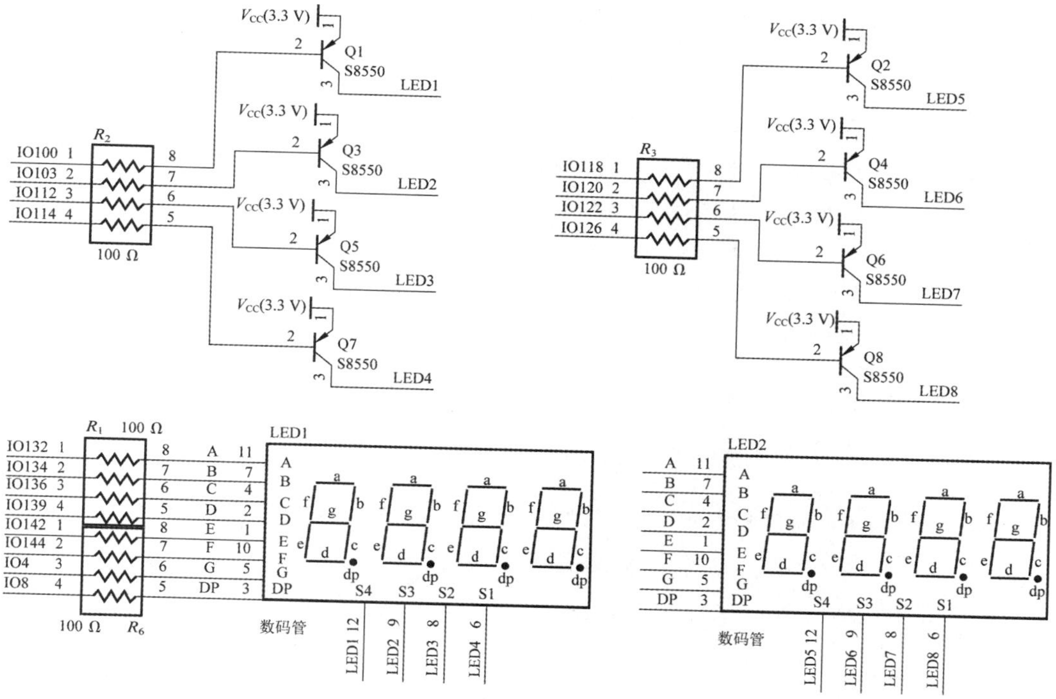

图 8-11　数码管动态扫描原理图

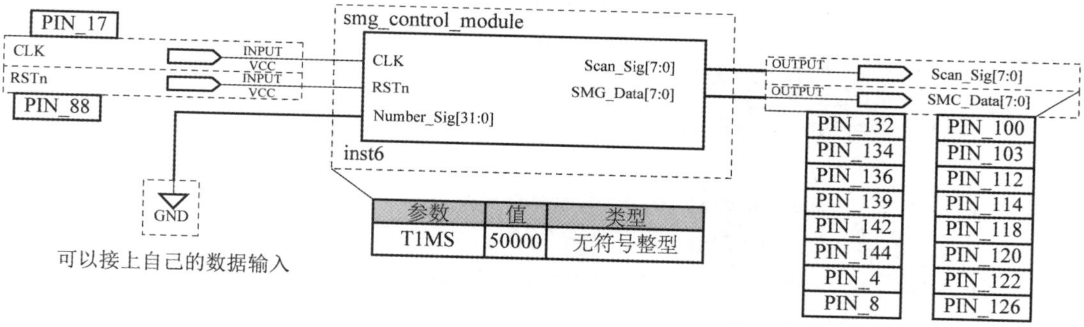

图 8-12　数码管模块顶层原理图

3. 实验程序

数码管动态扫描模块 Verilog HDL 程序如下：

```
module smg_control_module
(
input CLK,
input RSTn,
input [31:0] Number_Sig,
output[7:0] Scan_Sig,
output [7:0] SMG_Data
);
  parameter T1MS=16'd49999;                              //1 ms 计数值
  reg [15:0] C1;
```

```
always @(posedge CLK or negedge RSTn)                //1 ms时间计时,时间节拍器
begin
  if(!RSTn)
      C1<=15'd0;
  else if(C1==T1MS)
      C1<=15'd0;
  else
      C1<=C1 +1'b1;
end
reg [3:0] i;
reg [3:0] rNumber;
reg [7:0] rScan;

always @(posedge CLK or negedge RSTn)                //扫描切换显示的数据
begin
 if(!RSTn)
   begin
     i<=4'd0;
     rNumber<=4'd0;
     rScan<=8'b11111111;
   end
 else
   case(i)
   0:if(C1==T1MS) i<=i+1'b1;                         //每个数码管显示1 ms,更新位选
                                                       和显示数字
   else begin rScan<=8'b11111110;rNumber<=4'd1;end   //Number_Sig[31:28];
   1:if(C1==T1MS) i<=i+1'b1;
   else begin rScan<=8'b11111101;rNumber<=4'd2;end   //Number_Sig[27:24];
   2:if(C1==T1MS) i<=i+1'b1;
   else begin rScan<=8'b11111011;rNumber<=4'd3;end   //Number_Sig[23:20];
   3:if(C1==T1MS) i<=i+1'b1;
   else begin rScan<=8'b11110111;rNumber<=4'd4;end   // Number_Sig[19:16];
   4:if(C1==T1MS) i<=i+1'b1;
   else begin rScan<=8'b11101111;rNumber<=4'd5;end   // Number_Sig[15:12];
   5:if(C1==T1MS) i<=i+1'b1;
   else begin rScan<=8'b11011111;rNumber<=4'd6;end   //Number_Sig[11:8];
   6:if(C1==T1MS) i<=i+1'b1;
   else begin rScan<=8'b10111111;rNumber<=4'd7;end   // Number_Sig[7:4];
   7:if(C1==T1MS) i<=4'd0;
   else begin rScan<=8'b01111111;rNumber<=4'd8;end   // Number_Sig[3:0];
   endcase
 end
```

```
reg [7:0] rSMG;
always @(posedge CLK or negedge RSTn)//数码管译码模块
begin
  if(!RSTn)
    begin
      rSMG<=8'b1100_0000;//0
    end
  else
    case(rNumber)
    4'd0:rSMG<=8'b1100_0000;//0~9显示数字译码
    4'd1:rSMG<=8'b1111_1001;
    4'd2:rSMG<=8'b1010_0100;
    4'd3:rSMG<=8'b1011_0000;
    4'd4:rSMG<=8'b1001_1001;
    4'd5:rSMG<=8'b1001_0010;
    4'd6:rSMG<=8'b1000_0010;
    4'd7:rSMG<=8'b1111_1000;
    4'd8:rSMG<=8'b1000_0000;
    4'd9:rSMG<=8'b1001_0000;
    default:rSMG<=8'b1100_0000;
    endcase
  end
  assign SMG_Data=rSMG;//段码输出
  assign Scan_Sig=rScan;//位选输出
endmodule
```

4. 实验现象

数码管显示实验现象如图8-13所示。

图8-13 数码管显示实验现象

8.5 秒表数码管显示

8.5.1 秒表功能简介

秒表的逻辑结构较简单，它主要由100进制计数器、60进制计数器、分频器、数码管显示模块、按键控制模块等组成。整个设计的关键是如何获得 0.01 s(100 Hz)的计时脉冲信号，另外，秒表还需要一个启动信号和时间清零信号，以便使秒表能随时停止、启动以及清零复位。

秒表需要 8 位数码管显示，其中 6 位显示时间数据，分别是 0～99 cs(1 cs=0.01 s)、0～60 s、0～99 min，另外 2 位显示间隔符“-”，显示格式是××-××-××，采用数码管动态扫描方式显示，在 8.4 节详细讲解了显示原理和程序设计。

8.5.2 硬件电路原理图

实验需要用到数码管电路和 FPGA 核心板上的独立按键，数码管与独立按键电路原理图如图 8-14 所示。

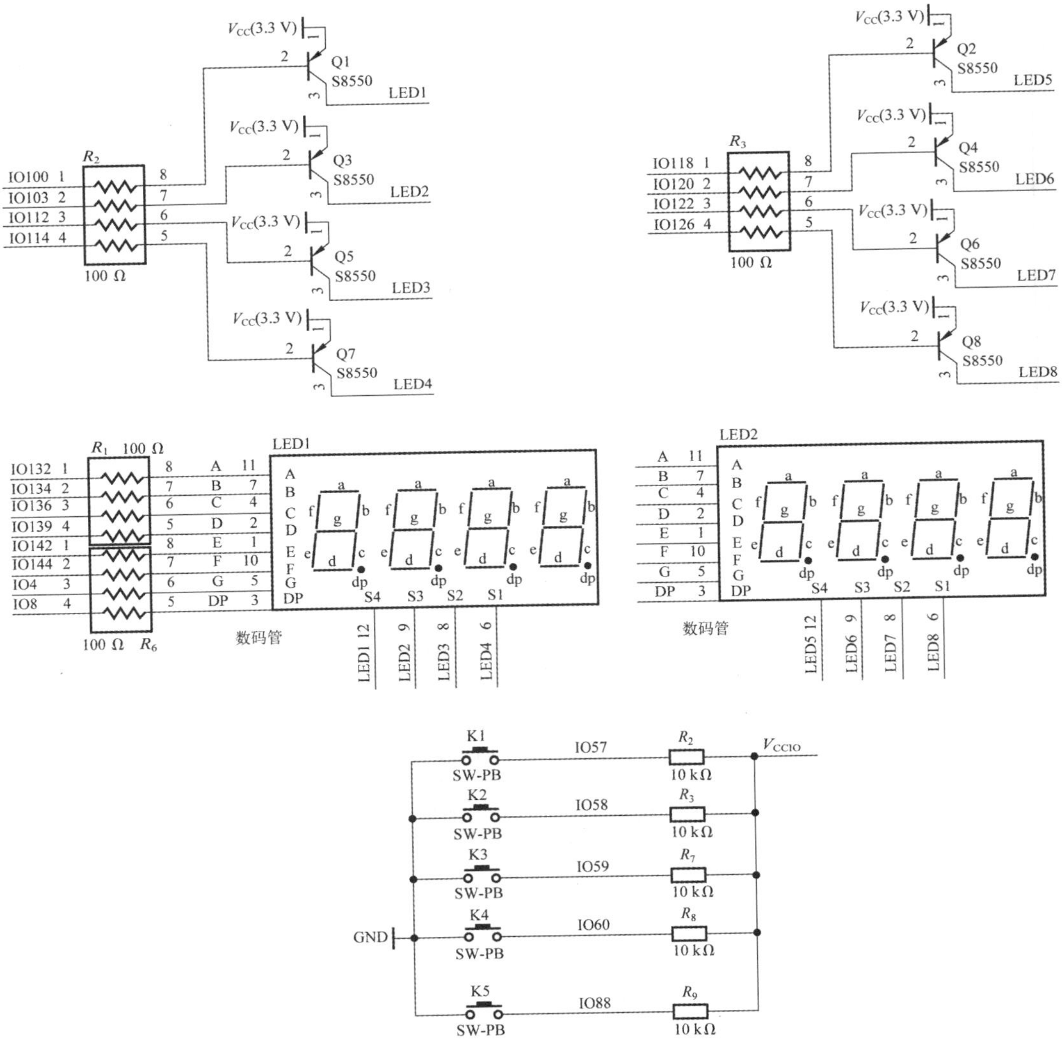

图 8-14 数码管与独立按键电路原理图

8.5.3 实验设计

1. 实验设计原理

秒表设计原理框图如图 8-15 所示，秒表顶层设计原理图如图 8-16 所示，输入信号有 CLK、RSTn、Key_start 和 Key_stop，输出信号有位选 Scan_Sig 和段码 SMG_Data。秒表计时模块对系统时钟 CLK 进行计数，每次计数到 500 000 次(10 ms)，内部设计计时器进行秒表计时，时间数字送到数码管显示模块经过译码后转换为数码管段码从 SMG_Data 端口输出显示。

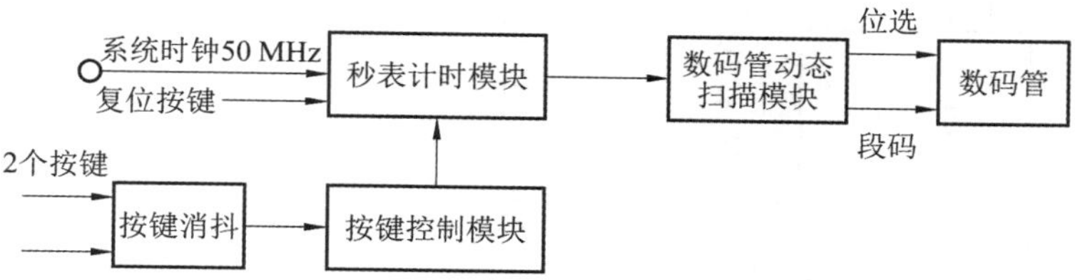

图 8-15 秒表设计原理框图

2. 实验设计要求

在开发板用 6 位数码管显示××分××秒××厘秒的秒表设计，能实现清零、开始计时、暂停计时功能。

3. 实验程序

按键消抖模块程序和数码管显示模块程序前文已经给出，下面主要给出秒表计时模块程序和按键控制模块程序。

秒表计时模块 Verilog HDL 程序如下：

```
module Second_Clock(CLK,RSTn,EN_Sig,sec_10ms,second,minute);
  input CLK;
  input RSTn;
  input EN_Sig;
  output reg [7:0] sec_10ms;
  output reg [7:0] second;
  output reg [7:0] minute;
  reg sec_10msEn;                                   //10 ms 进位使能
  reg SecondEn;                                     //秒进位使能
  reg MinuEn;                                       //分进位使能
  reg HourEn;                                       //小时进位使能
  reg [25:0] counter;
  parameter T10ms=26'd499999;

  always @(posedge CLK or negedge RSTn)
  begin
    if(!RSTn)
      begin
```

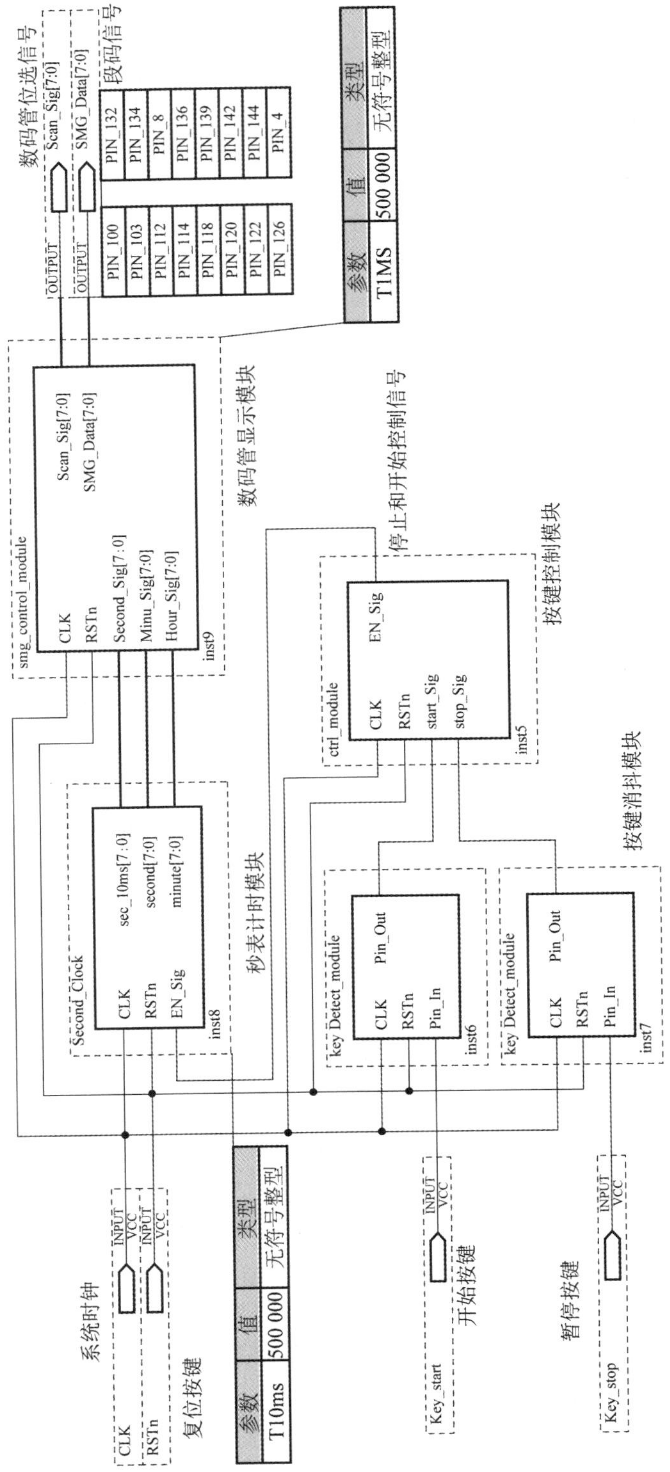

图 8-16 秒表顶层设计原理图

```
        counter<=26'd0;
        sec_10msEn<=1'b0;
      end
    else
      begin
        counter<=counter+1'b1;
        if(counter==T10ms)
          begin
            counter<=0;
            sec_10msEn<=1'b1;                        //产生 10 ms 信号
          end
        else
          sec_10msEn<=1'b0;
      end
end

always @(posedge CLK or negedge RSTn)                //00~99 cs 计时
begin
  if(!RSTn) sec_10ms=8'd0;
  else
    begin
    if(sec_10msEn&&EN_Sig)                           //计数使能信号
      begin
        if(sec_10ms=='h99) sec_10ms=8'd0;
        else sec_10ms=sec_10ms+1'b1;
        if(sec_10ms[3:0]==4'ha)
          begin
            sec_10ms[3:0]=4'd0;
            sec_10ms[7:4]=sec_10ms[7:4]+1'b1;
          end
        if(sec_10ms=='h00) SecondEn=1'b1;           //秒进位使能
        end
    else SecondEn=1'b0;
    end
  end

   always @(posedge CLK or negedge RSTn)             //60 s 计时
     begin
       if(!RSTn) second=8'd0;
       else
         begin
           if(SecondEn&&EN_Sig)                      //计数使能信号
             begin
```

```
                if(second=='h59) second=8'd0;
                else second=second+1'b1;
                if(second[3:0]==4'ha)
                  begin
                    second[3:0]=4'd0;
                    second[7:4]=second[7:4]+1'b1;
                  end
                 if(second='h00) MinuEn=1'b1;      //分进位使能
              end
            else MinuEn=1'b0;
          end
      end

    always @(posedge CLK or negedge RSTn)          //00~99 min 计时
      begin
      if(!RSTn) minute=8'd0;
      else
        begin
          if(MinuEn&&EN_Sig)                       //计数使能信号
            begin
              if(minute=='h99) minute=8'd0;
              else minute=minute+1'b1;
              if(minute[3:0]==4'ha)
              begin
                minute[3:0]=4'd0;
                minute[7:4]=minute[7:4]+1'b1;
              end
             if(minute=='h00) HourEn=1'b1;         //小时进位使能
             end
             else HourEn=1'b0;
        end
      end
endmodule
```

按键控制模块 Verilog HDL 程序如下：

```
module ctrl_module
(
input CLK,
input RSTn,
input start_Sig,
input stop_Sig,
output EN_Sig
);
```

```
reg rEN_sig;
reg [4:0] i;
always @(posedge CLK or negedge RSTn)
  begin
  if(!RSTn)
    begin
      rEN_Sig<=1'b0;
      i<=5'd0;
    end
  else
  case(i)
    5'd0:
    if(start_Sig) i<=5'd1;                 //开始按键按下
    else if(stop_Sig) i<=5'd2;             //暂停按键按下
    5'd1:
    begin rEN_Sig<=1'b1;i<=5'd0;end        //使能有效
    5'd2:
    begin rEN_Sig<=1'b0;i<=5'd0;end        //使能无效
  endcase
  end
 assign EN_Sig=rEN_Sig;                    //输出
endmodule
```

4. 实验现象

秒表硬件实验现象如图 8-17 所示。

图 8-17 秒表硬件实验现象

8.6 时钟数码管显示

8.6.1 时钟功能简介

时钟的设计原理：首先通过分频器产生一个频率为 1 Hz 的时钟作为计数源，设置 3 个寄存器分别存储计数值，时、分、秒各用1个寄存器。秒计数达到59时便向分进1，同时秒清零；分计数达到59时便向时进1，同时分清零；时计数达到24时便将时、分、秒计数寄存器同时清零。

数字时钟主要由60进制计数器、24进制计数器、分频器、数码管显示模块、按键消抖模块等组成。整个设计的关键是如何获得1 s的计时脉冲信号，另外数字时钟还需要时间清零信号以及3个校时按键。

数字时钟需要8位数码管显示，其中6位显示时间数据，分别是0～59 s、0～59 min、0～23 h；另外2位显示间隔符"-"，显示格式是××-××-××，采用数码管动态扫描方式显示，在前文已详细介绍显示原理和程序设计。

8.6.2 硬件电路原理图

实验需要用到数码管电路和FPGA核心板上的独立按键，原理图如图8-14所示。

8.6.3 实验设计

1. 实验设计原理

数字时钟设计原理框图如图8-18所示。

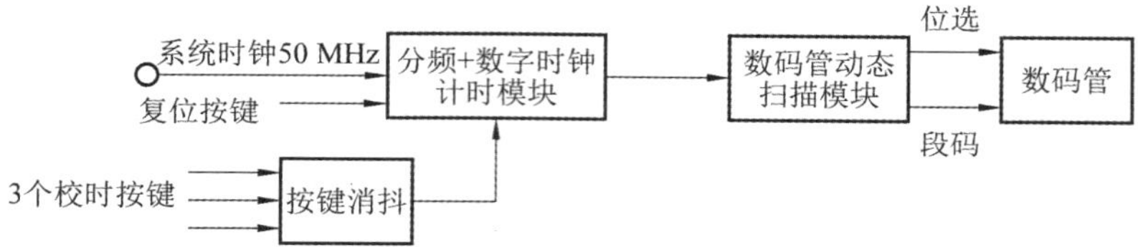

图8-18 数字时钟设计原理框图

数字时钟顶层设计原理图如图8-19所示，输入信号有CLK、RSTn、Key_Secon、Key_Minu和Key_Hour，输出信号有位选Scan_Sig和段码SMG_Data。计时模块对系统时钟CLK进行计数，每次计数到50 000 000次(1 s)内部设计计时器进行时钟计时，时间数字送到数码管显示模块经过译码后转换为数码管段码从SMG_Data端口输出显示。

2. 实验设计要求

在开发板用6位数码管显示××小时××分××秒的数字时钟设计，能实现清零、校时、校分、校秒的功能。

3. 实验程序

按键消抖模块程序和数码管显示模块程序前文已经给出，下面主要给出数字时钟计时模块程序。

数字时钟计时模块Verilog HDL程序如下：

```
module clockTime24(CLK,RSTn,jm,jf,js,second,minute,hour);
  input CLK,RSTn;
  input jm,jf,js;                                   //校时信号
  output reg [7:0] second;
  output reg [7:0] minute;
  output reg [7:0] hour;
```

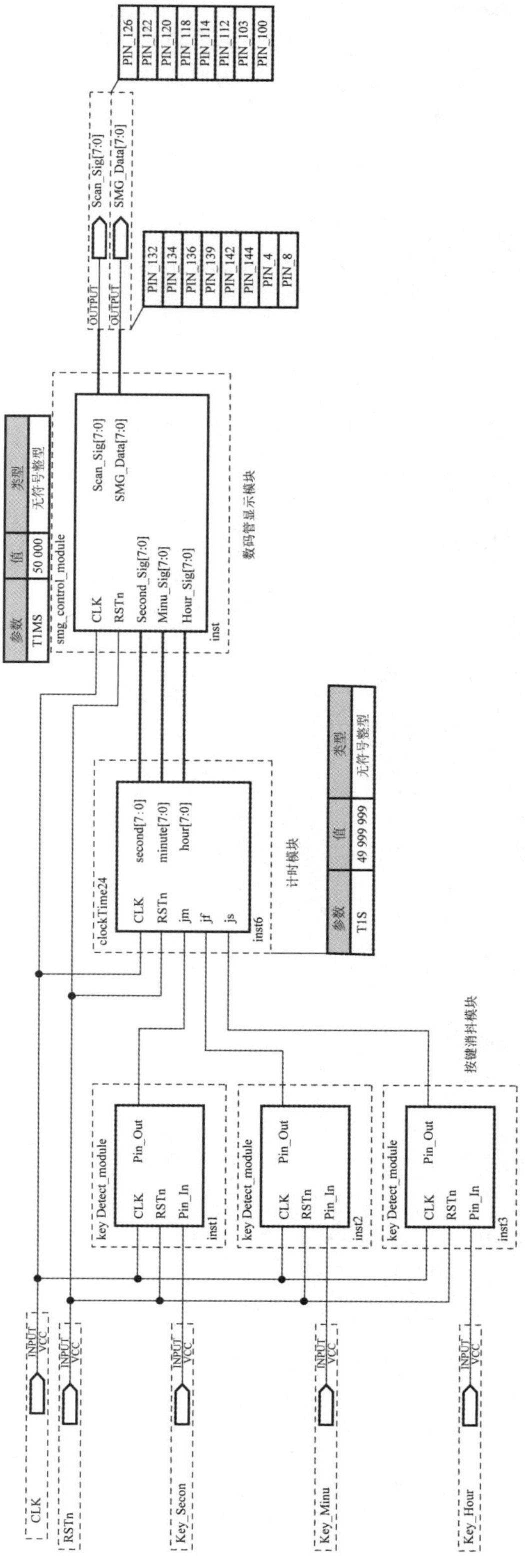

图 8-19　数字时钟顶层设计原理图

```
reg SecondEn;                                //秒信号使能
reg MinuEn;                                  //分信号使能
reg HourEn;                                  //时信号使能
reg DateEn;
reg [25:0] counter;

parameter T1S=26'd49999999;
always @(posedge CLK or negedge RSTn)        //产生秒时钟
begin
  if(!RSTn) begin
  counter<=26'd0;
  SecondEn<=1'b0;
  end
  else begin
  counter<=counter+1'b1;
  if(counter==T1S)
  begin
    counter<=0;
    SecondEn<=1'b1;                          //秒信号使能
  end
  else
    SecondEn<=1'b0;
  end
end

always @(posedge CLK or negedge RSTn)        //60 s计时
  begin
    if(!RSTn) second=8'd0;
    else
      begin
      if(SecondEn||jm)                       //计数使能信号
      begin
      if(second=='h59) second=8'd0;
      else second=second+1'b1;
      if(second[3:0]==4'd10)
      begin
      second[3:0]=4'd0;
      second[7:4]=second[7:4]+1'b1;
      end
      if(second=='h00) MinuEn=1'b1;
      end
      else MinuEn=1'b0;
      end
```

```
    end

  always @(posedge CLK or negedge RSTn)            //60 min 计时
    begin
      if(!RSTn) minute=8'd0;
      else
      begin
          if(MinuEn||jf)                           //计数使能信号
            begin
            if(minute=='h59) minute=8'd0;
            else minute=minute+1'b1;
            if(minute[3:0]==4'd10)
              begin
                minute[3:0]=4'd0;
                minute[7:4]=minute[7:4]+1'b1;
              end
            if(minute=='h00) HourEn=1'b1;
            end
        else HourEn=1'b0;
      end
    end

  always @(posedge CLK or negedge RSTn)            //24 h 计时
    begin
      if(!RSTn) hour=8'd0;
      else
      begin
        if(HourEn||js)                             //计数使能信号
        begin
        if(hour=='h23) hour=8'd0;
        else hour=hour+1'b1;
        if(hour[3:0]==4'd10)
          begin
          hour[3:0]=4'd0;
          hour[7:4]=hour[7:4]+1'b1;
          end
        if(hour=='h00) DateEn=1'b1;
        end
      else DateEn=1'b0;
      end
    end
endmodule
```

4. 实验现象

数字时钟硬件实验现象如图8-20所示。

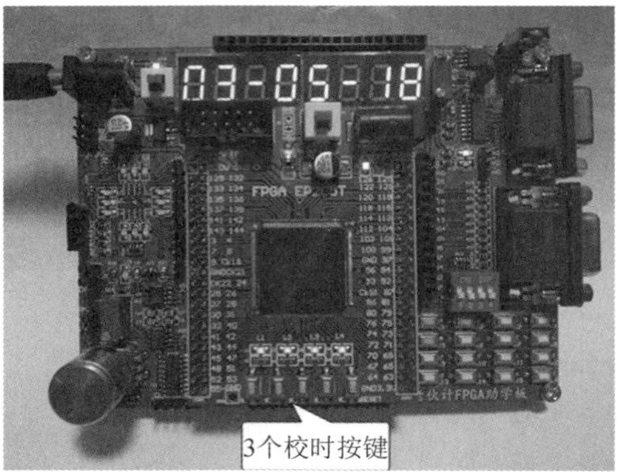

图8-20　数字时钟硬件实验现象

8.7　频率计的设计

8.7.1　频率计原理简介

所谓频率，就是周期性信号在单位时间(1 s)内变化的次数。若在一定的时间间隔 T 内计数，计得某周期性信号的重复变化次数为 N，则该信号的频率可表达为

$$f_x = N/T$$

所以，测量频率就要分别知道 N 和 T 的值，由此，测量频率的方法一般有三种，即测频方法、测周方法和等精度测量法。

1. 测频方法

测频方法即已知时基信号(频率或周期确定)作为门控信号，T 为已知量，然后在门控信号有效的时间段内进行输入脉冲的计数，原理波形图如图8-21所示。

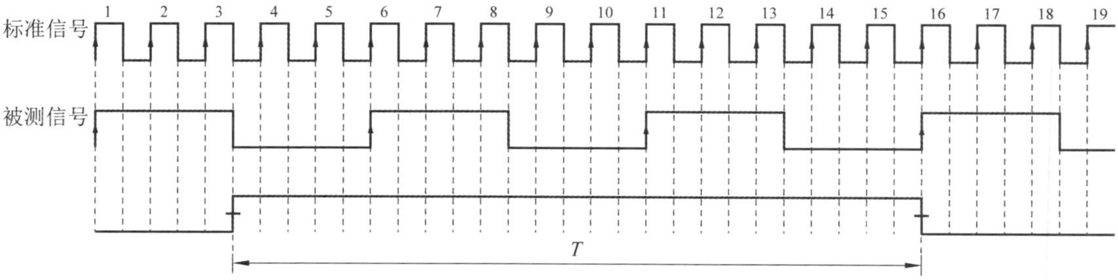

图8-21　测频方法原理波形图

测频方法原理框图如图8-22所示。

首先，被测信号①(以正弦波为例)经过放大整形后转变成方波脉冲②，其重复频率等于被测信号频率。把方波脉冲②加到闸门的输入端。由一个高稳定的石英振荡器和一系列数字分频器组成时基信号发生器，它输出时间基准(或频率基准)信号③去控制门控电路，形成

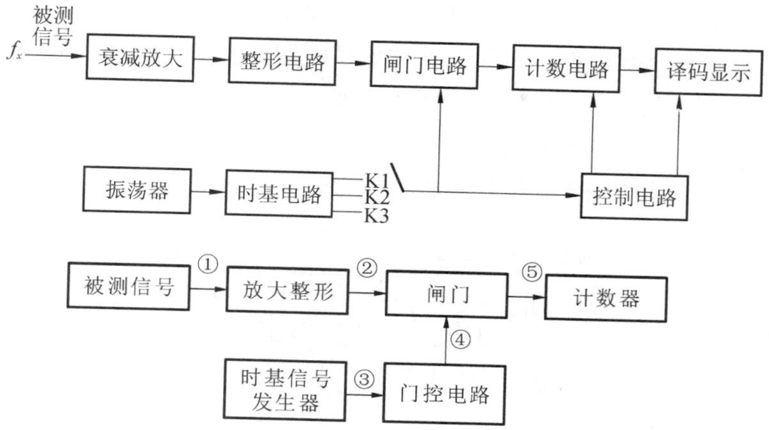

图 8-22 测频方法原理框图

门控信号④，门控信号的作用时间 T 是非常准确的（由石英振荡器决定）。门控信号控制闸门的开与闭，只有在闸门开通的时间内，方波脉冲②才能通过闸门成为被计数的脉冲⑤并由计数器计数。闸门开通的时间称为闸门时间，其长度等于门控信号作用时间 T。比如，时间基准信号的重复周期为 1 s，加到闸门的门控信号作用时间 T 亦准确地等于 1 s，即闸门的开通时间（闸门时间）为 1 s。在这一段时间内，若计数器计得 $N=100\ 000$，根据公式被测频率就是 100 000 Hz。如果计数式频率计的显示器单位为 kHz，则显示 100.000 kHz，即小数点定位在第 3 位。不难设想，若将闸门时间设为 $T=0.1$ s，则计数值为 10 000，这时，显示器的小数点只要根据闸门时间 T 的改变自动往右移动一位（自动定位），那么，显示的结果为 100.00 kHz。在计数式数字频率计中，通过选择不同的闸门时间，可以改变频率计的测量范围和测量精度。

2. 测周方法

测周方法是指，被测信号（频率或周期待测）作为门控信号，T 为未知量，然后在门控信号有效的时间段内对时基信号脉冲计数，原理框图如图 8-23 所示。

图 8-23 测周方法原理框图

计数器测周方法的基本原理刚好与测频方法相反，即由被测信号控制闸门开门，而用时基信号脉冲进行计数，所以实质上也是一种比较测量方法。

3. 等精度测量法

等精度测量法的核心思想是，通过使闸门信号与被测信号同步，将闸门时间 T 控制为被测信号周期长度的整数倍。测量时，先打开预置闸门，检测到被测信号脉冲沿到达时，标准信号时钟开始计数。预置闸门关闭时，标准信号并不立即停止计数，而是在检测到被测信号脉冲沿到达时才停止，完成被测信号整数个周期的测量。测量的实际闸门时间可能会与预置闸门时间不完全相同，但最大差值不会超过被测信号的一个周期。

在等精度测量法中，相对误差与被测信号本身的频率特性无关，即对整个测量域而言，测量精度相等，因而称为“等精度”测量。标准信号的计数值越大则测量相对误差越小，即提高闸门时间和标准信号频率 f_0 可以提高测量精度。在精度不变的情况下，提高标准信号频率可以缩短闸门时间，提高测量速度。

等精度测量法原理波形图如图 8-24 所示。

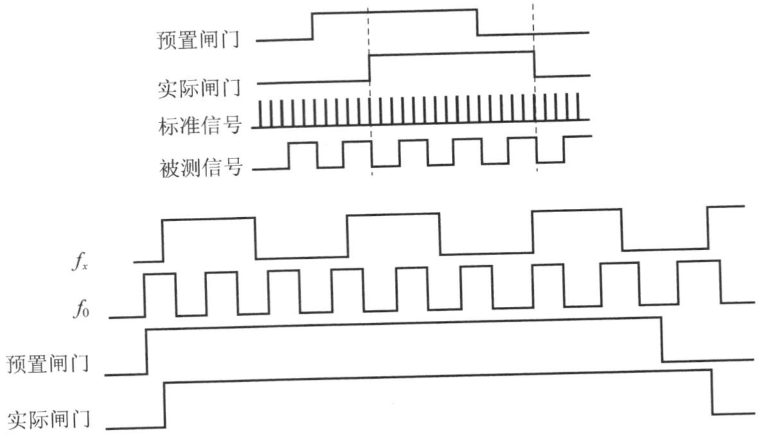

图 8-24 等精度测量法原理波形图

8.7.2 电路原理图

实验需要用到数码管电路和 FPGA 引出的 I/O 口，电路原理图如图 8-25 所示。

8.7.3 实验设计

1. 实验设计原理

采用测频法设计的原理框图如图 8-26 所示。

频率计顶层设计原理图如图 8-27 所示，输入信号有 sysclk 和 inclk，输出信号有位选 seg_wei和段码 seg_duan。分频模块对系统时钟 sysclk 进行计数，每次计数到 50 000 000 次(1 s)产生 1 s 高电平计数闸门，1 s 低电平输出处理，内部设计计数器对被测信号进行计数，计数数字送到数码管模块经过译码后转换为数码管段码从 seg_duan 端口输出显示。

2. 实验设计要求

采用测频法测量信号频率，并通过数码管显示出来。信号从信号发生器产生，频率幅度为1～10 000 000 Hz，信号从 IO80 引脚接入，调试程序，观察结果。

3. 实验程序

分频闸门模块 Verilog HDL 程序如下：

```
module fenpin(sysclk,outclk_1S);
  input sysclk;                    //系统时钟
  output outclk_1S;
  reg [25:0] clk_counter;          //时钟计数
  reg clk_div;                     //分频后的时钟
```

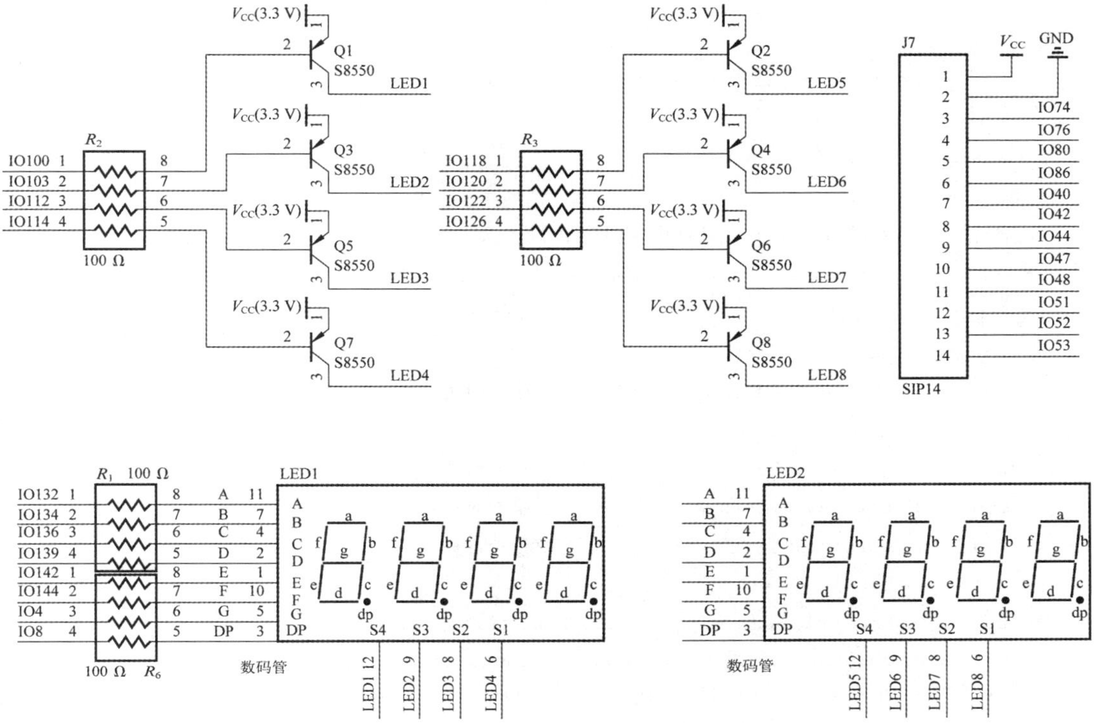

图 8-25　数码管与 I/O 口电路原理图

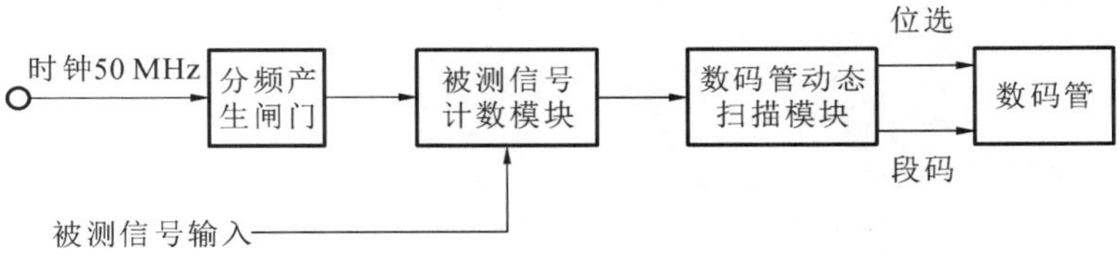

图 8-26　采用测频法设计的原理框图

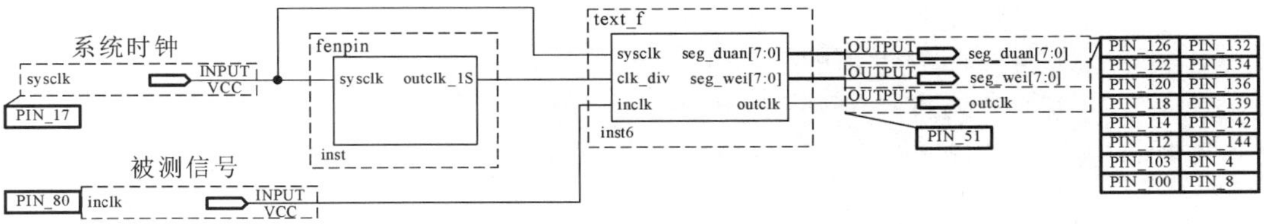

图 8-27　频率计顶层设计原理图

```
/**********************产生 1 Hz 的时钟**************************************/
always @(posedge sysclk)
  begin
    if(clk_counter==26'd50000000)
      begin
        clk_div<=~clk_div;
        clk_counter<=26'd0;
```

```
          end
        else
          clk_counter<=clk_counter+1'b1;
      end
    assign outclk_1S=clk_div;
endmodule
```

被测信号计数模块 Verilog HDL 程序如下：

```
module text_f(sysclk,clk_div,inclk,seg_duan,seg_wei,outclk);
  input sysclk,inclk;                    //系统时钟
  input clk_div;
  output [7:0] seg_duan,seg_wei;         //输入时钟
  output outclk;
  wire sysclk,inclk;                     //系统时钟
  reg [7:0] rseg_duan,rseg_wei;          //输入时钟
  reg [25:0] clk_counter;                //时钟计数
  reg [7:0] data;
  reg [3:0] counter1,counter2,counter3,counter4,counter5,counter6,counter7,counter8;
  reg [3:0] count1,count2,count3,count4,count5,count6,count7,count8;
  /*********************测试待测信号************************************/
  always @(posedge inclk)
    begin
    if(clk_div)
      begin
        if(counter1==4'b1001)
          begin
            counter1<=4'b0;
            counter2<=counter2+1'b1;
            if(counter2==4'b1001)
            begin
              counter2<=4'b0;
              counter3<=counter3+1'b1;
              if(counter3==4'b1001)
                begin
                  counter3<=4'b0;
                  counter4<=counter4+1'b1;
                  if(counter4==4'b1001)
                    begin
                      counter4<=4'b0;
                      counter5<=counter5+1'b1;
                      if(counter5==4'b1001)
                        begin
                          counter5<=4'b0;
                          counter6<=counter6+1'b1;
```

```
                if(counter6==4'b1001)
                 begin
                  counter6<=4'b0;
                  counter7<=counter7+1'b1;
                    if(counter7==4'b1001)
                     begin
                     counter7<=4'b0;
                     counter8<=counter8+1'b1;
                     if(counter8==4'b1001)
                       begin
                         counter8<=4'b0;
                       end
                     end
                 end
               end
             end
           end
         end
       end
     else
     counter1<=counter1+1'b1;
   end
  else
/*******************测试结果寄存*********************************/
  begin
  if(counter1!=4'b0000|counter2!=4'b0000!=4'b0000|counter3!=4'b0000|counter4!=4'
  b0000|counter5!=4'b0000|counter6!=4'b0000|counter7!=4'b0000|counter8!=4'b0000)
    begin
      count1<=counter1;count2<=counter2;count3<=counter3;count4<=counter4;
      count5<=counter5;count6<=counter6;count7<=counter7;count8<=counter8;
      counter1<=4'b0000;counter2<=4'b0000;counter3<=4'b0000;
      counter4<=4'b0000;counter5<=4'b0000;counter6<=4'b0000;
      counter7<=4'b0000;counter8<=4'b0000;
    end
  end
  end
/*****************测试结果数码管显示*************************/
 always @ (clk_counter, count1, count2, count3, count4, count5, count6, count7, count8,
data)
  begin
    case(clk_counter[15:13])//数码管位扫描
    3'b000:begin rseg_wei<=8'b1111_1110;data<=count1;end
    3'b001:begin rseg_wei<=8'b1111_1101;data<=count2;end
```

```
        3'b010:begin rseg_wei<=8'b1111_1011;data<=count3;end
        3'b011:begin rseg_wei<=8'b1111_0111;data<=count4;end
        3'b100:begin rseg_wei<=8'b1110_1111;data<=count5;end
        3'b101:begin rseg_wei<=8'b1101_1111;data<=count6;end
        3'b110:begin rseg_wei<=8'b1011_1111;data<=count7;end
        3'b111:begin rseg_wei<=8'b0111_1111;data<=count8;end
        default:begin rseg_wei<=8'bx;data<=4'bx;end
        endcase
        case(data[3:0]) //数码管显示
        4'b0000:begin rseg_duan<=8'b1100_0000;end //0
        4'b0001:begin rseg_duan<=8'b1111_1001;end //1
        4'b0010:begin rseg_duan<=8'b1010_0100;end //2
        4'b0011:begin rseg_duan<=8'b1011_0000;end //3
        4'b0100:begin rseg_duan<=8'b1001_1001;end //4
        4'b0101:begin rseg_duan<=8'b1001_0010;end //5
        4'b0110:begin rseg_duan<=8'b1000_0010;end //6
        4'b0111:begin rseg_duan<=8'b1111_1000;end //7
        4'b1000:begin rseg_duan<=8'b1000_0000;end //8
        4'b1001:begin rseg_duan<=8'b1001_0000;end //9
        default:rseg_duan<=8'bx;
        endcase
      end
    assign seg_duan=rseg_duan;
    assign seg_wei=rseg_wei;
endmodule
```

4. 实验现象

频率计硬件实验现象如图 8-28 所示。

图 8-28　频率计硬件实验现象

8.8 蜂鸣器音乐播放器

8.8.1 蜂鸣器原理简介

蜂鸣器按结构原理可分为以下两大类。

1. 压电式蜂鸣器

压电式蜂鸣器主要由多谐振荡器、压电蜂鸣片、阻抗匹配器及共鸣箱、外壳等组成。有的压电式蜂鸣器外壳上还装有发光二极管。

多谐振荡器由晶体管或集成电路构成。接通电源(1.5～15 V 直流工作电压)后，多谐振荡器起振，输出 1.5～2.5 kHz 的音频信号，阻抗匹配器推动压电蜂鸣片发声。

压电蜂鸣片由锆钛酸铅或铌镁酸铅压电陶瓷材料制成，在陶瓷片的两面镀上银电极，经极化和老化处理后，再与黄铜片或不锈钢片粘在一起。

2. 电磁式蜂鸣器

电磁式蜂鸣器由振荡器、电磁线圈、磁铁、振动膜片及外壳等组成。接通电源后，振荡器产生的音频信号电流通过电磁线圈，使电磁线圈产生磁场。振动膜片在电磁线圈和磁铁的相互作用下周期性地振动发声。

图 8-29　无源蜂鸣器

蜂鸣器还可分为有源蜂鸣器和无源蜂鸣器(见图 8-29)。从外观上看，两种蜂鸣器好像一样，但仔细看，两者的高度略有区别。有源蜂鸣器高度为 9 mm，而无源蜂鸣器的高度为 8 mm。如将两种蜂鸣器的引脚都朝上放置，可以看到绿色电路板的是无源蜂鸣器，没有电路板而用黑胶封闭的是有源蜂鸣器。

进一步判断有源蜂鸣器和无源蜂鸣器，还可以用万用表电阻挡测试：用黑表笔接蜂鸣器“+”引脚，红表笔在另一引脚上来回碰触，如果发出咔咔声且电阻只有 8 Ω(或 16 Ω)则是无源蜂鸣器；如果能持续发出声音且电阻在几百欧，则是有源蜂鸣器。

有源蜂鸣器直接接上额定电源就可连续发声；而无源蜂鸣器则需要接在音频输出电路中才能发声。

8.8.2 硬件电路原理图

通过 FPGA 管脚 IO93 输出音符频率，蜂鸣器由 PNP 三极管 8550 驱动，FPGA 管脚驱动三极管的基极，控制其导通或者截止，从而控制蜂鸣器发出声音。

蜂鸣器原理图如图 8-30 所示。

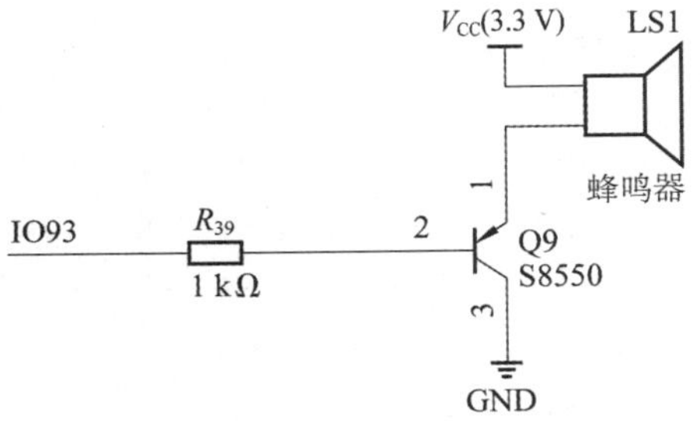

图 8-30　蜂鸣器原理图

8.8.3 实验设计

1. 乐曲演奏实验设计原理

组成乐曲的每个音符的频率值(音调)及其持续时间(音长)是乐曲演奏的基本数据,因此控制输出到扬声器的激励信号的频率高低和该频率持续的时间即可实现乐曲演奏。频率的高低决定了音调的高低。乐曲的简谱中各音名与频率的对应关系如表 8-2 所示。

表 8-2 音名与频率的对应关系

音 名	频率/Hz	音 名	频率/Hz	音 名	频率/Hz
低音 1	261.6	中音 1	523.3	高音 1	1045.5
低音 2	293.7	中音 2	587.3	高音 2	1174.7
低音 3	329.6	中音 3	659.3	高音 3	1318.5
低音 4	349.2	中音 4	698.5	高音 4	1396.9
低音 5	392	中音 5	784	高音 5	1568
低音 6	440	中音 6	880	高音 6	1760
低音 7	493.9	中音 7	987.8	高音 7	1975.5

所有不同频率的信号都是从同一基准频率分频而来的。由于音节频率多为非整数,而分频系数又不能为小数,故必须对计算得到的分频系数进行四舍五入取整,并且对基准频率和分频系数应综合加以选择,从而保证不会走调。开发板的晶振为50 MHz,故在50 MHz时钟下,中音 1(对应的频率值为 523.3 Hz)的分频系数为 50 000 000 Hz/(2×523.3 Hz)=47 774,这样只需对系统时钟进行47 774次分频即可得到所要的中音 1。可利用同样方法求出其他音符对应的分频系数,这样,利用程序可以很轻松地得到相应的乐声。

根据蜂鸣器的发声原理,程序中设置了一个状态机,同时产生一个时钟作为音长的控制,时钟周期为 250 ms,每 250 ms 改变一个状态(即一个节拍),组成乐曲的每个频率值(音调)对应状态机的每一个状态。只要让状态机的状态按顺序转换,就可以自动播放音乐了。

2. 实验程序

```
//音高与频率的对应关系
//--------------------------------------------------------------------------
//|     |1          |2          |3          |4          |5          |6          |7          |
//|低音 |261.6 Hz   |293.7 Hz   |329.6 Hz   |349.2 Hz   |392 Hz     |440 Hz     |493.9 Hz   |
//|中音 |523.3 Hz   |587.3 Hz   |659.3 Hz   |698.5 Hz   |784 Hz     |880 Hz     |987.8 Hz   |
//|高音 |1045.5 Hz  |1174.7 Hz  |1318.5 Hz  |1396.9 Hz  |1568 Hz    |1760 Hz    |1975.5 Hz  |
//--------------------------------------------------------------------------
module song(clk,beep);                      //模块名称 song
  input clk;                                //系统时钟 50 MHz
  output beep;                              //蜂鸣器输出端
  reg beep_r;                               //寄存器
```

```
reg [7:0] state;//乐谱状态机
reg [15:0] count,count_end;
reg [23:0] count1;
//乐谱参数:D=F/2K (D为参数,F为时钟频率,K为音高频率)
parameter L_3=16'd75850,//低音3
          L_5=16'd63776,//低音5
          L_6=16'd56818,//低音6
          L_7=16'd50618,//低音7
          M_1=16'd47774,//中音1
          M_2=16'd42568,//中音2
          M_3=16'd37919,//中音3
          M_5=16'd31888,//中音5
          M_6=16'd28409,//中音6
          H_1=16'd23912;//高音1
parameter TIME=6000000;//控制每一个音的长短(250 ms)

assign beep=beep_r;//输出音乐

always @(posedge clk)
begin
  count<=count+1'b1;//计数器加 1
  if(count==count_end/2)//24 MHz
    begin
      count<=16'h0;//计数器清零
      beep_r<=!beep_r;//输出取反
    end
end

always @(posedge clk)
begin
    if(count1<TIME)//一个节拍 250 ms
      count1=count1+1'b1;
    else
    begin
      count1=24'd0;
      if(state==8'd66)
        state=8'd0;
      else
        state=state+1'b1;
      case(state)
          8'd0,8'd1,8'd2,8'd3:       count_end=L_3;  //低音 3,持续 4 个节拍
          8'd4,8'd5,8'd6:            count_end=L_5;  //低音 5,持续 3 个节拍
          8'd7:                      count_end=L_6;  //低音 6,持续 1 个节拍
          8'd8,8'd9,8'd10:           count_end=M_1;  //中音 1,持续 3 个节拍
```

```
            8'd11:                  count_end=M_2;  //中音 2,持续 1 个节拍
            8'd12:                  count_end=L_6;  //低音 6,持续 1 个节拍
            8'd13:                  count_end=M_1;  //中音 1,持续 1 个节拍
            8'd14,8'd15:            count_end=L_5;  //低音 5,持续 2 个节拍
            8'd16:                  count_end=M_1;  //中音 1,持续 1 个节拍
            8'd17,8'd18:            count_end=L_5;  //低音 5,持续 2 个节拍
            8'd19,8'd20,8'd21:      count_end=M_5;  //中音 5,持续 3 个节拍
            8'd22:                  count_end=H_1;  //高音 1,持续 1 个节拍
            8'd23:                  count_end=M_6;  //中音 6,持续 1 个节拍
            8'd24:                  count_end=M_5;  //中音 5,持续 1 个节拍
            8'd25:                  count_end=M_3;  //中音 3,持续 1 个节拍
            8'd26:                  count_end=M_5;  //中音 5,持续 1 个节拍
            8'd27,8'd28,8'd29,8'd30,8'd31,8'd32,8'd33,8'd34,8'd35,8'd36,8'd37:
            count_end=M_2;                          //中音 2,持续 11 个节拍
            8'd38:                  count_end=M_3;  //中音 3,持续 1 个节拍
            8'd39,8'd40:            count_end=L_7;  //低音 7,持续 2 个节拍
            8'd41,8'd42:            count_end=L_6;  //低音 6,持续 2 个节拍
            8'd43,8'd44,8'd45:      count_end=L_5;  //低音 5,持续 3 个节拍
            8'd46:                  count_end=L_6;  //低音 6,持续 1 个节拍
            8'd47,8'd48:            count_end=M_1;  //中音 1,持续 2 个节拍
            8'd49,8'd50:            count_end=M_2;  //中音 2,持续 2 个节拍
            8'd51,8'd52:            count_end=L_3;  //低音 3,持续 2 个节拍
            8'd53,8'd54,8'd55:      count_end=M_1;  //中音 1,持续 3 个节拍
            8'd56,8'd57:            count_end=L_5;  //低音 5,持续 2 个节拍
            8'd58:                  count_end=M_1;  //中音 1,持续 1 个节拍
            8'd59,8'd60,8'd61,8'd62,8'd63,8'd64,8'd65,8'd66:
            count_end=L_5;                          //低音 5,持续 8 个节拍
        endcase
      end
    end
endmodule
```

8.9 按键计数器

8.9.1 按键计数器原理简介

按键计数器，顾名思义，就是对按键按下次数进行计数，然后将计数的结果显示在数码管上。因此，首先必须对按键进行消抖。由于 FPGA 开发板的时钟为 50 MHz，并且 FPGA 为硬件设计，所以对毛刺十分敏感，在该设计中采用识别按键按下后输出脉冲信号和延时的方法对按键进行消抖，消抖后再对按键进行计数，最后将计数结果显示在数码管上。

按键消抖和数码管显示相关内容可参考前文。

硬件设计原理图如图 8-14 所示。

8.9.2 实验设计

1. 实验设计原理

设计原理框图如图 8-31 所示。

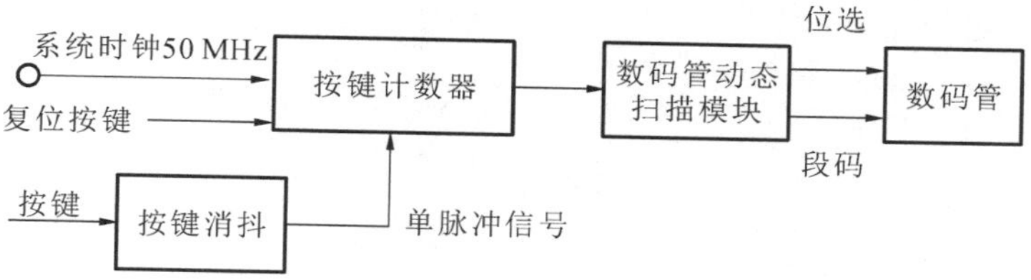

图 8-31 按键计数器设计原理框图

按键计数器顶层设计原理图如图 8-32 所示，输入信号有 CLK、RSTn 和 key_in；输出信号有位选 Scan_Sig 和段码 SMG_Data。按键经过消抖处理后输出单脉冲信号，单脉冲信号进入计数模块，计数模块对按键脉冲信号进行计数，计数数字送到数码管显示模块经过译码后转换为数码管段码从 SMG_Data 端口输出显示。

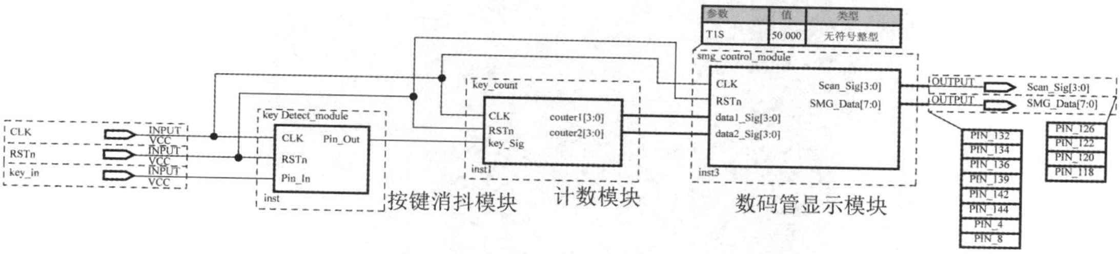

图 8-32 按键计数器顶层设计原理图

2. 实验设计要求

采用 FPGA 核心板上的一个按键，每按一下按键计数器加 1，在数码管上显示，计数值是 0～99。

3. 实验程序

按键消抖模块和数码管显示模块程序参见前文，下面给出的是计数模块的程序。

```
module key_count(CLK,RSTn,key_Sig,couter1,couter2);
  input CLK,RSTn;
  input key_Sig;
  output reg [3:0] couter1;
  output reg [3:0] couter2;

  always @(posedge CLK or negedge RSTn)
  begin
    if(!RSTn) begin couter1<=4'd0;couter2<=4'd0;end
    else if(key_Sig)
      begin
      couter1<=couter1+1'b1;
```

```
        if(couter1==9)
          begin
            couter1<=4'd0;
            couter2<=couter2+1'b1;
            if(couter2==9)
            couter2<=4'd0;
          end
        end
    end
endmodule
```

4. 实验现象

按键计数器实验现象如图 8-33 所示。

图 8-33　按键计数器实验现象

8.10 串口通信

8.10.1 串口通信原理简介

1. 硬件结构

FPGA 和上位机之间的通信采用 UART 串口通信方式，常用九针串口，如图 8-34 所示。它一共有 9 个引脚，位置编号如图 8-35 所示，针脚定义如表 8-3 所示，最重要的 3 个引脚是：

(1) 引脚 2：RxD，接收数据。

(2) 引脚 3：TxD，发送数据。

(3) 引脚 5：GND，接地。

仅使用这 3 个引脚及其对应的电缆，就可以发送和接收数据。

图 8-34　九针串口

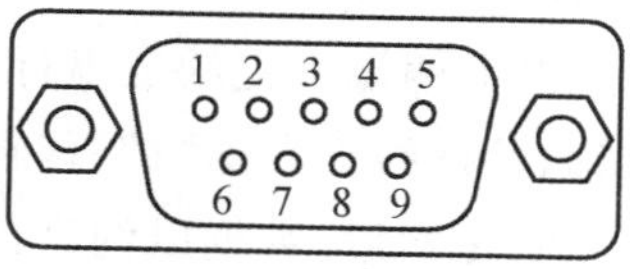

图 8-35　九针串口针脚位置编号

表 8-3　九针串口针脚定义

针脚编号	针脚名称	定　　义
1	DCD	数据载波检查
2	RxD	串口数据输入
3	TxD	串口数据输出
4	DTR	数据终端就绪
5	GND	地线
6	DSR	数据发送就绪
7	RTS	发送数据请求
8	CTS	清除发送
9	RI	铃声指示

2. 串口的通信协议

以 RS232 为例，它使用异步通信协议，也就是说，数据传输没有时钟信号，接收端必须有某种方式，使发送数据与接收数据同步。其采用的数据格式(字符帧格式)为"1 个起始位＋8 个数据位(可为 7 个数据位＋1 个校验位)＋1 个停止位"，如图 8-36 所示。

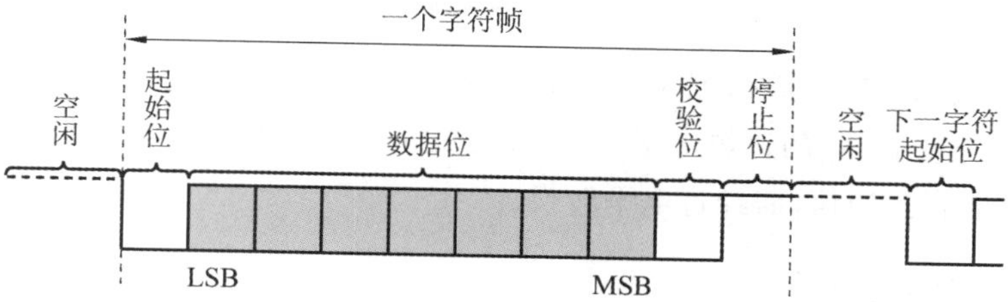

图 8-36　串口数据格式

在串口的总线上，高电平是默认的状态，一帧数据开始传输时必须先拉低电平，这就是第 0 位(起始位)的作用。第 0 位过后就是 8 个数据位，这 8 个数据位才是一帧数据中最有意义的东西。最后的是停止位，结束传输。

这里涉及波特率和比特率的概念。波特率是指每秒传送的二进制位数，表示信号被调制以后在单位时间内的变化，即单位时间内载波参数变化的次数。通信双方的波特率一定要相等，比如每秒钟传送 240 个字符，而每个字符格式包含 10 位（1 个起始位，8 个数据位，1 个停止位），这时的波特率为 240，比特率为 240×10 b/s=2400 b/s。串口常用的比特率有 4800 b/s、9600 b/s、19 200 b/s、115 200 b/s 等。

3. 数据发送处理过程

串行线缆的两端事先约定串行传输的参数（传输速度、传输格式等）：没有数据传输的时候，发送端向数据线上发送"1"；传输每一个字节之前，发送端先发送一个"0"来表示传输已经开始。开始传输后，数据以约定的速度和格式传输，接收端可以与之同步；每完成一个字节的传输，都在其后发送一个停止位（"1"）。

例如，0x55 的二进制表示为 01010101，由于先发送的是最低有效位，所以发送序列是 1—0—1—0—1—0—1—0。

8.10.2 实验原理图

串口通信设计原理图如图 8-37 所示。

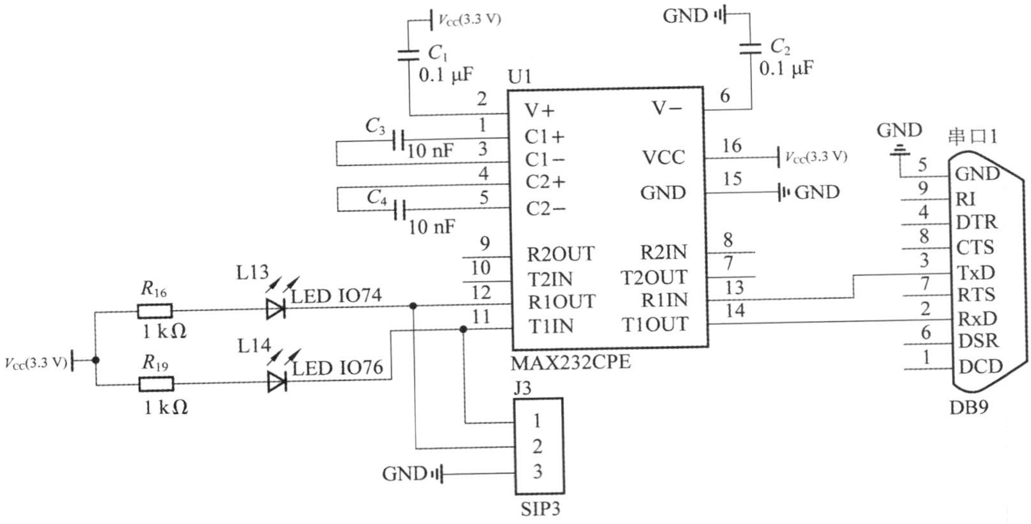

图 8-37　串口通信设计原理图

MAX232 是电平转换芯片，因为 RS232 逻辑电平采用−12 V 到−3 V 时等价于逻辑"0"，采用+3 V 到+12 V 的逻辑电平时，等价于逻辑"1"，但是 FPGA 的电平属于 TTL 电平，通信双方不能直接通信，需经过电平转换。

8.10.3 实验设计

1. 实验设计原理

波特率产生模块：对时钟分频得到波特率时钟，本实验中是对 50 MHz 时钟进行 651 分频，可近似得到 651×8=5208 个 MCLK。

串口发送/接收模块的比特率的时钟计数：串口的比特率为 9600 b/s 时，t=1 s/9600=104.1667 μs，即每位数据发送的时间间隔 104.1667 μs。当主系统时钟 MCLK 为 50 MHz

时，其周期 T=0.02 μs，则要计数 104.1667/0.02=5208 个 MCLK 才发送 1 位数据。因此，在 RS232（串口）的时钟周期内要计数 5208 个 MCLK。当时钟为方波时，只要计数 5208/2=2604 个 MCLK 就可以翻转 I/O 口产生需要的时钟信号。

发送模块：在波特率时钟的驱动下用状态机把要发送的数据传送给上位机。

接收模块：在波特率时钟驱动下一旦收到起始位信号即启动接收状态机接收上位机的数据并通过数码管显示。

串口通信顶层设计原理图如图 8-38 所示，输入信号有 CLK、RSTn、串口接收 RxD 和按键 key_input；输出信号有位选 segCs、段码 seg_data 和串口发送 TxD。

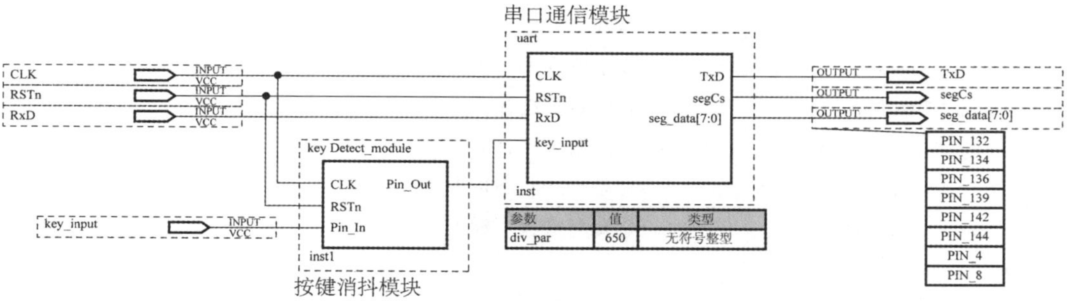

图 8-38　串口通信顶层设计原理图

2. 实验设计要求

实现串口通信，即 FPGA 和上位机通信。波特率：9600 b/s。采用 10 位格式：1 位起始位，8 位数据位，1 位结束位。

按动 key1，FPGA 向 PC 发送“UART_T”一次，用串口调试助手显示字符串（串口调试工具设成字符格式接收和发送方式），PC 发送 0～9 数字字符到 FPGA，FPGA 接收（0 到 9）后在数码管上显示，实现串口收发数据功能。

3. 实验程序

按键消抖模块程序在前文已经给出，下面给出的是串口通信模块的程序。

```
module uart(CLK,RSTn,RxD,TxD,segCs,seg_data,key_input);
  input CLK,RSTn;
  input RxD;                //串行数据接收端
  input key_input;            //按键输入
  output segCs;
  output [7:0] seg_data;
  reg [7:0] seg_data;
  output TxD;                 //串行数据发送端
  ////////////////////inner reg///////////////////
  reg [15:0] div_reg;         //分频计数器，分频值由波特率决定，分频后得到频率为 8 倍波特率
                                的时钟
  reg [2:0] div8_tras_reg;    //该寄存器的计数值对应发送时当前位的时隙数
  reg [2:0] div8_rec_reg;     //该寄存器的计数值对应接收时当前位的时隙数
  reg [3:0] state_tras;       //发送状态寄存器
```

```
reg [3:0] state_rec;          //接收状态寄存器
reg CLKbaud_tras;             //以波特率为频率的发送使能信号
reg CLKbaud_rec;              //以波特率为频率的接收使能信号
reg CLKbaud8x;                //以 8 倍波特率为频率的时钟,它的作用是将发送或接收一位的
                                时钟周期分为 8 个时隙
reg recstart;                 //开始发送标志
reg recstart_tmp;
reg trasstart;                //开始接收标志
reg RxD_reg1;                 //接收寄存器 1
reg RxD_reg2;                 //接收寄存器 2,因为接收数据为异步信号,故用两级缓存
reg TxD_reg;                  //发送寄存器
reg [7:0] RxD_buf;            //接收数据缓存
reg [7:0] TxD_buf;            //发送数据缓存
reg [3:0] send_state;         //这是发送状态寄存器
reg key_entry;                //确定有键按下标志
parameter div_par=16'd651;
                              //分频参数,其值由对应的波特率计算而得,按此参数分频的时钟
                                频率是波特率的 8 倍,此处分频得到的时钟频率是 9600×8
                                (CLK 50 MHz)
assign TxD=TxD_reg;
assign segCs=0;               //7 段数码管使能信号赋值
//////////////////////////////////////////////////////////////////////////
always @(posedge CLK)         //div_reg 计数
begin
    if(!RSTn)
      div_reg<=0;
    else begin
      if(div_reg==div_par-1'b1)
        div_reg<=0;
      else
        div_reg<=div_reg+1'b1;
    end
end
always @(posedge CLK)         //分频得到 8 倍波特率的时钟
begin
  if(!RSTn)
    CLKbaud8x<=0;
  else if(div_reg==div_par-1)
    CLKbaud8x<=1'b1;
  else
    CLKbaud8x<=1'b0;
```

```
end
/////////////////////////////////////////////////////////////
always @(posedge CLK or negedge RSTn)
begin
  if(!RSTn)
    div8_rec_reg<=0;
  else if(recstart&CLKbaud8x)                //接收开始标志,开始计数
    div8_rec_reg<=div8_rec_reg+1'b1;         //接收开始后,时隙数在 8 倍波特率的时钟下加
                                               1循环
end
always @(posedge CLK)
begin
  if(div8_rec_reg==7)
    CLKbaud_rec=1;                           //在第 7 个时隙,接收使能信号有效,将数据收入
  else
    CLKbaud_rec=0;
end
//////////////////////////////////////////////////////////////////
always @(posedge CLK or negedge RSTn)
begin
  if(!RSTn)
    div8_tras_reg<=0;
  else if(trasstart&CLKbaud8x)               //发送开始标志,开始计数产生发送时钟
    div8_tras_reg<=div8_tras_reg+1'b1;       //发送开始后,时隙数在 8 倍波特率的时钟下加
                                               1循环
end
always @(posedge CLK)
begin
  if(div8_tras_reg==7)
    CLKbaud_tras=1;                          //在第 7 个时隙,发送使能信号有效,将数据
                                               发出
  else
    CLKbaud_tras=0;
end
/////////////////////////////////////////////////////////////////
always @(posedge CLK or negedge RSTn)
begin
  if(!RSTn) begin
    TxD_reg<=1;
    trasstart<=0;
    TxD_buf<=0;
    state_tras<=0;
```

```
      send_state<=0;
      key_entry<=0;
    end
    else begin
      if(key_input) begin
        key_entry<=1;
        send_state<=0;
        TxD_buf<="U";                       //"D"
      end
      else if(CLKbaud8x&key_entry) begin
        case(state_tras)
          4'b0000: begin                    //发送起始位
            if(!trasstart&&send_state<7)
              trasstart<=1;                 //发送开始标志,开始计数产生发送时钟
            else if(send_state<7) begin
              if(CLKbaud_tras) begin
                TxD_reg<=0;                 //发送开始标志
                state_tras<=state_tras+1'b1;
              end
            end
            else begin
              key_entry<=0;
              state_tras<=0;
            end
              end
              4'b0001: begin                //发送第 1 位
                if(CLKbaud_tras) begin
                  TxD_reg<=TxD_buf[0];
                  TxD_buf[6:0]<=TxD_buf[7:1];
                  state_tras<=state_tras+1'b1;
                end
              end
              4'b0010: begin                //发送第 2 位
                if(CLKbaud_tras) begin
                  TxD_reg<=TxD_buf[0];
                  TxD_buf[6:0]<=TxD_buf[7:1];
                  state_tras<=state_tras+1'b1;
                end
              end
              4'b0011: begin                //发送第 3 位
                if(CLKbaud_tras) begin
```

```
      TxD_reg<=TxD_buf[0];
      TxD_buf[6:0]<=TxD_buf[7:1];
      state_tras<=state_tras+1'b1;
    end
  end
  4'b0100: begin                    //发送第 4 位
    if(CLKbaud_tras) begin
      TxD_reg<=TxD_buf[0];
      TxD_buf[6:0]<=TxD_buf[7:1];
      state_tras<=state_tras+1'b1;
    end
  end
  4'b0101: begin                    //发送第 5 位
    if(CLKbaud_tras) begin
      TxD_reg<=TxD_buf[0];
      TxD_buf[6:0]<=TxD_buf[7:1];
      state_tras<=state_tras+1'b1;
    end
  end
  4'b0110: begin                    //发送第 6 位
    if(CLKbaud_tras) begin
      TxD_reg<=TxD_buf[0];
      TxD_buf[6:0]<=TxD_buf[7:1];
      state_tras<=state_tras+1'b1;
    end
  end
  4'b0111: begin                    //发送第 7 位
    if(CLKbaud_tras) begin
      TxD_reg<=TxD_buf[0];
      TxD_buf[6:0]<=TxD_buf[7:1];
      state_tras<=state_tras+1'b1;
    end
  end
  4'b1000: begin                    //发送第 8 位
    if(CLKbaud_tras) begin
      TxD_reg<=TxD_buf[0];
      TxD_buf[6:0]<=TxD_buf[7:1];
      state_tras<=state_tras+1'b1;
    end
  end
  4'b1001: begin                    //发送停止位
    if(CLKbaud_tras) begin
```

```
            TxD_reg<=1;
            TxD_buf<=8'h55;
            state_tras<=state_tras+1'b1;
          end
        end
        4'b1111: begin
          if(CLKbaud_tras) begin
            state_tras<=state_tras+1'b1;
            send_state<=send_state+1'b1;
            trasstart<=0;
            case(send_state)
              3'b000:
                TxD_buf<="A";                 //"a"
              3'b001:
                TxD_buf<="R";                 //"x"
              3'b010:
                TxD_buf<="T";                 //"i"
              3'b011:
                TxD_buf<="_";                 //"g"
              3'b100:
                TxD_buf<="T";                 //"u"
              3'b101:
                TxD_buf<="\n";                //"a"
              default:
                TxD_buf<=0;
            endcase
          end
        end
        default: begin
          if(CLKbaud_tras) begin
            state_tras<=state_tras+1'b1;
            trasstart<=1;
          end
        end
      endcase
    end
  end
end

always @(posedge CLKbaud8x or negedge RSTn)         //接收 PC 的数据
begin
  if(!RSTn) begin
    RxD_reg1<=0;RxD_reg2<=0;RxD_buf<=8'h30;
    state_rec<=0;recstart<=0;recstart_tmp<=0;
```

```
    end
    else begin
      RxD_reg1<=RxD;
      RxD_reg2<=RxD_reg1;
      if(state_rec==0) begin
          if(recstart_tmp==1) begin                    //有数据进来,准备启动接收
            recstart<=1;
            recstart_tmp<=0;
            state_rec<=state_rec+1'b1;
          end
          else if(!RxD_reg1&&RxD_reg2)                 //检测到起始位的下降沿,进入接收
                                                         状态
            recstart_tmp<=1;
      end
      else if(state_rec>=1&&state_rec<=8) begin        //接收 8 位数据
        if(CLKbaud_rec) begin
          RxD_buf[7]<=RxD_reg2;
          RxD_buf[6:0]<=RxD_buf[7:1];
          state_rec<=state_rec+1'b1;
        end
      end
      else if(state_rec==9) begin                      //接收停止位,结束
        if(CLKbaud_rec) begin
          state_rec<=0;
          recstart<=0;
        end
      end
    end
  end
  always @(RxD_buf)                                    //将接收的数据用数码管显示出来,也
                                                         可以改成用发光二极管表示
  begin
    case(RxD_buf)
      8'h30:seg_data=8'b11000000;                      //0
      8'h31:seg_data=8'b11111001;                      //1
      8'h32:seg_data=8'b10100100;                      //2
      8'h33:seg_data=8'b10110000;                      //3
      8'h34:seg_data=8'b10011001;                      //4
      8'h35:seg_data=8'b10010010;                      //5
      8'h36:seg_data=8'b10000010;                      //6
      8'h37:seg_data=8'b11111000;                      //7
      8'h38:seg_data=8'b10000000;                      //8
      8'h39:seg_data=8'b10010000;                      //9
      8'h41:seg_data=8'b10001000;                      //a
      8'h42:seg_data=8'b10000011;                      //b
```

```
        8'h43:seg_data=8'b11000110;          //c
        8'h44:seg_data=8'b10100001;          //d
        8'h45:seg_data=8'b10000110;          //e
        8'h46:seg_data=8'b10001110;          //f
        default:seg_data=8'b10111111;
      endcase
    end
endmodule
```

8.11 LCD1602 显示

8.11.1 LCD1602 显示原理简介

LCD1602 分为带背光和不带背光两种，其控制器大部分为 HD44780，带背光的比不带背光的厚，是否带背光在应用中并无差别，具体尺寸示意图如图 8-39 所示。

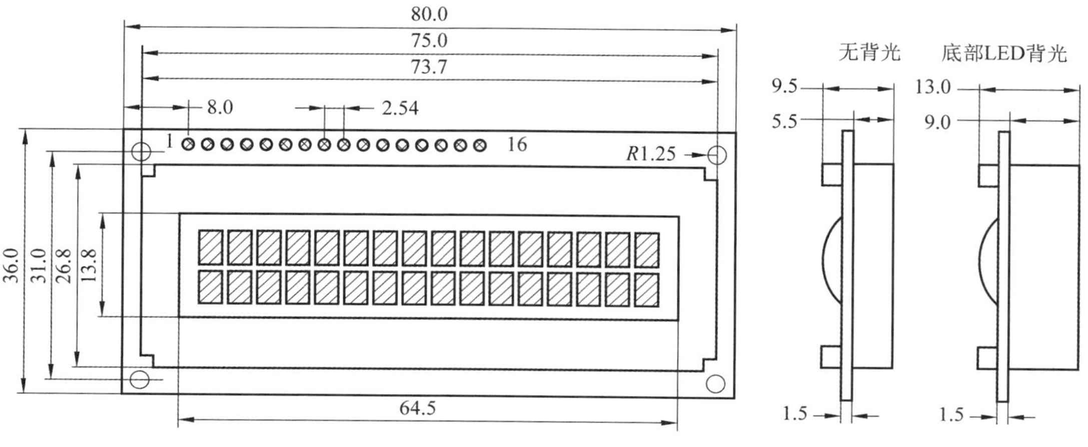

图 8-39 LCD1602 尺寸示意图(单位:mm)

LCD1602 常用于显示数字和字母，显示容量为 32 个字符，内部有 80 个字节的 RAM 缓冲区，要向 LCD1602 送数显示，要先发送显示地址指针 80H＋地址码。其内部地址码分布如图 8-40 所示。

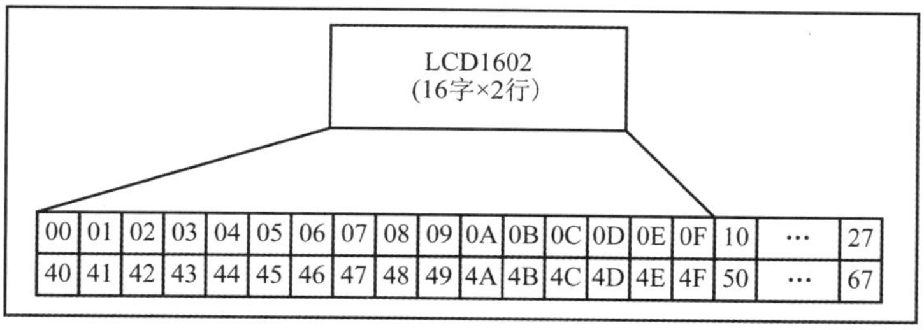

图 8-40 内部地址码分布

LCD1602 有 16 个引脚，如表 8-4 所示，其中用于编程操作的有 RS、R/W、E 和 D0～D7。

表 8-4 LCD1602 的引脚及其说明

编号	名称	引脚说明	编号	名称	引脚说明
1	VSS	电源地	9	D2	数据
2	VDD	电源正极	10	D3	数据
3	VL	液晶显示偏压	11	D4	数据
4	RS	数据/命令选择	12	D5	数据
5	R/W	读/写选择	13	D6	数据
6	E	使能信号	14	D7	数据
7	D0	数据	15	BLA	背光源正极
8	D1	数据	16	BLK	背光源负极

1. LCD1602 的指令说明及时序

LCD1602 模块内部的控制器共有 11 条控制指令，如表 8-5 所示。

表 8-5 LCD1602 控制指令

序号	指令	RS	R/W	D7	D6	D5	D4	D3	D2	D1	D0
1	清除显示	0	0	0	0	0	0	0	0	0	1
2	光标返回	0	0	0	0	0	0	0	0	1	*
3	置输入模式	0	0	0	0	0	0	0	1	I/D	S
4	显示开/关控制	0	0	0	0	0	0	1	D	C	B
5	光标或字符移位	0	0	0	0	0	1	S/C	R/L	*	*
6	置功能	0	0	0	0	1	DL	N	F	*	*
7	置字符发生存储器地址	0	0	0	1	字符发生存储器地址					
8	置数据存储器地址	0	0	1	显示数据存储器地址						
9	读忙标志或地址	0	1	BF	计数器地址						
10	写数到 CGRAM 或 DDRAM	1	0	要写的数据内容							
11	从 CGRAM 或 DDRAM 中读数	1	1	读出的数据内容							

注："*"表示为无关项；"I/D"表示增量/减量；"S"表示全显示屏移动；"S/C"表示显示屏移动或光标移动；"R/L"表示右移/左移；"BF"表示内部正在进行或允许指令操作；"DL"表示 8 位或 4 位；"N"表示 2 行或 1 行；"1"为高电平；"0"为低电平。

2. 控制芯片时序

与 HD44780 相兼容的芯片操作时序表如表 8-6 所示。

表 8-6 控制芯片操作时序表

操作	输入	输出
读状态	RS=L，R/W=H，E=H	D0～D7 为状态字
写指令	RS=L，R/W=L，D0～D7=指令码，E=高脉冲	无
读数据	RS=H，R/W=H，E=H	D0～D7 为数据
写数据	RS=H，R/W=L，D0～D7=数据，E=高脉冲	无

对应的读、写操作时序如图8-41和图8-42所示。

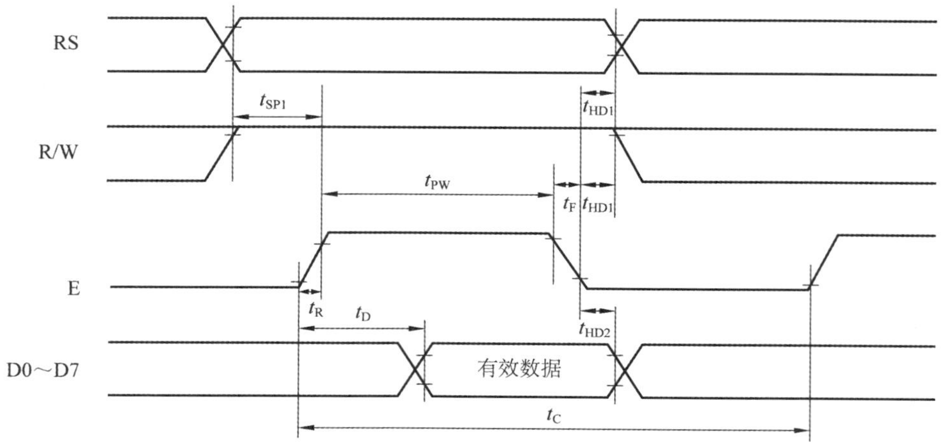

图 8-41 读操作时序

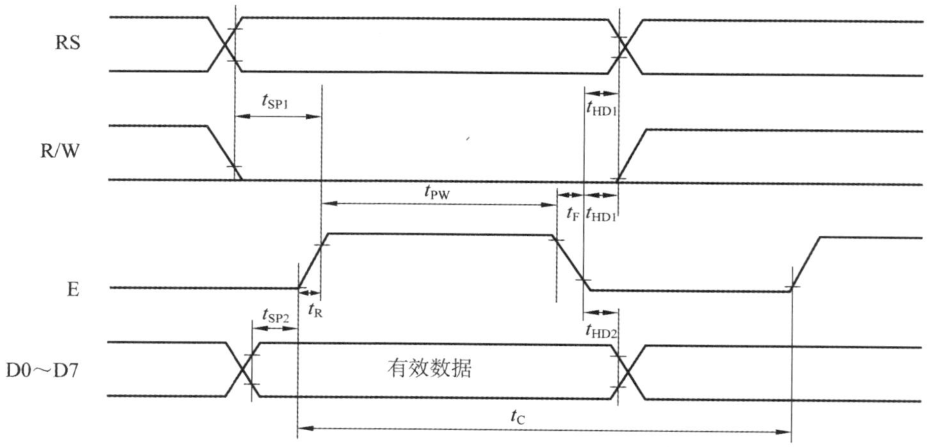

图 8-42 写操作时序

3. LCD1602 的一般初始化(复位)过程

按照常规编程操作,LCD1602的一般初始化步骤如下:

① 延时10 ms,写指令38H(不检测忙信号,之后每次写指令、读/写数据操作均需要检测忙信号)。

② 写指令08H:显示关闭。

③ 写指令01H:清屏。

④ 写指令38H:显示模式设置。

⑤ 写指令06H:显示光标移动设置。

⑥ 写指令0CH:显示开启及光标设置。

详细指令说明可查看LCD1602数据手册。

8.11.2 硬件电路原理图

LCD1602显示原理图如图8-43所示。编号1～16的引脚是用来接LCD1602的,15号引脚 PSB 接 LCD1602 背光源正极，因此要输出高电平，16 引脚是背光接地。R_{R1} 可调电阻作用是调整液晶屏幕对比度，改变电阻值则可改变屏幕对比度，使显示效果最优。

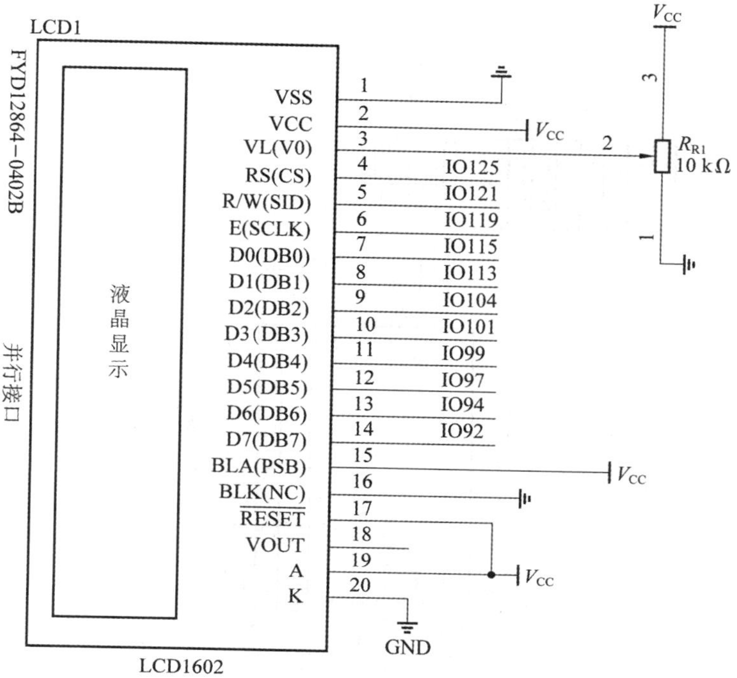

图 8-43　LCD1602 显示原理图

8.11.3　实验设计

1. 实验设计原理

Verilog 的编程只要遵循时序图描写出的信号和满足其时序参数就可以实现利用 FPGA 控制 LCD1602 显示，并且可用状态机实现。

由于是往 LCD1602 写数据，RW 可一直置 0 电平，使能信号 E 可以转换成时钟信号用于控制数据的传输。

为了以后方便调用液晶显示程序，本设计采用分模块设计程序，包括显示控制模块和读写操作模块，顶层设计原理图如图 8-44 所示。输入信号有 CLK、RSTn 和三个预留的显示内容输入端；输出信号有液晶数据口 lcd_data、读写控制端 lcd_rw、命令数据控制端 lcd_rs 和读写使能控制端 lcd_e。

2. 实验设计要求

在开发板上的 LCD1602 上显示英文字符和数字。

3. 实验程序

显示控制模块程序代码如下：

```
module lcd_control_module
(
CLK,RSTn,
```

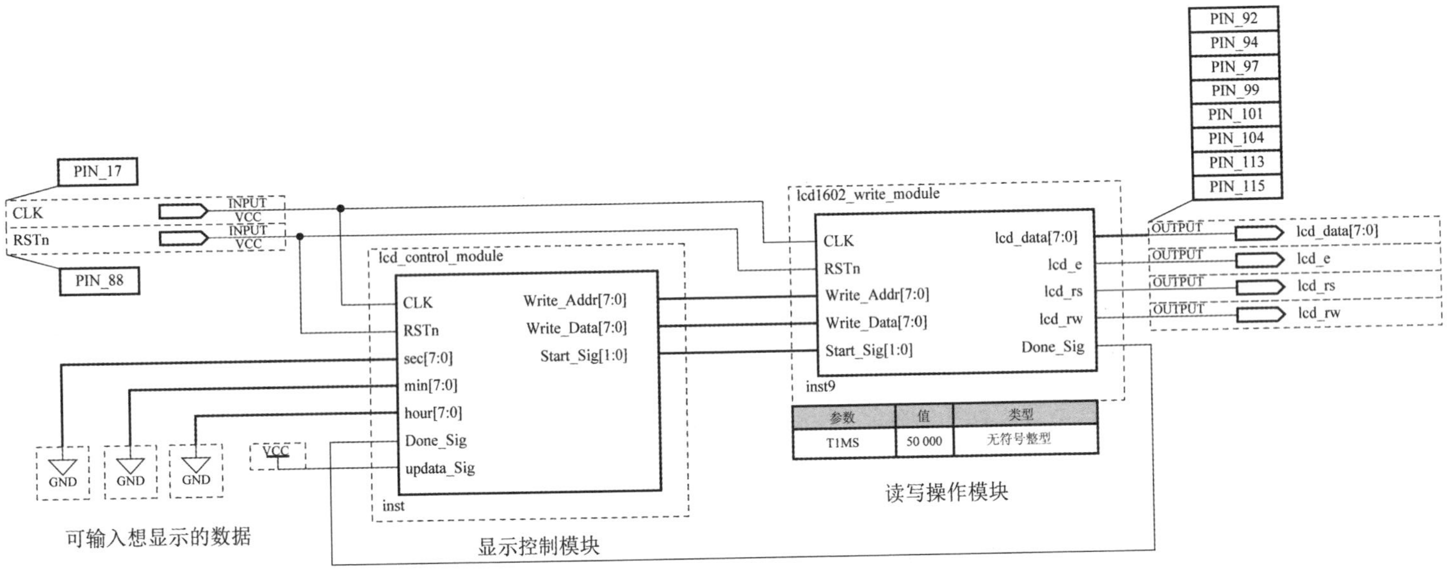

图 8-44　LCD1602显示顶层设计原理图

```
sec,
min,
hour,
Done_Sig,
Write_Addr,
Write_Data,
updata_Sig,
Start_Sig
);
input CLK;
input RSTn;
input Done_Sig;
input [7:0] sec;
input [7:0] min;
input [7:0] hour;
input updata_Sig;
output [7:0] Write_Addr;
output [7:0] Write_Data;
output [1:0] Start_Sig;
/****************************************/
reg [4:0] i;
reg [1:0] isStart;
reg [7:0] rWrite_Addr;
reg [7:0] rWrite_Data;

always @(posedge CLK or negedge RSTn)
begin
  if(!RSTn)
    begin
      i<=5'd0;
      isStart<=2'b00;
      rWrite_Addr<=8'd0;
      rWrite_Data<=8'd0;
    end
  else
  case(i)
  0:
  if(Done_Sig) begin isStart<=2'b00;i<=i+1'b1;end
  else isStart<=2'b10;                                  //液晶初始化控制端口
  1:
  if(Done_Sig) begin isStart<=2'b00;i<=i+1'b1;end       //显示字符
  else begin isStart<=2'b01;rWrite_Addr<=8'h80;rWrite_Data<="L";end
  2:
  if(Done_Sig) begin isStart<=2'b00;i<=i+1'b1;end
  else begin isStart<=2'b01;rWrite_Addr<=8'h81;rWrite_Data<="c";end
  3:
```

```
if(Done_Sig) begin isStart<=2'b00;i<=i+1'b1;end
else begin isStart<=2'b01;rWrite_Addr<=8'h82;rWrite_Data<="d";end
4:
if(Done_Sig) begin isStart<=2'b00;i<=i+1'b1;end
else begin isStart<=2'b01;rWrite_Addr<=8'h83;rWrite_Data<="_";end
5:
if(Done_Sig) begin isStart<=2'b00;i<=i+1'b1;end
else begin isStart<=2'b01;rWrite_Addr<=8'h84;rWrite_Data<="c";end
6:
if(Done_Sig) begin isStart<=2'b00;i<=i+1'b1;end
else begin isStart<=2'b01;rWrite_Addr<=8'h85;rWrite_Data<="l";end
7:
if(Done_Sig) begin isStart<=2'b00;i<=i+1'b1;end
else begin isStart<=2'b01;rWrite_Addr<=8'h86;rWrite_Data<="o";end
8:
if(Done_Sig) begin isStart<=2'b00;i<=i+1'b1;end
else begin isStart<=2'b01;rWrite_Addr<=8'h87;rWrite_Data<="c";end
9:
if(Done_Sig) begin isStart<=2'b00;i<=i+1'b1;end
else begin isStart<=2'b01;rWrite_Addr<=8'h88;rWrite_Data<="k";end
10:
if(updata_Sig) i<=i+1'b1;                                //更新数据
11:
if(Done_Sig) begin isStart<=2'b00;i<=i+1'b1;end          //显示外部引进来的数字
else begin isStart<=2'b01;rWrite_Addr<=8'hc0;
  rWrite_Data<={4'd0,hour[7:4]}|8'h30;end
12:
if(Done_Sig) begin isStart<=2'b00;i<=i+1'b1;end
else begin isStart<=2'b01;rWrite_Addr<=8'hc1;
  rWrite_Data<={4'd0,hour[3:0]}|8'h30;end
13:
if(Done_Sig) begin isStart<=2'b00;i<=i+1'b1;end
else begin isStart<=2'b01;rWrite_Addr<=8'hc2;rWrite_Data<=":";end
14:
if(Done_Sig) begin isStart<=2'b00;i<=i+1'b1;end
else begin isStart<=2'b01;rWrite_Addr<=8'hc3;
  rWrite_Data<={4'd0,min[7:4]}|8'h30;end
15:
if(Done_Sig) begin isStart<=2'b00;i<=i+1'b1;end
else begin isStart<=2'b01;rWrite_Addr<=8'hc4;
  rWrite_Data<={4'd0,min[3:0]}|8'h30;end
16:
if(Done_Sig) begin isStart<=2'b00;i<=i+1'b1;end
```

```
  else begin isStart<=2'b01;rWrite_Addr<=8'hc5;rWrite_Data<=":";end
  17:
  if(Done_Sig) begin isStart<=2'b00;i<=i+1'b1;end
  else begin isStart<=2'b01;rWrite_Addr<=8'hc6;
    rWrite_Data<={4'd0,sec[7:4]}|8'h30;end
  18:
  if(Done_Sig) begin isStart<=2'b00;i<=i+1'b1;end
  else begin isStart<=2'b01;rWrite_Addr<=8'hc7;
    rWrite_Data<={4'd0,sec[3:0]}|8'h30;end
  19:
  i<=5'd10;
  endcase
  end
/****************************************/
  assign Write_Addr=rWrite_Addr ;
  assign Write_Data=rWrite_Data;
  assign Start_Sig=isStart;
/****************************************/
endmodule
```

读写操作模块程序代码如下：

```
module lcd1602_write_module
(
  CLK,RSTn,Write_Addr,Write_Data,Start_Sig,
  lcd_data,lcd_e,lcd_rs,lcd_rw,Done_Sig
);
input CLK,RSTn;
input [7:0] Write_Addr;
input [7:0] Write_Data;
input [1:0] Start_Sig;
output [7:0] lcd_data;
output lcd_e,lcd_rs,lcd_rw;
output Done_Sig;
/****************************************/
parameter T1MS=16'd50_000;
reg [15:0] Count1;
always @(posedge CLK or negedge RSTn)
  begin
    if(!RSTn)
      Count1<*=*15'd0;
    else if(Count1==T1MS)
      Count1<*=*15'd0;
    else if(Start_Sig[0]==1'b1||Start_Sig[1]==1'b1)
      Count1<*=*Count1+1'b1;
```

```
    else
      Count1<*=*15'd0;
  end
/*****************************************/
  reg [9:0] Count_MS;
  always @(posedge CLK or negedge RSTn)
  if(!RSTn)
    Count_MS<*=*10'd0;
  else if(isCount&&Count1==T1MS)
    Count_MS<*=*Count_MS+1'b1;
  else if(!isCount)
    Count_MS<*=*10'd0;
/*****************************************/
  reg [3:0] i;
  reg [7:0] rlcd_data;
  reg rlcd_e;
  reg rlcd_rs;
  reg rlcd_rw;
  reg isDone;
  reg isCount;
  always @(posedge CLK or negedge RSTn)
  begin
    if(!RSTn)
      begin
        i<*=*4'd0;
        rlcd_data<*=*8'd0;
        rlcd_e<*=*1'b0;
        rlcd_rs<*=*1'b0;
        rlcd_rw<*=*1'b0;
        isDone<*=*1'b0;
        isCount<*=*1'b0;
      end
    else if(Start_Sig[1])      //初始化液晶部分
      begin
        case(i)
          0: if(Count1==T1MS) begin rlcd_e<*=*1'b1;rlcd_rs<*=*1'b0;
              rlcd_rw<*=*1'b0;rlcd_data<*=*8'h38;i<*=*i+1'b1;end
          1: if(Count1==T1MS) begin rlcd_e<*=*1'b0;i<=i+1'd1;end
          2: if(Count1==T1MS) begin rlcd_e<=1'b1;rlcd_data<=8'h08;
              i<=i+1'd1;end
          3: if(Count1==T1MS) begin rlcd_e<=1'b0;i<=i+1'd1;end
          4: if(Count1==T1MS) begin rlcd_e<=1'b1;rlcd_data<=8'h01;
              i<=i+1'd1;end
```

```
          5: if(Count1==T1MS) begin rlcd_e<=1'b0;i<=i+1'd1;end
          6: if(Count1==T1MS) begin rlcd_e<=1'b1;rlcd_data<=8'h06;
              i<=i+1'd1;end
          7: if(Count1==T1MS) begin rlcd_e<=1'b0;i<=i+1'd1;end
          8: if(Count1==T1MS) begin rlcd_e<=1'b1;rlcd_data<=8'h0c;
              i<=i+1'd1;end
          9: if(Count1==T1MS) begin rlcd_e<=1'b0;i<=i+1'd1;end
          10: if(Count1==T1MS) begin rlcd_e<=1'b1;isDone<=1'b1;
              i<=i+1'd1;end
          11: begin isDone<=1'b0;i<=4'd0;end
        endcase
      end
    else if(Start_Sig[0])                      //显示数据部分
      begin
      case(i)
        0:if(Count_MS==10'd10) begin isCount<=1'b0;  i<=i+1'b1;end
          else begin isCount<=1'b1;end    //延时处理
        1:if(Count1==T1MS) begin rlcd_e<=1'b1;rlcd_rs<=1'b0;
          rlcd_rw<=1'b0;rlcd_data<=Write_Addr;i<=i+1'b1;end
        2:if(Count1==T1MS) begin rlcd_e<=1'b0;i<=i+1'd1;end
        3:if(Count1==T1MS) begin rlcd_e<=1'b1;rlcd_rs<=1'b1;
          rlcd_rw<=1'b0;rlcd_data<=Write_Data;i<=i+1'b1;end
        4:if(Count1==T1MS) begin rlcd_e<=1'b0;i<=i+1'd1;end
        5:if(Count1==T1MS) begin rlcd_e<=1'b1;isDone<=1'b1;
            i<=i+1'd1;end
        6:begin isDone<=1'b0;i<=4'd0;end
      endcase
      end
  end
/******************************************/
  assign lcd_data=rlcd_data;
  assign lcd_e=rlcd_e;
  assign lcd_rs=rlcd_rs;
  assign lcd_rw=rlcd_rw;
  assign Done_Sig=isDone;
/******************************************/
endmodule
```

4. 实验现象

LCD1602 显示实验现象如图 8-45 所示，显示字符“Lcd_clock”和“00:00:00”，可用来为显示时钟做准备。

图 8-45　LCD1602 显示实验现象

8.12　DDS 与嵌入式逻辑分析仪的调用

8.12.1　DDS 的原理

DDS(direct digital frequency synthesizer)即直接数字频率合成器，也可叫 DDFS，是基于相位的概念直接合成所需波形的一种频率合成技术。利用 DDS 不仅可以产生不同频率的正弦波，而且可以控制波形的初始相位。

1. DDS 的主要组成部分

DDS 主要由相位累加器、波形存储器、数模(D/A)转换器和低通滤波器这四个大的结构组成。

DDS 原理框图如图 8-46 所示。

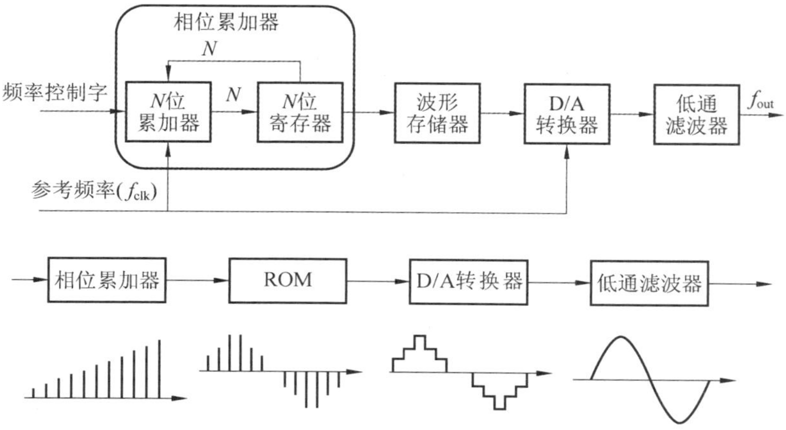

图 8-46　DDS 原理框图

相位累加器是由 N 位累加器与 N 位寄存器构成的，它是 DDS 模块中一个极其重要的部分。在参考频率时钟的驱动下，DDS 模块开始工作；每来一个参考时钟，累加器就把频率控制字 K 与寄存器输出的值进行累加，将相加后的结果再输入寄存器，而寄存器就将在上一个参考时钟作用时产生的数据通过反馈的方式输送到累加器中。这样，在时钟的作用下，可以不停地对频率控制字进行累加。

ROM 中则存放要显示的一个周期的波形数据，以相位累加器输出的数据作为地址，在波形存储器中查找地址所对应的数据表，然后通过 D/A 转换器根据 ROM 输出的数据输出相应的电压值，完成其从数字量到模拟波形的转化。由于数字具有离散性，D/A 转换器输出的也将是离散的电压值，这就构成了不平滑的正弦波，这时，只需在后级加一个低通滤波器就可以输出完美的正弦波。

2. 工作过程

(1) 将存于 ROM 中的数字波形，经 D/A 转换器，形成模拟量波形。

(2) 通过改变寻址的步长来改变输出信号的频率。步长即为以数字波形查表所得的相位增量。由累加器对相位增量进行累加，累加器的值作为查表地址。

(3) D/A 转换器输出的阶梯波形，经低通滤波器，成为模拟波形。

3. 频率控制原理

由于相位累加器位宽的限制，相位累加器累加到一定值后，其输出将会溢出，这样波形存储器的地址就会循环一次，即输出波形循环一周。因此，改变频率控制字(即相位增量)，就可以改变相位累加器的溢出时间，在时钟频率不变的条件下就可以改变输出频率，改变查表寻址的时钟频率，同样也可以改变输出波形的频率。

要获得较高的频率分辨率，只有增加相位累加器的字长 N，故一般 N 都取值较大。但是，受存储器容量的限制，存储器地址线的位数 W 不可能很大，一般都要小于 N。这样，存储器的地址线一般都只能接在相位累加器输出的高 W 位，而相位累加器输出余下的 $N-W$ 个低位只能被舍弃，这就是相位截断误差的来源。

我们要考虑以下两个问题：

① 相位累加器(计数器)的位宽 N 是多少？

② ROM 的数据位宽 W 和深度(深度$=2^{\text{地址位宽}}$)是多少？

DDS 模块的输出频率 F_O、系统工作频率F_S、相位累加器位数 n 及频率控制字 K 满足如下关系：

$$F_O = K \cdot F_S / 2^N$$

假设相位累加器为 24 位，系统时钟是 50 MHz，那么输出信号的最低频率就是 $F=50\ \text{MHz}/2^{24}=2.98\ \text{Hz}$。如果我们想要其他的频率，再在这个基础上乘上频率控制字就行了。

例如，要输出频率 $F_O=1000$ Hz 的，则频率控制字 $K=1000\ \text{Hz}/2.98\ \text{Hz}=335.54$，即累加器在每个系统时钟到来时累加 336。这样就可以实现比较灵活的调频。

通过上例，我们可以反推分析 DDS 怎么得到输出频率 $F_O=1000$ Hz。因为是 24 位地址累加器，每次从 0 累加到满(溢出)就可以产生一个周期的信号，1000 Hz 就表明在 1 s 内累加器要累加满 1000 次。系统时钟是 50 MHz，每秒有 50 000 000 个时钟周期，那么累加器累加满一个周期需要的时钟个数是 50 000 000/1000=50 000。在 50 000 个时钟周期内累加器要累加溢出一次，则每个时钟累加的数据是 $2^{24}/50\ 000=335.54$(要输出其他频率就可以依次类推)，从而证明计算出的频率控制字 K 是正确的。

4. 相位控制

调相相对来说比较简单，即改变波形输出数据的初始相位，只需改变地址累加器的偏移地址，实现方法是：定义一个调相控制字，在复位赋初值的时候将想要的初始相位赋给地址初值，实现起来相对简单。

假设地址累加器是 24 位，则调相计算公式为

$$调相控制字=2^{24}\times(初始相位/360)$$

5. 波形存储

在 FPGA 内部有 ROM，可把几种制作好的波形数据预先存入 ROM 再调用。假设有 4 个 ROM，可以输出 4 个波形，即正弦波、方波、三角波和锯齿波，调用的 ROM 模块和 ROM 中存放波形数据的. mif 文件如图 8-47 所示。可根据需要添加或者减少 ROM。

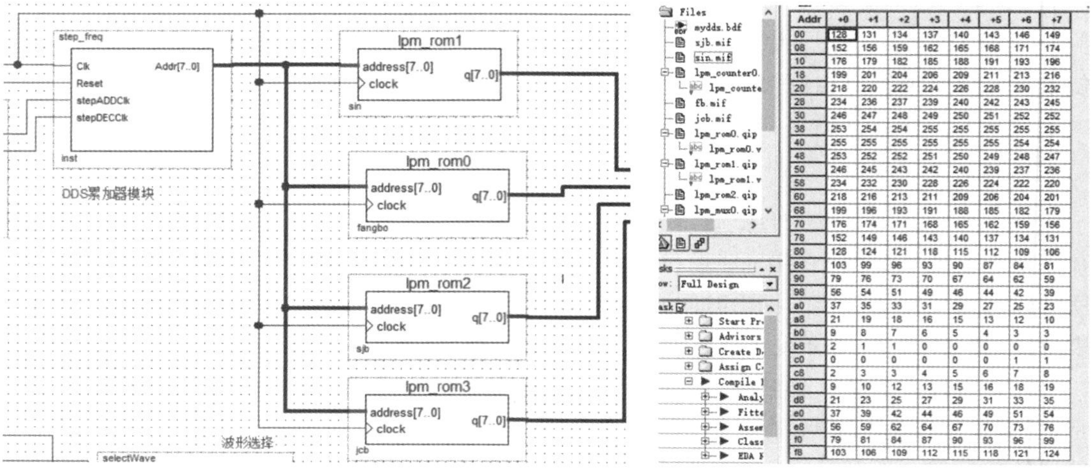

图 8-47　调用的 ROM 模块和 ROM 中存放波形数据的. mif 文件

ROM 的地址是 8 位的，说明里面有 256(2^8)个存储位置，ROM 里面存放的是一种波形的一个周期的数据，比如方波，一半对应高电平最大值，是 0xFF，一半对应低电平最小值，是 0x00，这些数字在地址(由累加器提供的地址)和时钟的控制下不断从q[7..0]输出，然后送到 D/A 转换器进行转换，这样就可以把 0x00～0xFF 这些数字量转换为模拟量，通过示波器可以看到输出的波形。

8.12.2　.mif 文件的生成

(1) 为了将数据装入 ROM，在加入并设置 ROM 之前，应建立一个存储器初值设定文件(或称为. mif 文件)。建立存储器初值设定文件的操作如下：

① 在 Quartus Ⅱ 集成环境下，执行"File"菜单的"New"命令，打开一个新的"Memory Initialization File"(存储器初值设定文件)编辑窗口，在弹出的图 8-48所示的存储器参数设置对话框中输入存储器的字数("Number of words")"256"，字长("Word size")"8"。

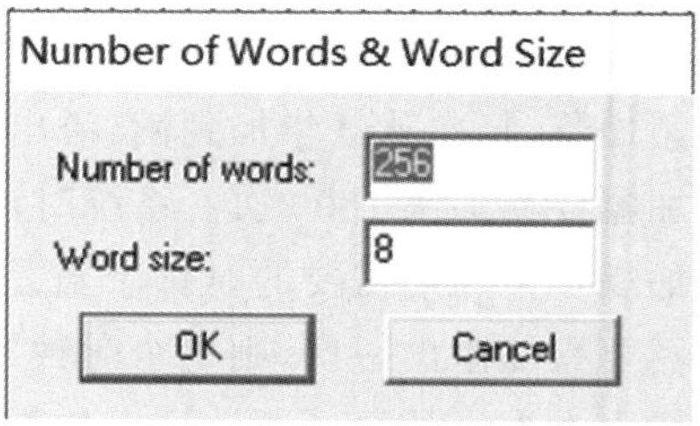

图 8-48　存储器参数设置对话框

② 输入存储器的参数后用鼠标单击"OK"按钮，弹出图 8-49 所示的存储器初值设定文件的界面，将此

文件以.mif 为类型属性(如 mydds.mif)保存在工程目录中。在存储器初值设定文件的界面中,用鼠标右键点击存储器的某个地址(如"248"),弹出"Address Radix"(地址基数)和"Memory Radix"(存储器基数)选择快捷菜单。执行"Address Radix"项则可对存储器的地址基数进行选择,地址基数有"Binary"(二进制)、"Decimal"(十进制)、"Octal"(八进制)和"Hexadecimal"(十六进制)4 种数制选择。执行"Memory Radix"项则可对存储器单元中的数据基数进行设置,存储器数据有"Binary"(二进制)、"Hexadecimal"(十六进制)、"Octal"(八进制)、"Signed Decimal"(带符号十进制)和"Unsigned Decimal"(无符号十进制)5 种数制选择,本设计选择"Unsigned Decimal"。

Addr	+0	+1	+2	+3	+4	+5	+6	+7
0	0	0	0	0	0	0	0	0
8	0	0	0	0	0	0	0	0
16	0	0	0	0	0	0	0	0
24	0	0	0	0	0	0	0	0
32	0	0	0	0	0	0	0	0
40	0	0	0	0	0	0	0	0
48	0	0	0	0	0	0	0	0
56	0	0	0	0	0	0	0	0
64	0	0	0	0	0	0	0	0
72	0	0	0	0	0	0	0	0
80	0	0	0	0	0	0	0	0
88	0	0	0	0	0	0	0	0
96	0	0	0	0	0	0	0	0
104	0	0	0	0	0	0	0	0
112	0	0	0	0	0	0	0	0
120	0	0	0	0	0	0	0	0
128	0	0	0	0	0	0	0	0
136	0	0	0	0	0	0	0	0
144	0	0	0	0	0	0	0	0
152	0	0	0	0	0	0	0	0
160	0	0	0	0	0	0	0	0
168	0	0	0	0	0	0	0	0
176	0	0	0	0	0	0	0	0
184	0	0	0	0	0	0	0	0
192	0	0	0	0	0	0	0	0
200	0	0	0	0	0	0	0	0
208	0	0	0	0	0	0	0	0
216	0	0	0	0	0	0	0	0
224	0	0	0	0	0	0	0	0
232	0	0	0	0	0	0	0	0
240	0	0	0	0	0	0	0	0
248	0	0	0	0	0	0	0	0

图 8-49 存储器初值设定文件的界面

③ 将数据加入存储器初值设定文件中。新建的存储器初值设定文件中的数据全部为 0,在存储器初值设定文件的界面可以直接输入每个存储器数据,也可以用鼠标右键点击文件界面,在弹出的图 8-50 所示的格式文件操作快捷菜单的提示下,完成数据输入。

例如,在弹出的格式文件操作快捷菜单中选择"Custom Fill Cells"(块填充)项,弹出图 8-51 所示的"Custom Fill Cells"对话框。在对话框的"Starting address"栏目内输入起始地址(如"00"),在"Ending address"栏目内输入结束地址(如"ff");将"Incrementing/decrementing"选中后,在"Starting value"栏目中输入起始值(如"0"),在"Increment by"(或"Decrement by")栏目中输入增加(或减少)的值(如"2")。完成上述操作后用鼠标单击"OK"按钮,结束.mif 格式文件中的数据填充。数据填充的结果为:从 00 地址开始到 ff 地址结束,数据由 0 值开始存储于 00 地址单元,并将此值递增 2 后填入下一个存储单元;当递增的值大于8位二进制数的最大值(即255)后,数据又从0值开始重新填写,直至结束地址。用上述方法产生的存储器初始数据实际上是一个锯齿波发生器的数据。

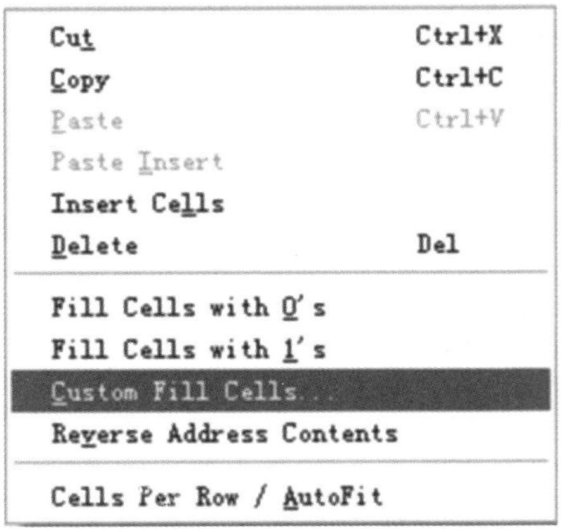

图 8-50　格式文件操作快捷菜单

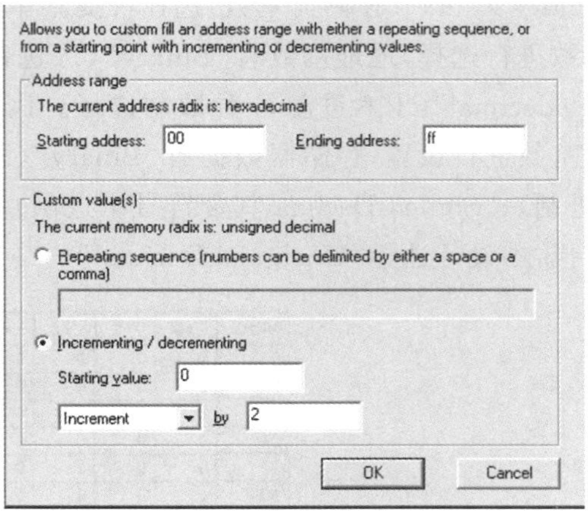

图 8-51　"Custom Fill Cells"对话框

(2) 另外一种比较方便的方法是采用 Mif Maker 2010 软件生成. mif 文件。步骤如下:

① 打开 Mif Maker 2010 软件,点击菜单"设定波形"→"全局参数",打开图 8-52(a)所示的"全局参数设置"对话框,设置好参数后单击"确定",然后选择波形,如选择正弦波,则单击"设定波形"→"正弦波",即可得到相应的波形,如图 8-52(b)所示。

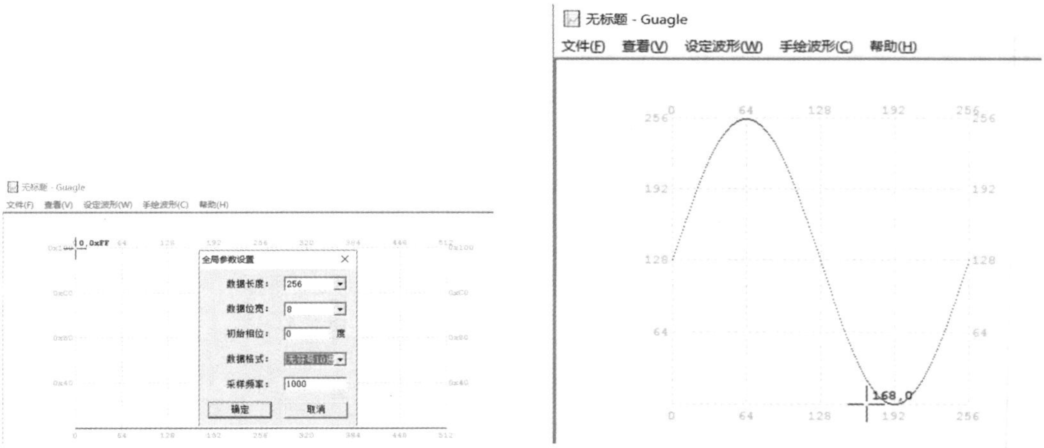

(a) 设置参数　　(b) 生成正弦波

图 8-52　采用 Mif Maker 2010 软件生成波形

② 点击"文件"→"保存",选择保存路径并进行命名即可生成. mif 文件。

8.12.3　ROM 的生成

用鼠标双击原理图编辑窗,在弹出的元件选择窗(见图 8-53)的"Libraries"栏目中选择"storage"的"lpm_rom"(只读存储器)。用鼠标单击"OK"按钮后弹出图 8-54 所示的"MegaWizard Plug-In Manager[page 2c]"对话框,在该对话框中选择"VHDL"(或"Verilog HDL""AHDL")作为输出文件的类型,并将生成的只读存储器名称及保存路径(如"D:\

myeda_2\lpm_rom0")输入"What name do you want for the output file?"栏目。

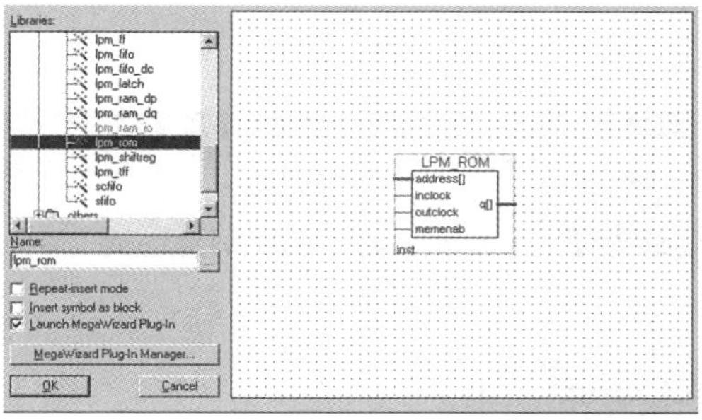

图 8-53　元件选择窗

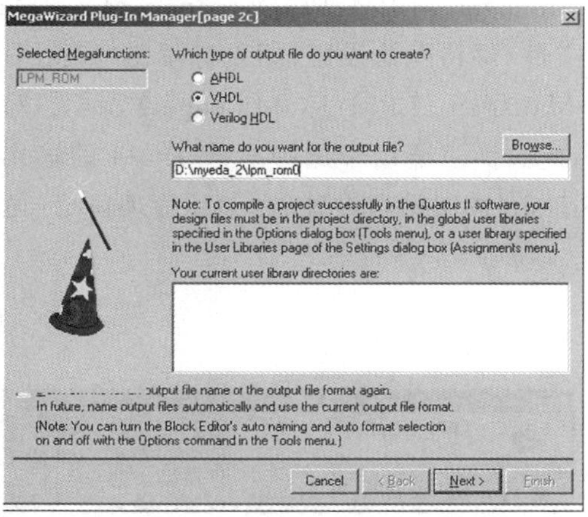

图 8-54　"MegaWizard Plug-In Manager[page 2c]"对话框

完成上述操作后,用鼠标单击"Next"按钮,进入 ROM 参数设置的下一个对话框"MegaWizard Plug-In Manager—LPM_ROM [page 3 of 7]",如图 8-55 所示。在此对话框中设置 ROM 的 q 输出位数为"8",字数为"256",采用单时钟控制("Single clock")方式。

完成参数设置后用鼠标单击"Next"按钮,进入 ROM 参数设置的"MegaWizard Plug-In Manager—LPM_ROM [page 4 of 7]"对话框,如图 8-56 所示。此对话框用于选择 ROM 的 clken(时钟使能)和 aclr(清除)输入控制端(本设计不选择)。

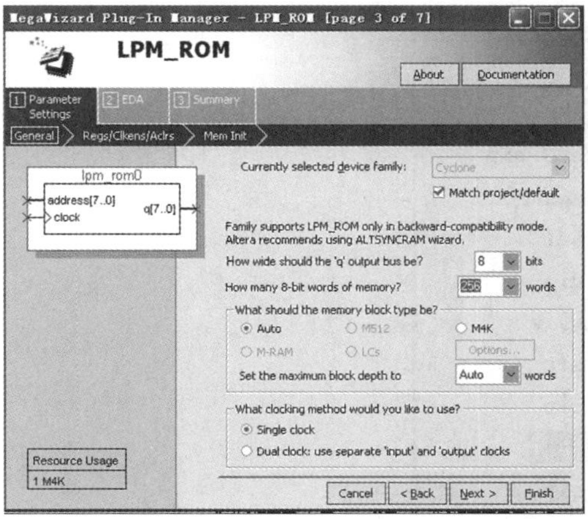

图 8-55　"MegaWizard Plug-In Manager—LPM_ROM [page 3 of 7]"对话框

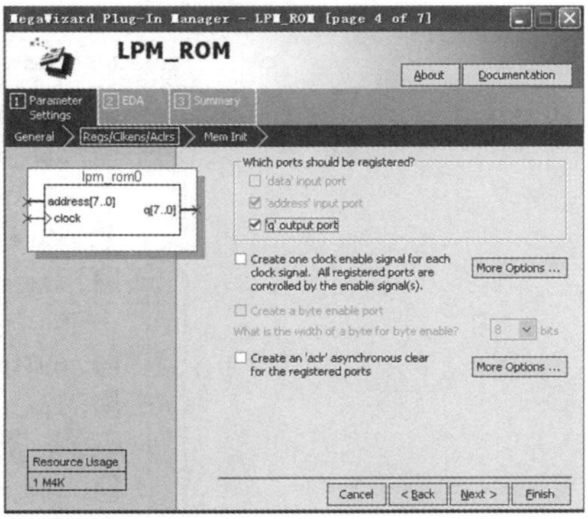

图 8-56　"MegaWizard Plug-In Manager—LPM_ROM [page 4 of 7]"对话框

完成此设置后用鼠标单击"Next"按钮,进入 ROM 参数设置的"MegaWizard Plug-In Manager—LPM_ROM [page 5 of 7]"对话框,如图 8-57 所示。在此页面的"Do you want to specify the initial content of the memory?"栏目中选中"Yes,use this file for the memory content data"项,并输入初始化数据文件名(如"mydds. mif")。另外,将"Alow In-System Memory Content Editor to capture and update content independently of the system clock"项选中,表示允许 Quartus Ⅱ通过 JTAG 口对下载到 FPGA 中的 ROM 进行在系统测试和读写。

完成此参数设置后用鼠标单击“Next”按钮，进入计数器参数设置的“MegaWizard Plug-In Manager—LPM_ROM [page 6 of 7]”对话框，如图 8-58 所示。此对话框显示仿真库的列表文件，保持默认设置，用鼠标单击“Next”按钮，进入 ROM 参数设置的“MegaWizard Plug-In Manager—LPM_ROM [page 7 of 7]”对话框页面。这是 ROM 参数设置的最后一个页面，此页面主要用于选择生成 ROM 的输出文件。至此，ROM 参数设置完成，用鼠标单击“Finish”按钮结束设置，在工程管理窗口(见图 8-59)可以看到生成的文件。

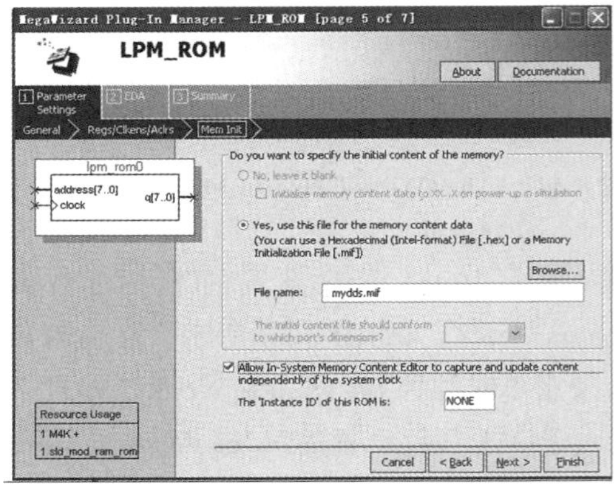

图 8-57 “MegaWizard Plug-In Manager—LPM_ROM [page 5 of 7]”对话框

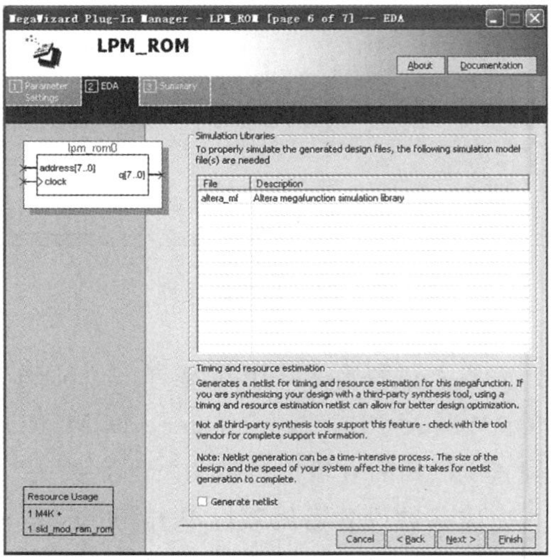

图 8-58 “MegaWizard Plug-In Manager—LPM_ROM[page 6 of 7]”对话框

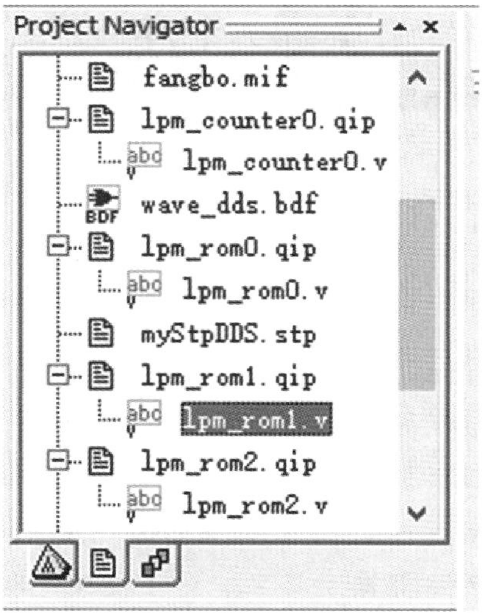

图 8-59 工程管理窗口

8.12.4 DDS 设计原理

DDS 设计的顶层原理图如图 8-60 所示。

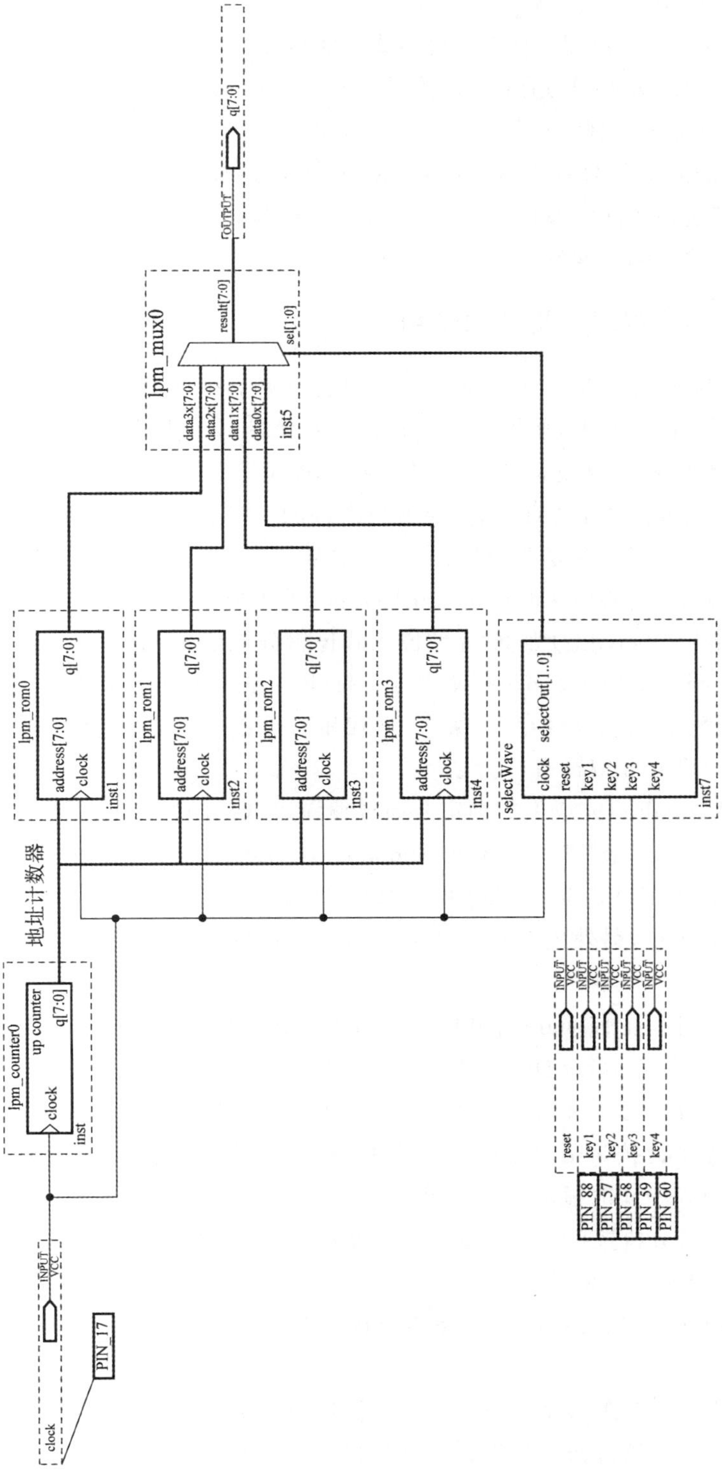

图 8-60　DDS设计的顶层原理图

其中,lpm_counter0 是 LPM 计数器,生成过程是:在弹出的元件选择窗的“Libraries”栏目中选择“arithmetic”的“lpm_counter”(计数器),按照对话窗口提示一步一步设置,只需要时钟输入 clock 和数据输出 q[]端口。

lpm_rom0 到 lpm_rom3 是 LPM 只读存储器(ROM)。ROM 中保存的是某种波形信号(如锯齿波或正弦波)的数据,其地址由计数器 lpm_counter0 提供。lpm_counter0 是一个 8 位加法计数器,在时钟的控制下计数器的输出 q[7:0]由 00000000 到 11111111 循环变化,使 ROM 输出周期性的波形信号的数据。selectWave 模块是波形选择模块,由 FPGA 核心板上的 4 个选择按键选择不同的波形输出,lpm_mux0 是四选一数据选择器,根据 selectWave 模块的选择值确定输出哪个波形。

8.12.5 嵌入式逻辑分析仪的使用

Quartus Ⅱ的嵌入式逻辑分析仪 SignalTapⅡ是一种高效的硬件测试手段,它可以随设计文件一并下载到目标芯片中,捕捉目标芯片内部系统信号节点处的信息或总线上的数据流,而又不影响原硬件系统的正常工作。在实际监测过程中,SignalTapⅡ将测得的样本信号暂存于目标芯片的嵌入式 RAM 中,然后通过器件的 JTAG 端口将采集到的信息传出,送到计算机进行显示和分析。在复杂的设计中,不能从外部的输入输出引脚上观察内部端口之间(如模块与模块之间)的信号波形是否正确,这时就可以使用 SignalTapⅡ来进行观察。

下面以波形发生器(mydds)为例,介绍嵌入式逻辑分析仪 SignalTapⅡ的使用方法。

嵌入式逻辑分析仪 SignalTapⅡ的使用分为打开 SignalTapⅡ编辑窗口、调入节点信号、进行 SignalTapⅡ参数设置、文件存盘、编译、下载和运行分析等操作过程。

(1) 打开 SignalTapⅡ编辑窗口。

在波形发生器(mydds)完成引脚锁定并通过编译后,执行 Quartus Ⅱ主窗口的“File”→“New”命令,在弹出的“New”窗口中选择“SignalTapⅡ Logic Analyzer File”,弹出图 8-61 所示的 SignalTapⅡ编辑窗口。SignalTapⅡ编辑窗口中包含实例观察、信号观察、顶层文件观察、数据日志观察等窗口,另外还有一些命令按钮与工作栏,主要命令按钮和工作栏用途说明如下:

① 运行分析按钮。在 SignalTapⅡ中完成节点调入、参数设置、存盘、编译与下载后,点击该按钮则一个样本深度运行结束,并在数据窗口中显示分析结果。

② 自动运行分析按钮。该按钮有两种功能:其一,在完成 SignalTapⅡ的节点调入、参数设置与存盘后,点击此按钮则对工程进行编译;其二,完成下载后,点击此按钮开始自动运行分析,并在数据窗口中实时显示分析结果。

③ 停止自动运行分析按钮。在自动运行分析时,点击此按钮,结束自动运行分析,并在数据窗口显示结束时刻的分析结果。

④ 硬件驱动程序(“Hardware”)选择栏。该栏目用于选择目标芯片下载的硬件驱动程序。

⑤ 下载文件管理(“SOF Manager”)栏。该栏目用于选择目标芯片的下载程序。

⑥ 下载按钮。点击该按钮完成设计文件到目标芯片的下载。

⑦ 时钟(“Clock”)选择栏。该栏目用于选择设计文件的时钟信号。

⑧ 样本深度(“Sample depth”)选择栏。该栏目用于选择占用目标芯片的嵌入式 RAM

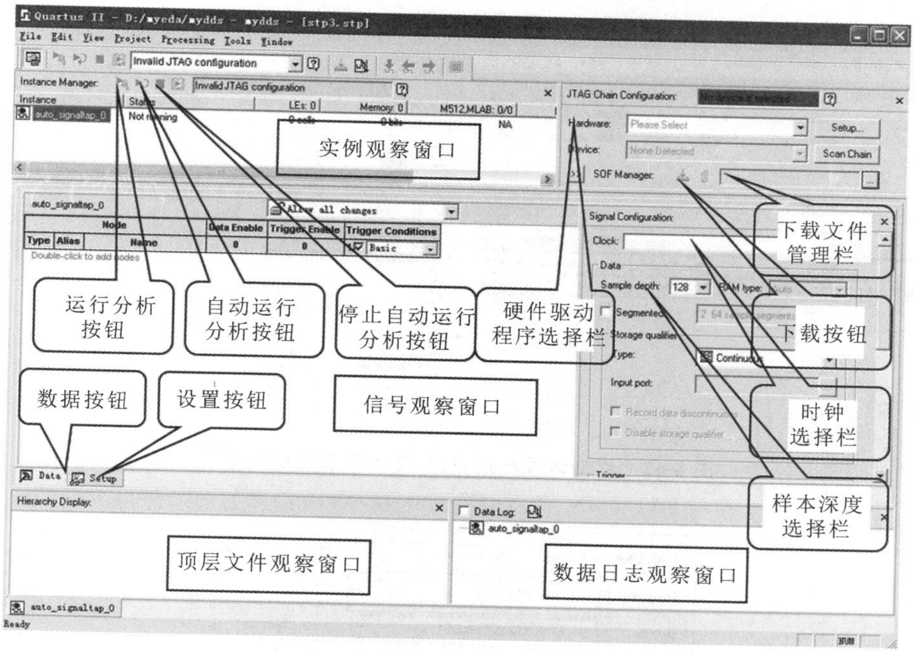

图 8-61　SignalTapⅡ编辑窗口

的容量，从 0 B(字节)到 128 KB，选择的容量越大，则存储的分析数据越多。例如，波形产生器(mydds)中的存储器容量为 256 B，如果样本深度为 2 KB，则可以存放 8(＝2×1024 B/256 B)个周期的波形。但样本深度的选择不能超过目标芯片中的嵌入式 RAM 的容量。例如，目标芯片是 Cyclone 系列的 EP1C6Q240C8，其内部嵌入式 RAM 的容量是 92 160 b(位)，则其容量为 11.25(＝92 160/8/1024)KB。

⑨ 数据("Data")按钮。点击该按钮则打开分析数据窗口。

⑩ 设置("Setup")按钮。点击该按钮则打开设置窗口。

(2) 调入节点信号。

在实例观察窗口，默认的实例名为"auto_signaltap_0"，双击该实例名即可进行更改，也可以保持默认。运行时窗口还显示运行的状态、设计文件占用的逻辑单元数和占用的嵌入式 RAM 的位数。用鼠标双击信号观察窗口，弹出节点发现("Node Finder")对话框，如图 8-62 所示，在对话框的"Filter"栏目中选择"SignalTapⅡ per-systhesis"项后，点击"List"按钮，在"Nodes Found"栏目内列出了设计工程全部节点，(参照仿真方法)用鼠标选择设计电路需要观察的输出端口(如"q")后关闭此对话框，选中的节点出现在信号观察窗口中。

(3) 参数设置。

参数设置(窗口如图 8-63 所示)包含以下几个操作：

① 点击硬件驱动程序("Hardware")选择栏右边的"Setup"按钮，在对话框中选择编程下载的硬件驱动程序，选择"USB-Blaster[USB-0]"。

② 点击下载文件管理栏右边的查阅按钮，在对话框中选择工程的下载文件(如"wave_dds.sof")。

③ 点击时钟栏目右边的查阅按钮，弹出节点发现对话框，在对话框中将设计工程文件的时钟信号选中(如"clock")。

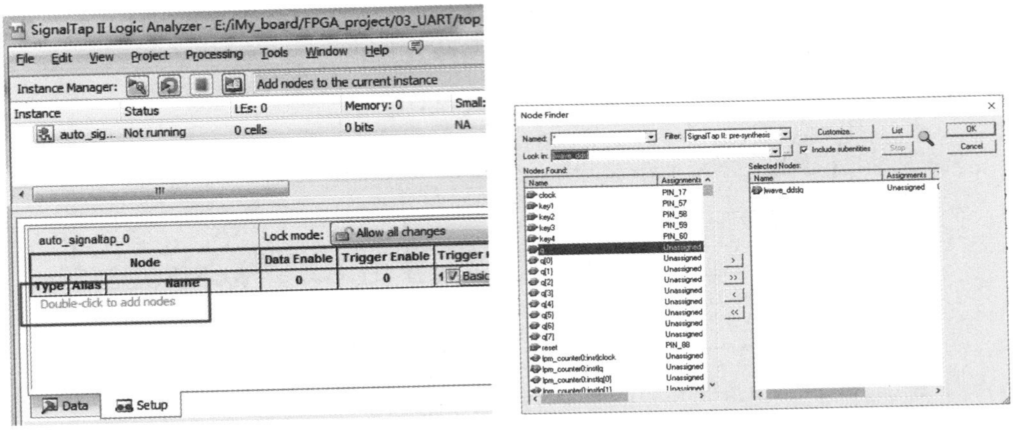

图 8-62　双击信号观察窗口，弹出节点发现对话框

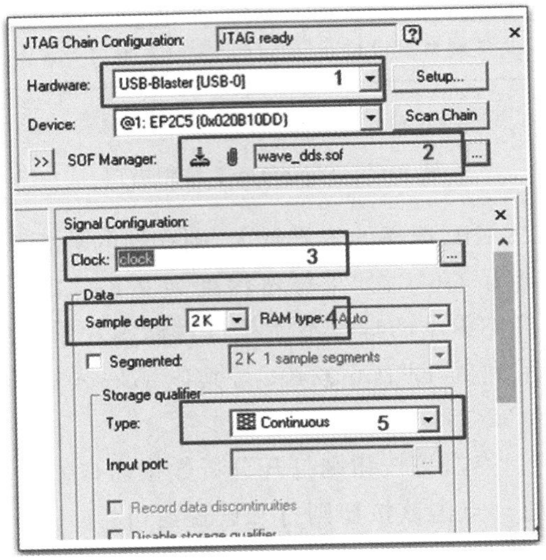

图 8-63　参数设置窗口

④ 展开样本深度选择栏的下拉菜单，将样本深度选择为“2K”(或其他深度)。

⑤ 选择触发方式，这里选择连续触发(“Continuous”)方式。

(4) 文件存盘。

完成上述加入节点信号和参数设置的操作后，执行“File”→“Save”命令，将 SignalTap Ⅱ 文件存盘，默认的存盘文件名是“stp1. stp”，为了便于记忆，可以用“mydds_stp. stp”存盘。

(5) 编译与下载。

点击自动运行分析按钮，编译 SignalTap Ⅱ 文件。编译完成后点击下载文件管理栏中的下载按钮，完成设计文件到目标芯片的下载。

(6) 运行分析。

点击数据按钮，展开信号观察窗口。用鼠标右击被观察的信号名(如“q”)，弹出图 8-64 所示的选择信号显示模式的快捷菜单，在快捷菜单中选择“Bus Display Format”(总线显示方式)中的“Unsigned Line Chart”，将输出 q 设置为无符号线形图显示模式。

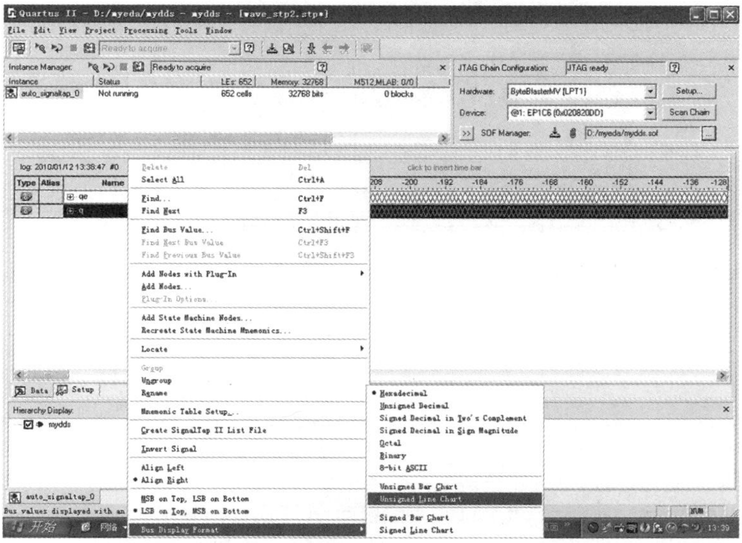

图 8-64　选择信号显示模式的快捷菜单

点击运行分析按钮或自动运行分析按钮，在信号观察窗口中可以见到波形发生器设计(mydds)的输出信号 q 的波形，通过按键可以切换波形，如图 8-65 所示，由于本例的样本深度为“2K”，采集到的数据为 8 个周期。

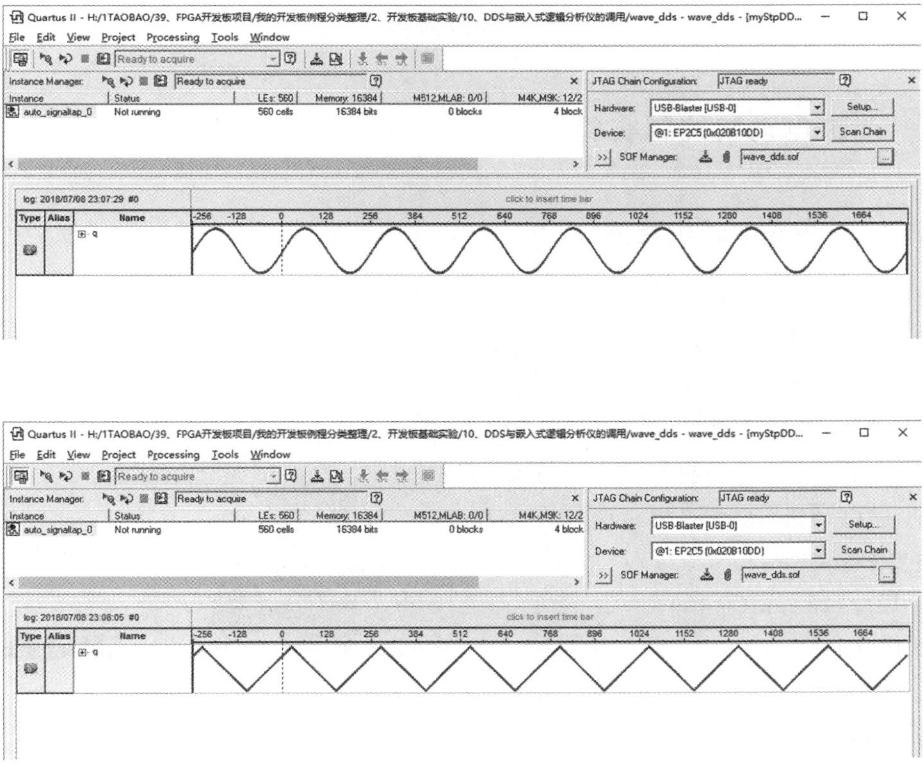

图 8-65　SignalTap Ⅱ 信号观察窗口中的波形显示

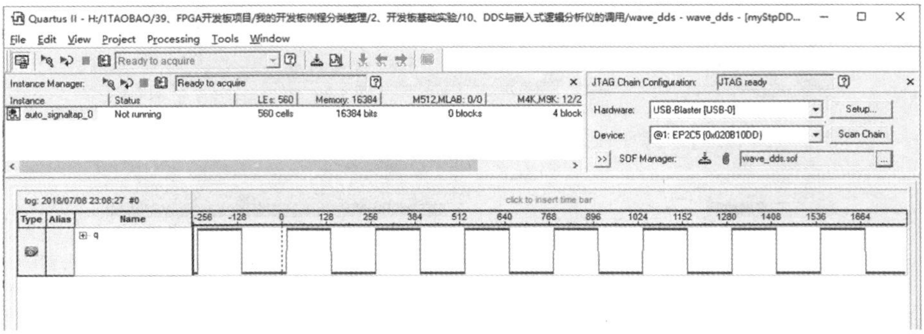

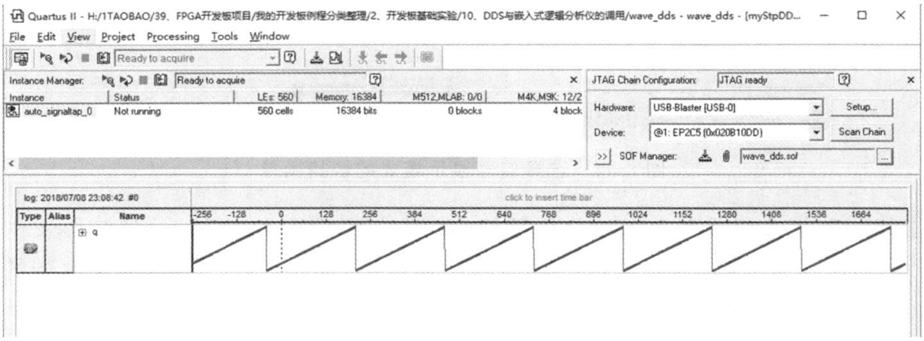

续图 8-65

8.13 步进电动机控制实验

8.13.1 步进电动机相关知识

步进电动机是一种将电脉冲转化为角位移的执行机构。当步进驱动器接收到一个脉冲信号,它就驱动步进电动机按设定的方向转动一个固定的角度(即步进角)。我们可以通过控制脉冲数来控制角位移量,从而达到准确定位的目的,同时可以通过控制脉冲频率来控制电动机转动的速度和加速度,从而达到调速的目的。

实验使用的步进电动机如图 8-66 所示,为 5 V 减速步进电动机(五线四相),型号为 28BYJ-48,其主要参数如下:

(1) 尺寸:28 mm(直径)。

(2) 电压:5 V。

(3) 步进角:5.625 °× 1/64。

(4) 减速比:1/64。

(5) 应用:适用于 51/AVR/ARM 等各种平台。

图 8-66 实验使用的步进电动机实物图

步进电动机 28BYJ-48 型为四相八拍,电压为

DC 5 V~DC 12 V。对步进电动机施加一系列连续不断的控制脉冲时,它可以连续不断地转动。每一个脉冲信号对应步进电动机的某一相或两相,绕组的通电状态改变一次,对应转子也就转过一定的角度(一个步进角)。当通电状态的改变完成一个循环时,转子转过一个齿距。四相步进电动机可以在不同的通电方式下运行,常见的通电方式有单(单相绕组通电)四拍(A—B—C—D—A……)、双(双相绕组通电)四拍(AB—BC—CD—DA—AB—……)和四相八拍(A—AB—B—BC—C—CD—D—DA—A……)。步进电动机单四拍控制表如表 8-7 所示。

表 8-7　步进电动机单四拍控制表

导线编号(颜色)	1 步	2 步	3 步	4 步
5(红)	5 V	5 V	5 V	5 V
4(橙)	−	+	+	+
3(黄)	+	−	+	+
2(粉)	+	+	−	+
1(蓝)	+	+	+	−

8.13.2　电路原理图

FPGA 由于接口驱动电流不够,需要通过 ULN2003 放大再连接到相应的电动机接口上,步进电动机驱动电路如图 8-67 所示。FPGA 控制口接到 ULN2003 的 D0、D1、D2、D3 端口,控制输出口 Q0、Q1、Q2、Q3 的电平状态。

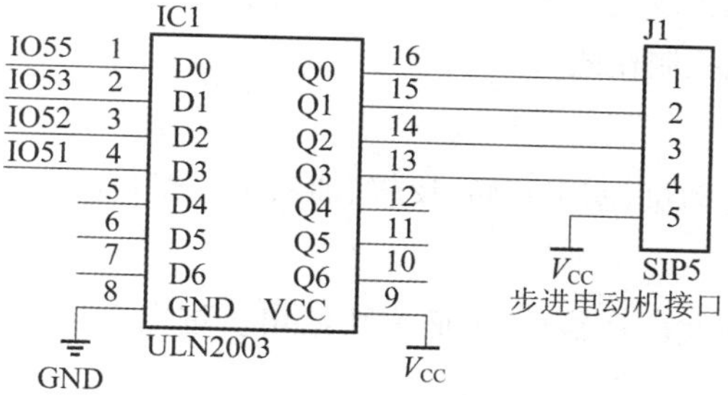

图 8-67　步进电动机驱动电路

步进电动机有 5 根导线,红线接电源(5 V),橙色导线、黄色导线、粉色导线、蓝色导线依次接入 J1 排针的对应端口。

8.13.3　实验设计

1. 实验设计原理

实验中所使用的步进电动机为四相步进电动机,转子齿数为 64。系统中采用四路 I/O 进行并行控制,FPGA 直接发出多相脉冲信号,功率放大后进入步进电动机的各相绕组。

步进电动机控制设计包括按键消抖模块、步进电动机工作模式控制模块和步进电动机驱动模块。步进电动机控制原理框图如图 8-68 所示。

步进电动机控制顶层设计原理图如图 8-69 所示,输入信号有 CLK、RSTn、START、Derection、AddSpeed 和 DecSpeed;输出步进电动机 4 个控制端口信号 stepMotor 及 LED 状态指

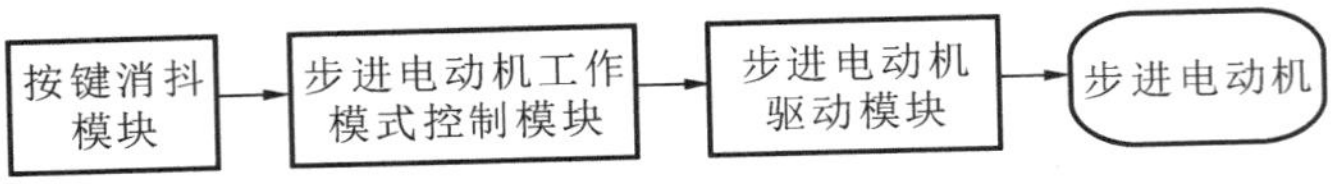

图 8-68　步进电动机控制原理框图

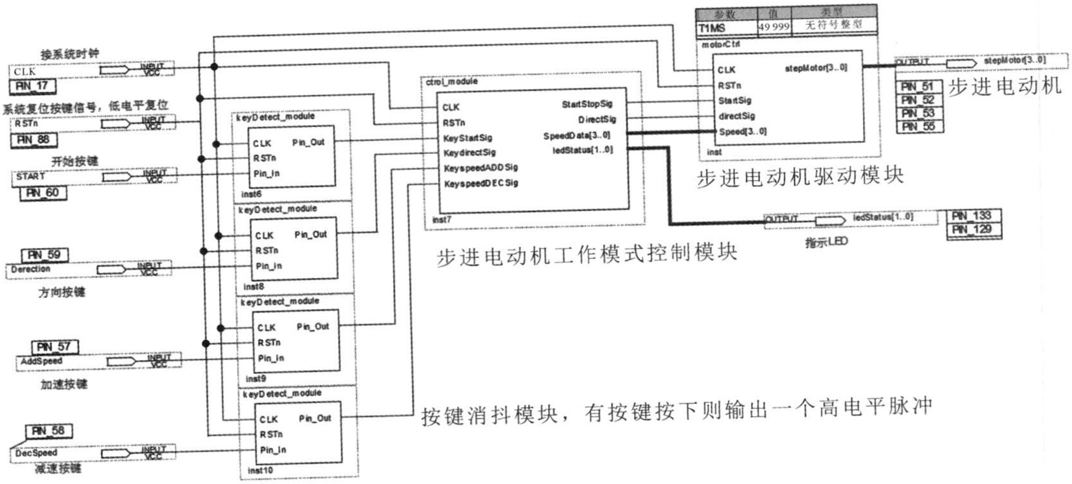

图 8-69　步进电动机控制顶层设计原理图

示端口信号 ledStatus。相关控制按键经过消抖模块后输出单脉冲信号，步进电动机工作模式控制模块识别控制信号后，输出对应的控制信号给步进电动机驱动模块，包括启动停止信号、方向信号、速度信号以及 LED 状态指示；步进电动机驱动模块根据控制信号驱动步进电动机工作。本设计采用单四拍控制模式。

2. 实验设计要求

通过按键控制步进电动机，实现正转、反转、加减速等控制，用 LED 指示相应状态。

3. 实验程序

按键消抖模块程序前文已经给出，下面主要给出步进电动机工作模式控制模块程序和步进电动机驱动模块程序。

步进电动机工作模式控制模块 Verilog HDL 程序如下：

```
module ctrol_module
(input CLK,
input RSTn,
input KeyStartSig,
input KeydirectSig,
input KeyspeedADDSig,
input KeyspeedDECSig,
output StartStopSig,
output DirectSig,
output [3:0] SpeedData,
output [1:0] ledStatus
);
  reg [3:0] i;
```

```
  reg rStartStopSig;
  reg rDirectSig;
  reg [3:0] rSpeedData;
  always @(posedge CLK or negedge RSTn)
    begin
    if(!RSTn)
      begin
        i<=4'd0;
        rStartStopSig<=1'b0;
        rDirectSig<=1'b0;
        rSpeedData<=4'd5;
      end
    else
      begin
      if(KeyStartSig)                //启动停止按键信号
        rStartStopSig<=rStartStopSig+1'b1;
      else if(KeydirectSig)          //方向按键信号
        rDirectSig<=rDirectSig+1'b1;
      else if(KeyspeedADDSig)        //加速按键信号
        rSpeedData<=rSpeedData+4'd1;
      else if(KeyspeedDECSig)        //减速按键信号
        rSpeedData<=rSpeedData-4'd1;
      end
    end
  assign StartStopSig=rStartStopSig;
  assign DirectSig=rDirectSig;
  assign SpeedData=rSpeedData;
  assign ledStatus={rStartStopSig,rDirectSig};
endmodule
```

步进电动机驱动模块 Verilog HDL 程序如下：

```
module motorCtrl
(
CLK, RSTn,StartSig,directSig,Speed,stepMotor
);
input CLK;
input RSTn;
input StartSig;
input directSig;
input [3:0] Speed;
output [3:0] stepMotor;
/****************************************/
  parameter T1MS=16'd49999;
/****************************************/
  reg [15:0] Count1;
```

```
reg isCount;
always @(posedge CLK or negedge RSTn)
  begin
    if(!RSTn)
      Count1<=16'd0;
    else if(isCount&&Count1==T1MS)                //毫秒计数
      Count1<=16'd0;
    else if(isCount)
      Count1<=Count1+1'b1;
    else if(!isCount)
      Count1<=16'd0;
  end
/*****************************************/
reg [7:0] Count_MS;
always @(posedge CLK or negedge RSTn)
  begin
    if(!RSTn)
          Count_MS<=8'd0;
    else if(isCount&&Count1==T1MS)                //毫秒计数
          Count_MS<=Count_MS+1'b1;
    else if(!isCount)
          Count_MS<=8'd0;
  end
/*****************************************/
reg [3:0] rstepMotor;
reg [3:0] i;
always @(posedge CLK or negedge RSTn)
  begin
    if(!RSTn)
      begin
        isCount<=1'b0;
        rstepMotor<=4'b0000;
        i<=4'd0;
      end
    else if(StartSig==1'b1)                       //慢速模式
      case(i)
        4'd0:
          if(directSig==1'b1)i<=4'd1;                           //正转运行
          else if(directSig==1'b0)i<=4'd5;                      //反转运行
          else begin i=4'd0;rstepMotor<=4'b0000;end             //停止
        4'd1:                                                   //正转运行
          if(Count_MS==(Speed+1'b1)) begin isCount<=1'b0;i<=i+1'b1;end
          else begin isCount<=1'b1;rstepMotor<=4'b0001;end      //控制信号
        4'd2:
```

```
            if(Count_MS==Speed) begin isCount<=1'b0;i<=i+1'b1;end
            else begin isCount<=1'b1;rstepMotor<=4'b0010;end //控制信号
          4'd3:
            if(Count_MS==(Speed+1'b1)) begin isCount<=1'b0;i<=i+1'b1;end
            else begin isCount<=1'b1;rstepMotor<=4'b0100;end //控制信号
          4'd4:
            if(Count_MS==Speed) begin isCount<=1'b0;i<=4'd0;end
            else begin isCount<=1'b1;rstepMotor<=4'b1000;end //控制信号
          4'd5: //反转运行
            if(Count_MS==(Speed+1'b1)) begin isCount<=1'b0;i<=i+1'b1;end
            else begin isCount<=1'b1;rstepMotor<=4'b1000;end //控制信号
          4'd6:
            if(Count_MS==Speed) begin isCount<=1'b0;i<=i+1'b1;end
            else begin isCount<=1'b1;rstepMotor<=4'b0100;end //控制信号
          4'd7:
            if(Count_MS==(Speed+1'b1)) begin isCount<=1'b0;i<=i+1'b1;end
            else begin isCount<=1'b1;rstepMotor<=4'b0010;end //控制信号
          4'd8:
            if(Count_MS==Speed) begin isCount<=1'b0;i<=4'd0;end
            else begin isCount<=1'b1;rstepMotor<=4'b0001;end //控制信号
          default:
            begin isCount<=1'b0;i<=4'd0;end
        endcase
    end
/*******************************************/
  assign stepMotor=rstepMotor;
/*******************************************/
endmodule
```

4. 实验现象

下载程序后，通过 FPGA 核心板上的 4 个独立按键 K1、K2、K3、K4 控制步进电动机，实现的功能是加速、减速、控制方向、启动停止及复位。步进电动机实验现象如图 8-70 所示。

图 8-70　步进电动机实验现象

8.14 矩阵键盘控制实验

8.14.1 4×4 矩阵键盘相关原理

为了减少键盘与控制器连接时所占用的 I/O 口数目，在键数较多时，通常将键盘排列成行列式，行列式键盘又叫矩阵式键盘，它是指用带有 I/O 口的线组成行列结构，按键设置在行列的交点上。例如，用 2×2 的行列结构可以构成有 4 个键的键盘，4×4 的行列结构可以构成有 16 个键的键盘。这样，当按键数量呈平方式增长时，I/O 口数目只是线性增长，这样就可以节省 I/O 口。

FPGA 与矩阵键盘连接示意图如图 8-71 所示。

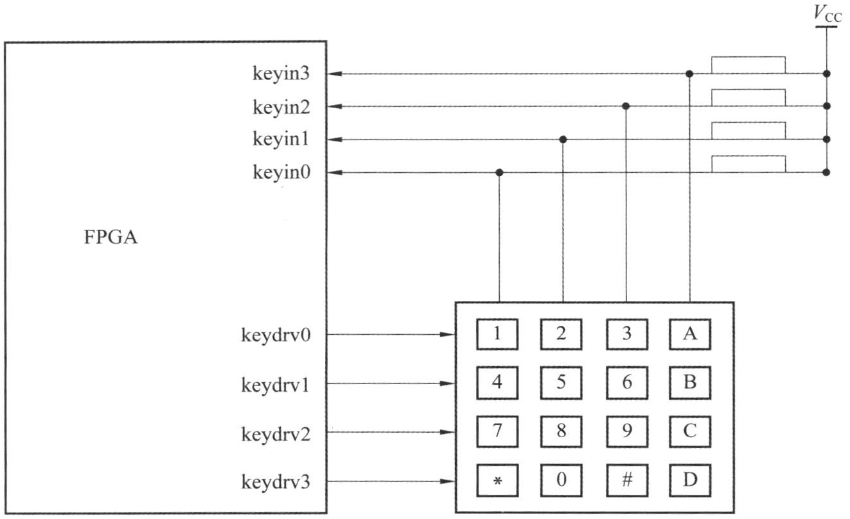

图 8-71 FPGA 与矩阵键盘连接示意图

矩阵键盘按键设置在行列交叉点上，行、列线分别连接按键开关的两端。列线通过上拉电阻接+3.3 V 的电压，即列线的输出被钳位到高电平状态。行线与按键的一个引脚相连，列线与按键的另一个引脚相连。判断键盘中有无按键按下是通过行线送入扫描信号，然后从列线读取状态得到的。其方法是：依次给行线送低电平，检查列线的输入。如果列线信号全为高电平，则低电平信号所在的行中无按键按下；如果列线有输入为低电平，则低电平信号所在的行和出现低电平的列的交点处有按键按下。

设行扫描信号为 keydrv3～keydrv0，列线按键输入信号为 keyin3～keyin0，它们与按键位置的关系如表 8-8 所示。

由矩阵键盘的原理可以知道，要正确地完成按键输入工作必须有按键扫描电路产生 keydrv3～keydrv0 信号，同时还必须有按键译码电路从keydrv3～keydrv0 信号和keyin3～keyin0 信号中译出按键的键值。此外，一般还需要一个按键发生标志信号用于和其他模块连接，通知其他模块键盘上有按键动作发生，并可以从键盘模块中读取按键键值。

表 8-8　行扫描信号和列线按键输入信号与按键位置的关系

keydrv3～keydrv0	keyin3～keyin0	对应的按键
1110	1110	1
	1101	2
	1011	3
	0111	A
1101	1110	4
	1101	5
	1011	6
	0111	B
1011	1110	7
	1101	8
	1011	9
	0111	C
0111	1110	*
	1101	0
	1011	#
	0111	D

矩阵键盘电路的实现主要解决三个问题：一是如何检测是否有按键按下并防止采集到干扰信号；二是在按键闭合时如何防止抖动；三是如何判断是哪一个按键动作，并对按键键值进行翻译。为了解决这些问题，实验中使用不同的进程分别实现键盘扫描信号的产生、键盘去抖以及键盘的译码。

8.14.2　实验原理图

矩阵键盘实验电路图如图 8-72 所示。R_7 是上拉电阻，接行输入信号 IO64、IO67、IO70、IO72，列输出信号是 IO63、IO65、IO69、IO71。

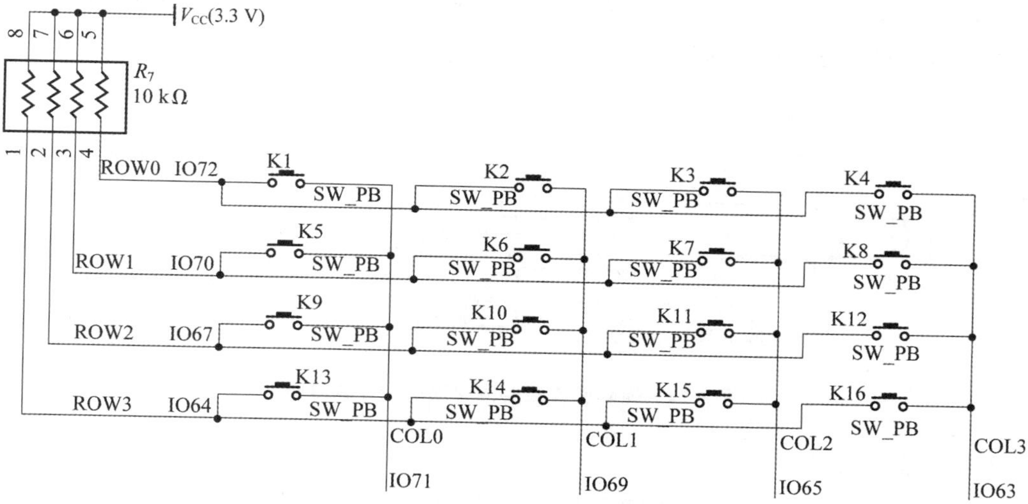

图 8-72　矩阵键盘实验电路图

8.14.3 实验设计

1. 实验设计原理

我们检测矩阵键盘中某一按键是否被按下，常用行扫描法。图 8-72 中一共有 8 条控制线，即 4 条行控制线(ROW)和 4 条列控制线(COL)，而且可以看到，8 条控制线的初始状态都是高电平。我们让 COL0=0，然后逐行进行扫描，如果 ROW0=0，出现低电平，通过20 ms的延迟再次判断该行是否仍然为零，如果仍然为零，那么说明按键 0 被按下。其他按键的检测方法类似。如果 COL=4'b1011，检测到 ROW=4'b1011，则说明 K11 按键被按下。

总体设计框图如图 8-73 所示。

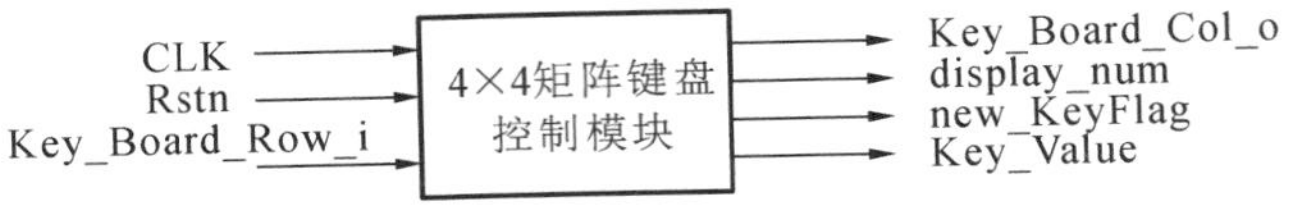

图 8-73　矩阵键盘程序设计总体设计框图

相关控制端口及其功能描述如表 8-9 所示。

表 8-9　矩阵键盘控制端口列表

端口类型	端口名	描述
输入	CLK	系统时钟 50 MHz
输入	RSTn	系统复位，低电平有效
输入	Key_Board_Row_i	矩阵键盘行控制线，按键未按下为高电平
输出	Key_Board_Col_o	矩阵键盘列控制线，驱动列信号为低电平，实现按键状态扫描
输出	display_num	方便用设置参数显示的按键值，包含按下 4 次按键的键值
输出	Key_Value	输出键盘键值
输出	new_KeyFlag	按键检查成功标志信号，每当按键检测成功，产生一个时钟周期的高脉冲

矩阵键盘控制实验顶层设计原理图如图 8-74 所示，包括矩阵键盘扫描模块和数码管显示模块，矩阵键盘扫描模块的控制端口与设计框图中端口的名称一致。

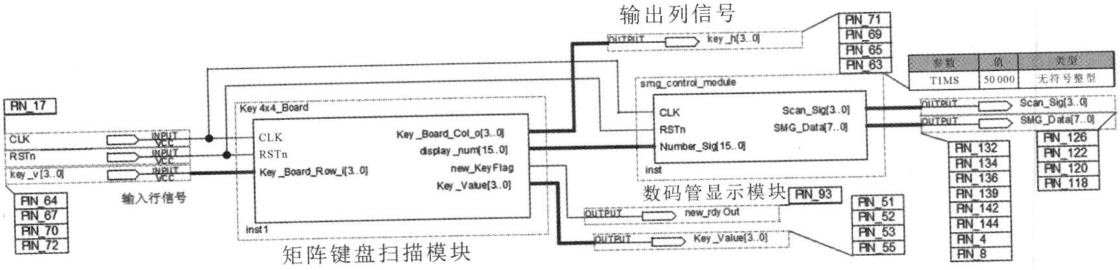

图 8-74　矩阵键盘控制实验顶层设计原理图

2. 实验设计要求

设计程序实现矩阵键盘上不同按键的识别，按键被按下后在数码管上显示对应的键值，用 LED 的状态指示按键的状态，形成方便调用的矩阵键盘程序模块。

3. 实验程序

比较复杂的程序在进行设计之前，一般需要进行状态转移图的设计。这就如同建筑一幢楼房之前肯定是工程师设计建筑图纸，然后工人们按照图纸进行分工来建造房屋。

矩阵键盘编程前的状态转移图（见图 8-75）包括如下几个状态：

(1) IDLE 状态：主要用来检测是否有按键被按下，无按键被按下时，行控制线 Key_Board_Row_i 等于 15，有按键被按下时 Key_Board_Row_i 不等于 15，则进入 P_FILTER 状态。

(2) P_FILTER 状态：主要进行按键消抖检测，判断是否有按键真实被按下，如果有按键真实被按下则跳转至下一个状态 READ_ROW_P 获取行状态的值，否则不跳转。

(3) READ_ROW_P 状态：读取行状态并将其存入寄存器 Key_Board_Row_r（存入寄存器是因为按键按下的时间比较短暂，要将其状态缓存起来），将第 0 列拉低，进入 SCAN_C0 状态进行列扫描。

(4) SCAN_C0 状态：进行列扫描，来判断该列是否有按键被按下（通俗地讲就是确定按键位置），判断行输入是否等于 15，如果不等于则说明该列有按键被按下，否则将第 1 列拉低，跳转到 SCAN_C1 状态进行列扫描。

(5) SCAN_C1 状态：进行列扫描，来判断该列是否有按键被按下，判断行输入是否等于 15，如果不等于则说明该列有按键被按下，否则将第 2 列拉低，跳转到 SCAN_C2 状态进行列扫描。

(6) SCAN_C2 状态：进行列扫描，来判断该列是否有按键被按下，判断行输入是否等于 15，如果不等于则说明该列有按键被按下，否则将第 3 列拉低，跳转到 SCAN_C3 状态进行列扫描。

(7) SCAN_C3 状态：进行列扫描，来判断该列是否有按键被按下，判断行输入是否等于 15，如果不等于则说明该列有按键被按下，否则跳转到 PRESS_RESULT 状态输出扫描结果。

(8) PRESS_RESULT 状态：输出扫描结果。有一种比较特别的方法来确定整个键盘上只有一个按键被按下：4 位行控制线上的 4 位行线值加起来如果等于 3（Key_Board_Row_i[0]＋ Key_Board_Row_i[1]＋ Key_Board_Row_i[2]＋ Key_Board_Row_i[3]＝3）则说明有一行被按下，同样，如果 4 位列控制线值加起来等于 1（Col_Tmp [0]＋ Col_Tmp [1]＋ Col_Tmp [2]＋ Col_Tmp [3]＝1）则说明有一列被按下，通过这两个参数的限定，可确保只有一个按键被按下。如果不满足限定条件，则不产生检测成功标志信号，跳转到 WAIT_R 状态等待按键释放。

(9) WAIT_R 状态：等待按键释放，如果 Key_Board_Row_i＝15 则说明按键被释放，跳转到释放消抖状态 R_FILTER。

(10) R_FILTER 状态：检测按键是否完全被释放，如果完全被释放则跳转到 READ_ROW_R 状，读取行的状态。

(11) READ_ROW_R 状态：读取按键行输入状态。

通过这些状态，我们把一个按键按下到释放的过程进行了一次检测，最终将输出结果用 LED 的状态表示，同时用数码管显示出来。接下来，就是照着状态转移图编写程序。

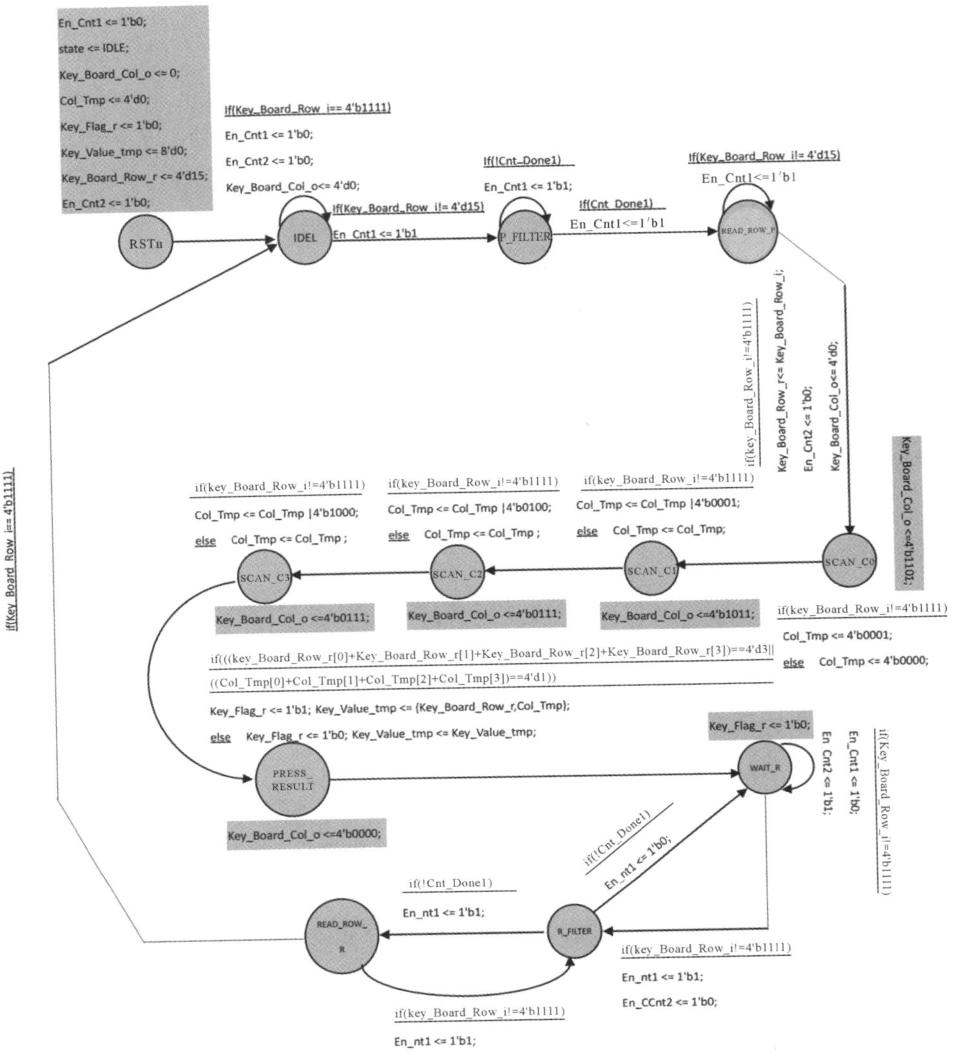

图 8-75　矩阵键盘编程的状态转移图

数码管显示程序前文已经给出，下面给出矩阵键盘扫描模块 Verilog HDL 程序：

```
module Key4x4_Board
(CLK,RSTn,Key_Board_Row_i,Key_Board_Col_o,display_num,new_KeyFlag,Key_Value);
input CLK;                              //模块工作时钟，默认为 50 MHz
input RSTn;                             //模块复位，低电平复位
input [3:0] Key_Board_Row_i;            //矩阵键盘行输入
output reg [3:0] Key_Board_Col_o;       //矩阵键盘列输出
output reg [15:0] display_num;
output reg new_KeyFlag;                 //按键检查成功标志信号，高脉冲
output reg [3:0] Key_Value;             //键值
/*******************************************/
  reg Key_Flag;                         //按键检查成功标志信号
```

```
  reg [19:0] counter1;                        //延时计数器
  reg En_Cnt1;                                //延时计数器使能控制信号,进入延时消抖阶段时为高电平
  reg Cnt_Done1;                              //延时计数器延时完成(计满 20 ms)信号
/****************************************/
  reg [25:0] counter2;                        //连按间隔计数器
  reg En_Cnt2;                                //连按间隔计数器使能控制信号,进入连按间隔阶段时为高电平
  reg Cnt_Done2;                              //连按间隔计数器延时完成(计满 200 ms)信号
/****************************************/
  reg [10:0] state;                           //状态寄存器,存储系统的状态
  reg [3:0] Key_Board_Row_r;                  //矩阵键盘行输入寄存器,存储行状态
  reg [3:0] Col_Tmp;
  reg [7:0] Key_Value_tmp;                    //矩阵键盘扫描结果
  reg Key_Flag_r;                             //按键检查成功标志信号
/****************************************/
  localparam
    IDLE=11'b00000000001,                     //空闲态,无按键按下
    P_FILTER=11'b00000000010,                 //按下消抖状态
    READ_ROW_P=11'b00000000100,               //读取按下时矩阵键盘行状态
    SCAN_C0=11'b00000001000,                  //扫描矩阵键盘第 0 列(Col0)
    SCAN_C1=11'b00000010000,                  //扫描矩阵键盘第 1 列(Col1)
    SCAN_C2=11'b00000100000,                  //扫描矩阵键盘第 2 列(Col2)
    SCAN_C3=11'b00001000000,                  //扫描矩阵键盘第 3 列(Col3)
    PRESS_RESULT=11'b00010000000,             //获得扫描结果
    WAIT_R=11'b00100000000,                   //等待释放信号到来
    R_FILTER=11'b01000000000,                 //释放消抖
    READ_ROW_R=11'b10000000000;               //读取释放时矩阵键盘行状态
/****************************************/
  always @(posedge CLK or negedge RSTn)       //延时计数器,计数延时 20 ms
    if(!RSTn)
      counter1<=20'd0;
    else if(En_Cnt1) begin
      if(counter1==20'd999999)
        counter1<=20'd0;
      else
        counter1<=counter1+1'b1;
    end
    else
      counter1<=20'd0;
/****************************************/
//产生延时完成标志信号,延时 20 ms 产生一个计数完成信号 Cnt_Done1
  always @(posedge CLK or negedge RSTn)
```

```
    if(!RSTn)
      Cnt_Done1<=1'b0;
    else if(counter1==20'd999999)
      Cnt_Done1<=1'b1;
    else
      Cnt_Done1<=1'b0;
/*****************************************/
//连按间隔计数器,计数延时 200 ms
  always @(posedge CLK or negedge RSTn)
    if(!RSTn)
      counter2<=26'd49_999_999;              //初始时设定间隔为 1 s
    else if(En_Cnt2) begin
      if(counter2==26'd0)
        counter2<=26'd10_999_999;            //启动间隔后每 200 ms 发出一次间隔标志
      else
        counter2<=counter2-1'b1;
    end
    else
      counter2<=26'd49_999_999;
/*****************************************/
//产生连按间隔完成标志信号,延时 20 ms 产生一个计数完成信号 Cnt_Done2
  always @(posedge CLK or negedge RSTn)
    if(!RSTn)
      Cnt_Done2<=1'b0;
    else if(counter2==26'd0)
      Cnt_Done2<=1'b1;
    else
      Cnt_Done2<=1'b0;
//矩阵键盘扫描状态机
  always @(posedge CLK or negedge RSTn)
    if(!RSTn) begin
      En_Cnt1<=1'b0;
      state<=IDLE;
//默认列输出为 0,这样,当有按键按下时,行列接通,行输入能读到低电平
      Key_Board_Col_o<=4'b0000;
      Col_Tmp<=4'd0;
      Key_Flag_r<=1'b0;
      Key_Value_tmp<=8'd0;
      Key_Board_Row_r<=4'b1111;
    end
    else begin
      case(state)
//空闲态,持续判断是否有按键被按下(按键按下时 Key_Board_Row_i 将不全为 1)
```

```
        IDLE:
          if(Key_Board_Row_i!=4'b1111) begin    //有按键按下
            En_Cnt1<=1'b1;                      //启动延时计数器
            state<=P_FILTER;                    //跳转到按下消抖状态
          end
          else begin
            En_Cnt1<=1'b0;
            Key_Board_Col_o<=4'b0000;
            state<=IDLE;
          end
        P_FILTER:                               //按下消抖状态
          if(Cnt_Done1) begin                   //20 ms 延时完成
            En_Cnt1<=1'b0;                      //停止延时计数器
            state<=READ_ROW_P;                  //跳转到读取矩阵键盘行输入状态
          end
          else begin                            //20 ms 延时还没有完成
            En_Cnt1<=1'b1;                      //延时计数器继续计数
            state<=P_FILTER;
          end
        READ_ROW_P:                             //读取矩阵键盘行输入状态
          if(Key_Board_Row_i!=4'b1111) begin
//行输入不全为 1,表明确实有按键按下
            Key_Board_Row_r<=Key_Board_Row_i;   //将输入状态存入寄存器
            state<=SCAN_C0;                     //跳转到扫描矩阵键盘第 0 列(Col0)
                                                  状态
            Key_Board_Col_o<=4'b1110;           //将第 0 列输出置 0
          end
          else begin                            //否则不再执行扫描,跳回空闲态
            state<=IDLE;
            Key_Board_Col_o<=4'b0000;
          end
        SCAN_C0:                                //扫描矩阵键盘第 0 列(Col0)状态
          begin
            state<=SCAN_C1;                     //下一个状态为扫描矩阵键盘第 1 列
                                                  状态
            Key_Board_Col_o<=4'b1101;           //扫描第 1 列对应的行输出为 1101
            if(Key_Board_Row_i!=4'b1111)        //表明当前列有按键按下
              Col_Tmp<=4'b0001;                 //将列值存入列寄存器
            else
              Col_Tmp<=4'b0000;
          end
        SCAN_C1:                                //扫描矩阵键盘第 1 列(Col1)状态
          begin
```

```
                state<=SCAN_C2;                  //下一个状态为扫描矩阵键盘第 2 列状态
                Key_Board_Col_o<=4'b1011;        //扫描第 1 列对应的行输出为 1011
                if(Key_Board_Row_i!=4'b1111)     //表明当前列有按键按下
                  Col_Tmp<=Col_Tmp|4'b0010;      //将列值存入列寄存器
                else
                  Col_Tmp<=Col_Tmp;
              end
            SCAN_C2:                             //扫描矩阵键盘第 2 列(Col2)状态
              begin
                state<=SCAN_C3;                  //下一个状态为扫描矩阵键盘第 3 列状态
                Key_Board_Col_o<=4'b0111;        //扫描第 1 列对应的行输出为 0111
                if(Key_Board_Row_i!=4'b1111)     //表明当前列有按键按下
                Col_Tmp<=Col_Tmp|4'b0100;        //将列值存入列寄存器
              else
                Col_Tmp<=Col_Tmp;
              end
            SCAN_C3:                             //扫描矩阵键盘第 3 列(Col3)状态
              begin
                state<=PRESS_RESULT;             //下一个状态为得到扫描结果状态
                if(Key_Board_Row_i!=4'b1111)     //表明当前列有按键按下
                Col_Tmp<=Col_Tmp|4'b1000;        //将列值存入列寄存器
              else
                Col_Tmp<=Col_Tmp;
              end
            PRESS_RESULT:                        //得到扫描结果状态
              begin
                state<=WAIT_R;                   //下一个状态为等待按键释放状态
//让列输出全为 0,有按键按下时,行列接通,行输入能读到低电平
                Key_Board_Col_o<=4'b0000;
/*4 位行输入值相加为 3,表明有且只有一个行输入为 0,即保证只有一行中有按键被按下;4 位列扫描结果相加为 1,表明有且只有一列中有按键被按下,通过这两个条件保证一次只有一个按键被按下时才检测有效*/
                if(((Key_Board_Row_r[0]+Key_Board_Row_r[1]+Key_Board_Row_r[2]+Key_Board_Row_r[3])==4'd3)&&((Col_Tmp[0]+Col_Tmp[1]+Col_Tmp[2]+Col_Tmp[3])==4'd1)) begin
                  Key_Flag_r<=1'b1;                    //产生检测成功标志信号
                  Key_Value_tmp<={Key_Board_Row_r,Col_Tmp};
//将行列结果组合得到按键扫描结果
                end
//若不满足只有一个按键被按下的条件,则不产生检测成功标志信号
                else begin
                  Key_Flag_r<=1'b0;
                  Key_Value_tmp<=Key_Value_tmp;
```

```
          end
        end
      WAIT_R:                                       //等待按键释放状态
        begin
          Key_Flag_r<=1'b0;                         //清零检测成功标志信号
          if(Key_Board_Row_i==4'b1111) begin        //表明按键被释放
            En_Cnt1<=1'b1;                          //启动延时计数器
            state<=R_FILTER;                        //进入释放消抖状态
            En_Cnt2<=1'b0;                          //停止连按间隔计数器
          end
          else begin
            state<=WAIT_R;
            En_Cnt1<=1'b0;
            En_Cnt2<=1'b1;                          //启动连按间隔计数器
          end
        end
      R_FILTER:                                     //释放消抖状态
        if(Cnt_Done1) begin                         //延时时间到
          En_Cnt1<=1'b0;
          state<=READ_ROW_R;                        //跳转入读取按键行输入状态
        end
        else begin
          En_Cnt1<=1'b1;
          state<=R_FILTER;
        end
      READ_ROW_R:                                   //读取按键行输入状态(按键释放阶段)
        if(Key_Board_Row_i==4'b1111)                //表明已经稳定释放
          state<=IDLE;                              //跳转回空闲状态
        else begin                                  //否则表明此次释放抖动,回到释放消抖状态继续等待
          En_Cnt1<=1'b1;
          state<=R_FILTER;
        end
    endcase
  end
/******************************************/
//将扫描结果译码输出
 always @(posedge CLK or negedge RSTn)
  if(!RSTn) begin
    Key_Flag<=1'd0;
    Key_Value<=4'd0;
  end
```

```
    else begin
//按键检查成功输出标志为扫描成功与连按间隔的逻辑或
      Key_Flag<=Key_Flag_r|Cnt_Done2;
      case(Key_Value_tmp)
        8'b1110_0001:Key_Value<=4'd12;     //第 0 行,第 0 列
        8'b1110_0010:Key_Value<=4'd13;     //第 0 行,第 1 列
        8'b1110_0100:Key_Value<=4'd14;     //第 0 行,第 2 列
        8'b1110_1000:Key_Value<=4'd15;     //第 0 行,第 3 列
/******************************************/
        8'b1101_0001:Key_Value<=4'd9;      //第 1 行,第 0 列
        8'b1101_0010:Key_Value<=4'd0;      //第 1 行,第 1 列
        8'b1101_0100:Key_Value<=4'd10;     //第 1 行,第 2 列
        8'b1101_1000:Key_Value<=4'd11;     //第 1 行,第 3 列
/******************************************/
        8'b1011_0001:Key_Value<=4'd5;      //第 2 行,第 0 列
        8'b1011_0010:Key_Value<=4'd6;      //第 2 行,第 1 列
        8'b1011_0100:Key_Value<=4'd7;      //第 2 行,第 2 列
        8'b1011_1000:Key_Value<=4'd8;      //第 2 行,第 3 列
/******************************************/
        8'b0111_0001:Key_Value<=4'd1;      //第 3 行,第 0 列
        8'b0111_0010:Key_Value<=4'd2;      //第 3 行,第 1 列
        8'b0111_0100:Key_Value<=4'd3;      //第 3 行,第 2 列
        8'b0111_1000:Key_Value<=4'd4;      //第 3 行,第 3 列
        default:begin Key_Value<=Key_Value;Key_Flag<=Key_Flag;end
      endcase
    end
/******************************************/
//产生最新键值
  always @(posedge CLK or negedge RSTn)
    if(!RSTn) begin display_num<=16'h0000;end
//移动输出 4 个键值
    else if(Key_Flag) begin display_num<={display_num[11:0],Key_Value};
      new_KeyFlag<=1'b1;
    end                                    //new_rdyOut 提示下级模块键值有更新
    else new_KeyFlag<=1'b0;
endmodule
```

4. 实验现象

开发板上的 4 个数码管显示 4 次按下按键的键值，每当有新的按键被按下，显示的键值左移一位。核心板上的 4 个 LED 等用来显示当前键值的状态，比如最新的是 4，对应的二进制数是 0100，对应的 LED 状态是亮—灭—亮—亮。矩阵键盘实验现象如图 8-76 所示。

图 8-76　矩阵键盘实验现象

8.15 旋转编码开关实验

8.15.1 旋转编码开关相关原理

旋转编码开关又称旋转编码器、数码电位器等，在电子产品中经常被使用。旋转编码开关具有能 360°旋转、调节范围广、调节速度可变、可控制、噪声小、寿命长的优点，其功能在一定程度上类似于普通电位器，但其结构、工作原理和使用方法与普通电位器完全不同，在数字电路中的应用有很多，如改变音量的大小、电动机的转速等。

旋转编码开关是一种可取代模拟电位器的器件，常用的旋转编码开关旋转一周输出 20 个脉冲，每个脉冲代表编码开关旋转了一定的角度。旋转编码开关有 3 脚和 5 脚的，5 脚的比 3 脚的多 2 个按键引脚，另外 3 个引脚的功能与只有 3 个引脚的旋转编码开关的引脚功能相同，实现旋转时脉冲输出，在对旋转编码开关进行右旋和左旋时，其输出波形如图 8-77(a)和图 8-77(b)所示。

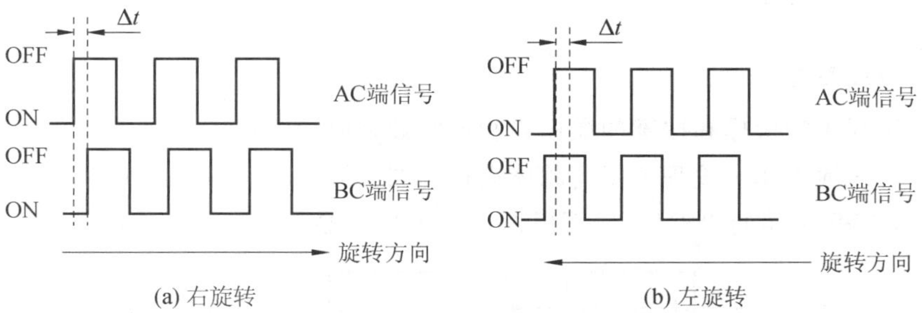

图 8-77　旋转编码开关右旋和左旋脉冲波形图

由图 8-77 可知，如果 AC 端信号由低电平变高电平输出，且 BC 端输出低电平，旋转编码开关就是右旋转；如果 AC 端信号由低电平变高电平输出，且 BC 端输出高电平，旋转编码开关就是左旋转。所以，在 FPGA 编程时只需要判断 AC 端出现上升沿时 BC 输出端当时的状态就可以判断旋转编码开关是左旋转还是右旋转了。

以 EC11 旋转编码开关(见图 8-78)为例。3 个引脚的一边一般是中间脚接地,两边脚接上拉电阻,EC11 左转、右转时,在两边脚就有脉冲信号输出了。另外一边的两只脚为按压开关,按下时导通,恢复时断开。在编程时,左转和右转的判别是难点,可用示波器观察旋转编码开关左转和右转时两个输出脚的信号相位差。

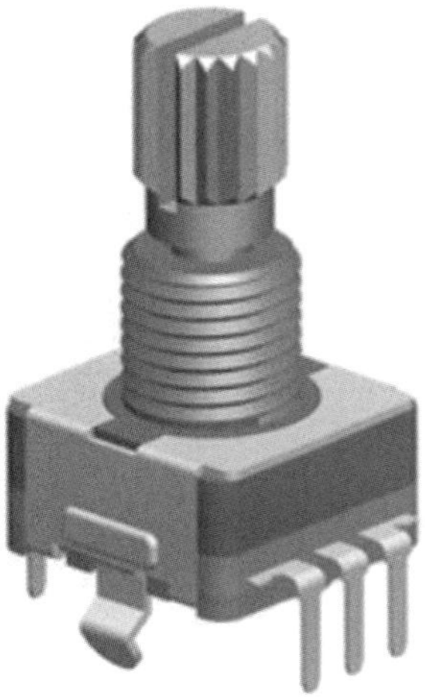

图 8-78　EC11 旋转编码开关

◆ 8.15.2　实验原理图

旋转编码开关实验原理图如图 8-79 所示。本实验需要用到 12 个 LED,旋转编码开关有 5 个引脚,2、5 脚接地,1、3、4 脚经上拉电阻接到 FPGA 控制 I/O 口。

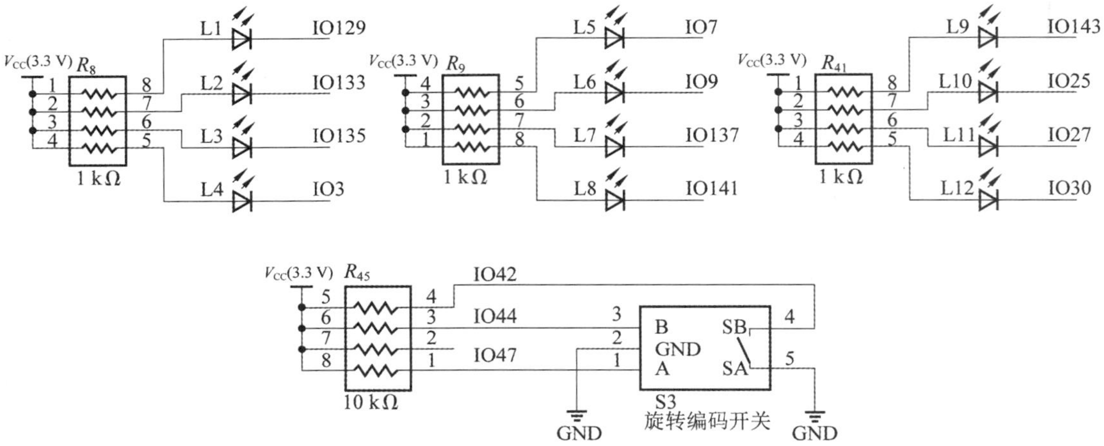

图 8-79　旋转编码开关实验原理图

◆ 8.15.3　实验设计

1. 实验设计原理

旋转编码开关的操作和按键的操作有相似之处,都存在抖动干扰,因此需要经过消抖处理才能稳定可靠地工作。编程采用的总体设计框图如图 8-80 所示,A、B 两端中只需要对 A 端消抖即可,判断 A 端的边沿信号,再根据 B 端的电平高低确定是左旋转还是右旋转。

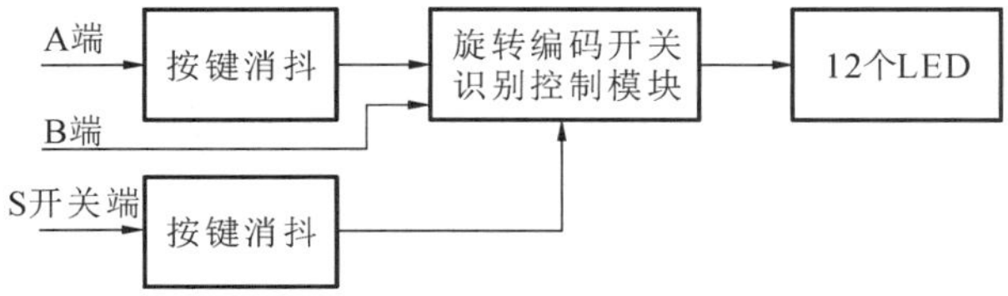

图 8-80　旋转编码开关程序设计总体设计框图

旋转编码开关实验顶层设计原理图如图 8-81 所示，包括按键消抖模块和旋转编码开关识别控制模块。

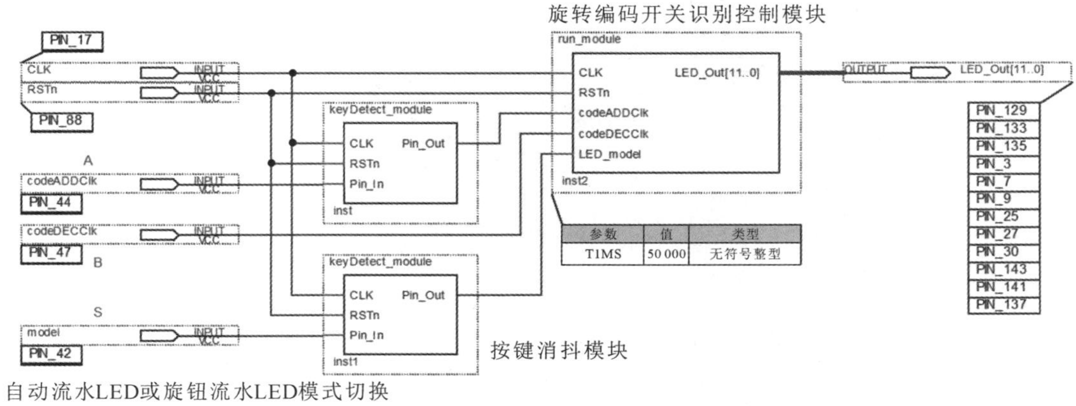

图 8-81　旋转编码开关实验顶层设计原理图

2. 实验设计要求

通过旋转编码开关控制开发板上的 12 个 LED 轮流点亮：左旋转时，在旋转脉冲的作用下 LED 逆时针轮流点亮；右旋转时，在旋转脉冲的作用下 LED 顺时针轮流点亮。没有旋转则 LED 保持当前状态。

旋转编码开关按下可以改变 LED 流水灯工作方式，一是在旋转编码开关控制下手动控制 LED 轮流点亮，二是在时钟控制下 LED 自动轮流点亮。

3. 实验代码

按键消抖模块程序前文已经给出，下面给出旋转编码开关识别控制模块 Verilog HDL 程序：

```
module run_module
(
CLK, RSTn,codeADDClk,codeDECClk,LED_model,LED_Out
);
input CLK;
input RSTn;
input codeADDClk;                                    //A 端口
input codeDECClk;                                    //B 端口
input LED_model;                                     //S 端口
output [11:0] LED_Out;
/*******************************************/
  parameter T1MS=16'd50_000;
/*******************************************/
  reg [15:0] Count1;
  always @(posedge CLK or negedge RSTn)
    if(!RSTn)
      Count1<=16'd0;
    else if(Count1==T1MS)                            //1 ms 计时
```

```
      Count1<=16'd0;
    else
      Count1<=Count1+1'b1;
/*****************************************/
  reg [9:0] Count_MS;
  always @(posedge CLK or negedge RSTn)
    if(!RSTn)
      Count_MS<=10'd0;
    else if(Count_MS==10'd500)//500 ms
      Count_MS<=10'd0;
    else if(Count1==T1MS)
      Count_MS<=Count_MS+1'b1;
/*****************************************/
  reg [11:0] rLED_Out;
  always @(posedge CLK or negedge RSTn)
    begin
      if(!RSTn)
        rLED_Out<=12'b111111111110;
      else if( model)                          //手动旋转控制 LED 流水灯
        begin
          if(codeDECClk==1'b1&&codeADDClk)     //判断旋转方向,右旋
            begin
              rLED_Out<={rLED_Out[10:0],rLED_Out[11]};
            end
          else if(codeDECClk==1'b0&&codeADDClk) //判断旋转方向,左旋
            begin
              rLED_Out<={rLED_Out[0],rLED_Out[11:1]};
            end
        end
      else
        begin
          if(Count_MS==10'd500)                 //自动旋转控制 LED 流水灯
          rLED_Out<={rLED_Out[10:0],rLED_Out[11]};
        end
    end
/*****************************************/
  reg model;
  always @(posedge CLK or negedge RSTn)
    begin
      if(!RSTn)
        model<=1'b0;
      else if(LED_model)
        begin
```

```
            model<=~model;        //工作模式切换
          end
      end
/*******************************************/
    assign LED_Out=rLED_Out;
endmodule
```

4. 实验现象

开发板上左下角的旋钮就是旋转编码开关，下载程序后旋转旋钮就可以看到 LED 随旋钮转动而变化，旋钮旋转输出一个脉冲信号，流水式点亮下一个 LED，按下旋钮可以将 LED 改为手动或自动工作模式。旋转编码开关实验现象如图 8-82 所示。

图 8-82　旋转编码开关实验现象

第 9 章 宏功能模块的使用

9.1 PLL 的使用

9.1.1 PLL 简介

随着系统时钟频率逐步提升，I/O 性能要求也越来越高。在实现内部逻辑时，往往需要多个频率和相位的时钟，于是，人们在 FPGA 内部设计了一些时钟管理元件，锁相环（phase locked loop，PLL）就是利用这样的元件形成的电路。一般来说，锁相环是由模拟电路实现的，其结构如图 9-1 所示。

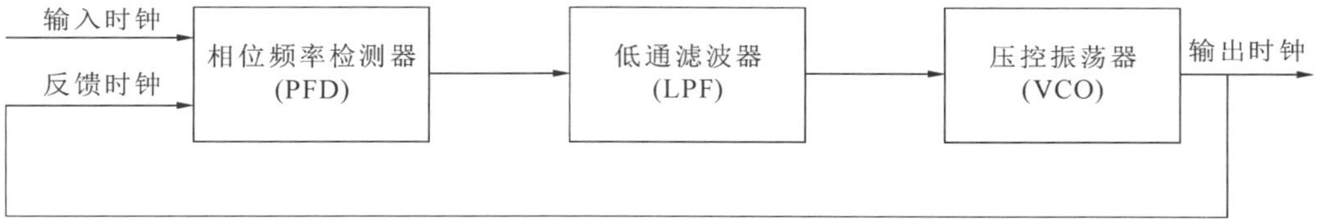

图 9-1　PLL 结构

PLL 工作原理：压控振荡器（VCO）通过自振输出一个时钟，同时反馈给输入端的相位频率检测器（PFD），PFD 通过比较输入时钟和反馈时钟的相位来判断 VCO 输出的快慢，同时输出 pump-up 或 pump-down 信号给环路中的低通滤波器（LPF），LPF 把这些信号转换成电压信号，用来控制 VCO 的输出频率；当 PFD 检测到输入时钟和反馈时钟边沿对齐时，锁相环就锁定了。

9.1.2 使用 FPGA 中的 PLL

例如，开发板的输入时钟频率是 50 MHz，如果我们想得到一个 100 MHz 的稳定时钟，可调用 PLL 宏功能模块来产生 2 倍频时钟（100＝2×50），过程如下。

（1）写 Verilog HDL 程序：

```
module PLL(rst,clk,led);
  input clk,rst;
  output led;
  reg rst;
  wire c0;
```

```
//调用 PLL
PLL_100M PLL_ctrl_inst(
.inclk0(clk),              // inclk0 接的是时钟
.c0(c0)                    // c0 输出想要分频的时钟信号
);
reg [28:0] cnt;
always @(posedge c0 or negedge rst)
  begin
    if(!rst)
      cnt<=0;
    else
      cnt<=cnt+1'b1;
  end
assign led=cnt[26];
endmodule
```

其中包含一个用户自己定义的或直接引用软件自带的模块(类似于C语言的函数调用)。

(2) 配置 PLL 宏功能模块。

PLL 配置详细说明:该 PLL 的输入时钟为 FPGA 外部的 50 MHz 晶振,希望得到一个 100 MHz(输入时钟的 2 倍频)的系统时钟供 FPGA 内部使用。该 PLL 的输入输出接口定义如表 9-1 所示。

表 9-1　PLL 的输入输出接口定义

信号名	方向	功能描述
inclk0	输入	PLL 输入时钟
areset	输入	PLL 复活信号,高电平有效
c0	输出	PLL 输出时钟
locked	输出	该信号用于指示 PLL 处理后的时钟已经稳定输出,高电平有效

PLL 的配置步骤如下:

① 如图 9-2 所示,在 Quartus Ⅱ 的菜单栏选择"Tools"→"MegaWizard Plug-In Manager"。

② 出现如图 9-3 所示的对话框,使用默认选项"Create a new custom megafunction variation",点击"Next"按钮。

③ 在如图 9-4 所示的对话框,进行以下配置:

在"Select a megafunction from the list below"窗口内展开"I/O"列表,选择"ALTPLL"。

在"Which type of output file do you want to create?"下的选项中选择"Verilog HDL",这是配置 PLL 内核使用的语言,一般选择此项。

在"What name do you want for the output file?"下的框里默认会出现当前设计工程的路径,需要设计者在后面手动输入例化的 PLL 的名字,这里输入的为"PLL_100M"。

图 9-2 选择"MegaWizard Plug-In Manger"

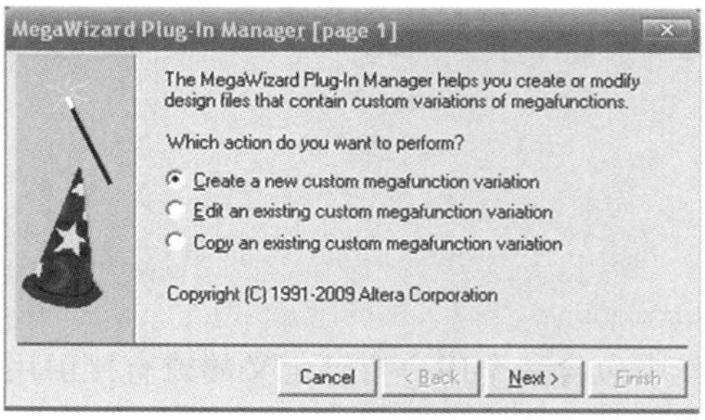

图 9-3 对话框及其默认选项

完成以上配置，点击"Next"按钮。

④ 在如图 9-5 所示的对话框中，进行输入时钟配置：

在"General"选项区的"Which device speed grade will you be using?"项处选择该工程所使用的器件速度等级，此处速度等级是 8。

在"What is the frequency of the inclock0 input?"项处选择 PLL 输入时钟的频率(50 MHz)。其他选项使用默认值即可。点击"Next"按钮。

⑤ 在如图 9-6 所示的对话框中，进行以下控制信号配置：

在"Optional inputs"选项区内取消勾选"Create an 'areset' input to asynchronously reset the PLL"(这里是复位输入，我们先不用)。

在"Lock output"选项区中取消勾选"Create 'locked' output"(这里是时钟稳定输出信号，我们先不用)，其他选项使用默认值即可。点击"Next"按钮。

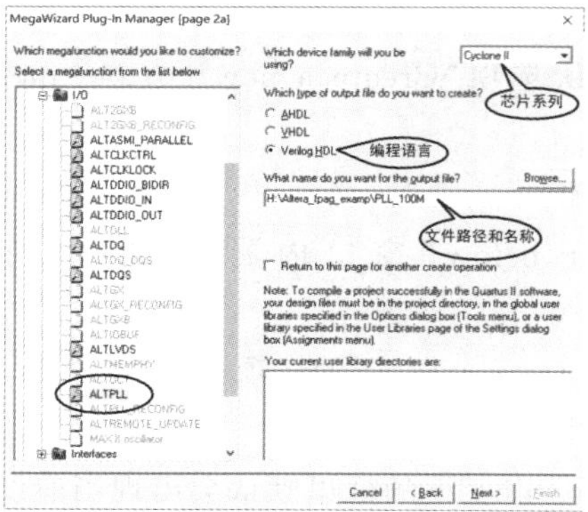

图 9-4 ALTPLL 配置对话框

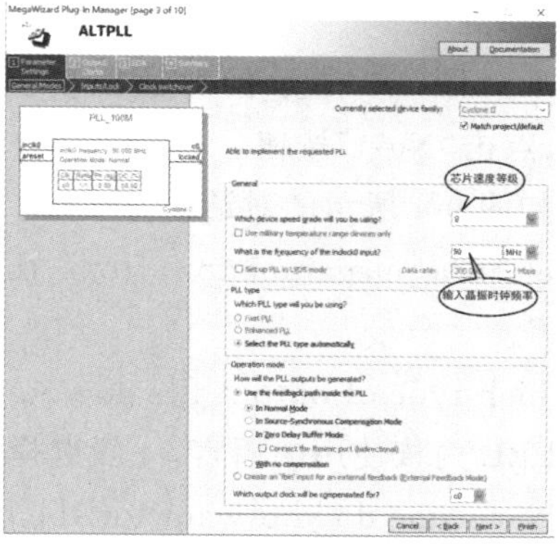

图 9-5 配置输入时钟对话框

⑥ 配置输出时钟 c0 的相关参数，如图 9-7 所示。

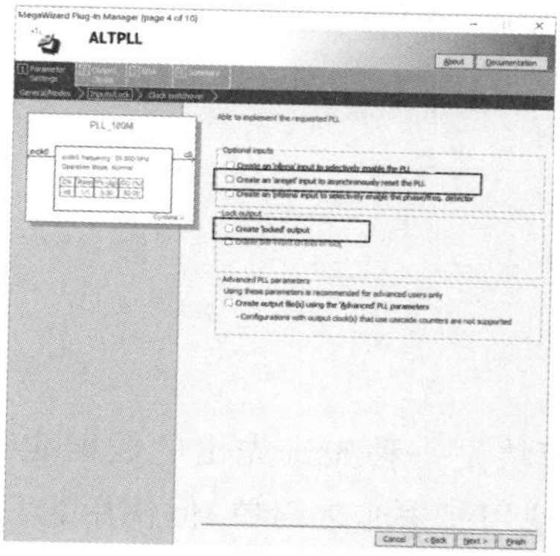

图 9-6　配置控制信号对话框

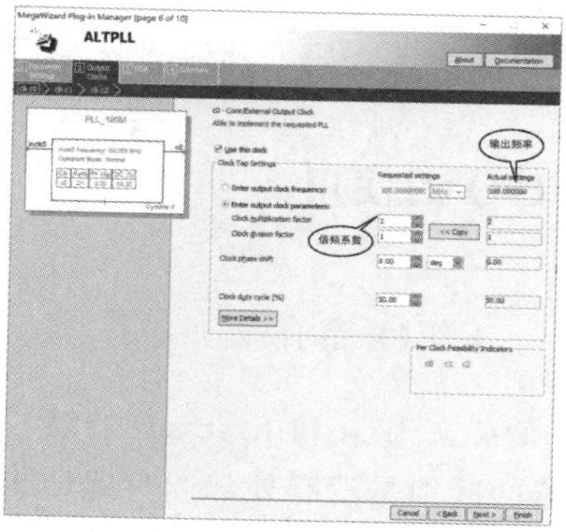

图 9-7　配置输出时钟 c0 的相关参数

设计者可以在“Enter output clock frequency”后面输入希望得到的 PLL 的输出时钟频率，也可以在“Enter output clock parameters”后面设置相应的输出时钟和输入时钟的频率关系。

“Clock Multiplication factor”后可输入倍频系数，“Clock division factor”后输入分频系数，二者决定了输出时钟频率。

在“Clock phase shift”中可以设置相位偏移。

在“Clock duty cycle”中可以设置输出时钟占空比。

设置后点击“Next”按钮。

⑦ “clk c1”是可选的，用户需要第二个输出时钟时可以开启该输出时钟，相应勾选“Use this clock”后和第⑥步类似地进行配置即可。我们这里只用一个就可以了。配置 c1 的界面如图 9-8 所示。

⑧ “EDA”选项界面如图 9-9 所示，其中列出了用户在对例化了的 PLL 模块工程进行仿真时需要添加的仿真库文件，用户可以到 Quartus Ⅱ安装文件夹下找到该文件。点击“Next”按钮。

⑨ “Summary”选项界面如图 9-10 所示，其中罗列了该 PLL 最终的输出文件。对一些主要的输出文件说明如下：

PLL_100M. v 是变异文件，是 PLL 内部的控制核。

PLL_100M_inst. v 是模板的例化文件，用户可以直接复制使用这个文件里的例化程序。

有时会出现 PLL_100M_wave. jpg 文件，这是用户所配置的 PLL 的波形示例，勾选后可以在工程目录下找到，可查看波形是否符合预定的要求，它和仿真后的波形应该是一致的。

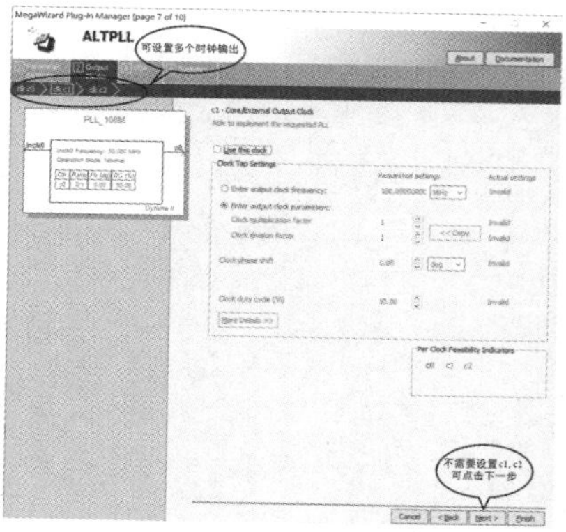

图 9-8　配置 c1 的界面

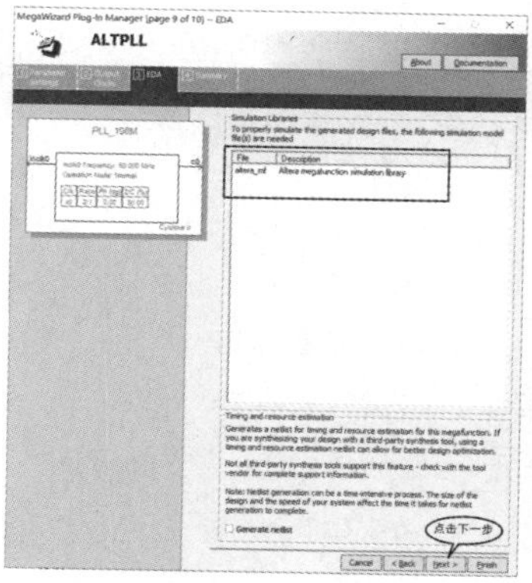

图 9-9　“EDA”选项界面

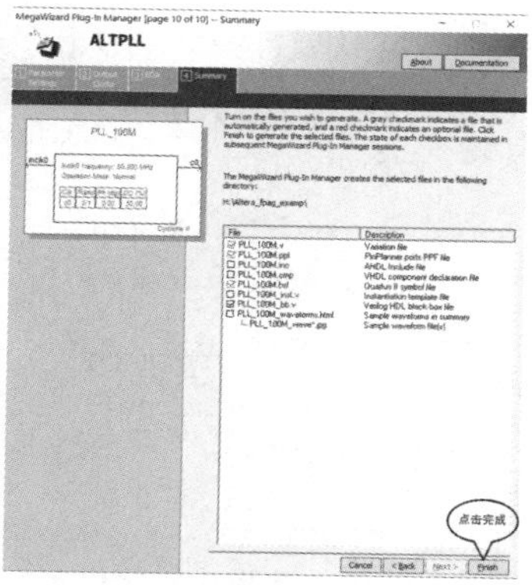

图 9-10　“Summary”选项界面

(3) PLL 配置完成后，需要将 PLL 例化到工程中。

(4) 设计者完善代码的其他部分，编译工程。

9.2 FIFO 的使用

9.2.1 FIFO 简介

FIFO 是英文 first in first out 的缩写，FIFO 模块是一种先进先出的数据缓存器，它与普通存储器的区别是没有外部读写地址线，这令它使用起来非常简单，但使用它只能顺序写入数据与顺序读出数据，其数据地址由内部读写指针自动加 1 完成，不能像普通存储器那样由地址线决定读取或写入某个指定的地址。

9.2.2 使用 FPGA 中的 FIFO

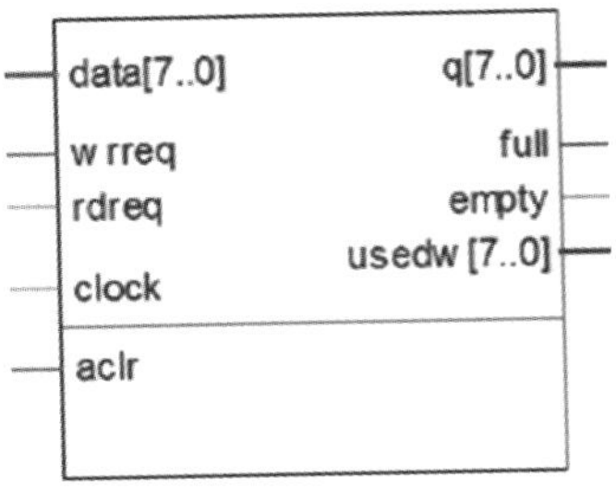

图 9-11 FIFO 逻辑符号

FIFO 逻辑符号如图 9-11 所示。

输入信号如下：

① 时钟信号 clock；

② 异步清零信号 aclr；

③ 写信号 wrreq；

④ 读信号 rdreq；

⑤ 数据输入信号 data[7..0]。

输出信号如下：

① 数据读出 q[7..0]；

② 存储器为空 empty；

③ 存储器为满 full；

④ 有效数据量 usedw [7..0]。

此处要设计一个从数据输入端输入数字 0～9 并通过仿真验证输出(不用清零端)的 FIFO 宏功能模块，步骤如下：

(1) 写 Verilog HDL 程序：

```
module FIFO(clk,reset,dout);
//输入端口
  input clk,reset;
//输出端口
  output [7:0] dout;
//寄存器定义
  reg [7:0] data_buf;          //数据寄存器
  reg [1:0] wr_buf;            //读写寄存器
//信号线定义
  wire empty,full;
//FIFO 宏模块实例化
  FIFO_EXAM fi(
```

```
    .clock(clk),
    .data(data_buf),
    .rdreq(wr_buf[0]),
    .wrreq(wr_buf[1]),
    .empty(empty),
    .full(full),
    .q(dout)
    );
  //时序控制部分
  always @(posedge clk or negedge reset)
    begin
      if(!reset) begin //系统复位
        data_buf[7:0]<=8'b0;//数据寄存器清零
        wr_buf[1:0]<=2'b0;//读写寄存器清零
      end
      else
        begin
          if((data_buf<8'h9))
            begin
              data_buf<=data_buf+1'b1;
              if(!full) wr_buf[1]<=1'b1;
              else wr_buf[1]<=1'b0;
              if(!empty) wr_buf[0]<=1'b1;
              else wr_buf[0]<=1'b0;
            end
          else
            begin
              data_buf<=8'h0;
            end
        end
    end
endmodule
```

（2）配置 FIFO 宏功能模块。

假定设计者已经新建了一个工程，需要配置一个 FIFO 模块。

FIFO 的配置步骤如下：

① 在 Quartus Ⅱ的菜单栏选择“Tools”→“MegaWizard Plug-In Manager”，如图 9-2 所示。

② 使用默认选项“Create a new custom megafunction variation”，如图 9-3 所示，点击“Next”按钮。

③ 在如图 9-12 所示的对话框中，进行以下配置：

在“Select a megafunction from the list below”窗口内展开“Memory Compiler”，选择“FIFO”。

在“Which type of output file do you want to create?”下的选项中选择“Verilog HDL”，这是配置 FIFO 的语言，一般选择此项。

在“What name do you want for the output file?”下的框里默认会出现当前设计工程的路径，需要设计者在后面手动输入例化的 FIFO 名，这里输入的名字为“FIFO_EXAM”。

完成以上配置，点击“Next”按钮。

④ 在如图 9-13 所示的对话框中，进行参数配置。

此处不改变任何配置，直接用默认值。然后点击“Finish”。

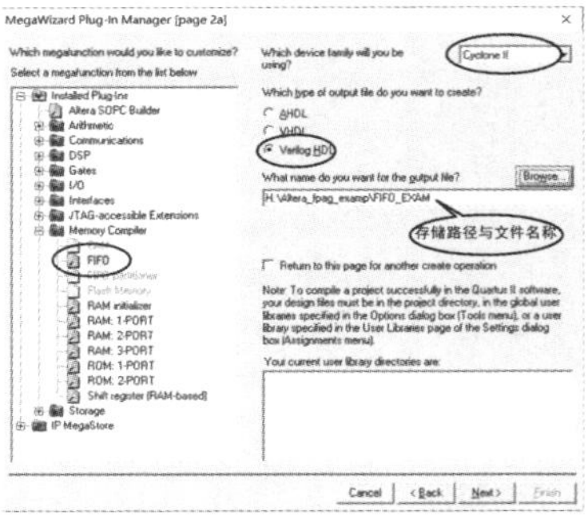

图 9-12　FIFO 配置对话框

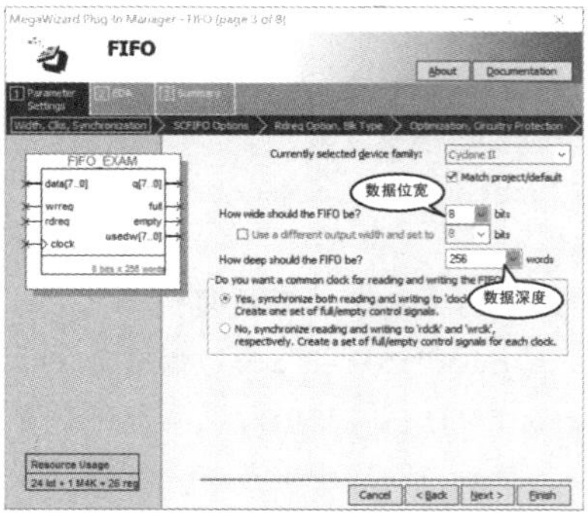

图 9-13　FIFO 参数配置对话框

⑤ 回到 Quartus Ⅱ 中，FIFO 相关显示如图 9-14 所示。

其中的 FIFO_EXAM. v 文件就是我们用来实例化的 Verilog 文件。

⑥ 右键点击 “FIFO. v”，选择“Set as Top-Level Entity”，如图 9-15 所示。

⑦ 进行语法检测，通过后就可以进行仿真测试了。测试波形图如图 9-16 所示。

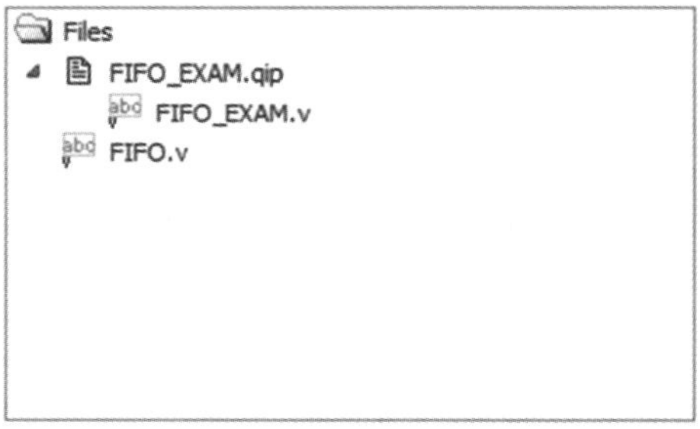

图 9-14　FIFO 相关显示

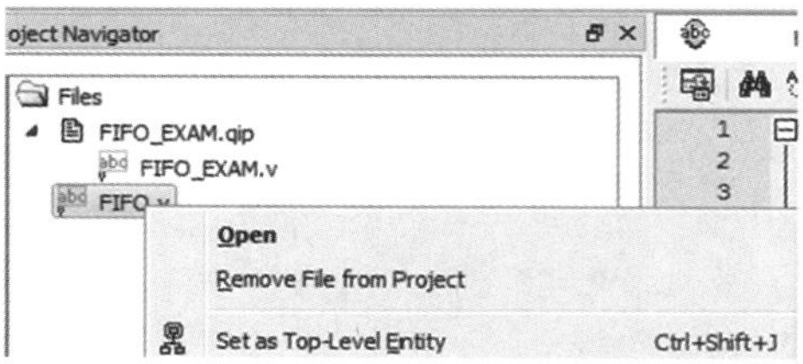

图 9-15　选择“Set as Top-Level Entity”

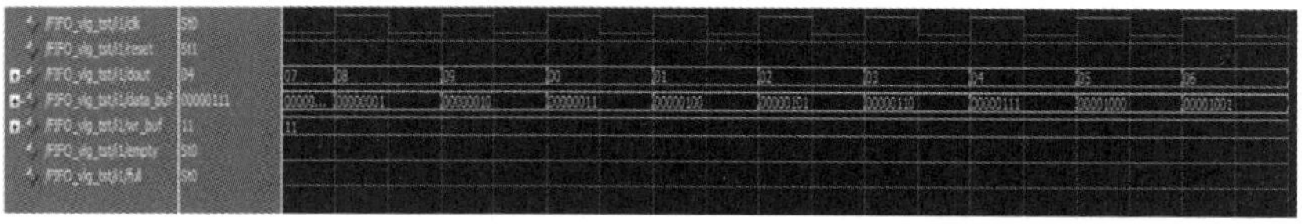

图 9-16　FIFO 测试波形图

9.3 RAM 的使用

9.3.1 Altera FPGA 内嵌 RAM

在 Stratix Ⅳ 和 Stratix Ⅲ 系列的 FPGA 中有 3 种内嵌的 RAM 块，分别是 640 b 的

MLAB、9 Kb 的 M9K，以及 144 Kb 的 M144K。实际应用中需要缓存各种类型的数据，这 3 种大小不同的 RAM 块就是为了满足用户的不同的设计需求。

Altera 新一代的 FPGA 内部的 RAM 都是纯同步 RAM，也就是说，其读写操作都是由时钟沿触发的。RAM 块的输入地址、数据和读写全能信号均有一输入寄存器级，中间可以看作一个纯异步读写的 RAM 内核，而输出的数据也有一输出寄存器级，该寄存器级是用户可选的，可使输出数据延迟一拍。RAM 块的输入和输出寄存器级如图 9-17 所示。

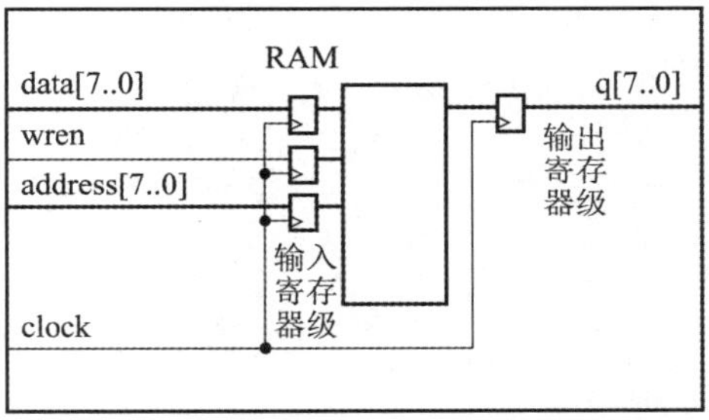

图 9-17　RAM 块的输入和输出寄存器级

Altera 的同步 RAM 的读写时序如图 9-18 所示，加上输出寄存器级后，读出数据延时了一个时钟周期，输出延时非常小，适合应用于时钟频率较高的场合。

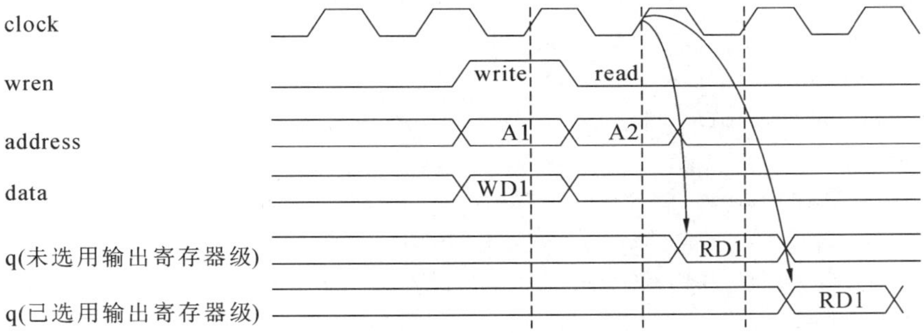

图 9-18　Altera 的同步 RAM 的读写时序

◆ 9.3.2　使用 FPGA 中的 RAM

RAM 块的输入信号如下：

① 时钟信号 clock；

② 读写信号 wren；

③ 数据输入信号 data[7..0]；

④ 地址输入信号 address[7..0]。

输出信号为数据读出信号 q[7..0]。

此处要设计一个从数据输入端输入数字 0～9 并通过仿真验证输出的 RAM 模块，步骤如下：

(1) 写 Verilog HDL 程序：

```
module RAM(clk,reset,dout);
  input clk,reset;
  output [7:0] dout;
//寄存器定义
```

```
  reg Forward;                                      //高电平表示正向计时
  reg [7:0] counter;                                //0~9
//信号线定义
  wire [7:0] data_buf;
  wire wren;
  wire [7:0] address_buf;
//RAM宏模块的实例化
  RAM_EXAM(
  .address(address_buf),
  .clock(clk),
  .data(data_buf),
  .wren(wren),
  .q(dout));
//信号线的控制
  assign address_buf=counter;
  assign wren=(Forward)?1'b1:1'b0;                  //正向写,反向读
  assign data_buf=(Forward)?address_buf:8'hzz;      //正向写入数据
//主时序控制
  always @(posedge clk or negedge reset)
    begin
      if(!reset) begin
        counter<=8'h0;
        Forward<=1'b1;
      end
      else if(Forward)
        begin
          if(counter<8'h9)
            begin
              counter<=counter+1'b1;
            end
          else
            begin
              Forward<=1'b0;                        //反向,读数据
              counter<=8'h0;
            end
        end
      else
        begin
          if(counter<8'h9)
            begin
              counter<=counter+1'b1;
            end
          else
            begin
              Forward<=1'b1;                        //正向,写入数据
```

```
                counter<=8'h0;
              end
          end
      end
  endmodule
```

（2）配置 RAM。

假定设计者已经新建了一个工程，需要配置一个 RAM。

RAM 的配置步骤如下：

① 如图 9-2 所示，在 Quartus Ⅱ 的菜单栏选择“Tools”→“MegaWizard Plug-In Manager”。

② 如图 9-3 所示，使用默认选项“Create a new custom megafunction variation”，点击“Next”按钮。

③ 在如图 9-19 所示的对话框中，进行以下配置：

在“Select a megafunction from the list below”窗口内展开“Memory Compiler”，选择“RAM：1-PORT”。

在“Which type of output file do you want to create?”下的选项中选择“Verilog HDL”，这是配置 RAM 的语言，一般选择此项。

在“What name do you want for the output file?”下的框里默认会出现当前设计工程的路径，需要设计者在后面手动输入例化的 RAM 的名字，这里输入的名字是“RAM_EXAM”。

完成以上配置，点击“Next”按钮。

④ 在如图 9-20 所示的对话框中，进行参数配置。

此处不改变任何配置，直接用默认值。点击“Finish”。

⑤ 回到 Quartus Ⅱ中，可看到 RAM_EXAM. v 文件，这就是我们用来实例化的 Verilog 文件。

⑥ 右键点击“RAM. v”，选择“Set as Top-Level Entity”。

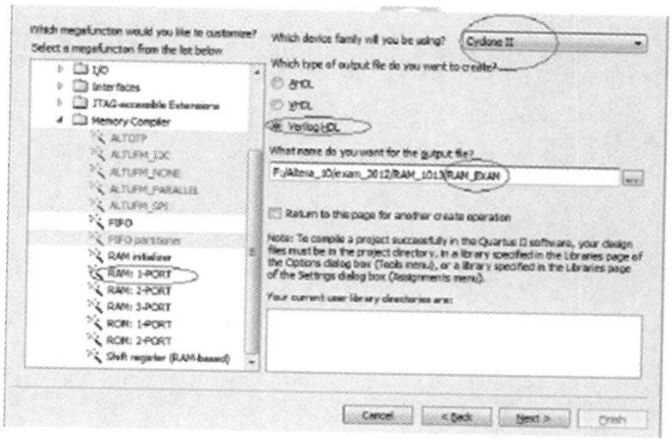

图 9-19　RAM 配置对话框

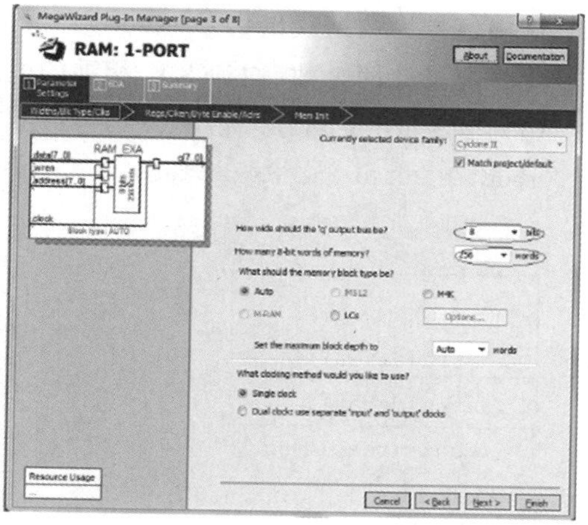

图 9-20　RAM 参数配置对话框

⑦ 点击编译按钮进行语法检测，通过后就可以进行仿真测试了。测试波形图如图 9-21 所示。

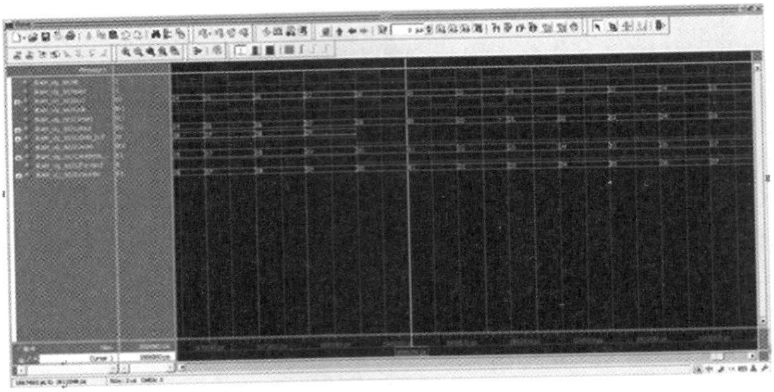

图 9-21　RAM 测试波形图

9.4 乘法器的使用

9.4.1　乘法器简介

FPGA 内部带有乘法器，比使用 FPGA 的 LE 资源构建成的乘法器性能更加优越。乘法器简单来说就是实现乘法运算。

9.4.2　使用 FDGA 中的乘法器

乘法器逻辑符号如图 9-22 所示。

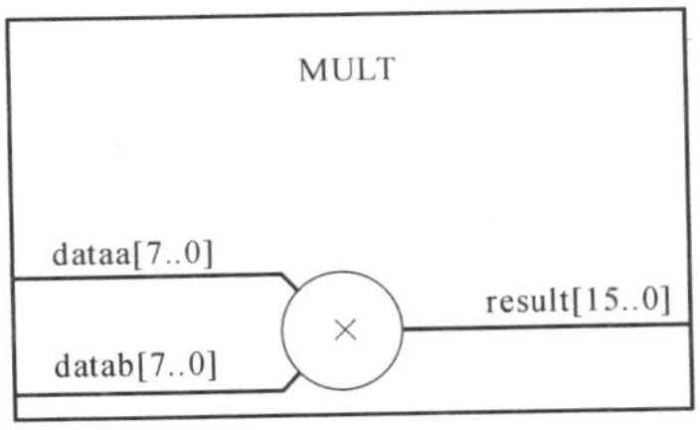

图 9-22　乘法器逻辑符号

输入信号如下：

① 数据输入信号 dataa[7..0]；

② 数据输入信号 datab[7..0]。

输出信号为数据读出信号 result[15..0]。

此处要设计两个数(均为 8 b)相乘的电路，步骤如下：

(1) 写 Verilog HDL 程序：

```
module MULT(dataa,datab,result);
  input [7:0] dataa,datab;
  output [15:0] result;
  MULT_EXAM mul(
  .dataa(dataa),
  .datab(datab),
  .result(result));
endmodule
```

(2) 配置 MULT。

假定设计者已经新建了一个工程，需要配置一个 MULT。MULT 的配置步骤如下：

① 如图 9-2 所示，在 Quartus Ⅱ的菜单栏选择“Tools”→“MegaWizard Plug-In Manager”。

② 如图 9-3 所示，使用默认选项“Create a new custom megafunction variation”，点击

“Next”按钮。

③ 在如图 9-23 所示的对话框中,进行以下配置:

在“Select a megafunction from the list below”窗口内展开“Memory Compiler”,选择“LPM_MULT”。

在“Which type of output file do you want to create?”下的选项中选择“Verilog HDL”,这是配置 MULT 的语言,一般选择此项。

在“What name do you want for the output file?”下的框里默认会出现当前设计工程的路径,需要设计者在后面手动输入例化的 MULT 的名字,这里输入的名字为“MULT_EXAM”。

完成以上配置,点击“Next”按钮。

④ 在如图 9-24 所示的对话框中,进行参数配置。

此处不改变任何配置,直接用默认值。然后点击 “Finish”。

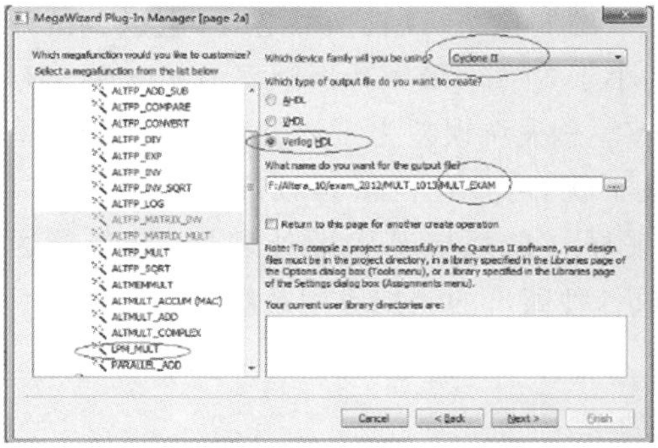

图 9-23　MULT 配置对话框

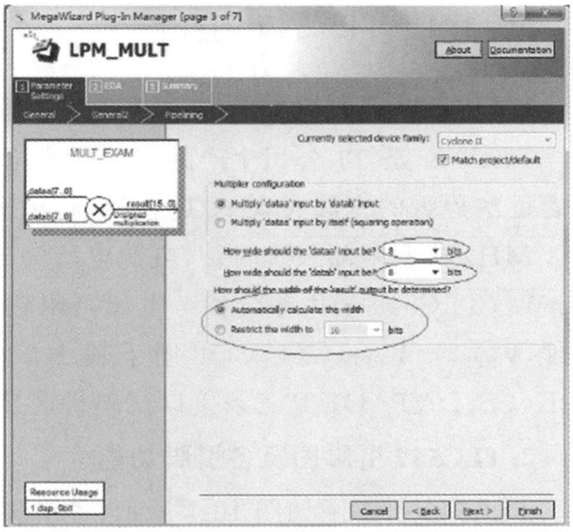

图 9-24　MULT 参数配置对话框

⑤ 回到 Quartus Ⅱ 中,MULT 相关显示如图 9-25 所示。

其中的 MULT_EXAM. v 文件就是我们用来实例化的 Verilog 文件。

⑥ 右键点击 “mult. v”,选择 “Set as Top-Level Entity”。

⑦ 点击编译按钮进行语法检测,通过后就可以进行仿真测试了。测试波形图如图 9-26 所示。

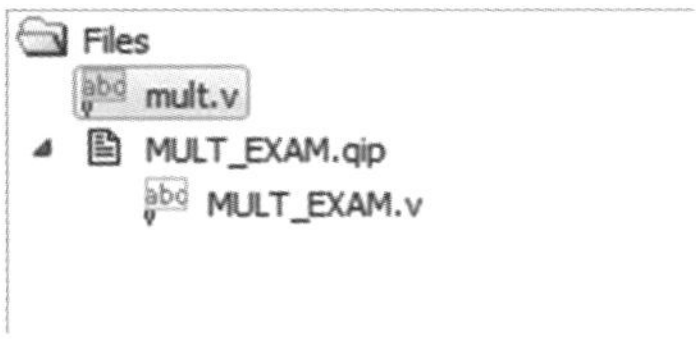

图 9-25　MULT 相关显示

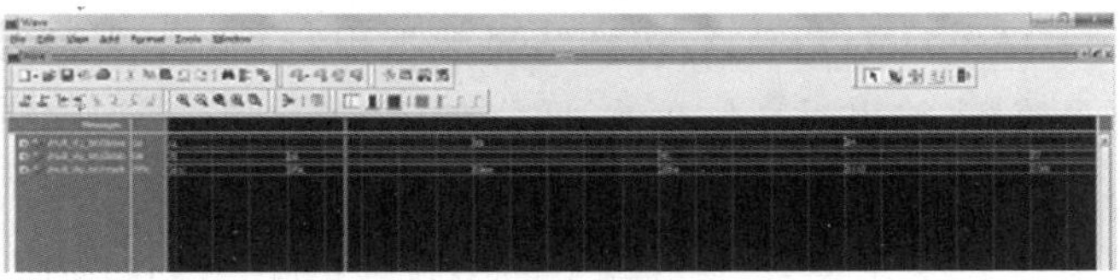

图 9-26　MULT 测试波形图

第10章 开发板进阶实验

10.1 AD_TLC549 采集电压表

10.1.1 TLC549 简介

1. TLC549 芯片介绍

TLC549 是 TI 公司生产的一种低价位、高性能的 8 位 A/D 转换器芯片，它以 8 位开关电容逐次逼近的方法实现 A/D 转换，其转换时间小于 17 μs，最大转换频率为 40 000 Hz，拥有 4 MHz 典型内部系统时钟，电源电压为 3～6 V。总失调误差为±0.5LSB，典型功耗值为 6 mW。TLC549 采用差分参考电压高阻输入，抗干扰，可按比例量程校准转换范围，V_{REF-} 接地，$V_{REF+} - V_{REF-} \geqslant 1$ V，可用于较小信号的采样。它可与通用微处理器、控制器通过 CLK、CS、DATAOUT 三条接口线串行连接，构成各种廉价的测控应用系统。

2. TLC549 引脚图及各引脚功能

TLC549 引脚图如图 10-1 所示，各引脚功能如下：

REF+：正基准电压输入，$2.5\ V \leqslant V_{REF+} \leqslant (V_{CC}+0.1\ V)$。

REF-：负基准电压输入，$-0.1\ V \leqslant V_{REF-} \leqslant 2.5\ V$ 且 $V_{REF+} - V_{REF-} \geqslant 1\ V$。

VCC：系统电源，$3\ V \leqslant V_{CC} \leqslant 6\ V$。

GND：接地。

$\overline{CS}$：芯片选择输入，要求输入高电平时 $V_{IN} \geqslant 2$ V，输入低电平时 $V_{IN} \leqslant 0.8$ V。

DATAOUT(D0)：转换结果数据串行输出，与 TTL 电平兼容，输出时高位在前、低位在后。

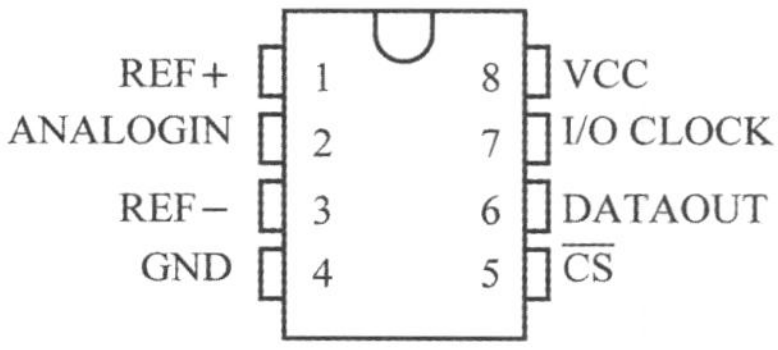

图 10-1 TLC549 引脚图

ANALOGIN(AIN)：模拟信号输入，当 $0 \leqslant V_{ANALOGIN} \leqslant V_{CC}$。当 $V_{ANALOGIN} \geqslant V_{REF+}$ 时，转换结果全为“1”(0FFH)；当 $V_{ANALOGIN} \leqslant V_{REF-}$ 时，转换结果全为“0”(00H)。

I/O CLOCK(CLK)：外接输入/输出时钟。同步芯片的输入、输出操作无须与芯片内部系统时钟同步。

3. TLC549 工作时序

TLC549 有片内系统时钟，该时钟与 I/O CLOCK 是独立工作的，无须特殊的速度或相位匹配。当 CS 为高时,数据输出(DATAOUT)端处于高阻状态,此时 I/O CLOCK 不起作用。这种 CS 控制允许在同时使用多片 TLC549 时共用 I/O CLOCK,以减少多路(片)A/D 并用时的 I/O 控制端口。

当 CS 变为低电平后,TLC549 芯片被选中,同时前次转换结果的最高有效位 MSB(A7)自 DATAOUT 端输出,接着要求自 I/O CLOCK 端输入 8 个外部时钟信号,前 7 个 I/O CLOCK 信号的作用是配合 TLC549 输出前次转换结果的 A6～A0 位,并为本次转换做准备:在第 4 个 I/O CLOCK 信号由高至低跳变之后,片内采样/保持电路对输入模拟量的采样开始,第 8 个 I/O CLOCK 信号的下降沿使片内采样/保持电路进入保持状态并启动 A/D 转换器开始转换。转换时间为 36 个系统时钟周期,最大为 17 μs。在 A/D 转换器转换完成前的这段时间内,TLC549 的控制逻辑要求:CS 保持高电平,或者 I/O CLOCK 时钟端保持 36 个系统时钟周期的低电平。由此可见,在 TLC549 的 I/O CLOCK 端输入 8 个外部时钟信号后需要完成以下工作:① 读入前次 A/D 转换结果;② 对本次转换的输入模拟信号进行采样并保持;③ 启动本次 A/D 转换。TLC549 工作时序如图 10-2 所示。

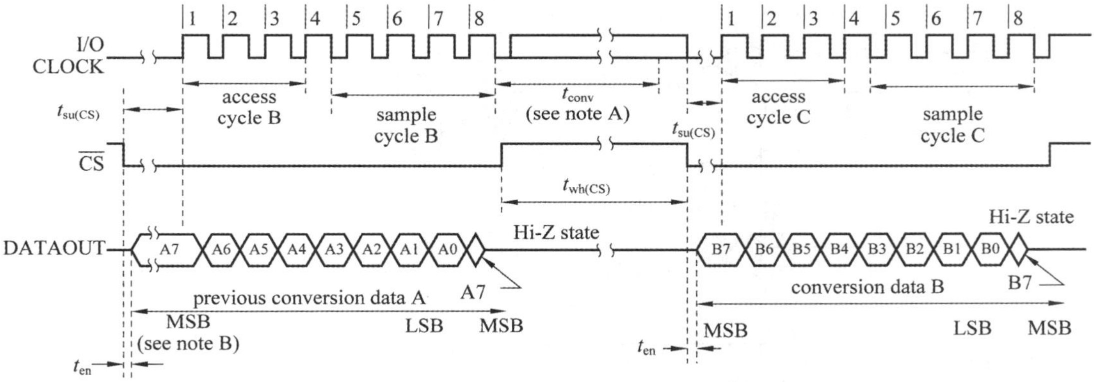

图 10-2　TLC549 工作时序

10.1.2　TLC549 采集电压表实验设计要求

在开发板上,已经有 TLC549 芯片。要求采用 TLC549 来完成一个模拟电压检测的实验,并将检测到的电压显示到 4 位数码管上,方便与实际的电压进行比较。开发板上 TLC549 芯片供电电压 V_{CC} = 5 V,参考电压 V_{REF+} = 5 V,V_{REF-} = 0。

10.1.3　采集电压表设计原理图

从图 10-3 所示的 TLC549 电路原理图中可看出,R_{R2} 是可调电位器,通过 J6 接口的 1、2 脚用跳线帽短接,方便提供可调测试电压(0～5 V);通过 J6 接口的引脚 1 也可以从外部引入测试电压。TLC549 的 3 个控制引脚串联 100 Ω 的保护电阻,使保护电阻与 FPGA 引脚相连。FPGA 控制 AD_TLC549 芯片工作并读取、采集电压数值,经过转换处理后在数码管上显示出电压值。

数码管显示电路原理图如图 10-4 所示。

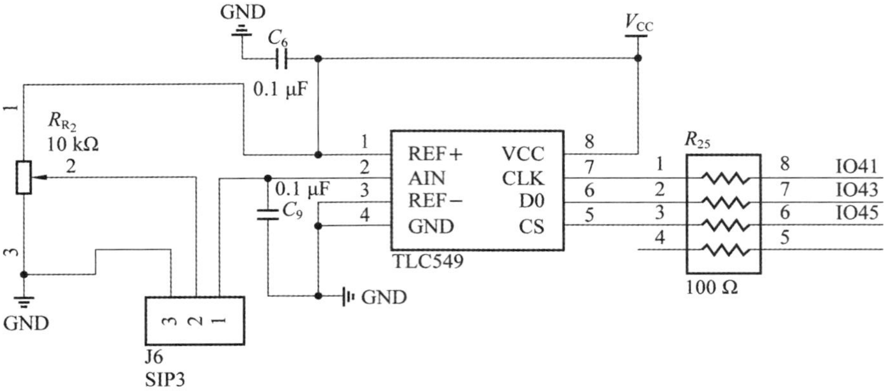

图 10-3　TLC549 电路原理图

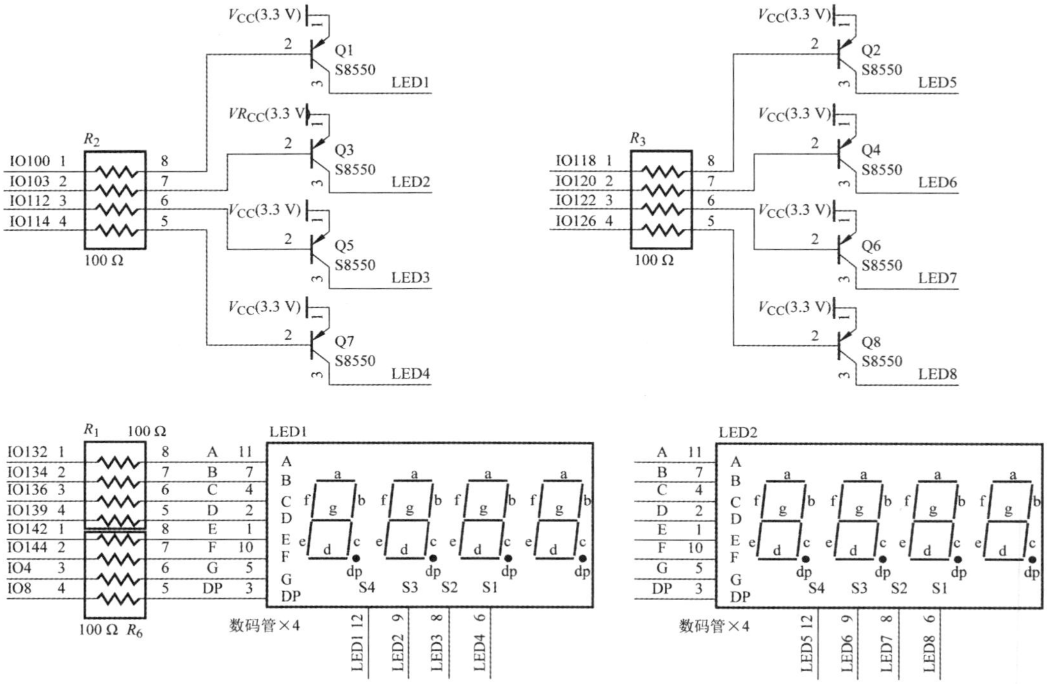

图 10-4　数码管显示电路原理图

10.1.4　程序设计

1. 设计思路

采集电压表总体设计框图如图 10-5 所示。AD 采集控制模块输出 TLC549 控制时序，读取电压值，送数码管动态扫描模块显示。

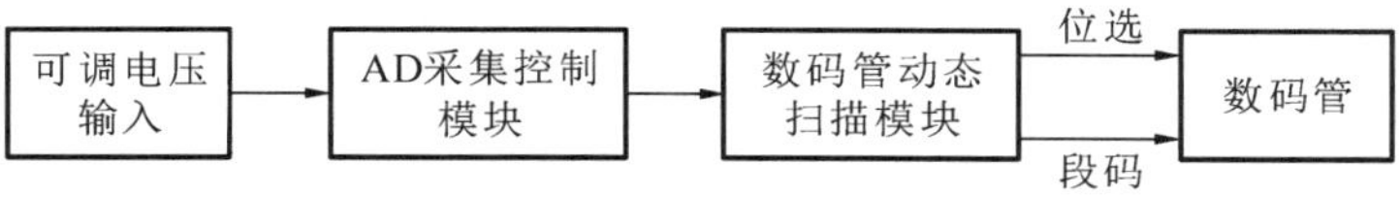

图 10-5　采集电压表总体设计框图

采集电压表实验顶层原理图如图 10-6 所示，包括 AD 采集控制模块和数码管动态扫描模块。

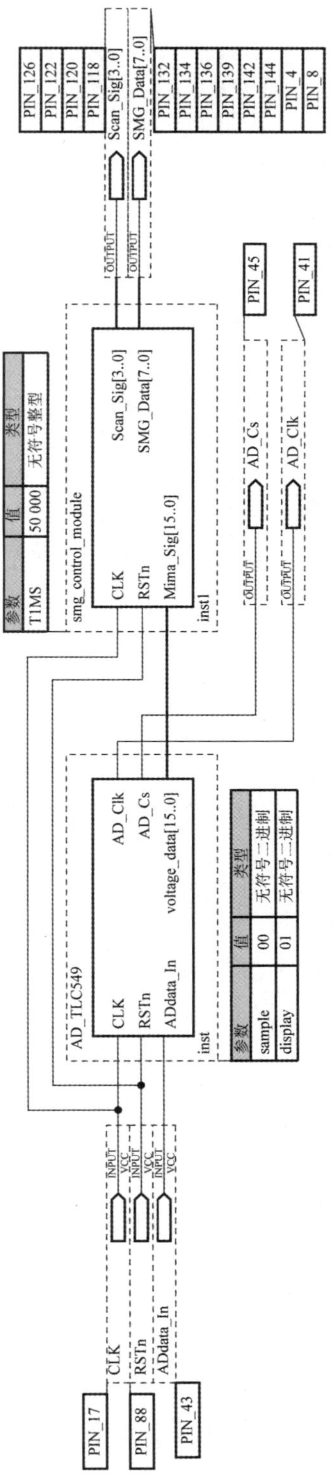

图 10-6　采集电压表实验顶层设计原理图

2. 程序代码

数码管动态扫描模块程序前文已经给出，下面给出 AD 采集控制模块 Verilog HDL 程序：

```
/***************************************************************************
**----------------------------- 文件信息---------------------------
**文件名称:AD_TLC549.v
**功能描述:使用 TLC549 芯片采集模拟信号
**操作过程:将模拟信号接到 TLC549 的输入管脚上
******************************************************************/
module AD_TLC549
(
 CLK,                                        //系统 50 MHz 时钟
 RSTn,                                       //复位
 AD_Clk,                                     //AD_TLC549 的时钟
 ADdata_In,                                  //AD_TLC549 的数据口
 AD_Cs,                                      //AD_TLC549 的片选择
 voltage_data                                //采集的电压数据
);
 input              CLK;                     //系统 50 MHz 时钟
 input              RSTn;                    //复位
 input              ADdata_In;               //AD_TLC549 的数据口
 output             AD_Cs;                   //AD_TLC549 的片选择
 output             AD_Clk;                  //AD_TLC549 的时钟
 output reg [15:0]  voltage_data;            //采集的电压数据
 reg                start;
 reg                AD_Cs,AD_Clk,CLK1ms;
 reg [15:0]         count;
 reg [24:0]         count1ms;
 reg [3:0]          cnt;
 reg [1:0]          state;
 reg [7:0]          dataout;
 reg [16:0]         tenvalue;
 parameter          sample=2'b00,
                    display=2'b01;
/**********产生 100 kHz 的采集时钟信号*********/
 always @(posedge CLK)
   begin
     if(count<=250)
       count<=count+1'b1;
     else
       begin
         count<=0;
           AD_Clk<=~AD_Clk;
```

```
       end
   end
/*******产生周期为 1 ms 即频率为 1 kHz 的信号*********/
  always @(posedge CLK)
    begin
      if(count1ms>25'd25000)
        begin
          CLK1ms<=~CLK1ms;
          count1ms<=0;
        end
      else
        count1ms<=count1ms+1'b1;
    end
/*********AD 采样程序**************/
  always @(negedge AD_Clk or negedge RSTn)
    begin
      if(RSTn==1'b0)
        begin
          state<=sample;
          AD_Cs<=1;  //关 AD 片选
          cnt<=0;
          tenvalue<=0;
          dataout<=0;
        end
      else
        begin
          case(state)
            sample:
              begin
                AD_Cs<=0;
                dataout[7:0]<={dataout[6:0],ADdata_In};
                if(cnt>4'd7)
                  begin
                    cnt<=0;
                    state<=display;
                  end
                else
                  begin
                    cnt<=cnt+1'b1;
                    state<=sample;
                  end
              end
            display:
              begin
```

```
                    if(cnt==0)
                      begin
                        cnt<=1'b1;
                        AD_Cs<=1;  //关 AD 片选
                        tenvalue<=dataout*16'd195;  //得到采集的数据
                        voltage_data[3:0]<=((tenvalue/10)%10);  //个位
                        voltage_data[7:4]<=((tenvalue/100)%10);  //十位
                        voltage_data[11:8]<=((tenvalue/1000)%10);  //百位
                        voltage_data[15:12]<=(tenvalue/10000);  //千位
                      end
                    else if(cnt<10)
                      begin
                        cnt<=cnt+1'b1;
                        if(cnt==8)
                           begin state<=sample;
                              cnt<=0;
                           end
                       end
                   end
                default:state<=display;
              endcase
            end
        end
endmodule
```

10.1.5 实验现象

在实验中，我们利用 TLC549 检测可调电阻输出的 3.0 V 电压，实验现象如图 10-7 所示，在误差允许范围内，结果符合要求。

图 10-7 采集电压表实验现象

10.2 DA_TLC5615 电压输出

10.2.1 TLC5615 简介

1. TLC5615 芯片介绍

TLC5615 为美国德州仪器公司 1999 年推出的产品，是具有串行接口的数模转换器芯片，其输出为电压型，最大输出电压是基准电压值的两倍。它带有上电复位功能，即可把 DA 寄存器复位至全部为“0”，性能比早期电流型输出的 DA 模块要好，通过 3 根串行总线就可以完成 10 位数据的串行输入，易于和工业标准的微处理器或微控制器(单片机)连接，适用于电池供电的测试仪表、移动电话，也适用于数字失调与增益调整以及工业控制场合。

2. TLC5615 器件的引脚图及各引脚功能

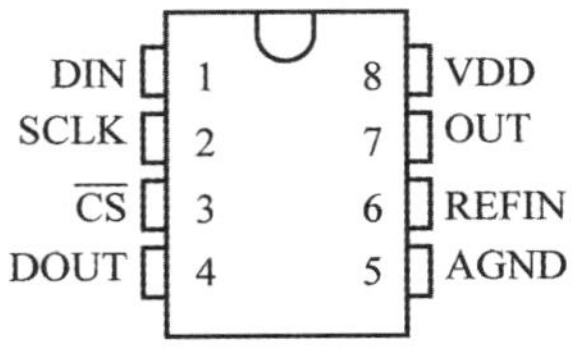

图 10-8　TLC5615 引脚图

TLC5615 引脚图如图 10-8 所示，各引脚功能如下：

DIN：串行数据输入端。

SCLK：串行时钟输入端。

$\overline{CS}$：芯片选用通端，低电平有效。

DOUT：级联的串行数据输出端。

AGND：模拟接地。

REFIN：基准电压输入端，2 V～(V_{DD}－2 V)，通常取2.048 V。

OUT：DA 模块模拟电压输出端。

VDD：正电源端，4.5～5.5 V，通常取 5 V。

3. TLC5615 的内部功能框图

TLC5615 的内部功能框图如图 10-9 所示，它主要由以下几部分组成：

(1) 10 位 DA 转换电路；

(2) 一个 16 位移位寄存器，接收串行输入的二进制数，并且有一个级联的数据输出端 DOUT；

(3) 并行输入输出的 10 位 DA 寄存器，为 10 位 DA 转换电路提供待转换的二进制数据；

(4) 电压跟随器为参考电压端 REFIN 提供很高的输入阻抗，大约为 10 MΩ；

(5) “×2”电路提供最大值为 2 倍 REFIN 的输出；

(6) 上电复位电路和控制电路。

TLC5615 有两种工作方式：

第一种：向 16 位移位寄存器按先后顺序输入 10 位有效位和低 2 位填充位，填充位的数据任意输入，形成 12 位数据序列。

第二种：级联方式，即 16 位数据序列，可以将本片的 DOUT 接到下一片的 DIN 上，向 16 位移位寄存器输入高 4 位虚拟位、10 位有效位和低 2 位填充位，由于增加了高 4 位虚拟位，需要 16 个时钟脉冲。

4. TLC5615 工作时序

TLC5615 工作时序如图 10-10 所示。可以看出，只有片选 CS 为低电平时，串行输入数

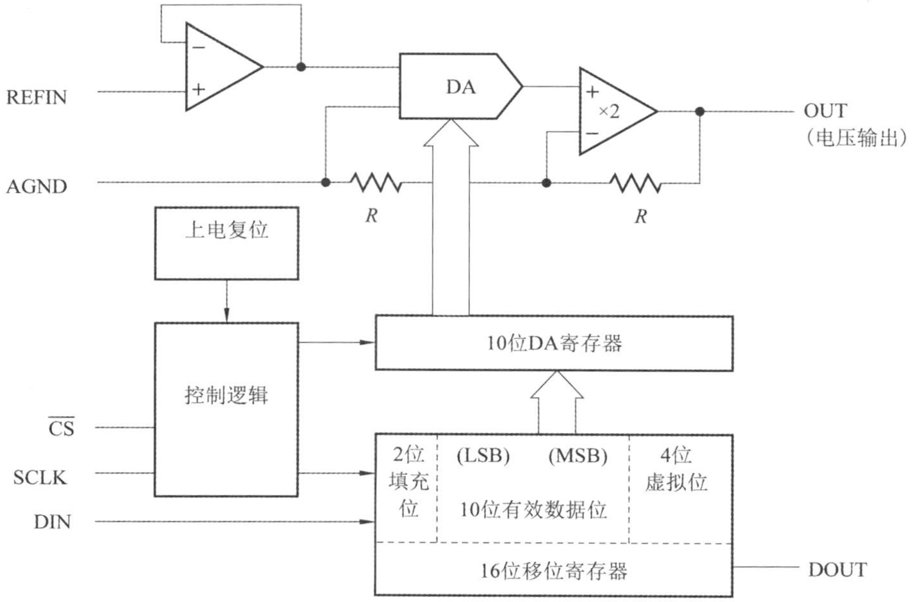

图 10-9　TLC5615 的内部功能框图

据才能被移入 16 位移位寄存器。当 CS 为低电平时，在每一个 SCLK 时钟的上升沿将 DIN 的 1 位数据移入 16 位移位寄存器。注意，二进制最高有效位被导前移入。接着，CS 的上升沿将 16 位移位寄存器的 10 位有效数据锁存于 10 位 DA 寄存器，供 DA 转换电路转换。当片选 CS 为高电平时，串行输入数据不能被移入 16 位移位寄存器。CS 的上升和下降都必须发生在 SCLK 为低电平期间。

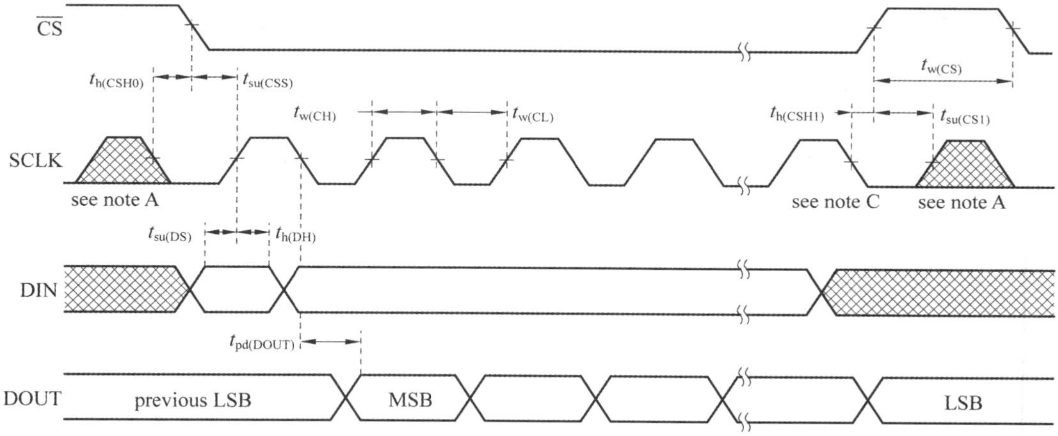

图 10-10　TLC5615 工作时序

10.2.2　TLC5615 实验设计要求

在 FPGA 开发板上，已经有 TLC5615 芯片。要求采用 TLC5615 来完成一个模拟电压输出的实验，通过旋转编码开关调节输出不同的电压值，并控制一个 LED 的亮度，直观感受控制电压的变化。

10.2.3 电压输出原理图

在图 10-11 所示的 TLC5615 电路原理图上，TL431 是稳压器件，提供 2.5 V 参考电压；DA 输出电压可与 LED 相连，控制 LED 亮度；通过 J5 接口的引脚 1 也可以输出电压到外部。TLC5615 的 3 个控制引脚串联 100 Ω 的保护电阻与 FPGA 引脚相连。FPGA 控制 DA 芯片工作，输出设定的电压数值。

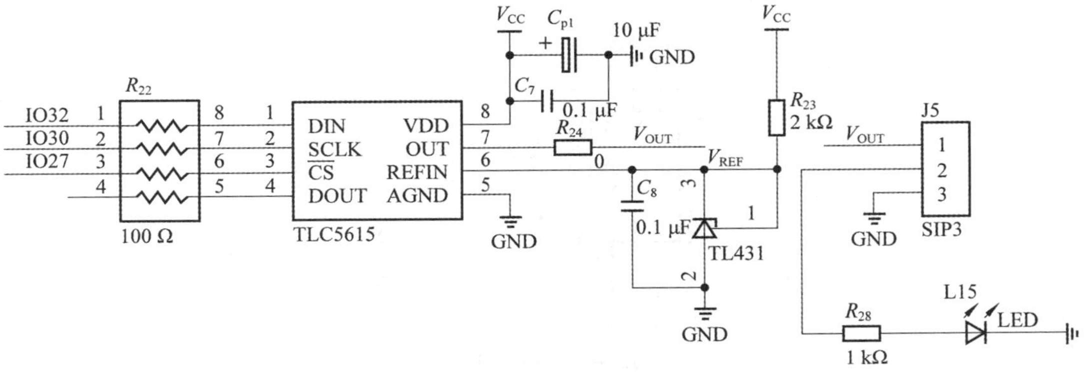

图 10-11　TLC5615 电路原理图

10.2.4 程序设计

1. 设计思路

在实验中，采用 TLC5615 的 12 位数据序列工作方式，其中 10 位是有效位，2 位是填充位，填充位补 0 即可。芯片在片选 CS 为低电平时工作。

在每个 SCLK 上升沿将 DIN 的 1 位数据移入寄存器。CS 的上升和下降都必须发生在 SCLK 为低电平的时候。在实验中可以根据需要输出的电压，设置一个 10 位二进制数，计算公式为 $V_{out}=2\times V_{REF}\times(N/1024)$，$N$ 为 10 位二进制码。开发板 DA 芯片的 $V_{CC}=5$ V，$V_{REF}=2.5$ V。总体设计框图如图 10-12 所示。

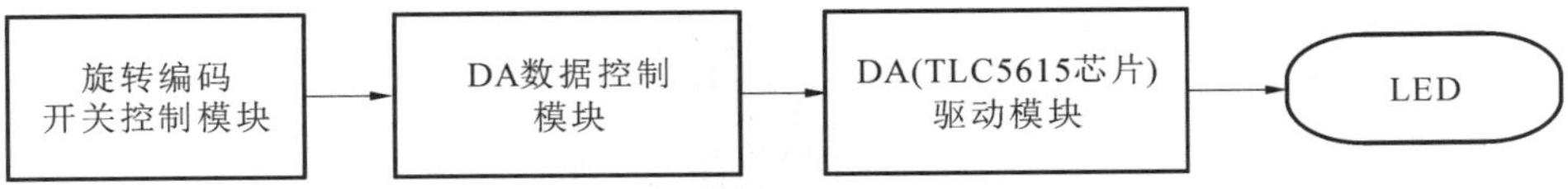

图 10-12　DA 电压输出实验总体设计框图

DA 电压输出实验顶层设计原理图如图 10-13 所示，包括旋转编码开关控制模块、DA 数据控制模块和 DA 驱动模块。

2. 程序代码

旋转编码开关控制模块程序前文已经给出，DA 数据控制模块和 DA 驱动模块 Verilog HDL 程序如下。

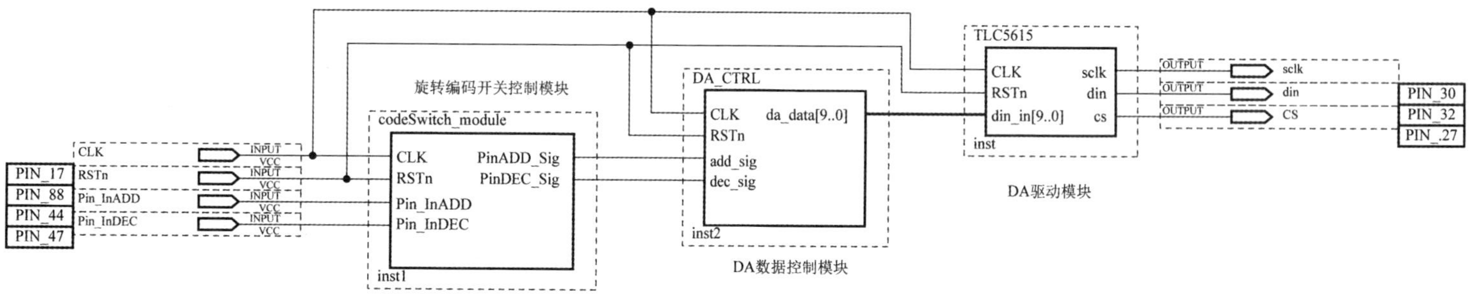

图 10-13 DA电压输出实验顶层设计原理图

DA 数据控制模块 Verilog HDL 程序：

```
module DA_CTRL(CLK,RSTn,add_sig,dec_sig,da_data);
  input CLK,RSTn;
  input add_sig;
  input dec_sig;
  output [9:0] da_data;
  reg [9:0] rDa_data;
  always @(posedge CLK or negedge RSTn)
    begin
      if(!RSTn)
        rDa_data<=10'd500;
      else
        begin
          if(add_sig&&rDa_data<10'd950) rDa_data<=rDa_data+10'd50;  //步进增加
          else if(dec_sig&&rDa_data>10'd50) rDa_data<=rDa_data-10'd50;  //步进减小
        end
    end
  assign da_data=rDa_data;
endmodule
```

DA 驱动模块 Verilog HDL 程序：

```
module TLC5615
      (CLK,                       //内部时钟
      RSTn,
      sclk,                       //TLC5615 时钟
      din,                        //TLC5615 数据
      cs,                         //TLC5615 片选
      din_in);                    //10 位数据输入
  input        CLK,RSTn;
  input [9:0]  din_in;
  output       din;
  output       cs;
  output       sclk;
  reg          din;
  reg          cs;
  reg          sclk;
  reg [3:0]    count1,count2,count3;
  reg [9:0]    din_reg;//10 位数据寄存器
/**************************************************/
/***sclk 的频率设置为 2.5 MHz ***/
  always @(posedge CLK or negedge RSTn)
    begin
      if(!RSTn) begin count3<=4'd0;sclk<=1'b0;end
      else if(count3==4'd2)
```

```
        begin
          sclk<=~sclk;
          count3<=0;
        end
      else
        count3<=count3+1;
    end
/*********将产生的数据进行寄存**********/
  always @(posedge CLK or negedge RSTn)
    begin
      if(!RSTn) din_reg<=10'd0;
      else din_reg<=din_in;
    end
/***TLC5615片选 ***/
  always @(negedge sclk or negedge RSTn)
    begin
      if(!RSTn)
        begin
          cs<=1;count1<=4'd0;
        end
      else begin
        if(count1>=4'd12&&count1<4'd15)
          begin
            cs<=1;//拉高片选
            count1<=count1+4'd1;
          end
        else if(count1==4'd15)
          count1<=0;
        else
          begin
            cs<=0;//拉低片选
            count1<=count1+4'd1;
          end
      end
    end
/***10位二进制码进行数模转换(采用12位传送方式,即10位有效位+2位填充位)***/
  always @(posedge sclk)
    begin
      if(cs==0)
        begin
          case(count2)
            4'd0:din<=1'd0;                              //无效位
            4'd1:begin din<=din_reg[9];end               //10位有效位
```

```
                4'd2:begin din<=din_reg[8];end
                4'd3:begin din<=din_reg[7];end
                4'd4:begin din<=din_reg[6];end
                4'd5:begin din<=din_reg[5];end
                4'd6:begin din<=din_reg[4];end
                4'd7:begin din<=din_reg[3];end
                4'd8:begin din<=din_reg[2];end
                4'd9:begin din<=din_reg[1];end
                4'd10:begin din<=din_reg[0];end
                4'd11:begin din<=1'd0;end                  //填充位,补 0 即可
                4'd12:begin din<=1'd0;end                  //填充位,补 0 即可
                4'd13:din<=1'd0;                           //无效位
                4'd14:din<=1'd0;                           //无效位
                4'd15:din<=1'd0;                           //无效位
                default:begin count2<=0;din<=0;end
            endcase
        end
      if(count2==4'd15)
        count2<=0;
      else
        count2<=count2+4'd1;
    end
endmodule
```

10.2.5 实验现象

通过旋转编码开关控制 LED 的亮度,实验现象如图 10-14 所示,实验结果符合要求。为了方便观察 TLC5615 输出的电压,可附加一个例程,通过该例程控制 LED 实现呼吸灯功能。

图 10-14 实验现象

10.3 IIC 协议与 AT24C02 读写实验

10.3.1 IIC 协议介绍

1. 什么是 IIC

IIC(inter-integrated circuit)即 I^2C,是一种总线结构。这种总线类型是由飞利浦半导体公司在 20 世纪 80 年代初设计出来的,主要用来连接整体电路(ICS)。IIC 是一种多向控制总线,也就是说,多个芯片可以连接到同一总线结构下,同时,每个芯片都可以作为实施数据传输的控制源。这种方式简化了信号传输总线。

随着大规模集成电路技术的发展,把 CPU 和一个单独工作系统所必需的 ROM、RAM、I/O 端口、A/D、D/A 等集成在一个单片内而制成单片机或微控制器越来越方便。目前,世界上许多公司生产单片机,其中包括各种字长的 CPU,各种容量的 ROM 和 RAM 以及功能各异的 I/O 接口电路等,但是,单片机的品种规格仍然有限,所以只能选用某种单片机来进行扩展。扩展的方法有两种:一种是并行总线;另一种是串行总线。由于串行总线连线少、结构简单,也往往不用专门的母板和插座而直接用导线连接各个设备,因此,采用串行总线可大大简化系统的硬件设计,实现多主机系统所需的裁决和高低速设备同步等功能。IIC 就是这样一种高性能的串行总线。

2. IIC 的硬件结构

IIC 串行总线一般有两根信号线,一根是双向的数据线 SDA,另一根是时钟线 SCL。所有接到 IIC 总线设备上的串行数据线都接到总线的 SDA 上,各设备的时钟线都接到总线的 SCL 上。

为了避免总线信号混乱,各设备连接到总线的输出端时必须是漏极开路(OD)输出或集电极开路(OC)输出。设备上的串行数据线 SDA 接口电路是双向的,输出电路用于向总线发送数据,输入电路用于接收总线上的数据。串行时钟线也应是双向的:作为控制总线数据传送的主机,一方面要通过 SCL 输出电路发送时钟信号,另一方面要检测总线上的 SCL 电平,以决定什么时候发送下一个时钟脉冲电平;作为接收主机命令的从机,要按总线上的 SCL 信号发出或接收 SDA 上的信号,也可以向 SCL 线发出低电平信号以延长总线时钟信号周期。总线空闲时,因各设备都是开漏输出,上拉电阻使 SDA 和 SCL 线都保持高电平状态。任一设备输出的低电平都将使相应的总线信号线变低,也就是说,各设备的 SDA 是“与”关系,SCL 也是“与”关系。IIC 总线对设备接口电路的制造工艺和电平都没有特殊的要求(NMOS、CMOS 都可以兼容)。在 IIC 总线上的数据的传送率可高达每秒十万位,高速方式时在每秒四十万位以上。另外,IIC 总线上连接设备时其电容量不应超过 400 pF。

IIC 总线的运行(数据传输)由主机控制。所谓主机,是指启动数据的传送(发出启动信号)、发出时钟信号以及传送结束时发出停止信号的设备,通常主机都是微处理器。被主机寻访的设备称为从机。为了进行通信,每个接到 IIC 总线的设备都有一个唯一的地址,以便于主机寻访。主机和从机的数据传送:可以由主机发送数据到从机,也可以由从机发送到主机。凡是发送数据到总线的设备称为发送器,从总线上接收数据的设备称为接收器。

IIC 总线上允许连接多个微处理器以及各种外围设备,如存储器、LED 及 LCD 驱动器、

A/D 及 D/A 转换器等。为了保证数据被可靠地传送，任一时刻总线只能由某一台主机控制，各微处理器应该在总线空闲时发送启动数据。为了妥善解决多台微处理器同时发送启动数据的传送（总线控制权）冲突，以及决定由哪一台微处理器控制总线的问题，IIC 总线允许连接不同传送速率的设备。多台设备之间时钟信号的同步过程称为同步化。

3. IIC 数据传输协议

在 IIC 总线传输过程中，将两种特定的情况定义为开始和停止条件（见图 10-15）：当 SCL 保持高电平状态时，SDA 由高变低为开始条件；当 SCL 保持高电平状态时，SDA 由低变高为停止条件。开始和停止条件均由主控制器产生。使用硬件接口可以很容易地检测到开始和停止条件，没有这种接口的微处理器必须在每个时钟周期内至少两次对 SDA 进行取样，以检测这种变化。

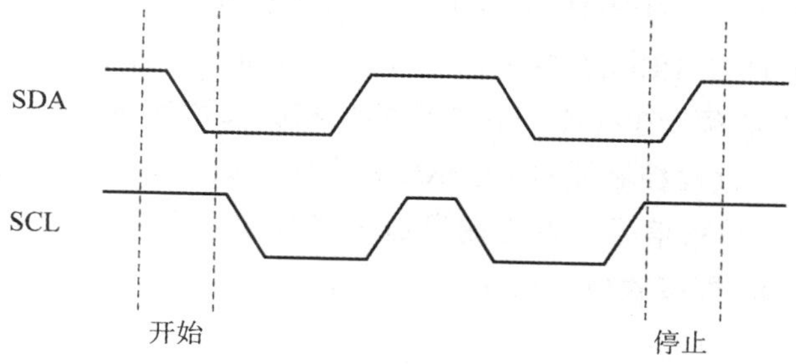

图 10-15　IIC 总线开始和停止条件

只有在总线处于非忙状态时（该段内数据线 SDA 和时钟线 SCL 都保持高电平状态），数据传输才能开始。在数据传输期间，只要时钟线为高电平，数据线就必须保持稳定，否则数据线上的任何变化都会被当作开始或停止信号。

启动数据传输：当时钟线为高电平时，数据线由高电平变为低电平的下降沿被认为是开始信号。开始信号之后的其他命令才有效。

数据有效：在出现开始信号以后，且时钟线 SCL 为高电平状态，数据线是稳定的，这时数据线的状态就是传输数据状态。数据线 SDA 上数据的改变必须在时钟线为低电平期间完成，每位数据占用一个时钟脉冲。每个数据传输都是由开始信号开始，结束于停止信号。

停止数据传输：当时钟线为高电平时，数据线由低电平变为高电平的上升沿被认为是停止信号。随着停止条件的产生，所有的外部操作结束。

SDA 线上的数据在时钟线为高电平期间必须是稳定的，只有当 SCL 线上的时钟信号为低时，数据线上的高或低电平状态才可以改变。输出到 SDA 线上的每个字节必须是 8 位，每次传输的字节不受限制，但每个字节必须要有一个应答 ACK。如果一个接收器在完成其他功能（如一次内部中断）前不能接收另一数据的完整字节，它可以保持时钟线 SCL 为低，以促使发送器进入等待状态；在接收器准备好接收数据的其他字节并释放时钟 SCL 后，数据传输继续进行。数据传送必须具有应答。与应答对应的时钟脉冲由主控制器产生，发送器在应答期间必须下拉 SDA 线。当寻址的被控器件不能应答时，数据保持为高电平状态并使主控制器产生停止条件而终止传输。传输时，在用到主控接收器的情况下，主控接收器必须发出一个数据结束信号给被控发送器，从而使被控发送器释放数据线，以允许主控制器产生停止条件。

IIC 总线数据改变条件如图 10-16 所示。

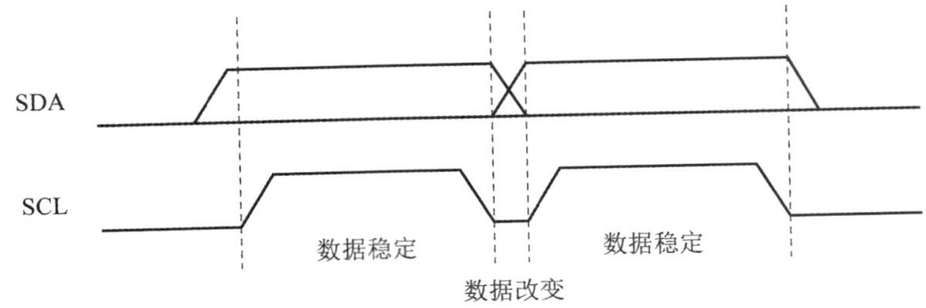

图 10-16　IIC 总线数据改变条件

IIC 总线 1 字节数据接收成功应答如图 10-17 所示。

每个正在接收数据的 EEPROM 在接收 1 字节的数据后，通常需要发出一个应答信号；而每个正在发送数据的 EEPROM 在发出 1 字节的数据后，通常需要接收一个应答信号。EEPROM 读写控制器必须产生一个与这个应答位相联系的额外的时钟脉冲。在 EEPROM 的读操作中，EEPROM 读写控制器对 EEPROM 完成的最后 1 字节数据不产生应答位，但是应该给 EEPROM 一个结束信号。发送端发送 1 字节数据后，接收端在下一个 SCL 高电平期间拉低总线表示应答，即接收数据成功。

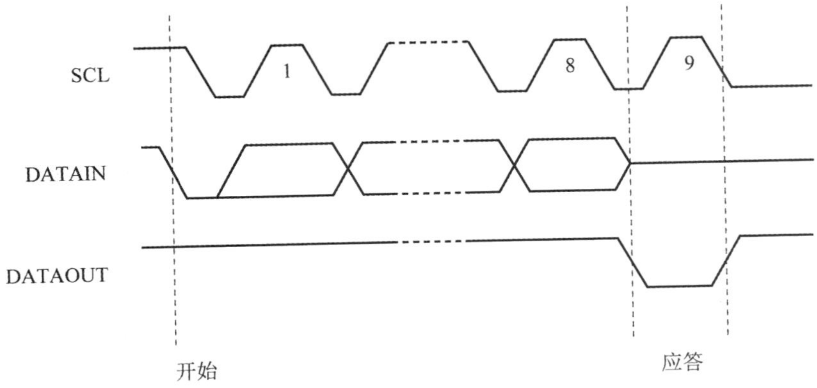

图 10-17　IIC 总线 1 字节数据接收成功应答

IIC 总线上在开始条件满足后的首字节决定哪个被控器件将被主控制器选择(例外的是通用访问地址，它可以随时寻址)。当主控制器输出 1 位地址时，系统中的每一器件都将开始条件后的前 7 位地址和自己的地址进行比较。如果相同，该器件即认为自己被主控制器寻址，而作为被控接收器还是被控发送器则取决于 R/W 位。

图 10-18 所示是器件地址为 1 字节的 EEPROM 的单字节写和读操作时序，需要注意的是，设备地址段中前 4 位固定，是 4'b1010，后 3 位由 EEPROM 地址信号电平决定(本次实验地址信号引脚均接地，因此后 3 位为 000)，最后 1 位是读写标志位，低电平时为写。

4. IIC 的应用

IIC 总线是各种总线中使用信号线最少，并具有自动寻址、多主机时钟同步和仲裁等功能的总线，使用 IIC 总线设计计算机系统十分方便、灵活，因而其在各类实际应用中得到广泛应用。

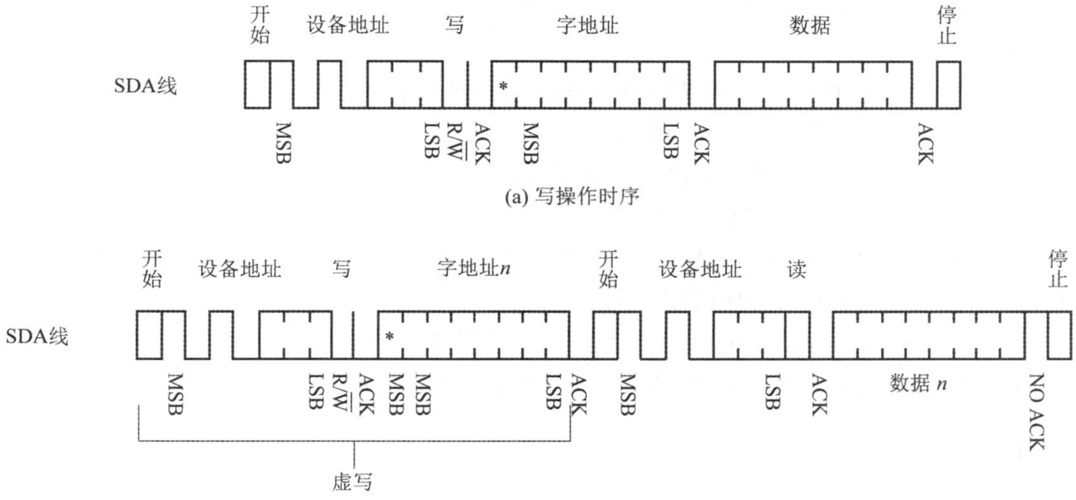

图 10-18　IIC 总线单字节写和读操作时序

10.3.2　AT24C02 读写实验要求

1. 基于 AT24C02 的 IIC 通信协议

在使用开发板做实验之前，需要对 IIC 协议有足够的了解。此处开发板基于 AT24C02 的 IIC 通信协议。

IIC 通信过程中只涉及两条信号线，即时钟线 SCL 和数据线 SDA。时钟线为高电平时可锁存数据。当时钟线 SCL 为高电平时，如果把数据线 SDA 从高电平拉到低电平，则表示通信开始；如果把数据线 SDA 从低电平拉到高电平，则表示通信结束。

2. 实验操作

本实验中将用到核心板上两个按键 K1 和 K2，当 K1 按下时进行的是写入操作，当 K2 按下时进行的是读出操作。在实验中我们添加数码管动态扫描模块，把 IIC 写入的数据读出并显示于数码管上。

10.3.3　AT24C02 电路原理图

AT24C02 电路原理图如图 10-19 所示。部分引脚功能如下：

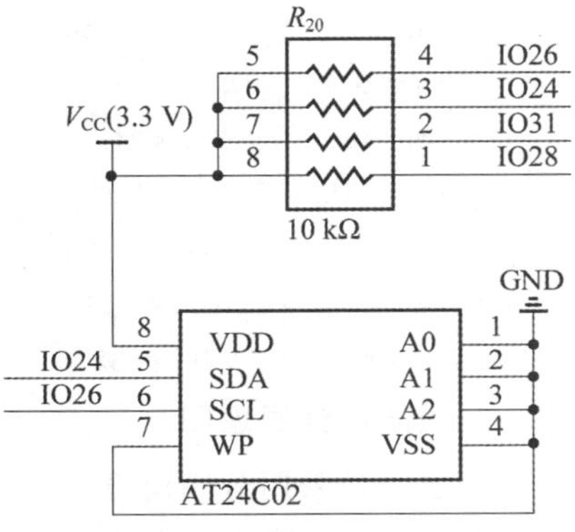

图 10-19　AT24C02 电路原理图

串行时钟信号引脚(SCL)：在 SCL 输入时钟信号的上升沿将数据送入 EEPROM 器件，并在时钟的下降沿将数据读出。

串行数据输入/输出引脚(SDA)：SDA 引脚可实现双向串行数据传输。该引脚为开漏输出，可与其他多个开漏输出器件或开集电极器件连接。

器件/页地址脚(A2、A1、A0)：A2、A1 和 A0 引脚为 AT24C01 与 AT24C02 硬件连接的器件地址输入引脚。AT24C01 在一个总线上最多可寻址 8 个 1 Kb 器件，AT24C02 在一个总线上最多可寻址 8 个 2 Kb 器件，A2、A1 和 A0 内部必须连接。

AT24C04 仅使用 A2、A1 作为硬件连接的器件地址输入引脚，在一个总线上最多可寻址 4 个 4 Kb 器件。A0 引脚内部未连接。

AT24C08 仅使用 A2 作为硬件连接的器件地址输入引脚，在一个总线上最多可寻址 2 个 8 Kb 器件。A0 和 A1 引脚内部未连接。

AT24C16 未使用作为硬件连接的器件地址输入引脚，在一个总线上最多可连接 1 个 16 Kb 器件。A0、A1 和 A2 引脚内部未连接。

写保护引脚（WP）：AT24C01/02/04/08/16 具有的用于硬件数据写保护的引脚。当该引脚接 GND 时，允许正常的读/写操作。当该引脚接 VCC 时，芯片启动写保护功能。

10.3.4 程序设计

1. 设计思路

对于这种时间有先后且操作差异较大的器件，要用状态机实现特定操作。每种类型操作定义在一个状态中，状态内部需要多个操作配合计数器实现。整体设计思路如下：

先构造时钟信号 SCL，这里频率定义为 100 kHz，而系统时钟由频率为 50 MHz 的差分晶振提供，显然需要用到分频计数器。

有了时钟信号，下一步就是通过不同的状态实现 SDA 信号线上的操作，满足上述时序要求。划分状态时应综合考虑写和读两种时序，状态应定义为空闲状态、开始 1、地址 1、响应 1、地址 2、响应 2、开始 2、地址 3、响应 3、数据、响应 4、停止 1、停止 2。状态定义程序代码如下：

```
//读、写时序
parameter    IDLE=4'd0;
parameter    START1=4'd1;
parameter    ADD1=4'd2;
parameter    ACK1=4'd3;
parameter    ADD2=4'd4;
parameter    ACK2=4'd5;
parameter    START2=4'd6;
parameter    ADD3=4'd7;
parameter    ACK3=4'd8;
parameter    DATA=4'd9;
parameter    ACK4=4'd10;
parameter    STOP1=4'd11;
parameter    STOP2=4'd12;
```

2. 顶层设计原理图

顶层设计采用分模块方法，包括按键消抖模块、IIC 读写协议模块和数码管动态扫描模块。其中 IIC 读写协议模块是需要重点设计的。AT24C02 读写实验顶层设计原理图如图 10-20 所示。

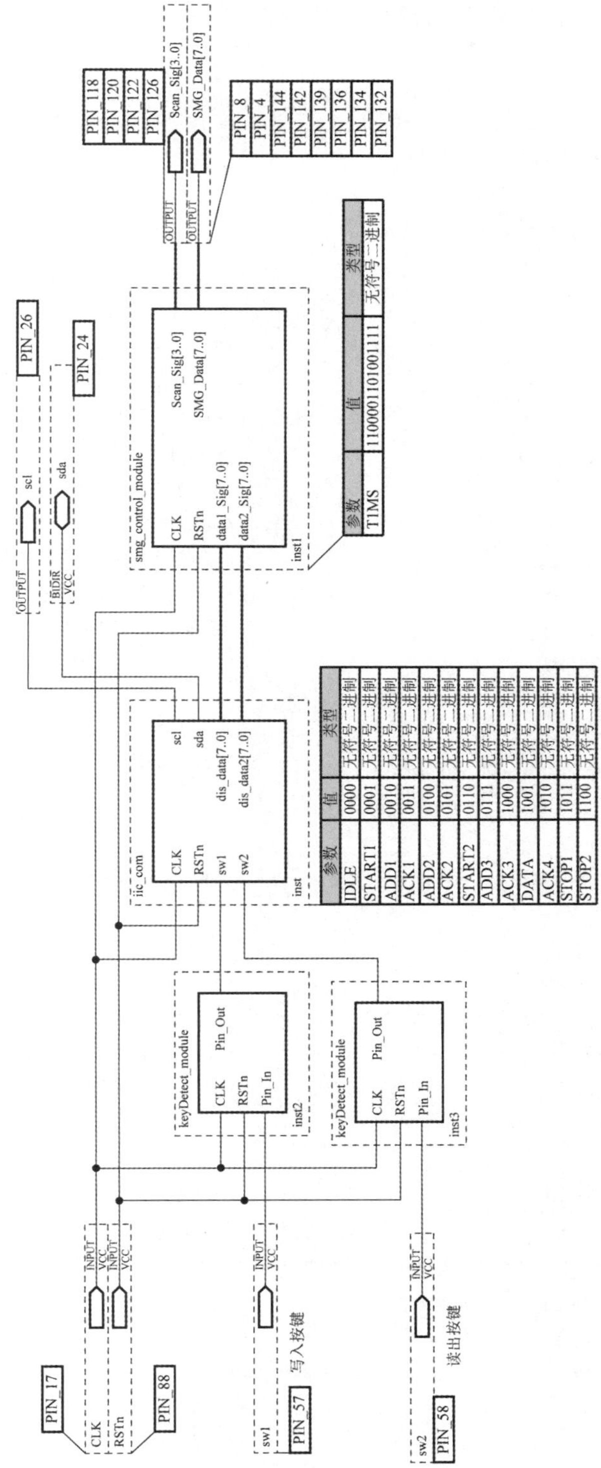

图 10-20　AT24C02读写实验顶层设计原理图

3. 程序代码

按键消抖模块和数码管动态扫描模块程序前文已给出，下面给出 IIC 读写协议模块 Verilog HDL 程序：

```
module iic_com(
CLK,RSTn,
sw1,sw2,
scl,sda,
dis_data,
dis_data2
);
 input CLK;                              //50 MHz
 input RSTn;                             //复位信号,低电平有效
 input sw1,sw2;                          //按键 1 和按键 2(1 按下执行写入操作,2 按下执行读操作)
 output scl;                             //AT24C02 的时钟端口
 inout sda;                              //AT24C02 的数据端口
 output [7:0] dis_data;                  //数码管显示的数据
 output [7:0] dis_data2;                 //数码管显示的数据
 reg sw1_r,sw2_r;                        //键值锁存寄存器,每 20 ms 检测一次键值
 reg [19:0] cnt_20ms;                    //20 ms 计数寄存器
 always @(posedge CLK or negedge RSTn)
    if(!RSTn) cnt_20ms<=20'd0;
    else cnt_20ms<=cnt_20ms+1'b1;        //不断计数
  always @(posedge CLK or negedge RSTn)
    if(!RSTn) begin
      sw1_r<=1'b1;                       //键值寄存器复位,没有键按下时键值都为 1
      sw2_r<=1'b1;
    end
    else if(cnt_20ms==20'hfffff) begin
      sw1_r<=sw1;                        //按键 1 值锁存
      sw2_r<=sw2;                        //按键 2 值锁存
    end
  reg [2:0] cnt;
  reg [8:0] cnt_delay;                   //500 循环计数,产生 IIC 所需要的时钟
  reg scl_r;                             //时钟脉冲寄存器
/**************************************************/
  always @(posedge CLK or negedge RSTn)
    if(!RSTn) cnt_delay<=9'd0;
    else if(cnt_delay==9'd499) cnt_delay<=9'd0;
                                         //计数到 10 μs 为 scl 的 100 kHz
    else cnt_delay<=cnt_delay+1'b1;      //时钟计数
/**************************************************/
  always @(posedge CLK or negedge RSTn) begin
    if(!RSTn) cnt<=3'd5;
    else begin
```

```
    case(cnt_delay)
      9'd124:cnt<=3'd1;                    //cnt=1,scl 高电平中间,用于数据采样
      9'd249:cnt<=3'd2;                    //cnt=2,scl 下降沿
      9'd374:cnt<=3'd3;                    //cnt=3,scl 低电平中间,用于数据变化
      9'd499:cnt<=3'd0;                    //cnt=0,scl 上升沿
      default:cnt<=3'd5;
    endcase
  end
end
`define SCL_POS(cnt==3'd0)                 //cnt=0,scl 上升沿
`define SCL_HIG(cnt==3'd1)                 //cnt=1,scl 高电平中间,用于数据采样
`define SCL_NEG(cnt==3'd2)                 //cnt=2,scl 下降沿
`define SCL_LOW(cnt==3'd3)                 //cnt=3,scl 低电平中间,用于数据变化
/**************************************************/
always @(posedge CLK or negedge RSTn)
  if(!RSTn) scl_r<=1'b0;
  else if(cnt==3'd0) scl_r<=1'b1;          //scl 信号上升沿
  else if(cnt==3'd2) scl_r<=1'b0;          //scl 信号下降沿
/**************************************************/
assign scl=scl_r;                          //产生 IIC 所需要的时钟
/**************************************************/
                                           //需要写入 AT24C02 的地址和数据
`define DEVICE_READ 8'ha1                  //被寻址器件地址(读操作)
`define DEVICE_WRITE 8'ha0                 //被寻址器件地址(写操作)
reg [7:0] db_r;                            //在 IIC 上传送的数据寄存器
reg [7:0] READ_DATA;                       //读出 EEPROM 的数据寄存器
reg [7:0] WRITE_DATA;
reg [7:0] WRITE_ADDR;
reg [7:0] READ_ADDR;
/**************************************************/
                                           //读、写时序
parameter    IDLE=4'd0;
parameter    START1=4'd1;
parameter    ADD1=4'd2;
parameter    ACK1=4'd3;
parameter    ADD2=4'd4;
parameter    ACK2=4'd5;
parameter    START2=4'd6;
parameter    ADD3=4'd7;
parameter    ACK3=4'd8;
parameter    DATA=4'd9;
parameter    ACK4=4'd10;
parameter    STOP1=4'd11;
```

```
parameter               STOP2=4'd12;
/**************************************************/
reg [3:0]               cstate;              //状态寄存器
reg                     sda_r;               //输出数据寄存器
reg                     sda_link;            //输出数据 sda 信号 inout 控制位
reg [3:0]               num;
reg                     wr_rd;
always @(posedge CLK or negedge RSTn) begin
  if(!RSTn) begin
    cstate<=IDLE;
    sda_r<=1'b1;
    sda_link<=1'b0;
    num<=4'd0;
    READ_DATA<=8'b0000_0000;
    WRITE_DATA<=8'b0000_0000;
    WRITE_ADDR<=8'b0000_0000;
    READ_ADDR<=8'b0000_0000;
    wr_rd<=1'b0;
  end
  else
    case(cstate)
      IDLE:begin
        sda_link<=1'b1;                      //数据线 sda 为 output
        sda_r<=1'b1;
        if(sw1)
          begin                              //sw1,sw2 键有一个被按下
            db_r<=`DEVICE_WRITE;             //送器件地址(写操作)
            cstate<=START1;
            WRITE_DATA<=WRITE_DATA+1'b1;
            WRITE_ADDR<=WRITE_ADDR+1'b1;
            wr_rd<=1'b0;
          end
        else if(sw2)
          begin
            db_r<=`DEVICE_WRITE;             //送器件地址(写操作)
            cstate<=START1;
            READ_ADDR<=READ_ADDR+1'b1;
            wr_rd<=1'b1;
          end
        else cstate<=IDLE;                   //没有任何键被按下
      end
      START1:begin
        if(`SCL_HIG) begin                   //scl 为高电平
```

```
          sda_link<=1'b1;                       //数据线 sda 为 output
          sda_r<=1'b0;                          //拉低数据线 sda,产生起始位信号
          cstate<=ADD1;
          num<=4'd0;                            //num 计数清零
        end
        else cstate<=START1;                    //等待 scl 高电平中间位置到来
      end
      ADD1:begin
        if(`SCL_LOW) begin
          if(num==4'd8) begin
            num<=4'd0;                          //num 计数清零
            sda_r<=1'b1;
            sda_link<=1'b0;                     //sda 置为高阻态(input)
            cstate<=ACK1;
          end
          else begin
            cstate<=ADD1;
            num<=num+1'b1;
            case(num)
              4'd0:sda_r<=db_r[7];
              4'd1:sda_r<=db_r[6];
              4'd2:sda_r<=db_r[5];
              4'd3:sda_r<=db_r[4];
              4'd4:sda_r<=db_r[3];
              4'd5:sda_r<=db_r[2];
              4'd6:sda_r<=db_r[1];
              4'd7:sda_r<=db_r[0];
            endcase
          end
        end
        else cstate<=ADD1;
      end
      ACK1:begin
        if(`SCL_NEG) begin
          cstate<=ADD2;                         //从机响应信号
          if(!wr_rd) begin
            db_r<=WRITE_ADDR;                   // 1 地址
          end
          else if(wr_rd) begin
            db_r<=READ_ADDR;                    // 1 地址
          end
        end
```

```
        else cstate<=ACK1;                      //等待从机响应
      end
      ADD2:begin
        if(`SCL_LOW) begin
          if(num==4'd8) begin
            num<=4'd0;                          //num计数清零
            sda_r<=1'b1;
            sda_link<=1'b0;                     //sda置为高阻态(input)
            cstate<=ACK2;
          end
          else begin
            sda_link<=1'b1;                     //sda作为output
            num<=num+1'b1;
            case(num)
              4'd0:sda_r<=db_r[7];
              4'd1:sda_r<=db_r[6];
              4'd2:sda_r<=db_r[5];
              4'd3:sda_r<=db_r[4];
              4'd4:sda_r<=db_r[3];
              4'd5:sda_r<=db_r[2];
              4'd6:sda_r<=db_r[1];
              4'd7:sda_r<=db_r[0];
            endcase
            cstate<=ADD2;
          end
        end
        else cstate<=ADD2;
      end
      ACK2:begin
        if(`SCL_NEG) begin                      //从机响应信号
          if(!wr_rd) begin
            cstate<=DATA;                       //写操作
            db_r<=WRITE_DATA;                   //写入的数据
          end
          else if(wr_rd) begin
            db_r<=`DEVICE_READ;                 //送器件地址(读操作)
            cstate<=START2;                     //读操作
          end
        end
        else cstate<=ACK2;                      //等待从机响应
      end
      START2:begin                              //读操作起始位
```

```
          if(`SCL_LOW) begin
            sda_link<=1'b1;                  //sda 作为 output
            sda_r<=1'b1;                     //拉高数据线 sda
            cstate<=START2;
          end
          else if(`SCL_HIG) begin            //scl 为高电平中间
            sda_r<=1'b0;                     //拉低数据线 sda,产生起始位信号
            cstate<=ADD3;
          end
          else cstate<=START2;
        end
        ADD3:begin                           //送读操作地址
          if(`SCL_LOW) begin
            if(num==4'd8) begin
              num<=4'd0;                     //num 计数清零
              sda_r<=1'b1;
              sda_link<=1'b0;                //sda 置为高阻态(input)
              cstate<=ACK3;
            end
            else begin
              num<=num+1'b1;
              case(num)
                4'd0:sda_r<=db_r[7];
                4'd1:sda_r<=db_r[6];
                4'd2:sda_r<=db_r[5];
                4'd3:sda_r<=db_r[4];
                4'd4:sda_r<=db_r[3];
                4'd5:sda_r<=db_r[2];
                4'd6:sda_r<=db_r[1];
                4'd7:sda_r<=db_r[0];
              endcase
              cstate<=ADD3;
            end
          end
          else cstate<=ADD3;
        end
        ACK3:begin
          if(/*!sda*/`SCL_NEG) begin
            cstate<=DATA;                    //从机响应信号
            sda_link<=1'b0;
          end
          else cstate<=ACK3;                 //等待从机响应
```

```
    end
    DATA:begin
      if(wr_rd) begin                         //读操作
        if(num<=4'd7) begin
          cstate<=DATA;
          if(`SCL_HIG) begin
            num<=num+1'b1;
            case(num)
              4'd0:READ_DATA[7]<=sda;
              4'd1:READ_DATA[6]<=sda;
              4'd2:READ_DATA[5]<=sda;
              4'd3:READ_DATA[4]<=sda;
              4'd4:READ_DATA[3]<=sda;
              4'd5:READ_DATA[2]<=sda;
              4'd6:READ_DATA[1]<=sda;
              4'd7:READ_DATA[0]<=sda;
            endcase
          end
        end
        else if((`SCL_LOW)&&(num==4'd8)) begin
          num<=4'd0;                          //num计数清零
          cstate<=ACK4;
        end
        else cstate<=DATA;
      end
      else if(!wr_rd) begin                   //写操作
        sda_link<=1'b1;
        if(num<=4'd7) begin
          cstate<=DATA;
          if(`SCL_LOW) begin
            sda_link<=1'b1;                   //数据线 sda 作为 output
            num<=num+1'b1;
            case(num)
              4'd0:sda_r<=db_r[7];
              4'd1:sda_r<=db_r[6];
              4'd2:sda_r<=db_r[5];
              4'd3:sda_r<=db_r[4];
              4'd4:sda_r<=db_r[3];
              4'd5:sda_r<=db_r[2];
              4'd6:sda_r<=db_r[1];
              4'd7:sda_r<=db_r[0];
            endcase
```

```
                    end
                end
                else if((`SCL_LOW)&&(num==4'd8)) begin
                    num<=4'd0;
                    sda_r<=1'b1;
                    sda_link<=1'b0;                     //sda 置为高阻态
                    cstate<=ACK4;
                end
                else cstate<=DATA;
            end
        end
        ACK4:begin
            if(`SCL_NEG) begin
                cstate<=STOP1;
            end
            else cstate<=ACK4;
        end
        STOP1:begin
            if(`SCL_LOW) begin
                sda_link<=1'b1;
                sda_r<=1'b0;
                cstate<=STOP1;
            end
            else if(`SCL_HIG) begin
                sda_r<=1'b1;                            //scl 为高电平状态时,sda 产生上升沿
                cstate<=STOP2;
            end
            else cstate<=STOP1;
        end
        STOP2:begin
            if(`SCL_LOW) sda_r<=1'b1;
            else if(cnt_20ms==20'hffff0) cstate<=IDLE;
            else cstate<=STOP2;
        end
        default:cstate<=IDLE;
    endcase
end
assign sda=sda_link?sda_r:1'bz;
assign dis_data[3:0]=wr_rd?read_data%10:WRITE_DATA%10;
assign dis_data[7:4]=wr_rd?read_data/10%10:WRITE_DATA/10%10;
assign dis_data2[3:0]=wr_rd?read_data/100:WRITE_DATA/100;
endmodule
```

10.4 VGA 显示控制

10.4.1 VGA 显示原理简介

1. VGA 标准

VGA(video graphics array)即视频图形阵列，是 IBM 在 1987 年随 PS/2(“Personal System/2”的简写，是 IBM 在 1987 年推出的一款个人电脑)推出的。PS/2 上使用的键盘、鼠标接口就是 PS/2 接口。PS/2 在市场中失败了，只有 PS/2 接口一直沿用到今天。随 PS/2 一起推出的使用模拟信号的一种视频传输标准就是 VGA 标准，在当时具有分辨率高、显示速率快、颜色丰富等优点，在彩色显示器领域得到了广泛的应用。这个标准对于现今的个人电脑市场而言已经过时。即便如此，VGA 标准仍然是大多制造商所共同支持的一个标准，个人电脑在加载自己的独特驱动程序之前，都必须支持 VGA 标准。例如，微软 Windows 系列产品的开机画面仍然使用 VGA 显示模式，这也说明 VGA 标准在显示标准中的重要性和兼容性。

2. VGA 显示模式

VGA 显示模式最早指的是显示器分辨率为 640×480 像素。VGA 技术的应用主要基于采用 VGA 显示卡的计算机、笔记本等设备，而在一些既要求显示彩色高分辨率图像又没有必要使用计算机的设备上，VGA 技术的应用很少见到。

基于微控制器设计的嵌入式 VGA 显示系统，可以在不使用 VGA 显示卡和计算机的情况下，实现 VGA 图像的显示和控制。该系统具有成本低、结构简单、应用灵活的优点，可广泛应用于超市、车站、飞机场等公共场所的广告宣传和提示信息显示，也可应用于工厂车间生产过程中的操作信息显示，还能以多媒体形式应用于日常生活。

3. VGA 接口

图 10-21　VGA 接口实物图

VGA 接口实物图如图 10-21 所示。标准的 VGA 接口(VGA 母座接口如图 10-22 所示)一共有 15 个接口(拔下任何一台 VGA 液晶显示器或是 CRT 显示器上的线缆就能看到)，真正用到的信号接口不多，主要有 5 个。13 接口(HSYNC)连接行同步信号，14 接口(VSYNC)连接场同步信号。同步信号可让 VGA 显示器接收部分知道送来的数据对应哪一行哪一列的哪一个像素点。1、2、3 接口分别是 VGA_R、VGA_G、VGA_B 三原色信号，这 3 个信号接口的输入信号都是模拟信号(标准为 0～0.7 V)，所以它们都需要连接相应的地线。FPGA 开发板的 VGA_R、VGA_G、VGA_B 3 个信号线有 3 个不同阻值的电阻，并且三原色信号接口输入的信号只可能是数字信号(0 或 1)，因此，其驱动的液晶屏上显示的颜色最多能达到 512 种。一般来说，可以在 FPGA/CPLD 和 VGA 之间加一个 DAC 芯片，这样就可能实现 65 536 种或者更多种色彩的显示。

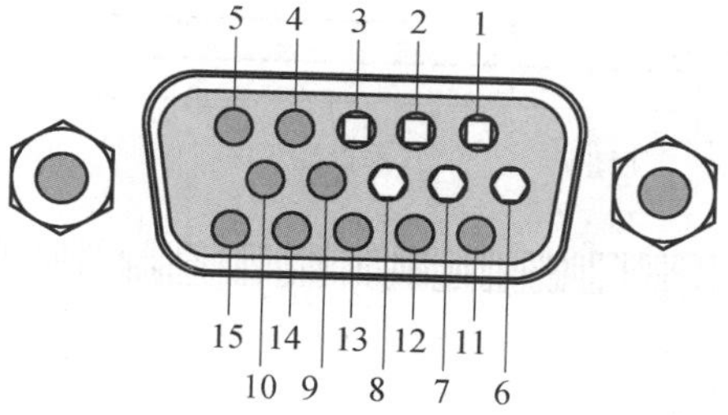

图 10-22 VGA 母座接口

1—红基色；2—绿基色；3—蓝基色；4、11、12、15—地址码；5—自测试；6—红地；
7—绿地；8—蓝地；9—电源；10—数字地；13—行同步；14—场同步

4. VGA 驱动原理

VGA 驱动显示从左到右（受行同步信号 HSYNC 控制）、从上到下（受场同步信号 VSYNC 控制）进行有规律的移动。屏幕从左上角一点开始，从左到右逐点扫描（显示），每扫描完一行，就回到屏幕左边下一行起始位置开始扫描；扫描完所有行，形成一帧，用场同步信号进行场同步扫描，扫描完又回到屏幕左上方。VGA 扫描示意图如图 10-23 所示。

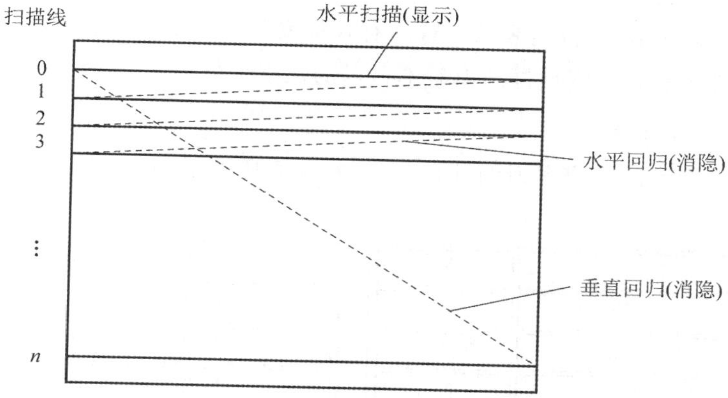

图 10-23 VGA 扫描示意图

完成一行扫描所需的时间称为水平扫描时间，其倒数称为行频率；完成一帧（整屏）扫描所需时间称为垂直扫描时间，其倒数称为场频率，又称为刷新频率，即刷新一屏的频率，常见的场频率有 60 Hz、75 Hz 等。

VGA 时序图如图 10-24 所示，主要有两个时间脉冲。场同步信号 VSYNC 在每帧开始的时候产生一个固定宽度的低脉冲，行同步信号 HSYNC 在每行开始的时候产生一个固定宽度的低脉冲，数据在固定的行和列交汇处有效。

垂直同步脉冲由三部分组成：

① 垂直同步脉冲开始时序：表示垂直同步脉冲开始到一帧的有效像素数据开始的一段时序，也表示有效像素数据开始时不显示的行数。

② 垂直同步脉冲帧时序：表示一帧的有效像素数据开始到一帧结束的时序，也表示有效像素数据行数。

③ 垂直同步脉冲结束时序：表示一帧的有效像素数据从开始显示到结束显示，再到下一帧同步脉冲开始的时序，也表示有效像素数据结束后不显示的行数。

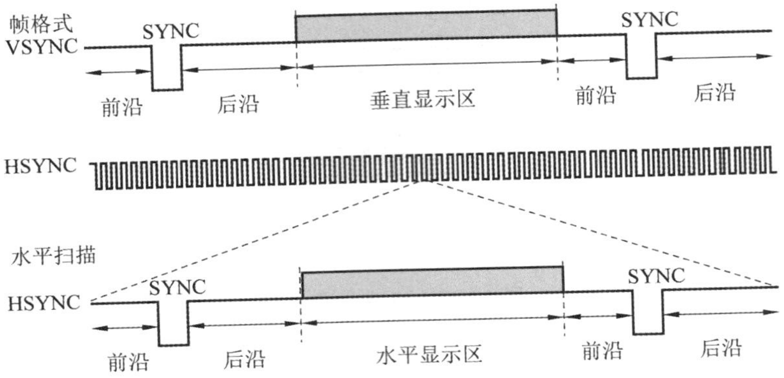

图 10-24 VGA 时序图

水平同步脉冲由三部分组成：

① 水平同步脉冲开始时序：表示水平同步脉冲开始到一行的有效像素数据开始的一段时序，也表示有效像素数据开始时不显示的像素个数。

② 水平同步脉冲行时序：表示一行的有效像素数据开始到一行结束的时序，也表示有效像素数据像素个数。

③ 水平同步脉冲结束时序：表示一行的有效像素数据开始到结束再到下一行同步脉冲开始的时序，也表示有效像素数据结束后不显示的像素个数。

5. VGA 显示协议标准

以 640×480 像素的分辨率为例，图 10-25 中详细列出了 VGA 显示协议标准中的各个参数值。

垂直区域	扫描行
前沿	10
场同步脉宽	2
后沿	33
显示区域	480
帧高度	525

水平区域	像素
前沿	16
行同步脉宽	96
后沿	48
显示区域	640
扫描行宽度	800

符号	参数	场同步			行同步	
		时间	时钟频率/Hz	行数	时间	时钟频率/Hz
T_S	同步脉冲时间	16.7 ms	416 800	521	32 μs	800
T_{DISP}	显示时间	15.36 ms	348 000	480	25.6 μs	640
T_{PW}	脉冲宽度	64 μs	1600	2	3.84 μs	96
T_{FP}	前沿	320 μs	8000	10	640 μs	16
T_{BP}	后沿	928 μs	23 200	29	1.92 μs	48

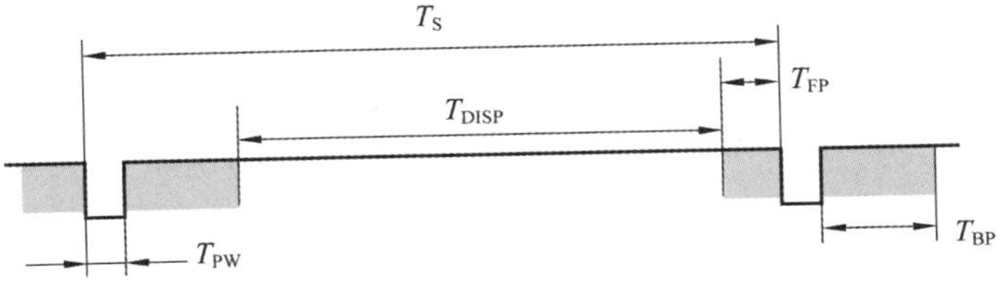

图 10-25 VGA 显示协议标准

10.4.2 VGA 接口显示设计要求

设计 Verilog HDL 控制时序，实现在开发板上使用 VGA 接口完成一个显示屏 8 种颜色循环变化的设计。

10.4.3 VGA 接口显示原理图

VGA 接口显示原理图如图 10-26 所示，在实验中使用了 9 个 FPGA 的 I/O 口，每 3 个 I/O 口分别控制 VGA_R、VGA_G、VGA_B，三原色信号为模拟信号，而开发板输出的信号为数字信号，因此，在开发板的 VGA 接口上使用了电阻分压，开发板上最多可以显示 512 种颜色。

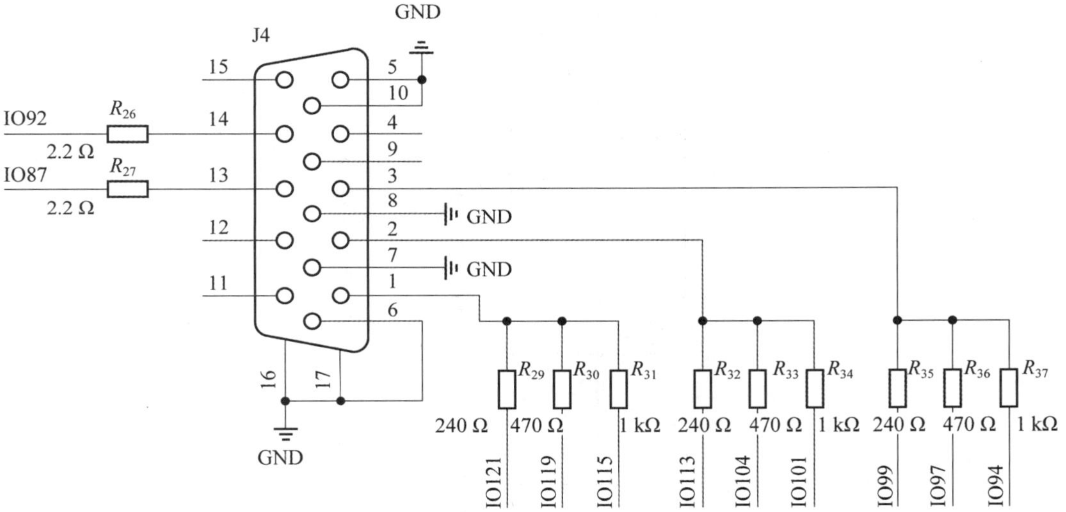

图 10-26 VGA 接口显示原理图

10.4.4 程序设计

1. 设计思路

行同步信号：行显示→行消隐前肩→行消隐→行消隐后肩。

场同步信号：场显示→场消隐前肩→场消隐→场消隐后肩。

程序设计分两个模块完成：一个是颜色输出控制模块，分时循环输出不同颜色的数据；另一个是 VGA 显示驱动模块，输出信号控制 VGA 接口上的 5 个信号接口。顶层设计原理图如图 10-27 所示。

2. 程序代码

下面给出颜色输出控制模块和 VGA 显示驱动模块的 Verilog HDL 代码。

颜色输出控制模块 Verilog HDL 程序如下：

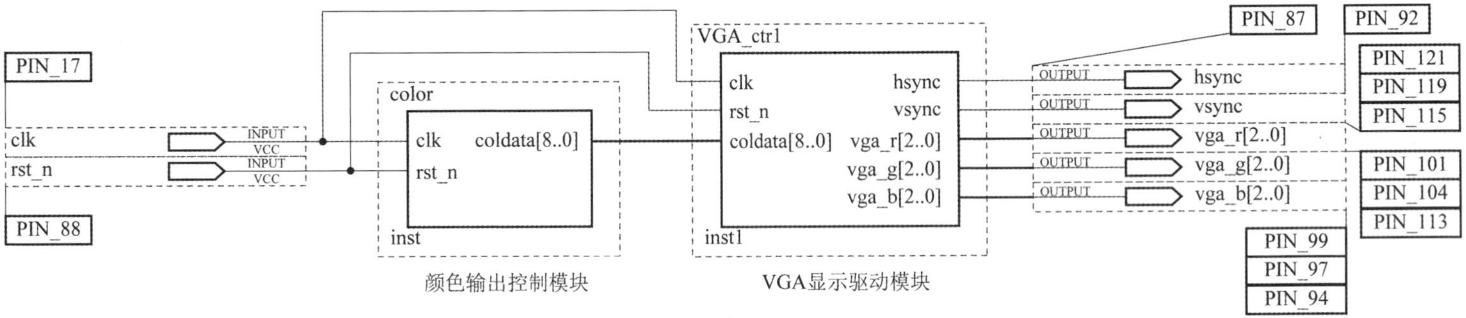

图 10-27　VGA显示顶层设计原理图

```
module        color(clk,rst_n,coldata);
  input       clk;                                //系统时钟 50 MHz
  input       rst_n;                              //低电平复位
  output [8:0] coldata;                           //R、G、B 的数值
  reg [24:0]  count;
  reg [2:0]   colnum;
  reg         fclk;                               //分频时钟
  reg [8:0]   coldata;
//进行时钟分频,fclk 的频率约为 1 Hz
 always @(posedge clk)
   begin
     if(count==25'd25000000)
       begin
         fclk=~fclk;
         count<=0;
       end
     else
       count<=count+1;
   end
//产生 8 组不同的 coldata 数值
 always @(posedge fclk)
   begin
     case(colnum)
       3'd0:begin coldata<=9'b000_000_011;colnum<=colnum+1;end
       3'd1:begin coldata<=9'b000_110_000;colnum<=colnum+1;end
       3'd2:begin coldata<=9'b110_000_000;colnum<=colnum+1;end
       3'd3:begin coldata<=9'b011_011_001;colnum<=colnum+1;end
       3'd4:begin coldata<=9'b100_100_001;colnum<=colnum+1;end
       3'd5:begin coldata<=9'b010_011_110;colnum<=colnum+1;end
       3'd6:begin coldata<=9'b101_010_100;colnum<=colnum+1;end
       3'd7:begin coldata<=9'b011_101_000;colnum<=0;end
       default:begin coldata<=9'b000_000_001;colnum<=0;end
     endcase
   end
endmodule
```

VGA 显示驱动模块 Verilog HDL 程序如下：

```
module        VGA_ctrl(clk,rst_n,hsync,vsync,vga_r,vga_g,vga_b,coldata);
  input       clk;            //系统时钟 50 MHz
  input       rst_n;          //低电平复位
  input [8:0] coldata;        //需要显示的色彩,使用者可以自己在 color.v 中改变数值
                                以获取需要的色彩,该例程实现的是 8 种色彩的循环变化
```

```
output          hsync;                      //行同步信号
output          vsync;                      //场同步信号
output [2:0]    vga_r;                      //红基色信号
output [2:0]    vga_g;                      //绿基色信号
output [2:0]    vga_b;                      //蓝基色信号
 reg [2:0]      vga_r,vga_g,vga_b;
 reg [10:0]     x_cnt;                      //行坐标
 reg [9:0]      y_cnt;                      //列坐标
//--------------------------------------------------
 always @(posedge CLK or negedge rst_n)
   if(!rst_n) x_cnt<=11'd0;
   else if(x_cnt==11'd1039) x_cnt<=11'd0;
   else x_cnt<=x_cnt+1'b1;
//--------------------------------------------------
 always @(posedge CLK or negedge rst_n)
   if(!rst_n) y_cnt<=10'd0;
   else if(y_cnt==10'd665) y_cnt<=10'd0;
   else if(x_cnt==11'd1039) y_cnt<=y_cnt+1'b1;
//--------------------------------------------------
 wire         valid;                        //有效显示区标志
 assign       valid=(x_cnt>=11'd187)&&(x_cnt<11'd987)
              &&(y_cnt>=10'd31)&&(y_cnt<10'd631);
 wire [9:0]   xpos,ypos;                    //有效显示区坐标
 assign       xpos=x_cnt-11'd187;
 assign       ypos=y_cnt-10'd31;
//--------------------------------------------------
 reg          hsync_r,vsync_r;              //同步信号产生
 always @(posedge CLK or negedge rst_n)
   if(!rst_n) hsync_r<=1'b1;
   else if(x_cnt==11'd0) hsync_r<=1'b0;     //产生 HSYNC 信号
   else if(x_cnt==11'd120) hsync_r<=1'b1;
 always @(posedge CLK or negedge rst_n)
   if(!rst_n) vsync_r<=1'b1;
   else if(y_cnt==10'd0) vsync_r<=1'b0;     //产生 VSYNC 信号
   else if(y_cnt==10'd6) vsync_r<=1'b1;
 assign hsync=hsync_r;
 assign vsync=vsync_r;
//--------------------------------------------------
 wire dis;                                  //显示屏显示范围
 assign dis=((xpos>=80)&&(xpos<=720))
           &&((ypos>=60)&&(ypos<=540));
//--------------------------------------------------
//分别对 R、G、B 的 3 位数据进行判断
//R、G、B 值控制液晶屏颜色显示
```

```
//最终显示屏显示的颜色是 R、G、B 3种颜色的叠加
always @(posedge clk)
  begin
    case(coldata[8:6])//R
      3'b000:begin vga_r[2]<=1'bz;vga_r[1]<=1'bz;vga_r[0]<=1'bz;end
      3'b001:begin vga_r[2]<=1'bz;vga_r[1]<=1'bz;
              vga_r[0]<=valid?dis:1'b0;end
      3'b010:begin vga_r[2]<=1'bz;vga_r[1]<=valid?dis:1'b0;
              vga_r[0]<=1'bz;end
      3'b011:begin vga_r[2]<=1'bz;vga_r[1]<=valid?dis:1'b0;
              vga_r[0]<=valid?dis:1'b0;end
      3'b100:begin vga_r[2]<=valid?dis:1'b0;vga_r[1]<=valid?dis:1'b0;
              vga_r[0]<=1'bz;end
      3'b101:begin vga_r[2]<=valid?dis:1'b0;vga_r[1]<=1'bz;
              vga_r[0]<=valid?dis:1'b0;end
      3'b110:begin vga_r[2]<=valid?dis:1'b0;vga_r[1]<=valid?dis:1'b0;
              vga_r[0]<=1'bz;end
      3'b111:begin vga_r[2]<=valid?dis:1'b0;vga_r[1]<=valid?dis:1'b0;
              vga_r[0]<=valid?dis:1'b0;end
      default:begin vga_r[2]<=1'bz;vga_r[1]<=1'bz;vga_r[0]<=1'bz;end
    endcase
  end
always @(posedge clk)
  begin
    case(coldata[5:3])//G
      3'b000:begin vga_g[2]<=1'bz;vga_g[1]<=1'bz;vga_g[0]<=1'bz;end
      3'b001:begin vga_g[2]<=1'bz;vga_g[1]<=1'bz;
              vga_g[0]<=valid?dis:1'b0;end
      3'b010:begin vga_g[2]<=1'bz;vga_g[1]<=valid?dis:1'b0;
              vga_g[0]<=1'bz;end
      3'b011:begin vga_g[2]<=1'bz;vga_g[1]<=valid?dis:1'b0;
              vga_g[0]<=valid?dis:1'b0;end
      3'b100:begin vga_g[2]<=valid?dis:1'b0;vga_g[1]<=valid?dis:1'b0;
              vga_g[0]<=1'bz;end
      3'b101:begin vga_g[2]<=valid?dis:1'b0;vga_g[1]<=1'bz;
              vga_g[0]<=valid?dis:1'b0;end
      3'b110:begin vga_g[2]<=valid?dis:1'b0;vga_g[1]<=valid?dis:1'b0;
              vga_g[0]<=1'bz;end
      3'b111:begin vga_g[2]<=valid?dis:1'b0;vga_g[1]<=valid?dis:1'b0;
              vga_g[0]<=valid?dis:1'b0;end
      default:begin vga_g[2]<=1'bz;vga_g[1]<=1'bz;vga_g[0]<=1'bz;end
    endcase
  end
always @(posedge clk)
```

```
    begin
      case(coldata[2:0])//B
        3'b000:begin vga_b[2]<=1'bz;vga_b[1]<=1'bz;vga_b[0]<=1'bz;end
        3'b001:begin vga_b[2]<=1'bz;vga_b[1]<=1'bz;
                vga_b[0]<=valid?dis:1'b0;end
        3'b010:begin vga_b[2]<=1'bz;vga_b[1]<=valid?dis:1'b0;
                vga_b[0]<=1'bz;end
        3'b011:begin vga_b[2]<=1'bz;vga_b[1]<=valid?dis:1'b0;
                vga_b[0]<=valid?dis:1'b0;end
        3'b100:begin vga_b[2]<=valid?dis:1'b0;vga_b[1]<=valid?dis:1'b0;
                vga_b[0]<=1'bz;end
        3'b101:begin vga_b[2]<=valid?dis:1'b0;vga_b[1]<=1'bz;
                vga_b[0]<=valid?dis:1'b0;end
        3'b110:begin vga_b[2]<=valid?dis:1'b0;vga_b[1]<=valid?dis:1'b0;
                vga_b[0]<=1'bz;end
        3'b111:begin vga_b[2]<=valid?dis:1'b0;vga_b[1]<=valid?dis:1'b0;
                vga_b[0]<=valid?dis:1'b0;end
        default:begin vga_b[2]<=1'bz;vga_b[1]<=1'bz;vga_b[0]<=1'bz;;end
      endcase
    end
endmodule
```

10.4.5 实验现象

接好 VGA 接口并把程序烧写进 FPGA 中，观察显示器的变化。VGA 显示实验现象如图 10-28 所示(此处显示 2 种颜色)。

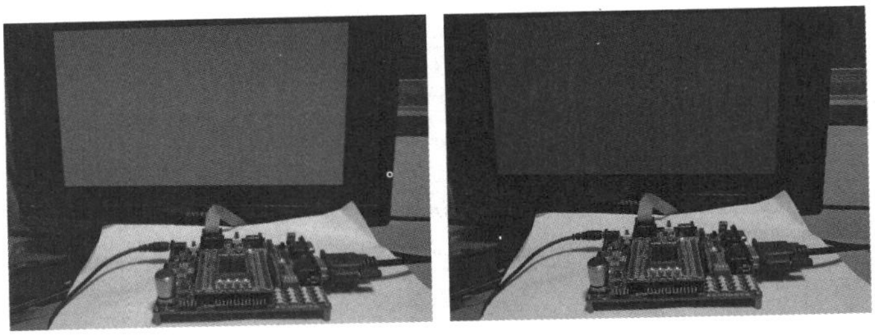

图 10-28 VGA 显示实验现象

10.5 LCD12864 显示字符

10.5.1 LCD12864 简介

1. LCD12864 概述

LCD12864 液晶显示器的控制器有多个种类，其中 ST7920 控制器带中文字库，为用户免除了编制字库的麻烦，使用该控制器的液晶显示器还支持画图方式；而另外一种常用的

KS0108 控制器指令简单，不带字库。

带中文字库的 LCD12864 是一种具有多种接口方式(4 位/8 位并行、2 线或 3 线串行)，内部含有国标一级、二级简体中文字库的点阵图形液晶显示模块，其显示分辨率为 128×64 像素，内置 8192 个 16×16 点汉字，以及 128 个 16×8 点 ASCII 字符集。利用该模块灵活的接口方式和简单、方便的操作指令，可构成全中文人机交互图形界面，可显示 8×4 行 16×16 点阵的汉字，也可实现图形显示。LCD12864 的驱动原理与 LCD1602 的驱动原理相似，不同之处体现在，LCD12864 采用的是上下分屏或者左右分屏的方式进行驱动。

LCD12864 的主要技术参数或性能如下：

(1) 电源：V_{DD}为＋5 V。

(2) 显示内容：128(列)×64(行)点。

(3) 全屏幕点阵。

(4) 七种指令。

(5) 与 CPU 接口采用 8 位数据总线并行输入/输出，有 8 条控制线。

2. LCD12864 引脚功能说明

LCD12864 采用标准的 20 脚接口(根据其数据传输模式的不同可分为并行接口和串行接口)，并行接口引脚功能如表 10-1 所示。

表 10-1　并行接口引脚功能

引脚编号	引脚名称	电平	引脚功能描述
1	VSS	0 V	电源地
2	VCC	3.0～5 V	电源正极
3	V0	—	对比度(亮度)调整
4	RS(CS)	H/L	RS 为 H，表示 DB7～DB0 为显示数据； RS 为 L，表示 DB7～DB0 为显示指令数据
5	R/W(SID)	H/L	R/W 为 H，E 为 H，数据被读到 DB7～DB0； R/W 为 L，E 为 H 转 L，DB7～DB0 的数据被写到 IR 或 DR
6	E(SCLK)	H/L	使能信号
7～14	DB0～DB7	H/L	三态数据线
15	PSB	H/L	H 即为 8 位或 4 位并口方式；L 即为串口方式
16	NC	—	空脚
17	$\overline{\text{RESET}}$	H/L	复位端，低电平有效
18	VOUT	—	LCD 驱动电压输出端
19	A	V_{DD}	背光源正端(＋5 V)
20	K	V_{SS}	背光源负端

3. LCD12864 的写数据时序分析

要对 LCD12864 进行显示操作则必须操作数据信号(DB)和控制信号(RS、R/W、E)。发送数据的时候，采用 RS 来区分数据和指令，采用 R/W 来控制数据的读写。因为显示 LCD12864 只需用到写数据，所以向 LCD12864 送入数据的时候 E 将输出一个下降沿。具体的操作方法要根据写数据时序进行设计。并行接口控制时序表如表 10-2 所示。

表 10-2 并行接口控制时序表

时 序	输 入	输 出
读状态	RS=L,R/W=H,E=H 或高脉冲	D0～D7=状态字
写指令	RS=L,R/W=L,DB0～DB7=指令码,E=高脉冲	无
读数据	RS=H,R/W=H,E=H 或高脉冲	D0～D7=数据
写数据	RS=H,R/W=L,DB0～DB7=数据,E=高脉冲	无

LCD12864 的并行接口写操作时序图和读操作时序图如图 10-29 和图 10-30 所示。

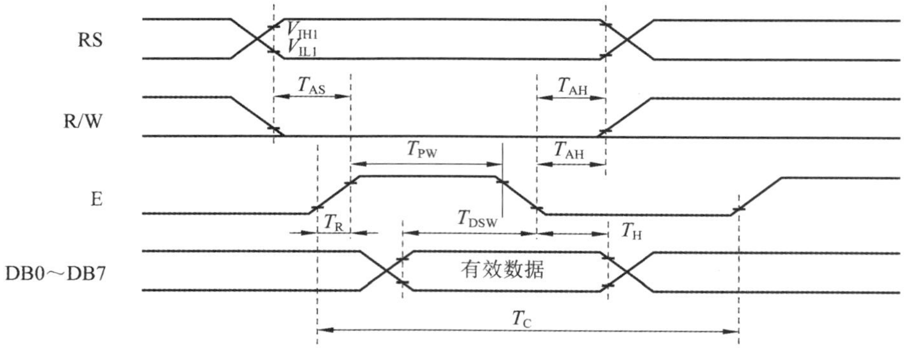

图 10-29 写操作时序图(8 位并行模式)

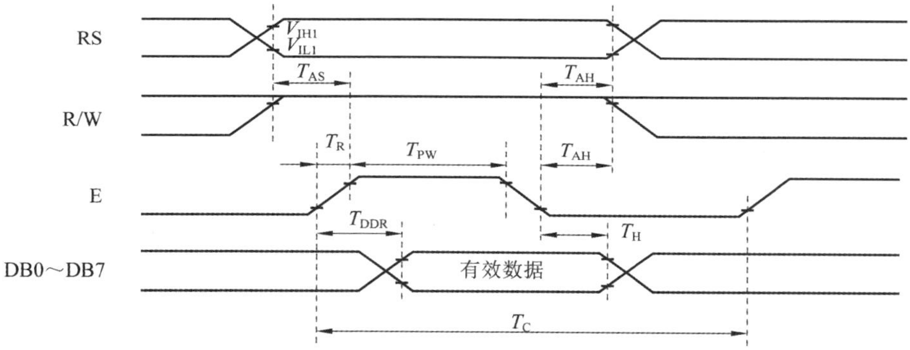

图 10-30 读操作时序图(8 位并行模式)

对 LCD12864 写数据时,主要的控制信号有 E、R/W、RS(送数据时置为高电平,送指令时置为低电平)。可根据时序参数表,在设计工程中将 E 的时钟频率设置为 1.5 MHz(芯片手册中指示的频率为 1 MHz),在进行写数据操作时根据 E 的时钟边沿,在 E 的上升沿将 R/W 置低,然后送出数据,当 E 出现下降沿的时候数据便会被读进 LCD12864 内部寄存器。

4. LCD12864 控制指令说明

LCD12864 控制指令表如表 10-3 所示。

表 10-3 LCD12864 控制指令表

序号	指 令	RS	R/W	DB7	DB6	DB5	DB4	DB3	DB2	DB1	DB0
1	清除显示	0	0	0	0	0	0	0	0	0	1
2	地址归位	0	0	0	0	0	0	0	0	1	*
3	进入点设定	0	0	0	0	0	0	0	1	I/D	S

续表

序号	指　　令	RS	R/W	DB7	DB6	DB5	DB4	DB3	DB2	DB1	DB0
4	显示开关状态	0	0	0	0	0	0	1	D	C	B
5	光标或显示移位控制	0	0	0	0	0	1	S/C	R/L	*	*
6	功能设定	0	0	0	0	1	DL	*	RE	*	*
7	设定 CGRAM 地址	0	0	0	1	设定 CGRAM 地址					
8	设定 DDRAM 地址	0	0	1	设定 DDRAM 地址(显示地址)						
9	读忙标志或地址	0	1	BF	计数器地址						
10	写数据到 RAM	1	0	要写的数据内容							
11	读出 RAM 的值	1	1	读出的数据内容							

注:RE=0 为基本指令。

在进行写数据操作之前必须进行寄存器的设置,一般的显示设置涉及的指令有清除显示、显示开关状态、光标或显示移位控制和功能设定。

(1) 清除显示:01H,把 DDRAM 地址计数器调整为 00H。

(2) 显示开关状态:0CH(整体显示,关游标,不允许反白);D 控制整体显示的开与关,高电平表示开显示,低电平表示关显示;C 控制光标的开与关,高电平表示有光标,低电平表示无光标;B 控制光标是否闪烁,高电平闪烁,低电平不闪烁。

(3) 光标或显示移位控制:S/C 表示高电平时移动显示的文字,低电平时移动光标;R/L 控制右移或左移。这个指令不改变 DDRAM 的内容。

(4) 功能设定:31H(8 位格式,基本指令)。DL 表示高电平时为 8 位总线,低电平时为 4 位总线。RE=1,扩充指令操作;RE=0,基本指令操作。

5. LCD12864 字符显示地址

LCD12864 每屏可显示 4 行 8 列共 32 个 16×16 点阵的汉字,每个显示 RAM 可显示 1 个中文字符或 2 个 16×8 点阵全高 ASCII 字符,即每屏最多可实现 32 个中文字符或 64 个 ASCII 字符的显示。根据写入内容的不同,可分别在液晶屏上显示 CGROM(中文字库)、HCGROM(ASCII 字库)及 CGRAM(自定义字形)的内容。字符显示 RAM 在液晶模块中的地址为 80H～9FH。字符显示的 RAM 的地址与 32 个字符显示区域有着一一对应的关系,其对应关系如表 10-4 所示。

表 10-4　液晶显示地址对应关系

行号	显示地址(X 坐标)							
1	80H	81H	82H	83H	84H	85H	86H	87H
2	90H	91H	92H	93H	94H	95H	96H	97H
3	88H	89H	8AH	8BH	8CH	8DH	8EH	8FH
4	98H	99H	9AH	9BH	9CH	9DH	9EH	9FH

10.5.2　LCD12864 显示字符实验设计要求

在设计工程中需要用 LCD12864 的整个屏幕显示中文字符和英文字符,将整个屏幕分为 4 行进行显示控制。第 1 行到第 4 行的地址分别为 80H、90H、88H、98H。在显示数据发送完之后,将 E 置低,延迟一段时间后将 E 拉高,最后对屏幕进行刷新。

10.5.3 实验硬件原理图

LCD12864显示字符实验硬件原理图如图10-31所示。

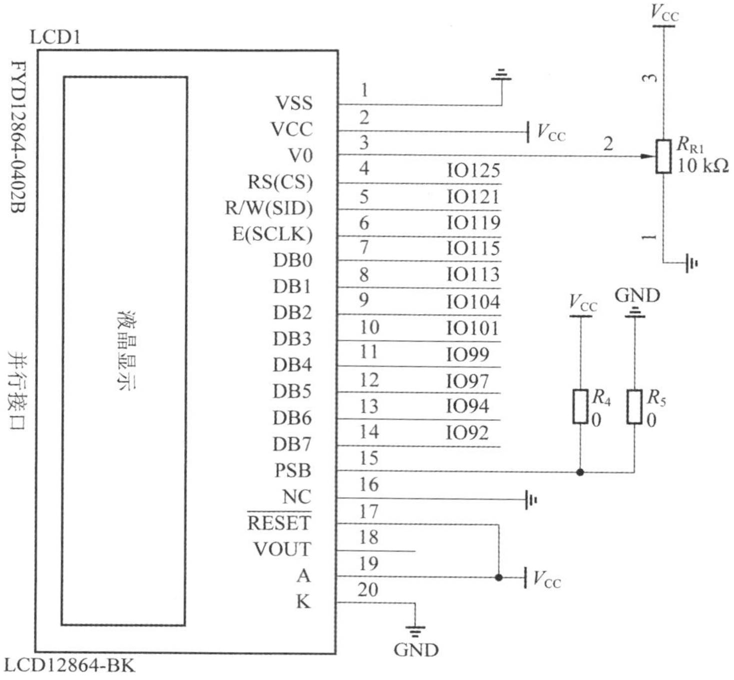

图10-31 LCD12864显示字符实验硬件原理图

LCD12864的接口与LCD1602接口可进行复用，LCD12864采用并行接口控制设计时需要将PSB置高，R_4电阻焊接短路，可作为LCD1602的背光电源。滑动变阻器R_{R1}的作用是调整液晶屏幕对比度，使显示效果最优。

10.5.4 程序设计

1. 设计思路

因为系统时钟是50 MHz，而LCD12864的读写时钟频率较低，因此需要分频得到2 MHz以下的信号作为液晶显示模块的读写时钟。上电后需要对液晶显示模块进行初始化操作才能正常工作。按照常规编程操作，LCD12864液晶显示器的初始化步骤如下：

(1) 写指令31H：显示模式设置，设置8位格式。

(2) 写指令0CH：显示开关及光标设置，整体显示，关光标，不闪烁。

(3) 写指令06H：显示光标移动设置，设定输入方式，增量不移位。

(4) 写指令01H：显示清除。

编程设计采用状态机控制的方式，按照时序过程一步步完成初始化、显示地址写入、显示字符写入等操作。LCD12864与LCD1602的控制时序基本一致，可以采用前文介绍的LCD1602的设计思路。

2. 程序代码

程序代码主要分为两个部分。一部分是分频部分，用来产生驱动的信号和使能信号E。

另一部分为显示驱动模块部分，用来进行指令和数据的发送，采用状态机控制各个状态的转移。Verilog HDL 代码如下：

```
module lcd12864(clk,rs,rw,en,dat,psb);
 input clk;                          //系统时钟输入 50 MHz
 output [7:0]  dat;                  //LCD的 8 位数据口
 output        rs,rw,en,psb;         //LCD的控制脚
 reg           e;
 reg [7:0]     dat;
 reg           rs;
 reg [15:0]    counter;
 reg [6:0]     current,next;
 reg           clkr;
 reg [1:0]     cnt;
/////////////////////////////////////////////
  assign    psb=1'b1;
  assign    rw=0;
  always @(posedge clk)
    begin
      counter=counter+1;
      if(counter==16'h000f)
      clkr=~clkr;//写时钟
    end
//////////////////////////////////////////////
  always @(posedge clkr)
    begin
      current=next;
      case(current)
        7'd0:begin rs<=0;dat<=8'h31;next<=next+1'b1;end  //设置 8 位格式
//整体显示,关光标,不闪烁
        7'd1:begin rs<=0;dat<=8'h0C;next<=next+1'b1;end
//设定输入方式,增量不移位
        7'd2:begin rs<=0;dat<=8'h06;next<=next+1'b1;end
        7'd3:begin rs<=0;dat<=8'h01;next<=next+1'b1;end  //清除显示
        7'd4:begin rs<=1;dat<=8'hC0;next<=next+1'b1;end  //显示第一行
        7'd5:begin rs<=1;dat<=8'hCF;next<=next+1'b1;end  //"老"
        7'd6:begin rs<=1;dat<=8'hBB;next<=next+1'b1;end
        7'd7:begin rs<=1;dat<=8'hEF;next<=next+1'b1;end  //"伙"
        7'd8:begin rs<=1;dat<=8'hBC;next<=next+1'b1;end
        7'd9:begin rs<=1;dat<=8'hC6;next<=next+1'b1;end  //"计"
        7'd10:begin rs<=1;dat<="-";next<=next+1'b1;end
        7'd11:begin rs<=1;dat<="F";next<=next+1'b1;end
        7'd12:begin rs<=1;dat<="P";next<=next+1'b1;end
        7'd13:begin rs<=1;dat<="G";next<=next+1'b1;end
        7'd14:begin rs<=1;dat<="A";next<=next+1'b1;end
        7'd15:begin rs<=1;dat<="!";next<=next+1'b1;end
```

```
7'd16:begin rs<=1;dat<=" ";next<=next+1'b1;end
7'd17:begin rs<=1;dat<=" ";next<=next+1'b1;end
7'd18:begin rs<=0;dat<=8'h90;next<=next+1'b1;end      //显示第二行
7'd19:begin rs<=1;dat<=8'hCC;next<=next+1'b1;end
7'd20:begin rs<=1;dat<=8'hD4;next<=next+1'b1;end      //"淘"
7'd21:begin rs<=1;dat<=8'hB1;next<=next+1'b1;end
7'd22:begin rs<=1;dat<=8'hA6;next<=next+1'b1;end      //"宝"
7'd23:begin rs<=1;dat<=8'hB5;next<=next+1'b1;end
7'd24:begin rs<=1;dat<=8'hEA;next<=next+1'b1;end      //"店"
7'd25:begin rs<=1;dat<=":";next<=next+1'b1;end
7'd26:begin rs<=1;dat<="h";next<=next+1'b1;end
7'd27:begin rs<=1;dat<="t";next<=next+1'b1;end
7'd28:begin rs<=1;dat<="t";next<=next+1'b1;end
7'd29:begin rs<=1;dat<="p";next<=next+1'b1;end
7'd30:begin rs<=1;dat<=":";next<=next+1'b1;end
7'd31:begin rs<=1;dat<="/";next<=next+1'b1;end
7'd32:begin rs<=1;dat<="/";next<=next+1'b1;end
7'd33:begin rs<=0;dat<=8'h88;next<=next+1'b1;end      //显示第三行
7'd34:begin rs<=1;dat<="x";next<=next+1'b1;end
7'd35:begin rs<=1;dat<="k";next<=next+1'b1;end
7'd36:begin rs<=1;dat<="d";next<=next+1'b1;end
7'd37:begin rs<=1;dat<="z";next<=next+1'b1;end
7'd38:begin rs<=1;dat<="-";next<=next+1'b1;end
7'd39:begin rs<=1;dat<="f";next<=next+1'b1;end
7'd40:begin rs<=1;dat<="p";next<=next+1'b1;end
7'd41:begin rs<=1;dat<="g";next<=next+1'b1;end
7'd42:begin rs<=1;dat<="a";next<=next+1'b1;end
7'd43:begin rs<=1;dat<=".";next<=next+1'b1;end
7'd44:begin rs<=1;dat<="t";next<=next+1'b1;end
7'd45:begin rs<=1;dat<="a";next<=next+1'b1;end
7'd46:begin rs<=1;dat<="o";next<=next+1'b1;end
7'd47:begin rs<=1;dat<="b";next<=next+1'b1;end
7'd48:begin rs<=1;dat<="a";next<=next+1'b1;end
7'd49:begin rs<=1;dat<="o";next<=next+1'b1;end
7'd50:begin rs<=0;dat<=8'h98;next<=next+1'b1;end      //显示第四行
7'd51:begin rs<=1;dat<=".";next<=next+1'b1;end
7'd52:begin rs<=1;dat<="c";next<=next+1'b1;end
7'd53:begin rs<=1;dat<="o";next<=next+1'b1;end
7'd54:begin rs<=1;dat<="m";next<=next+1'b1;end
7'd55:begin rs<=1;dat<=8'hD0;next<=next+1'b1;end
7'd56:begin rs<=1;dat<=8'hBB;next<=next+1'b1;end
7'd57:begin rs<=1;dat<=8'hD0;next<=next+1'b1;end
7'd58:begin rs<=1;dat<=8'hBB;next<=next+1'b1;end      //"谢谢"
7'd59:begin rs<=0;dat<=8'h00;                         //把液晶显示模块的 E 脚
                                                      拉高
```

```
88.               if(cnt!=2'b10)
89.                 begin
90.                   e<=0;next<=7'd0;cnt<=cnt+1;
91.                 end
92.               else
93.                 begin next<=7'd61;e<=1;end
94.             end
95.       default:next=7'd0;
96.     endcase
97.   end
98. assign en=clkr|e;
99.endmodule
```

代码中 rs<=0 是给液晶显示模块发送命令数据，rs<=1 是给液晶显示模块发送显示字符数据，显示英文字符比较简单，如显示 F 的代码为“rs<=1;dat<="F"”，可以直接用双引号加字符表示。

显示 ASCII 字符时可以直接采用字符，而显示中文时必须查找中文字型码表，中文字型采用的是 16 位寻址，由于数据线只有 8 位，所以输出数据时采用分时复用，先输出高 8 位，后输出低 8 位。假如要显示“老”，通过中文字型码表可以得出其地址为 C0CF，所以输出数据时，先输出 C0，后输出 CF。汉字对应的十六进制字型码可以用汉字转十六进制编码软件(界面如图 10-32 所示)转换得到，比较方便。图 10-32 所示的是“老伙计”汉字转换的结果，与代码第 32～37 行写入字符数据一致。

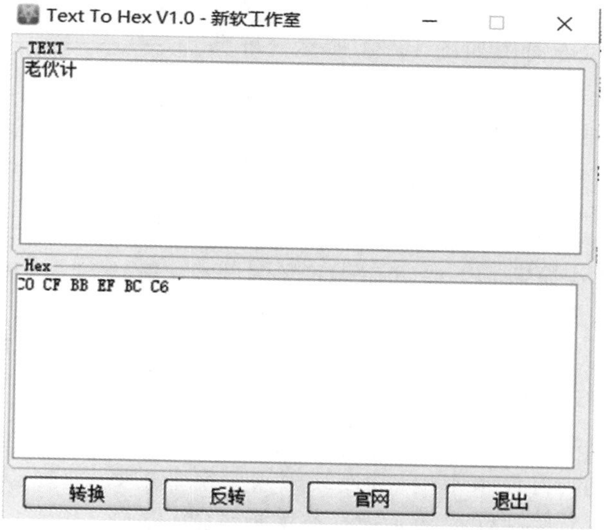

图 10-32　汉字转十六进制编码软件界面

10.5.5　实验现象

LCD12864 显示字符实验现象如图 10-33 所示。

图 10-33　LCD12864 显示字符实验现象

10.6 LCD12864 显示图形

10.6.1 LCD12864 图形显示原理

1. 显示图形的驱动原理和时序

LCD12864 显示图形的驱动原理和时序可以参考 10.5 节内容。弄懂 LCD12864 显示图形的关键是要弄懂一个问题：LCD12864 中每一像素点要如何去点亮或者熄灭。

LCD12864 的显示屏简图如图 10-34 所示。屏幕分为上、下半屏，分别为 128×32 个像素点，其显示均通过选择地址进行控制。可将 LCD12864 屏幕分为 64 行×128 列，显示方向为从左上到右下。

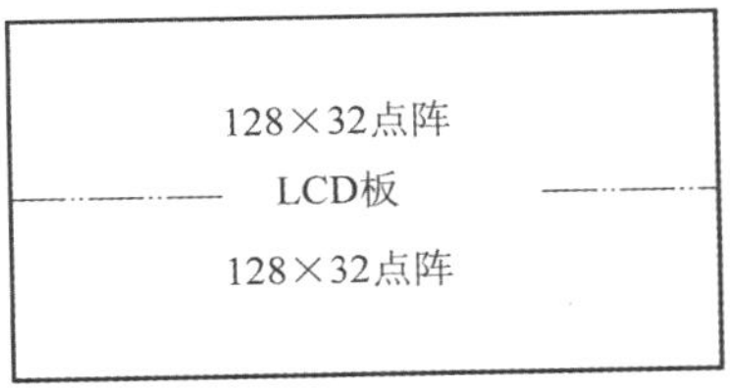

图 10-34　LCD12864 的显示屏简图

2. 绘图操作步骤

绘图显示 GDRAM 提供 128×8 字节的记忆空间，在更改绘图 RAM 时，先连续写入水平与垂直坐标值，再写入 2 字节的数据到绘图 RAM，而地址计数器(AC)会自动加 1；在写入绘图 RAM 期间，绘图显示必须关闭。写入绘图 RAM 的步骤如下：

(1) 关闭绘图显示功能。

(2) 先设垂直地址、再设水平地址(连续写入 2 字节的数据来完成垂直与水平坐标地址)，垂直地址范围为 AC5～AC0，水平地址范围为 AC3～AC0。

(3) 将 D15～D8 写入 RAM，再将 D7～D0 写入 RAM。

(4) 打开绘图显示功能。

绘图 RAM 的地址计数器(AC)只会对水平地址(X 轴)自动加 1(水平地址＝0FH 时会被重新设为 00H)，但并不会对垂直地址做进位自动加 1，故连续写入多个数据时，程序需自行判断垂直地址是否需重新设定。GDRAM 的坐标地址与数据排列顺序如图 10-35 所示。

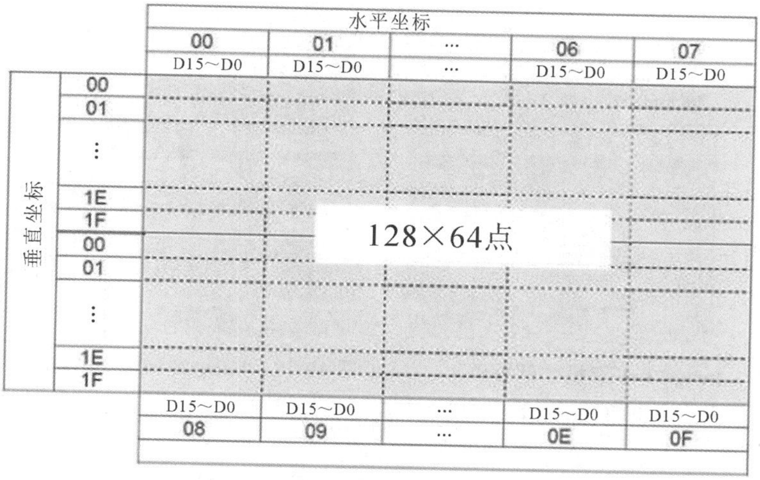

图 10-35　GDRAM 的坐标地址与数据排列顺序

10.6.2　LCD12864 显示图形实验设计要求

在 LCD12864 液晶显示屏上显示 128×64 像素的皮卡丘图形，如图 10-36 所示。

图 10-36　皮卡丘图形

10.6.3　图形图片取模与 MIF 文件的生成

本实验设计中需要把图形图片转换为 MIF 文件格式存放到 ROM 中，操作步骤如下：

(1) 打开 Image2Lcd 取模软件，界面如图 10-37 所示。

(2) 打开要显示的图形图片，图片的分辨率大小是 128×64 像素，如果像素不对可以用相关图形软件先处理，如美图秀秀。打开图片后可设置取模参数，如图 10-38 所示，包括输出数据类型、扫描模式、最大宽度和高度等。

(3) 设置完成之后点击“保存”按钮保存为 PIKAQIU. bin，所得文件图标如图 10-39 所示。

(4) 在 Pic2Mif 软件中打开 PIKAQIU. bin 文件，如图 10-40 所示，将其转换为. mif 文件，具体步骤为：打开 PIKAQIU. bin 文件，设置字长为“8”，点击“生成 Mif 文件”按钮，然后将待生成的. mif 文件命名为“PIKAQIU. mif”。

(5) 用 Quartus 软件打开 MIF 文件，如图 10-41 所示，查看数据是否正确。

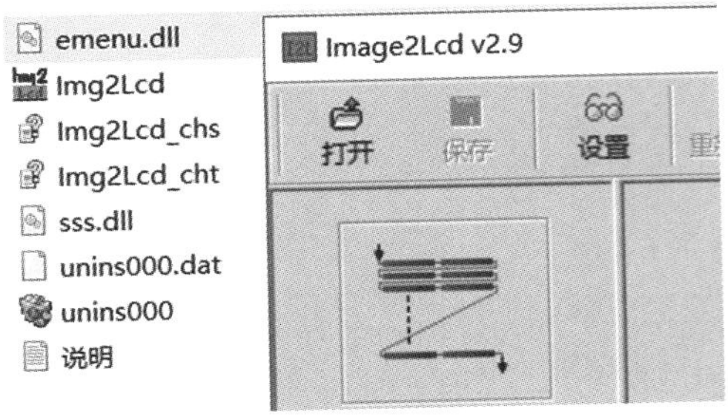

图 10-37　Image2Lcd 取模软件界面

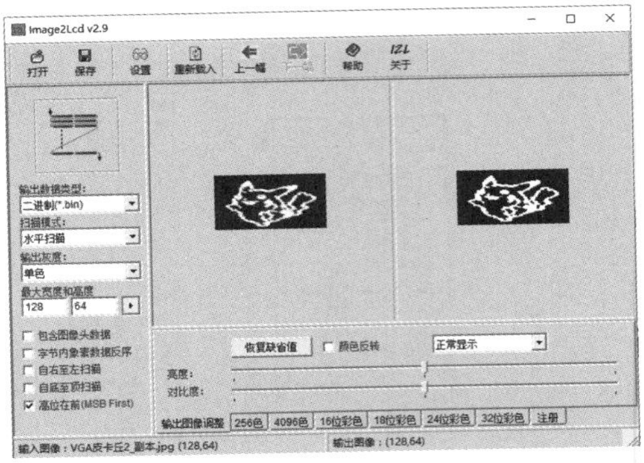

图 10-38　Image2Lcd 中对图形图片设置取模参数

图 10-39　所得 PIKAQIU. bin 文件图标

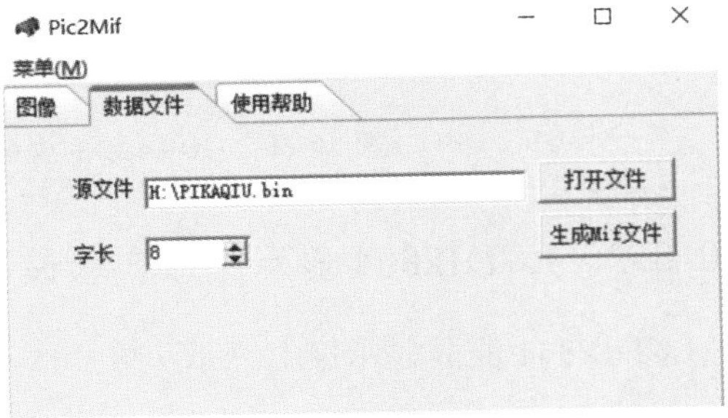

图 10-40　在 Pic2Mif 软件中打开 PIKAQIU. bin 文件

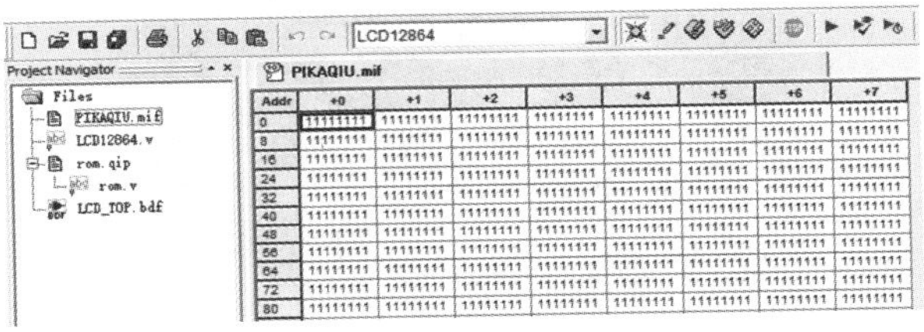

图 10-41　在 Quartus 软件中打开 MIF 文件

10.6.4　程序设计

1. 设计思路

LCD12864 图形显示的设计框图如图 10-42 所示。

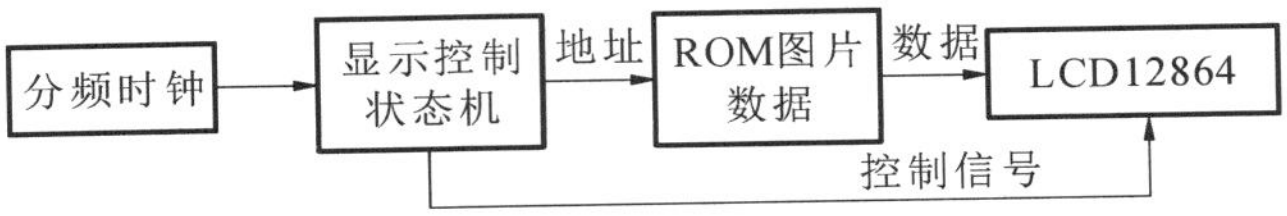

图 10-42　LCD12864 图形显示的设计框图

分频模块：将 50 MHz 的时钟信号进行简单的 16 分频，输出大概 1.5 MHz 时钟信号给显示控制模块(即显示控制状态机)。

显示控制状态机：产生 LCD12864 的控制信号和 ROM 的地址信号。它的功能主要分为三个部分：① LCD12864 的初始化，设置显示模式；② ROM 地址的生成；③ LCD12864 行、列地址的控制。

顶层设计原理图如图 10-43 所示，包括 ROM 模块和 LCD12864 显示控制模块。

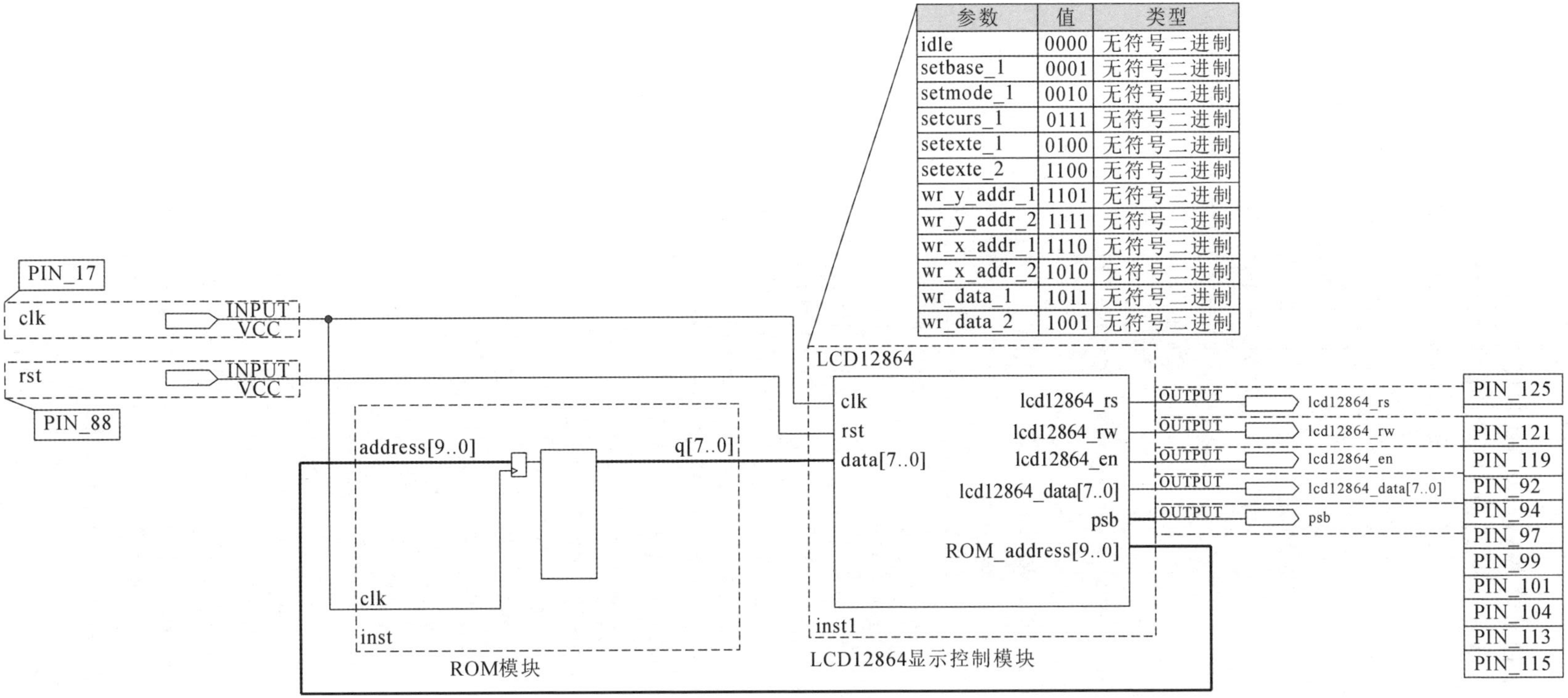

图 10-43 LCD12864图形显示顶层设计原理图

2. 程序代码

LCD12864 显示控制模块 Verilog HDL 代码如下：

```
module LCD12864(clk,rst,data,lcd12864_rs,lcd12864_rw,lcd12864_en,
                lcd12864_data,psb,ROM_address);
input        clk;                  //系统时钟
input        rst;                  //复位信号
input [7:0]  data;                 //要显示的数据
output       lcd12864_rs;          //1为数据模式;0为指令模式
output       lcd12864_rw;          //1为读操作;0为写操作
output       lcd12864_en;          //使能信号,写操作时在下降沿将数据送出;读操作时保
                                     持高电平
output       psb;
output [7:0] lcd12864_data;        //LCD数据总线
output [9:0] ROM_address;
reg          lcd12864_rs;
reg          lcd12864_en;
reg [7:0]    lcd12864_data;
reg [3:0]    state;                //状态机
reg [3:0]    next_state;
reg [14:0]   div_cnt;              //分频计数器
reg [9:0]    cnt;                  //写操作计数器
reg          cnt_rst;              //写操作计数器复位信号
reg          clk_div;              //分频时钟
/********************状态机参数*********************/
 parameter idle=4'b0000,
           setbase_1=4'b0001,
           setmode_1=4'b0010,
           setcurs_1=4'b0111,
           setexte_1=4'b0100,
           setexte_2=4'b1100,
           wr_y_addr_1=4'b1101,
           wr_y_addr_2=4'b1111,
           wr_x_addr_1=4'b1110,
           wr_x_addr_2=4'b1010,
           wr_data_1=4'b1011,
           wr_data_2=4'b1001;
 assign lcd12864_rw=1'b0;              //对LCD始终为写操作
 assign psb=1'b1;                      //开背光灯
/******************时钟分频**********************/
 always @(posedge CLK or negedge rst)
   begin
     if(!rst)
```

```
        div_cnt<=15'd0;
      else
        if(div_cnt==15'h4000)
          begin
            div_cnt<=15'd0;
            clk_div<=~clk_div;
          end
        else
          div_cnt<=div_cnt+1'b1;
   end
/**************状态机转向*********/
  always @(posedge clk_div or negedge rst)
   begin
     if(!rst)
       state<=idle;
     else
       state<=next_state;
   end
/*****************************************************************/
  always @(posedge clk_div)
   begin
     if(cnt_rst)                          //ROM寻址复位,表示已写入一帧数据
       cnt<=10'd0;
     else if(state==wr_data_2)           //每写入 1 字节数据,地址加 1
       cnt<=cnt+1'b1;
   end
/*********************状态机逻辑*******************************/
  always @(state or cnt or data)
   begin
     lcd12864_rs<=1'b0;
     lcd12864_en<=1'b0;
     cnt_rst<=1'b0;
     lcd12864_data<=8'h0;
     case(state)
       idle:
         begin
           next_state<=setbase_1;
         end
/***********************初始化 LCD*****************************/
/******************设置为基本指令操作***************/
        setbase_1:
```

```
            begin
              next_state<=setmode_1;
              lcd12864_data<=8'h30;
              lcd12864_en<=1'b1;
            end
/*************设定 DDRAM 的地址计数器(AC)自动增加*******************/
          setmode_1:
            begin
              next_state<=setcurs_1;
              lcd12864_data<=8'h06;
              lcd12864_en<=1'b1;
            end
/**************开显示,关光标,不闪******************/
          setcurs_1:
            begin
              next_state<=setexte_1;
              lcd12864_data<=8'h0c;
              lcd12864_en<=1'b1;
            end
/**************扩充指令操作******************/
          setexte_1:
            begin
              next_state<=setexte_2;
              lcd12864_data<=8'h36;
              lcd12864_en<=1'b1;
            end
          setexte_2:
            begin
              next_state<=wr_y_addr_1;
              lcd12864_data<=8'h36;
              cnt_rst<=1'b1;                              //图片数据帧复位标志
            end
/*******************写图片数据到 LCD 显存**********************/
          wr_y_addr_1:                                    //设定图形显示区 Y 轴地址
            begin
              next_state<=wr_y_addr_2;
              lcd12864_data<={3'b100,cnt[8:4]};      //设置列地址
              lcd12864_en<=1'b1;
            end
          wr_y_addr_2:
            begin
              next_state<=wr_x_addr_1;
```

```
            lcd12864_data<={3'b100,cnt[8:4]};
          end
/*****************设定图形显示区 X 轴地址*****************/
      wr_x_addr_1:
        begin
          next_state<=wr_x_addr_2;
          lcd12864_en<=1'b1;
          lcd12864_data<={4'd8,cnt[9],3'd0};      //上半屏为 0x80;下半屏为 0x88
        end
      wr_x_addr_2:
        begin
          next_state<=wr_data_1;
          lcd12864_data<={4'd8,cnt[9],3'd0};
        end
/*****************写数据到图形显示区*****************/
      wr_data_1:
        begin
          next_state<=wr_data_2;
          lcd12864_rs<=1'b1;
          lcd12864_en<=1'b1;
          lcd12864_data<=data;
        end
      wr_data_2:                                  //写数据
        begin
          lcd12864_rs<=1'b1;
          lcd12864_data<=data;
          if(cnt[3:0]==4'hf)                      //写完 1 行数据(16 个)
            begin
              if(cnt[9:4]==7'h3f)                 //写完 1 屏数据(64 行)
                next_state<=idle;                 //写完 1 屏的数据后重新跳转到初始
                                                    状态
              else
                next_state<=wr_y_addr_1;          //每写完 1 行数据,重新写入行地址
            end
          else                                    //每写完 1 行数据,重新写入行地址,
                                                    地址会自动加 1
            next_state<=wr_data_1;
        end
      default:next_state<=idle;                   //跳转到初始状态
    endcase
  end
/*************************************************************/
  assign ROM_address=cnt;
endmodule
```

3. 程序设计分析

在显示过程中，行数为64，每一行有128列，这里将这128列分为16个部分，每一部分为8列，这样128×64就变成了16×8×64，这样显示的最小元素就从1个像素点变成了1×8个像素点。这样，总共需要16×64=1024个数据单元，每个数据单元的位宽为8，因此需要创建一个深度为1024、位宽为8的ROM，然后将要显示的图片数据保存在这个ROM中，再通过控制ROM的地址，将显示屏上的每一个元素对应的数据读出、送到数据线上。

知道了数据从哪里来、到哪里去之后，接下来要解决一个重要问题，即ROM的寻址问题。这里将显示屏分为行（X轴）和列（Y轴）。该工程中采用一个地址计数器进行地址的计数，由于显示屏被分为上、下半屏，各个半屏显示的数据量为512，可以用该地址计数器的最高位来控制上、下半屏的驱动（最高位为0时，控制上半屏，为1时控制下半屏）。

在设置LCD12864的寄存器的时候将DDRAM的地址计数器（AC）设置为自动增加，这样在每写一个元素数据之后，LCD12864的行地址就会自动加1，显示的位置就会跳到下一个，就不需要不断往LCD12864里送地址了，只需在每写入一行后切换列地址。对应代码段为以上程序代码中的第125～135行。

同时，将地址计数器送入ROM的地址线，这样就可以对ROM进行寻址了。Y轴地址的控制是通过每完成一行显示，即送出了16个数据块，Y轴地址便加1，然后更新到LCD12864上，由于Y轴地址是逢16进1的，所以可以用地址计数器的第8～4位对LCD进行列控制。对应代码段为以上程序代码中的第113～123行。

在写完64行之后（其实就是一帧）整个显示驱动就完成了，然后再转到初始状态不断刷新屏幕。对应代码段为以上程序代码中的第137～160行。

10.6.5 实验硬件说明及实验现象

LCD12864的接口与LCD1602接口进行复用，所以使用时需要将PSB置高，作为背光电源，滑动变阻器用来设置背光灯的亮度。

LCD12864显示图形实验现象如图10-44所示。

图10-44 LCD12864显示图形实验现象

10.7 红外遥控接收解码

10.7.1 红外遥控简介

本书中采用的开发板使用的红外接收头型号为 HS0038，其实物图如图 10-45 所示，使用的红外遥控器如图 10-46 所示。

图 10-45 红外接收头 HS0038 实物图

图 10-46 红外遥控器

红外遥控器发射的信号为一串 0 和 1 组成的二进制代码。不同的红外芯片对 0 和 1 的编码方式有所不同，通常有曼彻斯特编码和脉冲宽度编码。HS0038 的 0 和 1 采用脉冲宽度编码（PWM 编码），即脉冲宽度调制。0 码由 0.56 ms 低电平和 0.565 ms 高电平组合而成，脉冲宽度为 1.125 ms。1 码由 0.56 ms 低电平和 1.69 ms 高电平组合而成，脉冲宽度为 2.25 ms。在编写解码程序时，判断脉冲的宽度即可得到 0 或 1。红外遥控器按键时序图如图 10-47 所示。

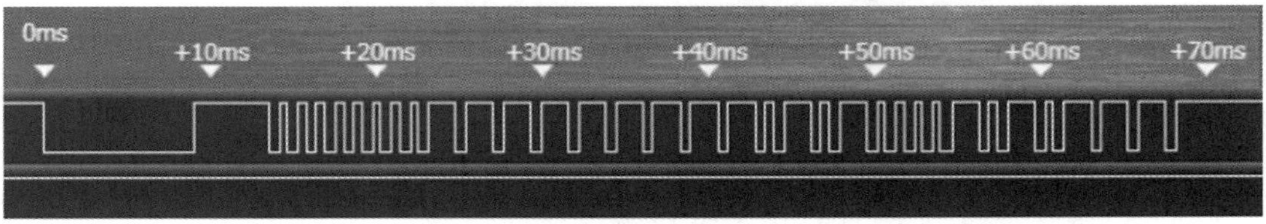

图 10-47 红外遥控器按键时序图

当我们按下遥控器的按键时，遥控器将发出一串二进制代码，我们称之为一帧数据。根据代码中各部分的功能，可将代码分为 5 个部分，分别为引导码、用户码（8 位）、用户反码（8 位）、数据码（8 位）、数据反码（8 位），也就是说，有效编码总共有 32 位。遥控器发射代码均是低位在前、高位在后的。引导码低电平为 9 ms，高电平为 4.5 ms，接收到此码表示 FPGA 准备接收一帧数据。用户码（地址码）由 8 位二进制数组成，共 256 种，不同的设备可以拥有不同的地址码。同种编码的遥控器只要设置不同地址码，也不会相互干扰。在同一个遥控器上，所有按键发出的地址码都是相同的。用户反码主要加强遥控器的可靠性。数据码为8位，可构成256种形态，代表实际所按下的键。数据反码是对数据码的各位求反。通过比较数据码与数据反码，可判断接收到的数据是否正确。如果数据码与数据反码之间不满足相反的关系，则本次遥控接收有误，数据应丢弃。在同一个遥控器上，所有按键的数据码均不相同。

10.7.2 实验设计要求

FPGA接收红外遥控器按键按下发出的二进制代码，提取按键数据码并在数码管上显示出来，不同按键被按下，数码管显示的数值是不一样的，由此验证程序设计的正确性。如果每次按同样的按键，数码管显示的数值不同，那么说明程序或硬件等可能出现错误。红外遥控器按键编码如图10-48所示。

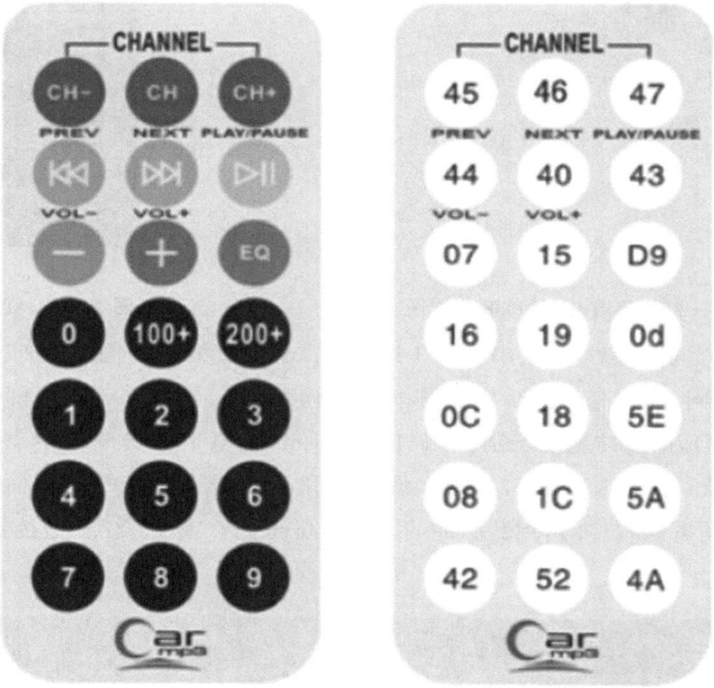

图10-48 红外遥控器按键编码

10.7.3 实验电路原理图

红外遥控接收解码实验电路非常简单，只有电源、地和数据信号，红外接收头的数据输出口接FPGA的引脚91。按下红外遥控器按键，接收头接收到红外信号后，会通过数据口送出一个红外遥控器按键的键值。该键值是以固定红外编码的形式送出的。FPGA逻辑需要对该编码时序进行采样解析。

红外接收头和数码管显示原理图如图10-49所示。

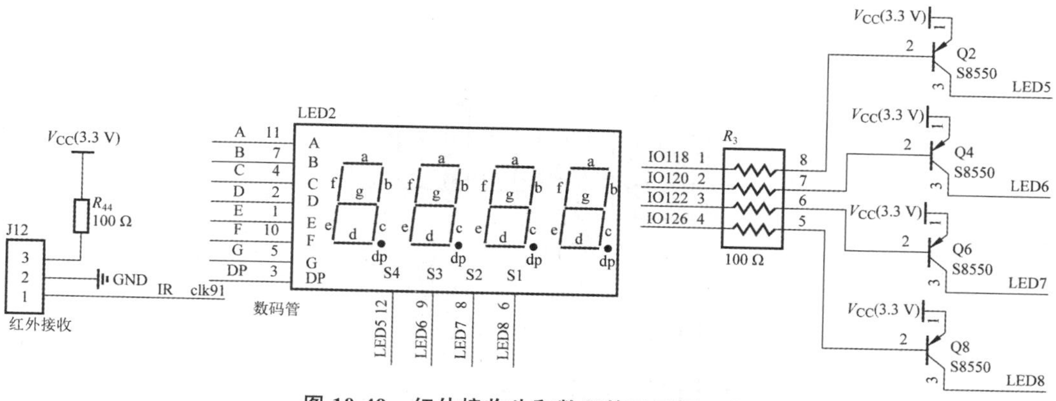

图 10-49 红外接收头和数码管显示原理图

10.7.4 程序设计

1. 设计思路

红外遥控器发送的一帧数据共 32 位，其中数据码及其反码是 16～31 位，我们将这 16 位数据码提取出来，送到数码管显示模块显示，以下是具体的实现方法：

我们用的 FPGA 提供了一个 50 MHz 的系统时钟，一个时钟周期是 20 ns，先通过分频得到 0.125 ms 周期的时钟(div_clk)，在这个时钟下进行红外信号的接收采样，再定义 1 个分频计数器(div_cnt)，div_clk 使用 div_cnt 产生。

红外遥控信号的一次传输分为 5 个部分，可以使用一个状态机来完成设计。

状态机根据红外遥控信号传输的 5 个部分可以定义为 5 个状态：

(1) IDLE：空闲状态。

(2) CHECK_START_9MS：检验 9 ms。

(3) CHECK_START_4MS：检验 4.5 ms。

(4) CHECK_USER_CODE：检验用户码。

(5) CHECK_DATA_CODE：检验数据码。

当红外信号跳变为低电平时开始计数，直到信号变为高电平，判断这段时间内低电平持续时间，如果是 9 ms，则开始下一状态，否则继续执行此状态；在检验 4.5 ms 状态时，信号为高电平则重新开始计数，信号变为低电平结束计数，判断这段时间的长短，如果是 4.5 ms 则进入下一个状态，即 CHECK_USER_CODE 状态；检验用户码状态时，使用一个 user_cnt 计数器检测红外信号上升沿的个数，达到 16 个就说明用户码接收完成，可以进入下一个状态检验数据码的接收；检验数据码状态时，使用一个 data_cnt 计数器检测红外信号上升沿的个数，达到 16 个就说明数据码接收完成。数码管接收检验需要判断电平，因为需要知道数据码是 0 还是 1，然后才能获得数据。可设置一个计数器 data_judge_cnt 以判断高电平时间，从而判断数据为 0 还是 1。

另外，可使用一个移位寄存器(一般串行数据转换为并行数据都使用移位寄存器)，将红外数据依次移入寄存器并存储起来，在数据码开始接收的时候开始移位，根据 data_judge_cnt 长短判读数据为 0 还是为 1。

在移位寄存器接收完成后，使用寄存器锁存有效的数据，然后送数码管显示数据，后续可拿来做其他实验，如密码锁、数字时钟等。

顶层设计原理图如图 10-50 所示，设计包括红外遥控接收解码模块和数码管动态扫描模块。

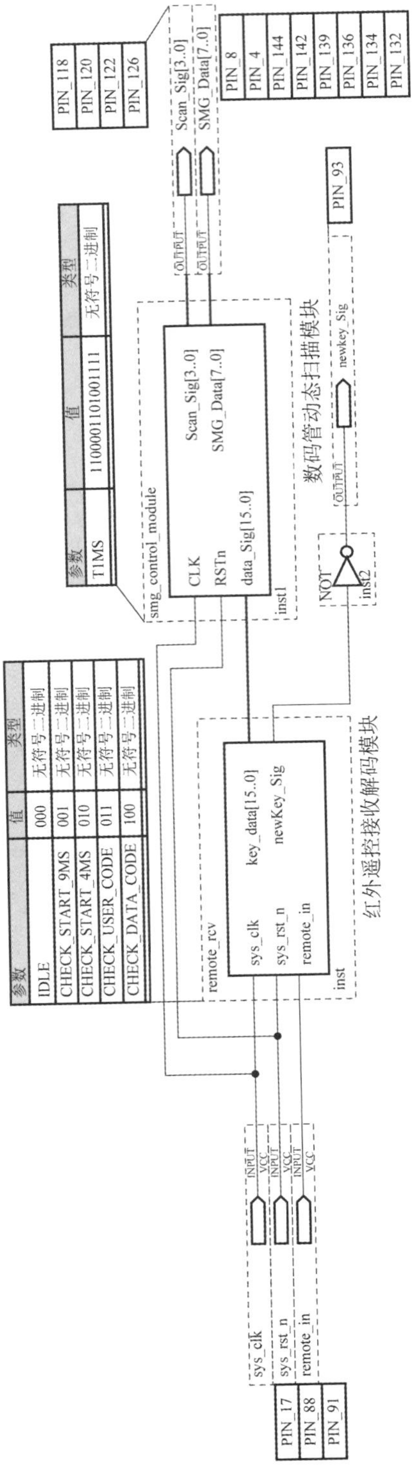

图 10-50 红外遥控接收解码实验顶层设计原理图

2. 程序代码

数码管显示模块前文已经给出，下面给出红外遥控接收解码模块的 Verilog HDL 代码：

```
module remote_rcv(
        input              sys_clk,        //系统时钟
        input              sys_rst_n,      //系统复位信号,低电平有效
        input              remote_in,      //红外接收信号
        output reg [15:0]  key_data,
        output reg         newKey_Sig);
//reg define
  reg  [15:0]     data_buf;
  reg  [11:0]     div_cnt;                  //分频计数器
  reg             div_clk;
  reg             remote_in_dly;
  reg  [6:0]      start_cnt;
  reg  [6:0]      start_cnt1;
  reg  [5:0]      start_cnt2;
  reg  [5:0]      user_cnt;
  reg  [5:0]      data_cnt;
  reg  [14:0]     data_judge_cnt;
  reg  [14:0]     noise_cnt;
  reg  [4:0]      curr_st;
  reg  [4:0]      next_st;
//wire define
  wire            remote_pos;
  wire            remote_neg;
  parameter       IDLE=3'b000;
  parameter       CHECK_START_9MS=3'b001;
  parameter       CHECK_START_4MS=3'b010;
  parameter       CHECK_USER_CODE=3'b011;
  parameter       CHECK_DATA_CODE=3'b100;
// div_cnt for gen div_clk, (2*3125)/50 MHz=0.125 ms
  always @(posedge sys_clk or negedge sys_rst_n) begin  //0.125 ms
    if(sys_rst_n==1'b0)
      div_cnt<=12'd0;
    else if(div_cnt==12'd3125)                          //50 MHz
      div_cnt<=12'd0;
    else
      div_cnt=div_cnt +12'b1;
  end
  always @(posedge sys_clk or negedge sys_rst_n) begin
    if(sys_rst_n==1'b0)
      div_clk<=1'b0;
    else if(div_cnt==12'd3125)
      div_clk<=~div_clk;                                //分频信号,周期是 0.125 ms
    else;
  end
//generate FSM next state
```

```
always @(posedge div_clk or negedge sys_rst_n) begin
  if(sys_rst_n==1'b0)
    curr_st<=1'b0;
  else
    curr_st<=next_st;                                   //状态切换
end
//FSM state logic
always @(*) begin
  case(curr_st)
    IDLE:begin
//计数消除噪声
      if(remote_in==1'b0&&noise_cnt==15'd800)
        next_st=CHECK_START_9MS;
      else
        next_st=IDLE;
    end
    CHECK_START_9MS:begin                               //大于 9 ms 低电平
      if(start_cnt1>65)
        next_st=CHECK_START_4MS;
      else
        next_st=CHECK_START_9MS;
    end
    CHECK_START_4MS:begin                               //大于 4.5 ms 低电平
      if(start_cnt2>=33)
        next_st=CHECK_USER_CODE;
      else
        next_st=CHECK_START_4MS;
    end
    CHECK_USER_CODE:begin                               //用户码
      if(user_cnt>=16&&remote_in==1'b0)
        next_st=CHECK_DATA_CODE;
      else
        next_st=CHECK_USER_CODE;
    end
    CHECK_DATA_CODE:begin                               //数据码
      if(data_cnt>=16&&remote_in==1'b0)
        next_st=IDLE;
      else
        next_st=CHECK_DATA_CODE;
    end
    default:next_st=IDLE;
  endcase
end
//for clear remoto signal noise
always @(posedge div_clk or negedge sys_rst_n) begin
  if(sys_rst_n==1'b0)
    noise_cnt<=15'd0;
  else if(curr_st==CHECK_DATA_CODE&&next_st==IDLE)
```

```
        noise_cnt<=15'd0;
      else if(noise_cnt <15'd800)
        noise_cnt<=noise_cnt+15'b1;
      else;
    end
    always @(posedge div_clk or negedge sys_rst_n) begin
      if(sys_rst_n==1'b0)
        remote_in_dly<=1'b0;
      else
        remote_in_dly<=remote_in;
    end
    assign remote_pos=remote_in&~remote_in_dly;        //信号上升沿
    assign remote_neg=~remote_in&remote_in_dly;        //信号下降沿
// start_cnt1
    always @(posedge div_clk or negedge sys_rst_n) begin
      if(sys_rst_n==1'b0)
        start_cnt1<=15'd0;
      else if(curr_st==CHECK_START_9MS&&remote_in==1'b0) begin
        if(remote_neg==1'b1)                            //信号下降沿
          start_cnt1<=15'd0;
        else
          start_cnt1<=start_cnt1+15'b1;
      end
      else if(curr_st==CHECK_DATA_CODE)
        start_cnt1<=15'd0;                              //下个状态计数要清零
      else;
    end
// start_cnt2
    always @(posedge div_clk or negedge sys_rst_n) begin
      if(sys_rst_n==1'b0)
        start_cnt2<=15'd0;
      else if(curr_st==CHECK_START_4MS&&remote_in==1'b1) begin
        if(remote_pos==1'b1)                            //上升沿
          start_cnt2<=15'd0;
        else
          start_cnt2<=start_cnt2+15'b1;
      end
      else if(curr_st==CHECK_START_9MS)
        start_cnt2<=15'd0;                              //下个状态计数要清零
      else;
    end
// CHECK_USER_CODE 计数
    always @(posedge div_clk or negedge sys_rst_n) begin
      if(sys_rst_n==1'b0)
        user_cnt<=15'd0;
      else if(curr_st==CHECK_USER_CODE) begin
        if(remote_pos==1'b1)                            //上升沿
```

```
        user_cnt<=user_cnt+15'b1;
      else;
    end
    else if(curr_st==CHECK_DATA_CODE)
      user_cnt<=15'd0;//下个状态计数要清零
    else;
  end
// CHECK_DATA_CODE 计数
  always @(posedge div_clk or negedge sys_rst_n) begin
    if(sys_rst_n==1'b0)
      data_cnt<=15'd0;
    else if(curr_st==CHECK_DATA_CODE) begin
      if(remote_pos==1'b1)//上升沿
        data_cnt<=data_cnt+15'b1;
      else;
    end
    else if(curr_st==IDLE)
      data_cnt<=15'd0;//下个状态计数要清零
    else;
  end
  always @(posedge div_clk or negedge sys_rst_n) begin
    if(sys_rst_n==1'b0)
      data_judge_cnt<=15'd0;
    else if(curr_st==CHECK_DATA_CODE) begin
      if(remote_pos==1'b1)//信号上升沿
        data_judge_cnt<=15'd0;
      else if(remote_in==1'b1) //信号高电平计数,作为是 0 还是 1 的判断依据
        data_judge_cnt<=data_judge_cnt+15'b1;
      else;
    end
    else;
  end
  always @(posedge div_clk or negedge sys_rst_n) begin
    if(sys_rst_n==1'b0)
      data_buf<=16'd0;
    else if(curr_st==CHECK_USER_CODE&&user_cnt==15)
      data_buf<=16'd0;//按键数据清理,为数据更新做准备
    else if(curr_st==CHECK_DATA_CODE) begin
      if(remote_neg==1'b1&&data_judge_cnt>10)
//下降沿到来,计数大于 10 为高电平
        data_buf<={ data_buf[14:0],1'b1 };//串行移位处理
      else if(remote_neg==1'b1)
        data_buf<={data_buf[14:0],1'b0};                    //否则说明是低电平
      else;
    end
    else;
```

```
187.  end
188.  always @(posedge sys_clk or negedge sys_rst_n) begin
189.    if(sys_rst_n==1'b0)
190.      key_data<=16'd0;
191.    else if(data_cnt>=16&&remote_in==1'b0)           //锁存 data_buf 数据码
192.      begin
193.        key_data<=data_buf;                           //按键数据锁存更新输出
194.        newKey_Sig<=1'b1;                             //更新信号
195.      end
196.    else
197.      newKey_Sig<=1'b0;
198.  end
199.endmodule
```

需要说明的是，若不使用 noise_cnt 在调试程序的时候会发现，按键时红外遥控器的传输信号有些时候存在不规范的情况，有非法的数据信号产生。使用 SignalTap 可以看出，正常的数据传输完后，过了一段时间，出现了非法的数据，如图 10-51 所示。

图 10-51　使用 SignalTap 所得结果

因此，在以上程序中我们使用 noise_cnt 来规避非法的数据信号，也就是在每次数据传输完后，等一段时间才进入正常的处理程序，对应程序代码第 90～98 行。

10.7.5　实验现象

用数码管显示数据码和数据反码，实验现象如图 10-52 所示。数据码为 0x52，反码为 0xAd。

图 10-52　红外遥控接收解码实验现象

10.8　DS18B20 温度采集

10.8.1　DS18B20 简介

DS18B20 数字温度传感器提供 16 位（二进制）温度读数，指示器件的温度信息经过单线接口送入 DS18B20 或从 DS18B20 送出，因此，从主机 CPU 到 DS18B20 仅需一条线（另加地线）。DS18B20 的电源可以由被测器件本身提供而不需要外部电源。每一个 DS18B20 在出厂时已经被给定了唯一的序号，因此任意多个DS18B20可以存放在同一条单总线上。这就允许在许多不同的地方放置温度敏感器件DS18B20，它的测量范围为－55～＋125 ℃，增量值为0.0625 ℃，可在1 s(典型值)内把温度变换成数字。

每一个DS18B20包括一个唯一的长64位的序号，该序号值存放在DS18B20内部的ROM中。开始8位是产品类型编码(DS18B20编码均为10H)，接着的48位是每个器件的唯一序号，最后8位是前面56位的CRC(循环冗余校验)码。

DS18B20中还有用于储存测得的温度值的两个8位RAM，编号为0号(低字节)和1号(高字节)。1号存储器的前5位存放温度值的符号。如果温度为负(0 ℃以下)，则1号存储器前5位全为1，否则全为0。1号存储器的后3位和0号存储器的8位用于存放温度值的补码。0号存储器的LSB(最低位)的1表示0.0625。可以仅取出此两个存储器中后12位二进制数，并对其进行求补，再转换成十进制数，最后除以24，就得到被测温度值。

常见DS18B20引脚如图10-53所示，引脚功能如下：

① GND：地。

② DQ：输入/输出数据。

③ VDD：可选接＋5 V的电源。

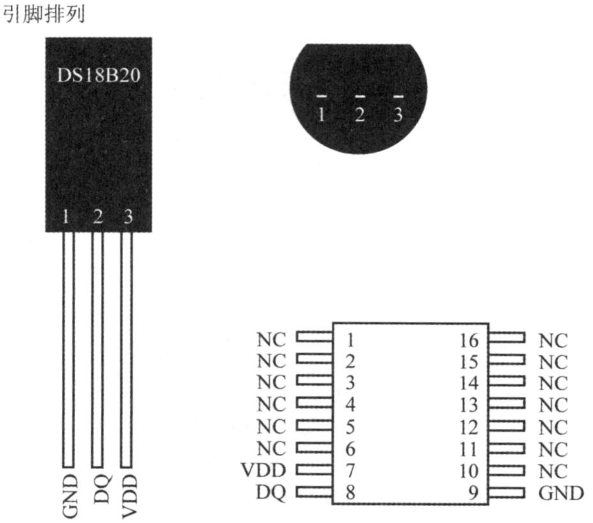

图10-53 常见DS18B20引脚

每只DS18B20都可以设置两种供电方式，即数据总线供电方式和外部供电方式。采取数据总线供电方式可以节省一根导线，但完成温度测量需要的时间较长；采取外部供电方式则多用一根导线，但测量速度较快。

经过单线接口访问DS18B20的通信协议如下：

(1) 初始化：基于单总线的所有传输过程都是以初始化开始的，初始化过程由主机发出的复位脉冲和从机响应的应答脉冲组成。应答脉冲使主机知道总线上有从机设备且准备就绪。

(2) ROM操作：主机在检测到应答脉冲后，就可以发出ROM命令。这些命令与各个从机设备唯一的64位ROM代码相关，允许主机在单总线上连接多个从机设备时指定操作某个从机设备。这些命令还允许主机检测到总线上有多少个从机设备及其类型，或者有没有设备处于报警状态。从机设备可能支持5种ROM命令(实际情况与具体型号有关)，每种命令长度为

8 位。主机在发出 RAM 操作命令之前,必须送出合适的 ROM 命令。

(3) RAM 操作:主机发出 ROM 命令,以访问某个指定的 DS18B20,接着就可以发出 DS18B20 支持的某个存储器操作命令,即 RAM 操作命令。

(4) 数据处理:主机通过前三步的通信,在从机上得到了需要的数据后再进入进一步处理的环节。这部分根据用户的需要而定。

通常访问单总线器件应严格遵守以上通信协议(即操作序列),如果序列混乱,则单总线器件不会响应主机;仅对搜索 ROM 命令和报警搜索命令例外,在执行两者中任何一条命令之后,主机不能执行其后的功能命令,必须返回至第一步。

◆ 10.8.2 实验设计要求

由 FPGA 实现对 DS18B20 的时序控制设计,采集温度信息并在数码管上显示。对 DS18B20 进行控制,主要是实现单总线的初始化、读、写等操作,然后再根据 DS18B20 的控制要求,实现其 Verilog 逻辑。

◆ 10.8.3 实验电路原理图

DS18B20 和数码管原理图如图 10-54 所示。

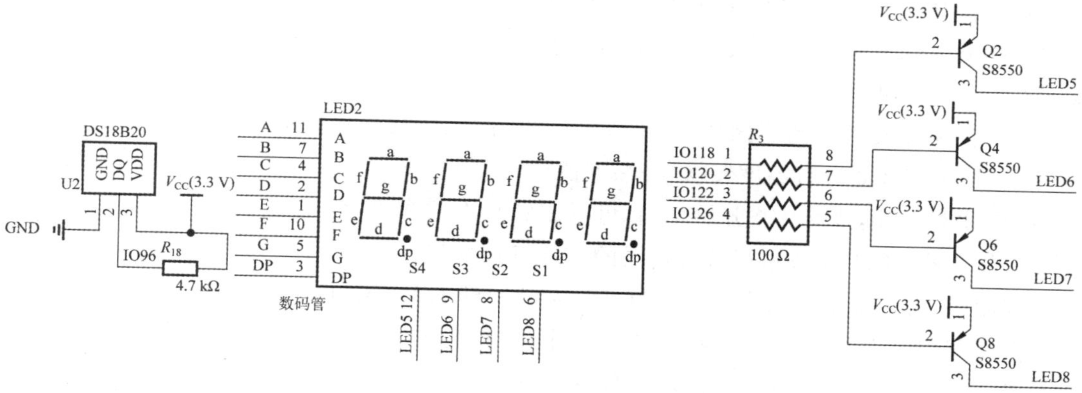

图 10-54 DS18B20 和数码管原理图

硬件的设计非常简单,只需要将 DS18B20 的 DQ 脚与 FPGA 的一个 I/O 口连接,并加 4.7 kΩ 的上拉电阻就可以了。V_{DD} 可以为 3.0～5.0 V。这里我们参照 FPGA 本身的 I/O 电压,选择 3.3 V。

另外要注意的一点是,DQ 的数据是双向的,所以 FPGA 的对应 I/O 口要设定为 inout 类型。

FPGA 与 DS18B20 的硬件设计如图 10-55 所示。

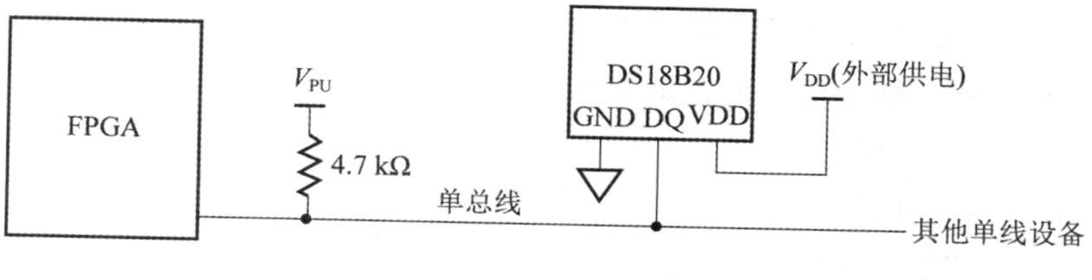

图 10-55 FPGA 与 DS18B20 的硬件设计

10.8.4 程序设计

1. 设计思路

控制器对DS18B20的操作流程如下：

(1) 初始化：

① 先将数据线置高电平“1”。

② 延时(该时间要求不是很严格,但是应尽可能短一点)。

③ 数据线拉到低电平“0”。

④ 延时750 μs(该时间范围为480～960 μs)。

⑤ 数据线拉到高电平“1”。

⑥ 延时等待(如果初始化成功则在15～60 ms时间之内产生一个由DS18B20返回的低电平“0”。据该状态可以确定它的存在,但是应注意,不能无限地进行等待,不然会使程序进入死循环,要进行超时控制)。

⑦ 若CPU读到了数据线上的低电平“0”,要设计延时,延时的时间从发出高电平时算起(从第⑤步时算起),最少为480 μs。

⑧ 将数据线再次拉高到高电平“1”后结束。

(2) 控制器发送ROM指令:ROM指令共5条,每一个工作周期只能发一条,即读ROM、匹配ROM、跳跃ROM、查找ROM和报警查找。一般只挂接单个DS18B20芯片时可以使用跳过ROM指令。

(3) 控制器发送存储器操作指令:在ROM指令后,就是存储器操作指令了,温度转换44H启动DS18B20进行温度转换,将温度值放入RAM的第1、2个地址,读暂存器BEH从RAM中读数据,读地址从0开始,一直可以读到9,只读前2字节。

写暂存器4EH将数据写入暂存器的TH、TL字节。

复制暂存器48H把暂存器的TH、TL字节写到E^2RAM中。

重新调用E^2RAM(B8H),把E^2RAM中的TH、TL字节写到暂存器中,读电源供电B4H启动DS18B20,发送电源供电方式的信号给主CPU。

(4) 若要读出当前的温度数据,需要执行两个工作周期。第一个工作周期为复位,跳过ROM指令,执行温度转换存储器指令,等待500 μs温度转换时间。紧接着执行第二个工作周期,仍为复位,跳过ROM指令,执行读RAM操作,读数据。

(5) DS18B20的写操作。

写时序分为写“0”和写“1”。DS18B20写时序如图10-56所示。在写数据时间间隙的前15 μs,总线需要被控制器拉至低电平,而后则是芯片对总线数据的采样时间,采样时间在15～60 μs,采样时间内如果控制器将总线拉高则表示写“1”,如果控制器将总线拉低则表示写“0”。每一位的发送都应该有一个至少15 μs的低电平起始位,随后的数据0或1应该在45 μs内完成。整个位的发送时间应该保持在60～120 μs,否则不能保证通信的正常进行。

(6) DS18B20的读操作。

DS18B20读时序如图10-57所示。

读时序中也必须先由主机产生至少1 μs的低电平,表示读时间的起始;随后在总线被释

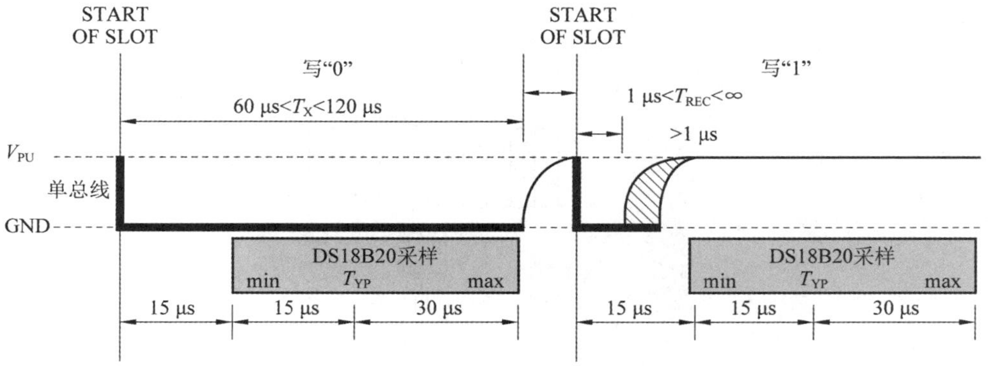

图 10-56 DS18B20 写时序

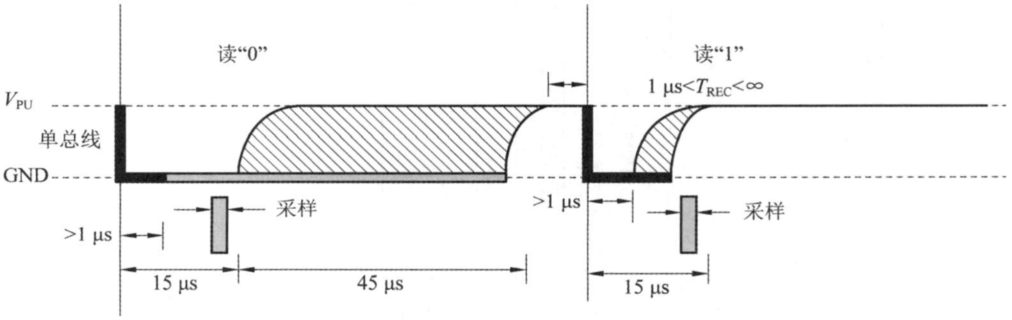

图 10-57 DS18B20 读时序

放后的 15 μs 中 DS18B20 会发送内部数据位。注意:必须要在读时序开始的 15 μs 内读数据位才可以保证通信的正确。通信时,字节的读或写是从高位开始的,即 A7 到 A0。

设计原理框图如图 10-58 所示。

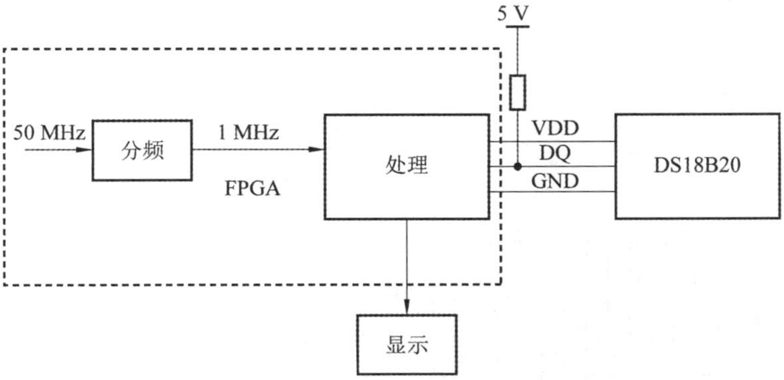

图 10-58 设计原理框图

2. 顶层设计原理图

DS18B20 温度采集实验顶层设计原理图如图 10-59 所示,设计包括 DS18B20 控制模块和数码管动态扫描模块。

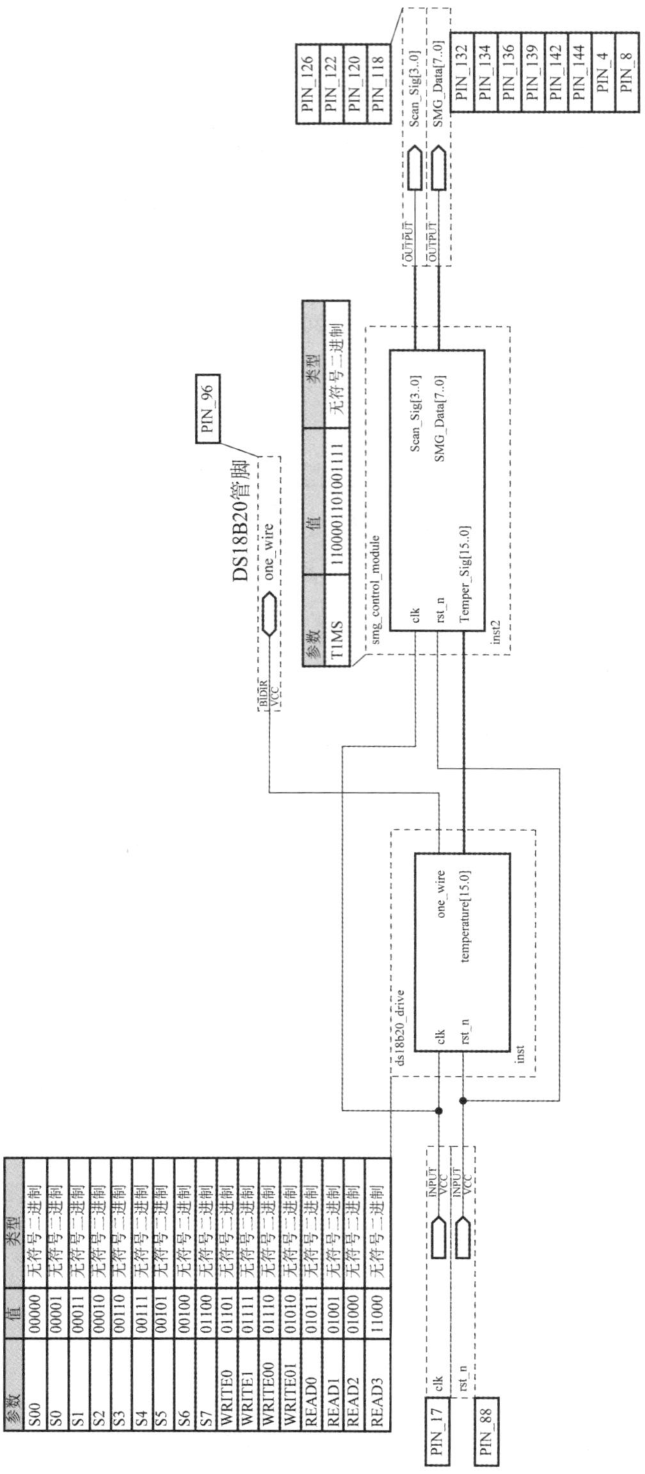

图 10-59 DS18B20温度采集实验顶层设计原理图

10.8.5 实验现象

把 DS18B20 采集的温度显示在数码管上，实验现象如图 10-60 所示，显示为 30.2 ℃。

图 10-60　DS18B20 温度采集实验现象

10.9 超声波测距

10.9.1 超声波测距模块简介

1. 采用的 HC-SR04 超声波测距模块

HC-SR04 超声波测距模块可提供 2～400 cm 的非接触式距离感测功能，测距精度可高达 3 mm；模块包括超声波发射器、接收器与控制电路。图 10-61 所示为 HC-SR04 外观，其基本工作原理为：给予此超声波测距模块一触发信号，模块发射超声波，当超声波投射到物体而反射回来时，模块输出一回响信号，以触发信号和回响信号产生的时间差来判定物体的距离。图 10-62 所示为超声波测距模块时序。

图 10-61　HC-SR04 超声波测距模块外观

图 10-62 表明，只需要提供一个 10 μs 以上的脉冲触发信号，该模块内部将发出 8 个 40 kHz 周期电平并检测回波，一旦检测到回波信号则输出回响信号，回响信号的脉冲宽度与所测的距离成正比。由此，通过发出触发信号到收到回响信号的时间间隔可以计算得到检测距离。

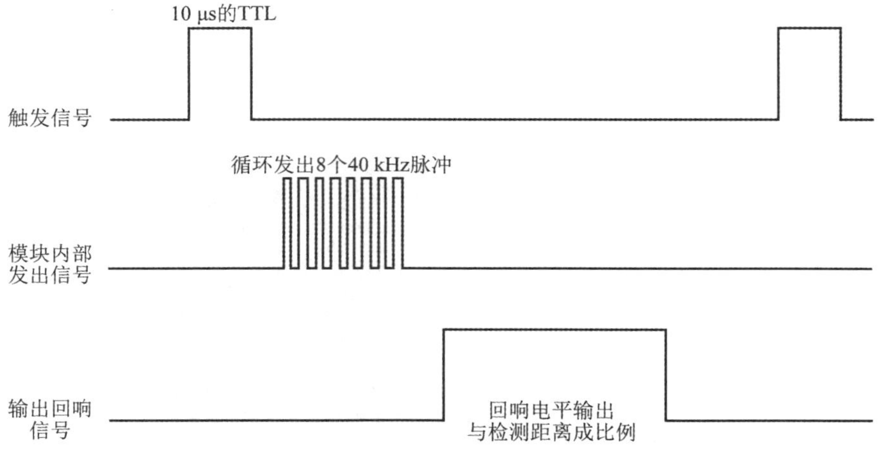

图 10-62　超声波测距模块时序

公式为

距离＝高电平时间×声速/2

建议测量周期为 60 ms 以上，以防止触发信号对回响信号产生影响。

基于 FPGA 的超声波测距电路实现主要包括触发信号产生和回响信号计时两个模块。

2. 超声波测距原理

超声波发射器向某一方向发射超声波，在发射的同时开始计时。超声波在空气中传播，途中碰到障碍物立即返回，超声波接收器收到反射波立即停止计时。设超声波在空气中的传播速度为 340 m/s，根据计时器记录的时间，就可以计算出发射点距障碍物的距离。

超声波测距是以超声波在空气中的传播速度为已知，测量声波在发射后遇到障碍物反射回来的时间，根据发射和接收的时间差计算出发射点到障碍物的实际距离。

超声波测距主要应用于倒车提醒及建筑工地、工业现场等的距离测量，虽然目前的测距量程能达到上百米，但测量的精度往往只能达到厘米级。

由于超声波具有易于定向发射、方向性好、强度易控制、与被测量物体不需要直接接触的优点，超声波测距是进行液体高度测量的理想手段。

10.9.2　实验设计要求

掌握超声波测距原理，基于 FPGA 实现对超声波模块的时序控制设计，测量所得距离在数码管上显示，显示内容包括 1 位小数点，显示格式为“×××.×”，单位默认为厘米。

10.9.3　实验电路原理图

本实验硬件的设计比较简单，需要将超声波测距模块的 TRIG 与 FPGA 的一个 I/O 口连接，FPGA 发送触发信号到 TRIG，ECHO 检测回波输出信号。超声波测距模块采用 5 V 供电，而 FPGA 引脚电平是 3.3 V 的，因此可采用电阻分压让超声波测距模块输出信号电压在 FPGA 可接受范围内。

超声波模块和数码管电路原理图如图 10-63 所示。

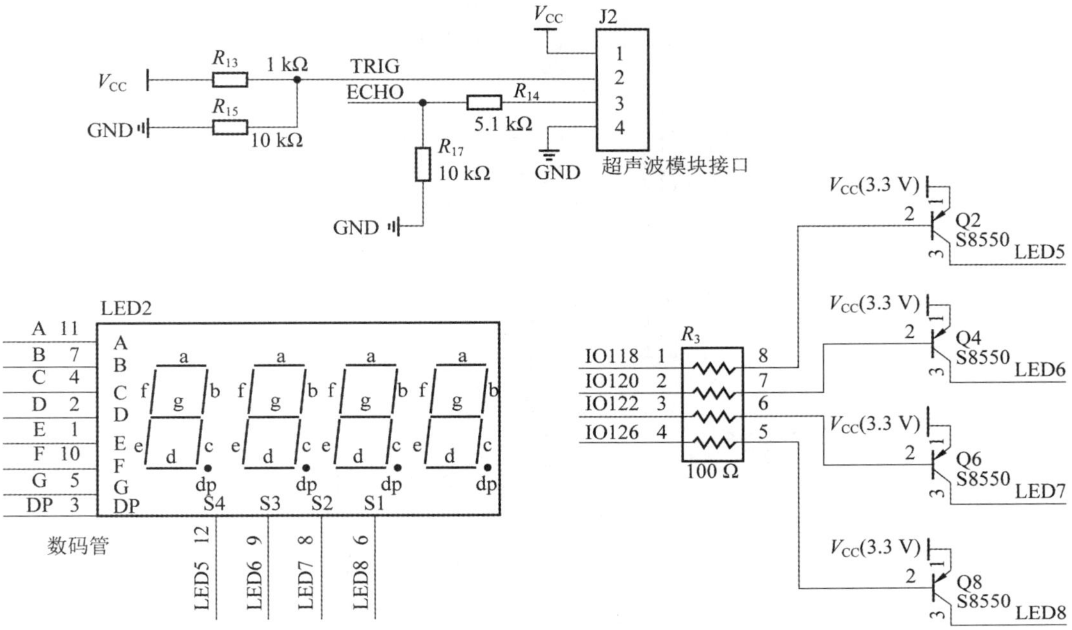

图 10-63　超声波模块和数码管电路原理图

10.9.4　程序设计

1. 设计思路

FPGA 通过分频产生 100 kHz 的信号，周期为 10 μs，然后以此信号进行计数，产生一个周期为 1 s 的触发信号启动测距，10 μs 为高电平，999 990 μs 为低电平，对回响信号的高电平时间进行计数得到高电平持续时间，最后送入 FPGA 计算距离并显示。

超声波测距实验设计框图如图 10-64 所示。

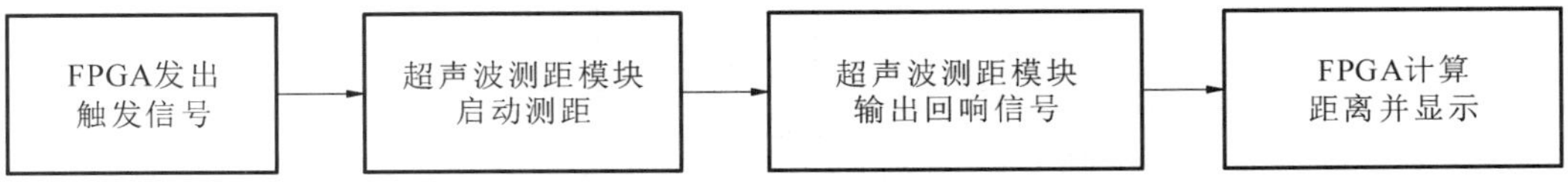

图 10-64　超声波测距实验设计框图

超声波测距实验顶层设计原理图如图 10-65 所示，输入信号有 clk、rst_n 和回响信号 ultrasound_echo，输出信号有数码管位选 Scan_Sig 和段码 SMG_Data，以及超声波测距触发信号 ultrasound_trig。

2. 程序代码

数码管动态扫描程序前文已经给出，下面主要给出超声波计数模块 Verilog HDL 程序。

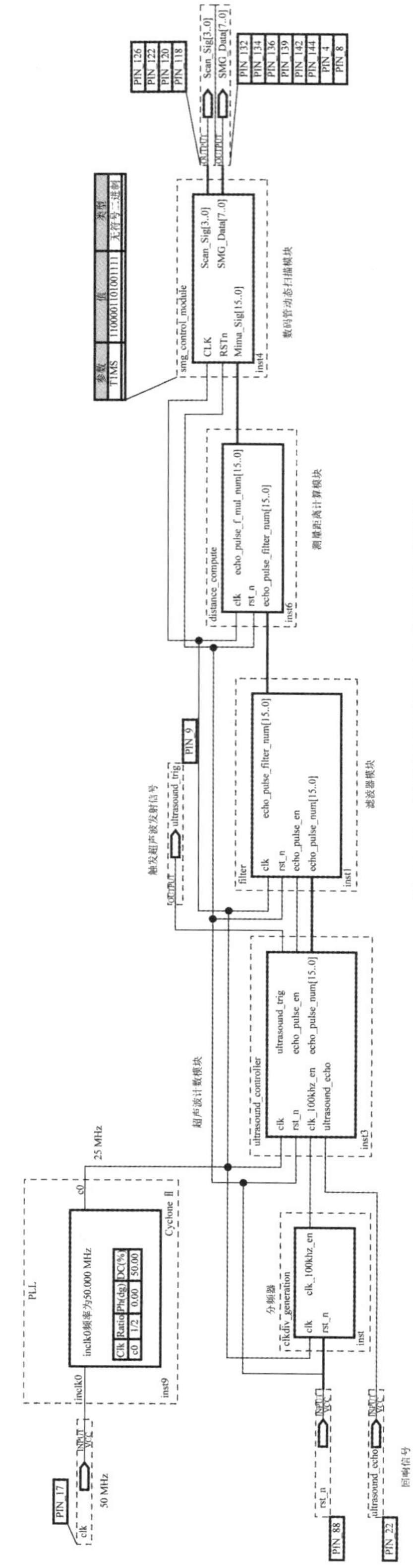

图 10-65　超声波测距实验顶层设计原理图

```
module              ultrasound_controller(
  input             clk,                  //外部输入 25 MHz 时钟信号
  input             rst_n,                //外部输入复位信号,低电平有效
  input             clk_100khz_en,        //频率为 100 kHz 的一个时钟使能信号,即每 10 μs 产生一个时钟脉冲
  output            ultrasound_trig,      //超声波测距模块脉冲激励信号,10 μs 的高脉冲
  input             ultrasound_echo,      //超声波测距模块回响信号
  output            reg echo_pulse_en,    //超声波测距模块回响信号计数值有效信号
  output reg [15:0] echo_pulse_num        //以 10 μs 为单位对超声波测距模块回响信号高脉冲进行计数的最终值
);
//1 s定时产生逻辑
  reg [13:0] timer_cnt;
//1 s计数器,以 100 kHz(10 μs)为单位进行计数,计数 100 ms 需要的计数值范围是 0~9999
  always @(posedge clk or negedge rst_n)
    if(!rst_n) timer_cnt<=14'd0;
    else if(clk_100khz_en) begin
      if(timer_cnt<14'd9_999) timer_cnt<=timer_cnt+1'b1;
      else timer_cnt<=14'd0;
    end
    else;
  assign ultrasound_trig=(timer_cnt==14'd1)?1'b1:1'b0;
//10 μs 高脉冲生成,100 ms 每次
//-------------------------------------------------
//超声波测距模块的回响信号 echo 打两拍,产生上升沿和下降沿标志位
  reg [1:0] ultrasound_echo_r;
  always @(posedge clk or negedge rst_n)
    if(!rst_n) ultrasound_echo_r<=2'b00;
    else ultrasound_echo_r<={ultrasound_echo_r[0],ultrasound_echo};
//echo 信号上升沿标志位,高电平有效一个时钟周期
  wire pos_echo=~ultrasound_echo_r[1]&ultrasound_echo_r[0];
//echo 信号下降沿标志位,高电平有效一个时钟周期
  wire neg_echo=ultrasound_echo_r[1]&~ultrasound_echo_r[0];
//以 10 μs 为单位对超声波测距模块回响信号高脉冲进行计数
  reg [15:0] echo_cnt;                    //回响高脉冲计数器
  always @(posedge clk or negedge rst_n)
    if(!rst_n) echo_cnt<=16'd0;
    else if(pos_echo) echo_cnt<=16'd0;    //计数清零
    else if(clk_100khz_en&&ultrasound_echo_r[0]) echo_cnt<=echo_cnt+1'b1;
    else;
```

```
//计数脉冲数锁存
always @(posedge clk or negedge rst_n)
  if(!rst_n) echo_pulse_num<=16'd0;
  else if(neg_echo) echo_pulse_num<=echo_cnt;
//计数脉冲有效使能信号锁存
always @(posedge clk or negedge rst_n)
  if(!rst_n) echo_pulse_en<=1'b0;
  else echo_pulse_en<=neg_echo;
endmodule
```

10.9.5 实验现象

超声波测距实验现象如图 10-66 所示，左边超声波测距模块通过插针接到开发板上，在其前方可用障碍物挡住，数码管显示的数据是障碍物与超声波测距模块的距离——23.0 cm。

图 10-66 超声波测距实验现象

10.10 PCF8563 实时时钟设计

10.10.1 PCF8563 简介

PCF8563 是 PHILIPS 公司推出的一款工业级内含 I^2C 总线接口功能的具有极低功耗的多功能时钟/日历芯片。PCF8563 具有多种报警功能、定时器功能、时钟输出功能以及中断输出功能，能完成各种复杂的定时任务，甚至可为单片机提供看门狗服务。其内部时钟电路、内部振荡电路、内部低电压检测电路(1.0 V)以及两线制 I^2C 总线通信方式，不但使外围电路极其简洁，也增加了芯片的可靠性。同时，使用 PCF8563 每次读写数据后，内嵌的字地址寄存器会自动产生增量。因此，PCF8563 是一款性价比极高的时钟芯片，它已被广泛用于电表、水表、电话、传真机、便携式仪器等产品领域。

PCF8563 引脚图如图 10-67 所示，引脚描述如表 10-5 所示。

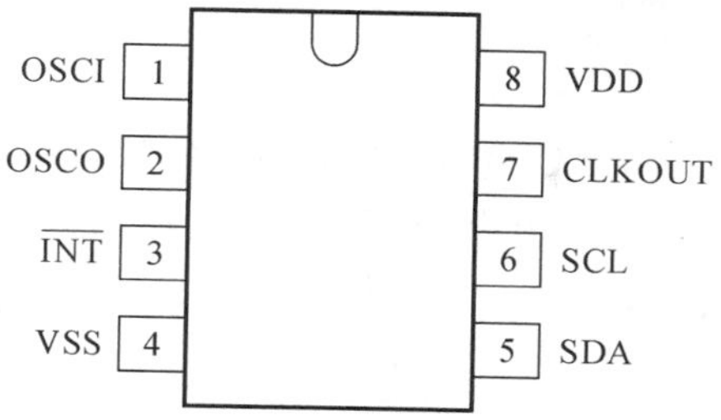

图 10-67　PCF8563 引脚图

表 10-5　PCF8563 引脚描述

符　　号	引 脚 编 号	描　　述
OSCI	1	振荡器输入
OSCO	2	振荡器输出
$\overline{INT}$	3	中断输出(开漏,低电平有效)
VSS	4	地
SDA	5	串行数据输入/输出
SCL	6	串行时钟输入
CLKOUT	7	时钟输出(开漏)
VDD	8	正电源

PCF8563 有 16 个 8 位寄存器,包括一个可自动增量的地址寄存器,一个内置的 32.768 kHz 振荡器(带有一个内部集成的电容),一个分频器(用于给实时时钟提供源时钟),一个可编程时钟输出,一个定时器,一个报警器,一个掉电检测器和一个 400 kHz I^2C 总线接口。

所有寄存器设计成可寻址的 8 位并行寄存器,但不是所有位都有用。前两个寄存器(内存地址为 00H 和 01H)用作控制寄存器和状态寄存器,内存地址为 02H～08H 的寄存器用作时钟计数器(秒、分、时、日、月、年计数器)。地址为 09H～0CH 的寄存器用作报警寄存器(定义报警条件),地址为 0DH 的寄存器控制 CLKOUT 引脚的输出频率,地址为 0EH 和 0FH 的寄存器分别用作定时器控制寄存器和定时器寄存器。另外,还有秒、分、时、日、月、年、分钟报警、小时报警、日报警寄存器,编码格式为 BCD 格式,星期和星期报警寄存器不以 BCD 格式编码。

当一个实时时钟(real-time clock,RTC)寄存器被读时,所有计数器的内容被锁存,因此,在传送条件下,可以避免对时钟日历芯片的错读。

10.10.2　实验设计要求

掌握 PCF8563 时钟芯片的驱动原理,编写 Verilog HDL 驱动代码,实现对实时时钟的读取和数码管显示,并通过核心板上的三个独立按键实现对时钟的设置。

10.10.3 实验电路原理图

本实验硬件的设计比较简单，PCF8563 通过 I^2C 接口与 FPGA 相连进行通信，配置上拉电阻，开发板上位时钟芯片配备备用电池，保证断电后时钟能正常运行，时钟芯片配置 32.768 kHz 的专用时钟晶振。PCF8563 实时时钟实验电路原理图如图 10-68 所示。

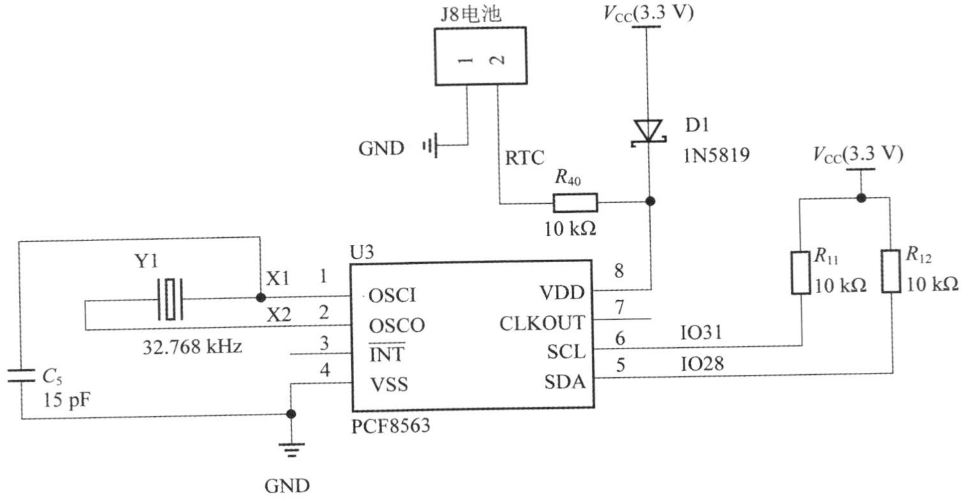

图 10-68 PCF8563 实时时钟实验电路原理图

10.10.4 程序设计

1. 设计思路

PCF8563 芯片使用 IIC 接口来读写芯片的各个寄存器，IIC 接口有一定的协议，需要按照协议规定送起始位、器件地址、读写寄存器地址、读写数据、停止位等，这里先从宏观角度来把该读写的寄存器理清楚。

一个芯片的使用，一般需设置控制寄存器，然后读写相关数据，必要的话产生一个中断。本实验中的 RTC 较简单，地址为 0x00 和 0x01 的控制寄存器 1 和 2 处于默认状态即可。

地址为 0x02～0x08 的寄存器中的内容是秒、分、时、日、星期、月、年信息，操作它们便可得到对应信息。

PCF8563 实时时钟的设计框图如图 10-69 所示，包括按键消抖模块、RTC 控制模块、I^2C 控制时序模块和数码管扫描模块。

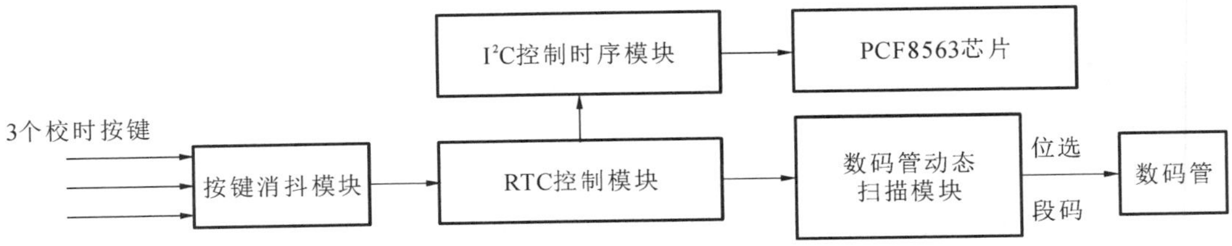

图 10-69 PCF8563 实时时钟的设计框图

PCF8563 实时时钟的顶层设计原理图如图 10-70 所示，输入信号有 clk、rst 和三个按键，输出信号有数码管的位选和段码信号，以及 I^2C 的时钟管脚 SCL 和数据管脚 SDA。

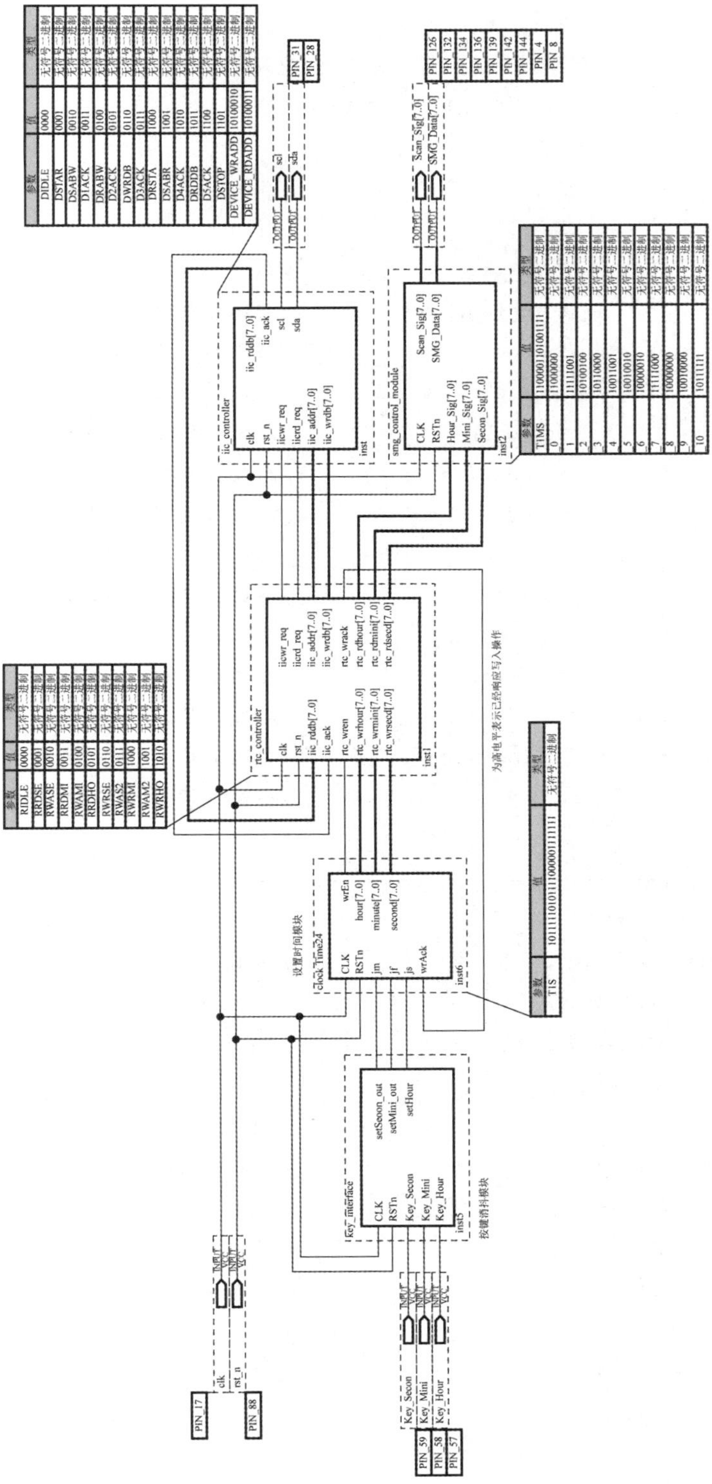

图 10-70　PCF8563实时时钟的顶层设计原理图

2. 程序代码

数码管动态扫描模块程序前文已经给出，下面主要给出 RTC 控制模块 Verilog HDL 程序：

```
///////////////////////////////////////////////////////////////////////////////
//每隔 10 ms 定时读取 RTC 芯片中的时、分、秒数据
module rtc_controller(
input                  clk,                  //时钟
input                  rst_n,                //低电平复位信号
output reg             iicwr_req,            //IIC 写请求信号，高电平有效
output reg             iicrd_req,            //IIC 读请求信号，高电平有效
output reg [7:0]       iic_addr,             //IIC 读写地址寄存器
output reg [7:0]       iic_wrdb,             //IIC 写入数据寄存器
input [7:0]            iic_rddb,             //IIC 读出数据寄存器
input                  iic_ack,              //IIC 读写完成响应，高电平有效
output                 rtc_wrack,            //RTC 当前写入请求的响应信号，高电平有效
input                  rtc_wren,             //RTC 芯片写入使能信号，高电平有效
input [7:0]            rtc_wrhour,           //RTC 芯片写入的时数据，BCD 格式
input [7:0]            rtc_wrmini,           //RTC 芯片写入的分数据，BCD 格式
input [7:0]            rtc_wrsecd,           //RTC 芯片写入的秒数据，BCD 格式
output reg [7:0]       rtc_rdhour,           //RTC 芯片读出的时数据，BCD 格式
output reg [7:0]       rtc_rdmini,           //RTC 芯片读出的分数据，BCD 格式
output reg [7:0]       rtc_rdsecd            //RTC 芯片读出的秒数据，BCD 格式
);
//-------------------------------------------------------
//10 ms 定时器
  parameter RIDLE=4'd0,                      //空闲状态
            RRDSE=4'd1,                      //读秒寄存器
            RWASE=4'd2,                      //等待
            RRDMI=4'd3,                      //读分寄存器
            RWAMI=4'd4,                      //等待
            RRDHO=4'd5,                      //读时寄存器
            RWRSE=4'd6,                      //写秒寄存器
            RWAS2=4'd7,                      //等待
            RWRMI=4'd8,                      //写分寄存器
            RWAM2=4'd9,                      //等待
            RWRHO=4'd10;                     //写时寄存器
  reg [3:0] cstate,nstate;
  reg [17:0] cnt;
  always @(posedge clk or negedge rst_n)
    if(!rst_n) cnt<=18'd0;
```

```
    else if(cnt<18'd249_999) cnt<=cnt+1'b1;
    else cnt<=18'd0;
  wire timer1_10ms=(cnt==18'd49_999);      //10 ms 定时标志位高电平有效一个时钟周期
  wire timer2_10ms=(cnt==18'd149_999);     //10 ms 定时标志位高电平有效一个时钟周期
  wire timer3_10ms=(cnt==18'd249_999);     //10 ms 定时标志位高电平有效一个时钟周期
//--------------------------------------------------
//RTC 芯片写间隔延时计数
  reg [9:0] wcnt;
  always @(posedge clk or negedge rst_n)
    if(!rst_n) wcnt<=10'd0;
    else if((cstate==RWAS2)||(cstate==RWAM2)) wcnt<=wcnt+1'b1;
    else wcnt<=10'd0;
  wire delay_timer=(wcnt>10'd1000);
//--------------------------------------------------
//读取 RTC 寄存器状态机
  always @(posedge clk or negedge rst_n)
    if(!rst_n) cstate<=RIDLE;
    else cstate<=nstate;
  always @(cstate or timer1_10ms or timer2_10ms or timer3_10ms or iic_ack) begin
    case(cstate)
      RIDLE:begin
        if(rtc_wren) nstate<=RWRSE;
        else if(timer1_10ms) nstate<=RRDSE;
        else nstate<=RIDLE;
      end
      RRDSE:begin
        if(iic_ack) nstate<=RWASE;
        else nstate<=RRDSE;
      end
      RWASE:begin
        if(timer2_10ms) nstate<=RRDMI;
        else nstate<=RWASE;
      end
      RRDMI:begin
        if(iic_ack) nstate<=RWAMI;
        else nstate<=RRDMI;
      end
      RWAMI:begin
        if(timer3_10ms) nstate<=RRDHO;
        else nstate<=RWAMI;
```

```
        end
        RRDHO:begin
          if(iic_ack) nstate<=RIDLE;
          else nstate<=RRDHO;
        end
        RWRSE:begin
          if(iic_ack) nstate<=RWAS2;
          else nstate<=RWRSE;
        end
        RWAS2:begin
          if(delay_timer) nstate<=RWRMI;
          else nstate<=RWAS2;
        end
        RWRMI:begin
          if(iic_ack) nstate<=RWAM2;
          else nstate<=RWRMI;
        end
        RWAM2:begin
          if(delay_timer) nstate<=RWRHO;
          else nstate<=RWAM2;
        end
        RWRHO:begin
          if(iic_ack) nstate<=RIDLE;
          else nstate<=RWRHO;
        end
        default:nstate<=RIDLE;
      endcase
    end
//IIC读写操作控制信号输出
    always @(posedge clk or negedge rst_n)
      if(!rst_n) begin
        iicwr_req<=1'b0;                    //IIC写请求信号,高电平有效
        iicrd_req<=1'b0;                    //IIC读请求信号,高电平有效
        iic_addr<=8'd0;                     //IIC读写地址寄存器
        iic_wrdb<=8'd0;                     //IIC写入数据寄存器
      end
      else begin
        case(cstate)
          RRDSE:begin
            iicwr_req<=1'b0;                //IIC写请求信号,高电平有效
            iicrd_req<=1'b1;                //IIC读请求信号,高电平有效
            iic_addr<=8'd2;                 //IIC读写地址寄存器
```

```
            iic_wrdb<=8'd0;                    //IIC 写入数据寄存器
          end
          RRDMI:begin
            iicwr_req<=1'b0;                   //IIC 写请求信号,高电平有效
            iicrd_req<=1'b1;                   //IIC 读请求信号,高电平有效
            iic_addr<=8'd3;                    //IIC 读写地址寄存器
            iic_wrdb<=8'd0;                    //IIC 写入数据寄存器
          end
          RRDHO:begin
            iicwr_req<=1'b0;                   //IIC 写请求信号,高电平有效
            iicrd_req<=1'b1;                   //IIC 读请求信号,高电平有效
            iic_addr<=8'd4;                    //IIC 读写地址寄存器
            iic_wrdb<=8'd0;                    //IIC 写入数据寄存器
          end
          RWRSE:begin
            iicwr_req<=1'b1;                   //IIC 写请求信号,高电平有效
            iicrd_req<=1'b0;                   //IIC 读请求信号,高电平有效
            iic_addr<=8'd2;                    //IIC 读写地址寄存器
            iic_wrdb<=rtc_wrsecd;              //IIC 写入数据寄存器
          end
          RWRMI:begin
            iicwr_req<=1'b1;                   //IIC 写请求信号,高电平有效
            iicrd_req<=1'b0;                   //IIC 读请求信号,高电平有效
            iic_addr<=8'd3;                    //IIC 读写地址寄存器
            iic_wrdb<=rtc_wrmini;              //IIC 写入数据寄存器
          end
          RWRHO:begin
            iicwr_req<=1'b1;                   //IIC 写请求信号,高电平有效
            iicrd_req<=1'b0;                   //IIC 读请求信号,高电平有效
            iic_addr<=8'd4;                    //IIC 读写地址寄存器
            iic_wrdb<=rtc_wrhour;              //IIC 写入数据寄存器
          end
          default:begin
            iicwr_req<=1'b0;                   //IIC 写请求信号,高电平有效
            iicrd_req<=1'b0;                   //IIC 读请求信号,高电平有效
            iic_addr<=8'd0;                    //IIC 读写地址寄存器
            iic_wrdb<=8'd0;                    //IIC 写入数据寄存器
          end
        endcase
      end
//读取 IIC 寄存器数据
    always @(posedge clk or negedge rst_n)
```

```
    if(!rst_n) begin
      rtc_rdhour<=8'd0;                           //RTC 芯片读出的时数据,BCD 格式
      rtc_rdmini<=8'd0;                           //RTC 芯片读出的分数据,BCD 格式
      rtc_rdsecd<=8'd0;                           //RTC 芯片读出的秒数据,BCD 格式
    end
    else begin
      case(cstate)
        RRDSE: if(iic_ack) rtc_rdsecd<={1'b0,iic_rddb[6:0]};
               else;
        RRDMI: if(iic_ack) rtc_rdmini<={1'b0,iic_rddb[6:0]};
               else;
        RRDHO: if(iic_ack) rtc_rdhour<={2'b00,iic_rddb[5:0]};
               else;
      endcase
    end
  assign rtc_wrack=(nstate==RWRMI);               //RTC 当前写入请求的响应信号,高电平有效
endmodule
```

10.10.5 实验现象

PCF8563 实时时钟实验现象如图 10-71 所示。时钟在数码管上显示 12 时 07 分 52 秒，利用 FPGA 核心板上的独立按键可以调整时间。

图 10-71 PCF8563 实时时钟实验现象

10.11 LM75A 温度采集

10.11.1 LM75A 简介

LM75A 是一个使用了内置带隙温度传感器和 Σ-Δ 模数转换技术的温度-数字转换器。它也是一个温度检测器,可提供过热检测并输出。LM75A 包含许多数据寄存器,如:配置寄存器(Conf),用来存储器件的某些配置(如器件的工作模式、OS 工作模式、OS 极性和 OS 故障队列等);温度寄存器(Temp),用来存储读取的数字温度;设定点寄存器(Tos& Thyst),用来存储可编程的过热关断和滞后限制,器件通过 2 线的串行 I^2C 总线接口与控制器通信。LM75A 还包含一个开漏输出,当温度超过编程限制的值时该输出有效。LM75A 有 3 个可选的逻辑地址引脚,使同一总线上可同时连接 8 个器件而不发生地址冲突。

LM75A 可配置形成不同的工作条件,利用它可在正常工作模式下周期性地对环境温度进行监控或进入关断模式来将器件功耗降至最低。OS 输出有 2 种可选的工作模式,即 OS 比较器模式和 OS 中断模式。OS 输出可选择高电平或低电平有效。故障队列和设定点可编程限制,为了激活 OS 输出,故障队列定义了许多连续的故障。

温度寄存器通常存放着一个 11 位的二进制数的补码,用来实现 0.125 ℃的精度。这个高精度在需要精确地测量温度偏移或测量超出限制范围的应用中非常有用。

正常工作模式下,当器件上电时,OS 输出工作在比较器模式,温度阈值为 80 ℃,滞后 75 ℃,这时,LM75A 就可用作一个具有预定义温度设定点的独立的温度控制器。

LM75A 引脚图如图 10-72 所示,引脚描述如表 10-6 所示。

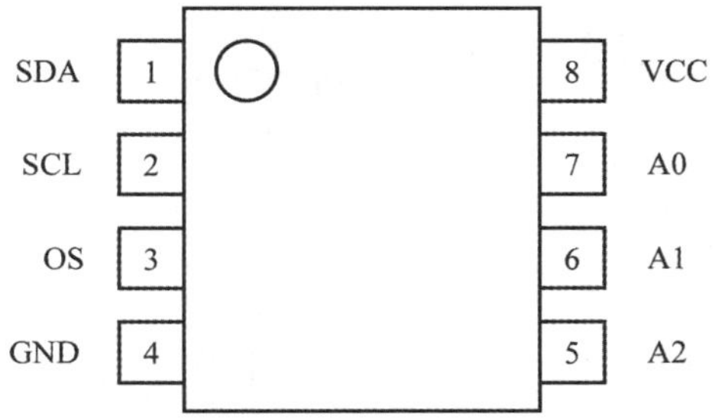

图 10-72 LM75A 引脚图

表 10-6 LM75A 引脚描述

引脚编号	符号	描述
1	SDA	数字 I/O 口,I^2C 串行双向数据线,开漏输出
2	SCL	数字输入,I^2C 串行时钟输入
3	OS	过热关断输出,开漏输出
4	GND	地,连接到系统地
5	A2	数字输入,用户定义的地址位 2

续表

引脚编号	符　　号	描　　述
6	A1	数字输入，用户定义的地址位 1
7	A0	数字输入，用户定义的地址位 0
8	VCC	电源

◆ 10.11.2　实验设计要求

由 FPGA 实现对 LM75A 的时序控制，采集温度并在数码管上显示。对 LM75A 进行控制，主要是实现 I²C 总线读、写等操作，然后再根据 LM75A 的控制要求，实现对其控制的 Verilog 逻辑。

◆ 10.11.3　实验电路原理图

LM75A 和数码管电路原理图如图 10-73 所示。

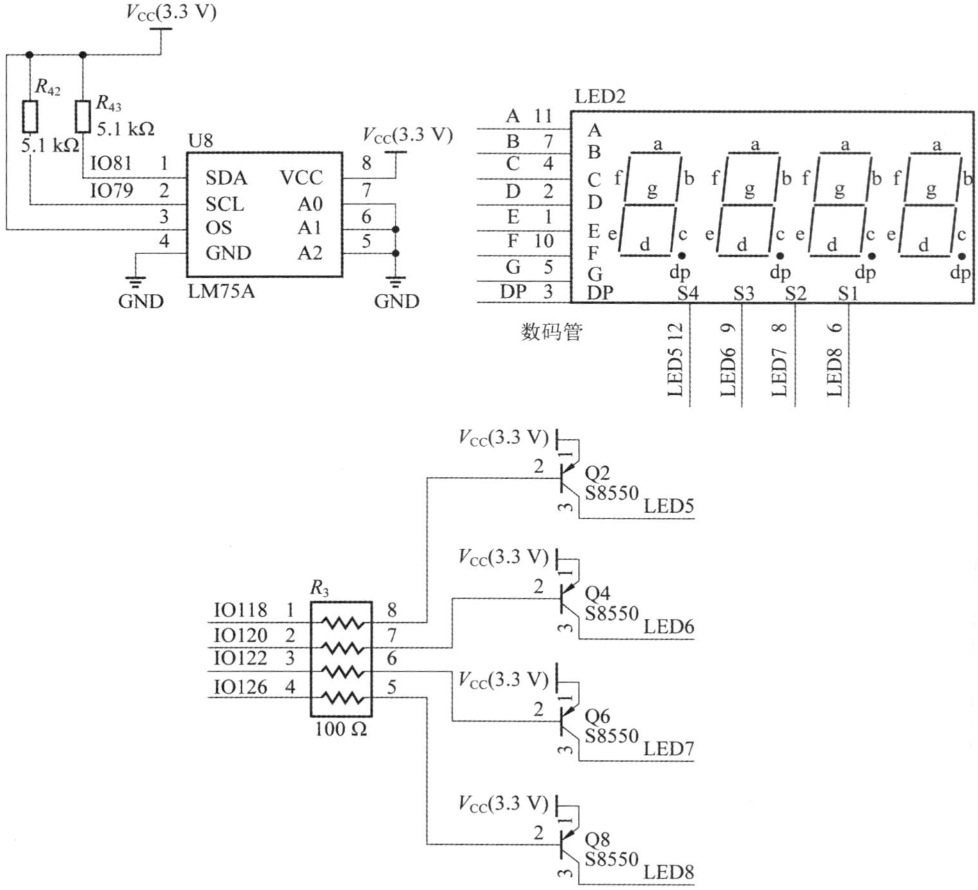

图 10-73　LM75A 和数码管电路原理图

在FPGA控制器的控制下，利用端口SCL和SDA，LM75A可以作为从器件连接到兼容2线串行接口的I^2C总线上。控制器必须提供SCL时钟信号，并通过SDA端读出器件的数据或将数据写入器件，且必须在SCL和SDA端分别连接一个外部上拉电阻，阻值大约为10 kΩ。

LM75A在I^2C总线上的从地址的一部分由应用到器件地址引脚A2、A1和A0的逻辑来定义。这3个地址引脚连接到GND（逻辑0），它们代表了器件7位地址中的低3位，地址的高4位由LM75A内部的硬连线预先设置为1001。

10.11.4 程序设计

1. 设计思路

LM75A温度采集读写周期参数如表10-7所示。

表10-7 读写周期参数

符 号	参数描述	1.8 V,2.5 V		4.5～5.5 V	
		最 小	最 大	最 小	最 大
F_{SCL}	时钟频率，kHz		100		400
T_I	SCL、SDA输入的噪声抑制时间，ns		200		200

由于系统时钟为50 MHz，为了分频方便，此处选用4 kHz的频率作为LM75A时钟频率。

50 MHz/4 kHz=50 000 000 Hz/4000 Hz=12 500。

LM75A读预置指针的温度寄存器和设定点寄存器（2字节数据）时序如图10-74所示。

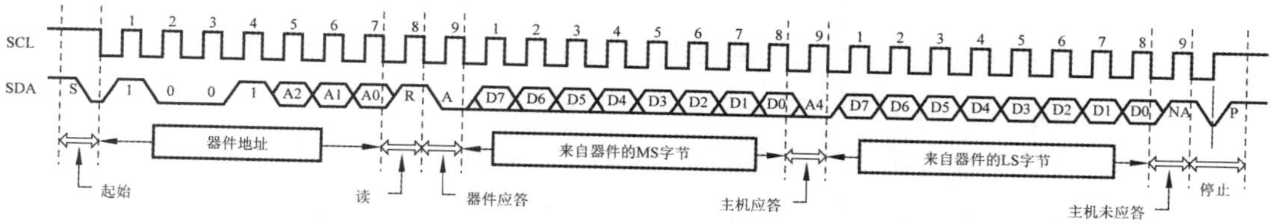

图10-74 读预置指针的温度寄存器和设定点寄存器（2字节数据）时序

28个时钟周期可完成一次读操作，所以计数器宽度设置为8位。

使用SCL的四倍频率来控制计数器，使用计数器控制SDA相对SCL的相位关系。

本实验中还增加了上电初始化关断LM75A的操作，因为器件上电一般需要一个初始化时间，本实验中初始化延时几十秒，故将程序写进去几十秒后才显示温度数据。

主机和LM75A之间的通信必须严格遵循I^2C总线管理定义的规则。LM75A寄存器读/写操作的协议如下：

(1) 通信开始之前，I^2C总线必须空闲或者不忙。这就意味着总线上的所有器件都必须释放SCL和SDA线，SCL和SDA线被总线的上拉电阻拉高。

(2) 由主机来提供通信所需的 SCL 时钟脉冲。在连续的 9 个 SCL 时钟脉冲的作用下，数据(8 位的数据字节以及紧跟其后的 1 个应答状态位)被传输。

(3) 在数据传输过程中，除起始和停止信号外，SDA 信号必须保持稳定，而 SCL 信号必须为高。这就表明 SDA 信号只能在 SCL 为低时改变。

(4) S 为起始信号，即主机启动一次通信的信号，SCL 为高电平，SDA 从高电平变成低电平。

(5) RS 为重复起始信号，与起始信号相同，用来启动一个写命令后的读命令。

(6) P 为停止信号，即主机停止一次通信的信号，SCL 为高电平，SDA 从低电平变成高电平，然后总线变成空闲状态。

(7) W 为写位，在写命令中写/读位=0。

(8) R 为读位，在读命令中写/读位=1。

(9) A 为器件应答位，由 LM75A 返回。当器件正确工作时该位为 0，否则为 1。为了使器件获得 SDA 的控制权，这段时间内主机必须释放 SDA 线。

(10) A'为主机应答位，不是由器件返回的，而是在读 2 字节的数据时由主控制器或主机设置的。在这个时钟周期内，为了告知器件第 1 个字节已被读走并要求器件将第 2 个字节放到总线上，主机必须将 SDA 线设为低电平。

(11) NA 为非应答位。在这个时钟周期内，数据传输结束时器件和主机都必须释放 SDA 线，然后由主机产生停止信号。

(12) 在写操作协议中，数据被主机发送到器件上，由主机控制 SDA 线，但在器件将应答信号发送到总线上的时钟周期内除外。

(13) 在读操作协议中，数据被器件发送到总线上，在器件正在将数据发送到总线和控制 SDA 线的这段时间内，主机必须释放 SDA 线，但在主器件将应答信号发送到总线上的时间周期内除外。

温度采集及显示原理：LM75A 的精度为 0.125 ℃，那么温度数据的高 8 位就是整数的温度值(比如温度数据为 8，那么 8×0.125 ℃=1 ℃)，也就是说，编程时可用 temp[10:3]表示整数的温度值。温度值获得后需要显示在数码管上，数码管显示的是十进制数，因此需要一次转换，转换方式如下：设置高、低两个显示数据，根据温度值的大小，分别进行高、低显示。

LM75A 温度采集设计原理框图如图 10-75 所示，包括分频模块、LM75A 控制模块(实现 IIC 时序读写设计)和数码管动态扫描模块(实现温度显示)。

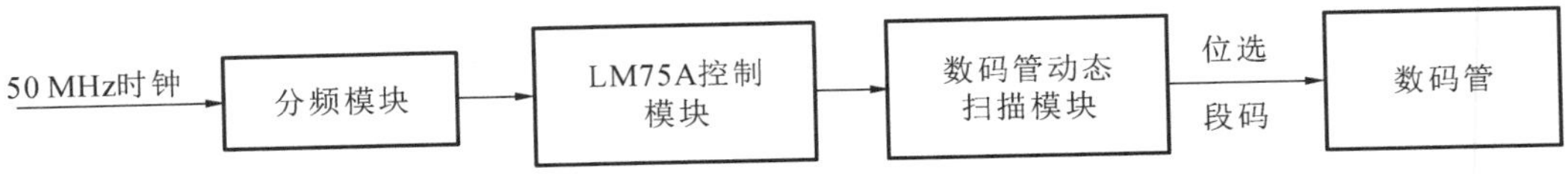

图 10-75　LM75A 温度采集设计原理框图

LM75A 温度采集顶层设计原理图如图 10-76 所示，包括 LM75A 控制模块和数码管动态扫描模块。

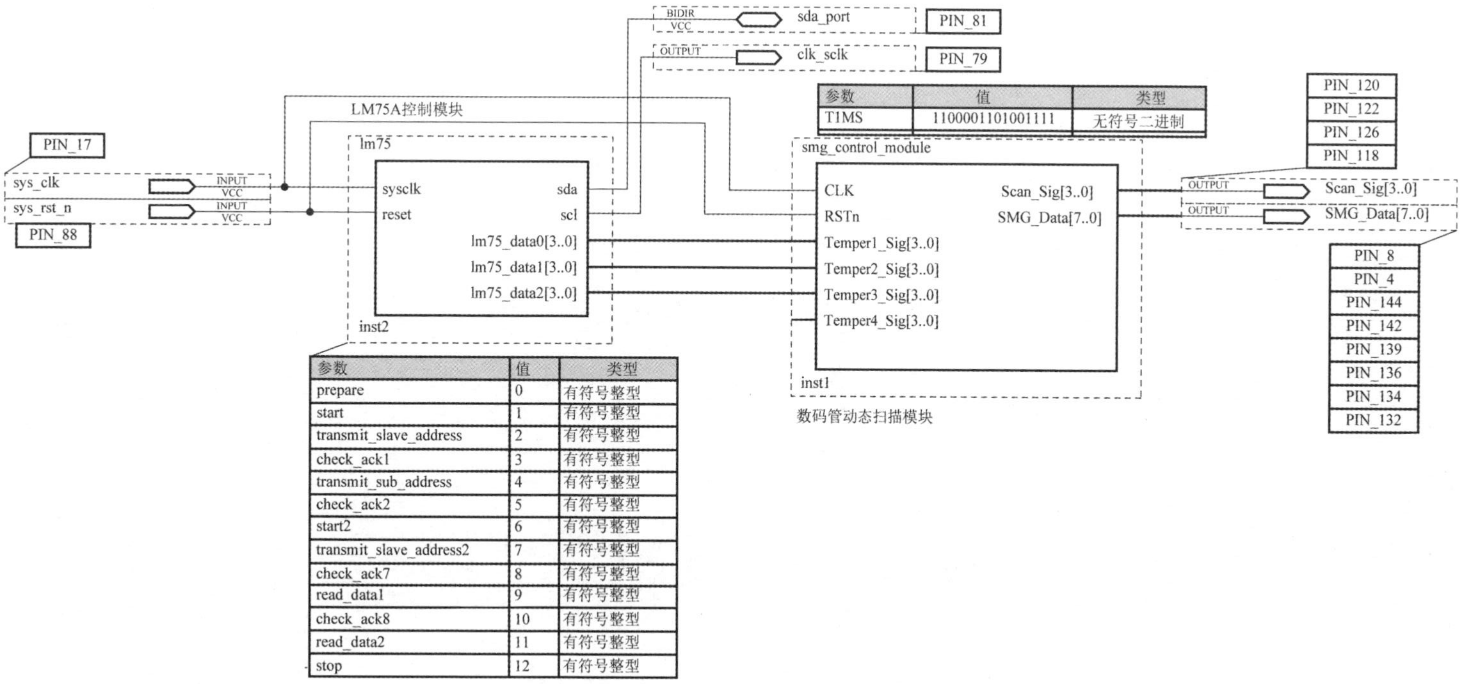

图 10-76　LM75A温度采集顶层设计原理图

2. 程序代码

下面给出 LM75A 控制模块的 Verilog HDL 代码：

```
module          lm75(sysclk,reset,sda,scl,lm75_data0,lm75_data1,lm75_data2);
 input          sysclk,reset;
 inout          sda;
 output         scl;
 output [3:0]   lm75_data0;
 output [3:0]   lm75_data1;
 output [3:0]   lm75_data2;
 reg            sda,scl;
 reg            clock;
 reg [8:1]      reg_led_1,reg_led_2;
 reg[8:0]       current_state;
//定义状态机的各种状态
 parameter      prepare=0;
 parameter      start=1;
 parameter      transmit_slave_address=2;
 parameter      check_ack1=3;
 parameter      transmit_sub_address=4;
 parameter      check_ack2=5;
 parameter      start2=6;
 parameter      transmit_slave_address2=7;
 parameter      check_ack7=8;
 parameter      read_data1=9;
 parameter      check_ack8=10;
 parameter      read_data2=11;
 parameter      stop=12;
//定义信号
 reg [8:1]      slave_address1=8'b10010000,
                sub_address1=8'b00000000,
                slave_address2=8'b10010001,
                data1=8'b00000000;
 reg [1:0]      cnt;
 reg [3:0]      cnt1=8;
 reg [5:0]      count1;
 reg [20:0]     count;
 reg [20:0]     cnt2;
 reg [1:0]      cnt3;
/**************/
 always @(posedge sysclk)            //进程 1,分频得到频率为 4 kHz 的时钟信号
   begin
     if(reset==0) count<=0;
     else
       begin
```

```
          count<=count+1;
          if(count<6500) clock<=1;
          else if(count<12500) clock<=0;
          else count<=0;                       //频率为 4 kHz
        end
    end
/*****************/
  always @(posedge clock)                      //进程 2,状态机的转换
    begin
      if(reset==0)
        begin
          count1<=0;
          cnt<=0;
          cnt1<=8;
          sda<=1;
          scl<=1;
          slave_address1<=8'b10010000;
          slave_address2<=8'b10010001;
          sub_address1<=8'b00000000;
          current_state<=prepare;
          data1<=8'b00000000;
          reg_led_1<=8'b11111111;
          reg_led_2<=8'b11111111;
        end
      else
        begin
          case(current_state)
            prepare:begin                      //准备状态,等各个器件复位
              cnt<=cnt+1;
              if(cnt==2)
                begin
                  cnt<=0;
                  current_state<=start;
                end
              else current_state<=prepare;
            end
            start:begin
              count1=count1+1;                 //起始信号产生状态
              case(count1)
                1:sda<=1;
                2:scl<=1;
                3:sda<=0;
                4:scl<=0;
                5:begin count1=0;current_state<=transmit_slave_address;end
                default;
```

```
          endcase
        end
        transmit_slave_address:                              //发送器件从地址
          begin
            count1=count1+1;
            case(count1)
              1:sda<=slave_address1[cnt1];
//从8位到1位
                2:scl<=1;
                3:scl<=0;
                4:begin
                  count1=0;
                  cnt1=cnt1-1;
                  if(cnt1==0)
                    begin
                      cnt1=8;
                      current_state<=check_ack1;
                    end
                  else current_state<=transmit_slave_address;
                end
                default;
              endcase
            end
/****************/
         check_ack1:begin                                    //查询应答信号
           count1=count1+1;
           case(count1)
             1:sda<=0;
             2:scl<=1;
             3:scl<=0;
             4:begin count1=0;current_state<=transmit_sub_address;end
             default;
           endcase
         end
/****************/
         transmit_sub_address:                               //发送器件子地址
           begin
             count1=count1+1;
             case(count1)
               1:sda<=sub_address1[cnt1];
               2:scl<=1;
               3:scl<=0;
               4:begin
                 count1=0;
                 cnt1=cnt1-1;
```

```
                    if(cnt1==0)
                      begin
                        cnt1=8;
                        current_state<=check_ack2;
                      end
                    else current_state<=transmit_sub_address;
                  end
                  default;
                endcase
              end
/*****************/
            check_ack2:begin                              //查询应答信号
              count1=count1+1;
              case(count1)
                1:sda<=0;
                2:scl<=1;
                3:scl<=0;
                4:begin count1=0;current_state<=start2;end
                default;
              endcase
            end
/*****************/
            start2:begin                                  //重复起始信号产生状态
              count1=count1+1;
              case(count1)
                1:sda<=1;
                3:scl<=1;
                6:sda<=0;
                8:scl<=0;
                10:begin count1=0;current_state<=transmit_slave_address2;end
                default;
              endcase
            end
/*****************/
            transmit_slave_address2:                      //发送器件从地址
              begin
                count1=count1+1;
                case(count1)
                  1:sda<=slave_address2[cnt1];
                  3:scl<=1;
                  6:scl<=0;
                  8:begin
                    count1=0;
                    cnt1=cnt1-1;
                    if(cnt1==0)
```

```
                    begin
                      cnt1=8;
                      current_state<=check_ack7;
                    end
                  else current_state<=transmit_slave_address2;
                end
                default;
              endcase
            end
/*****************/
          check_ack7:begin                              //查询应答信号
            count1=count1+1;
            case(count1)
              3:sda<=0;
              6:scl<=1;
              8:scl<=0;
              10:begin count1=0;current_state<=read_data1;end
              default;
            endcase
          end
/*****************/
          read_data1:begin                              //读操作
            count1=count1+1;
            case(count1)
              1:sda<=1'bz;
              4:scl<=1;
              8:reg_led_1[cnt1]<=sda;
              10:scl<=0;
              12:
                begin
                  cnt1=cnt1-1;
                  count1=0;
                  if(cnt1==0)
                    begin
                      cnt1=8;
                      current_state<=check_ack8;
                    end
                  else current_state<=read_data1;
                end
              default;
            endcase
          end
/*****************/
          check_ack8:begin                              //查询应答信号
            count1=count1+1;
```

```
             case(count1)
               3:sda<=0;
               6:scl<=1;
               8:scl<=0;
               10:begin count1=0;current_state<=read_data2;end
               default;
             endcase
           end
/*********************/
           read_data2:begin                    //读操作
             count1=count1+1;
             case(count1)
               1:sda<=1'bz;
               4:scl<=1;
               8:reg_led_2[cnt1]<=sda;
               10:scl<=0;
               12:
                 begin
                   cnt1=cnt1-1;
                   count1=0;
                   if(cnt1==0)
                     begin
                       cnt1=8;
                       current_state<=stop;
                     end
                   else current_state<=read_data2;
                 end
               default;
             endcase
           end
/*********************/
           stop:begin                          //产生停止信号
             count1=count1+1;
             case(count1)
               1:sda<=0;
               3:scl<=1;
               10:sda<=1;
               15:begin count1=0;current_state<=start2;end
               default;
             endcase
           end
         endcase
       end
   end
/*********************/
```

```
assign lm75_data2=reg_led_1/10;                    //十位
assign lm75_data1=reg_led_1%10;                    //个位
assign lm75_data0={1'b0,reg_led_2[8:6]};           //小数点位
endmodule
```

10.11.5 实验现象

本实验把采集的温度显示在数码管上，实验现象如图 10-77 所示，显示温度为 30.2 ℃。

图 10-77 LM75A 温度采集实验现象

10.12 DS1302 实时时钟

10.12.1 DS1302 简介

1. 概述

DS1302 是美国 DALLAS 公司推出的一种高性能、低功耗、带 RAM 的实时时钟电路，利用它可以对年、月、周、日、时、分、秒进行计时，具有闰年补偿功能，工作电压为 2.5～5.5 V，采用三线接口与 CPU 进行同步通信，并可采用突发方式一次传送多字节的时钟信号或 RAM 数据。DS1302 内部有一个 31 位×8 针的用于临时性存放数据的 RAM 寄存器。DS1302 是 DS1202 的升级产品，与 DS1202 兼容，增加了主电源/后备电源双电源引脚，同时具有对后备电源进行涓细电流充电的能力。

DS1302 引脚图及典型电路如图 10-78 所示。

各引脚的功能如下：

(1) VCC1：主电源。

(2) VCC2：备份电源。当 $V_{CC2} > (V_{CC1} + 0.2\ V)$ 时，由 VCC2 向 DS1302 供电；当 $V_{CC2} < V_{CC1}$ 时，由 VCC1 向 DS1302 供电。

(3) SCLK：串行时钟输入，控制数据的输入与输出。

(4) I/O：三线连接时的双向数据线。

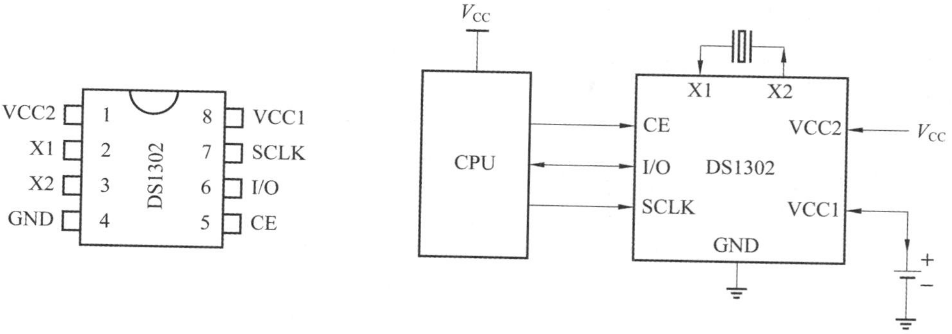

图 10-78　DS1302 引脚图及典型电路

（5）CE：输入信号，在读、写数据期间，必须为高电平。该引脚有两个功能：第一，开始控制字访问移位寄存器的控制逻辑；第二，提供结束单字节或多字节数据传输的方法。

2. 基本原理

DS1302 是一款实时时钟芯片，是一种控制时钟的芯片。一旦被初始化，它就会像我们常用的手表一样计时。DS1302 内部有多个寄存器，存放需要的时间数据。所以，对 DS1302 进行操作，最终就是访问 DS1302 的寄存器，向 DS1302 写入数据和读出数据。

图 10-79 所示的是 DS1302 单字节写操作时序图，第一节是访问寄存器的地址，第二节是要写入的数据。在写操作的时候，都是上升沿有效，即不管是地址字节还是数据字节，都是在 SCLK 的上升沿被采集的（数据都是从最低位开始发送至最高位结束）。

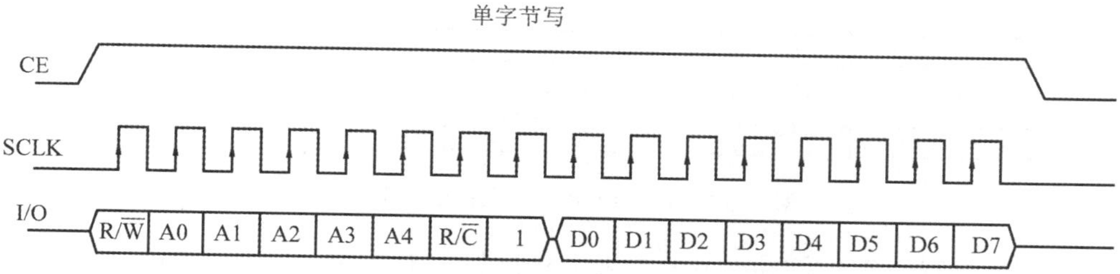

图 10-79　DS1302 单字节写操作时序图

图 10-80 所示的是 DS1302 单字节读操作时序图。读操作的时序图和写操作的时序图差不多，区别就在第二节读数据的动作。第二节读数据动作开始时，SCLK 信号都是下降沿有效。第一节数据是从 LSB 开始输出的，第二节数据是从 LSB 开始读入的。

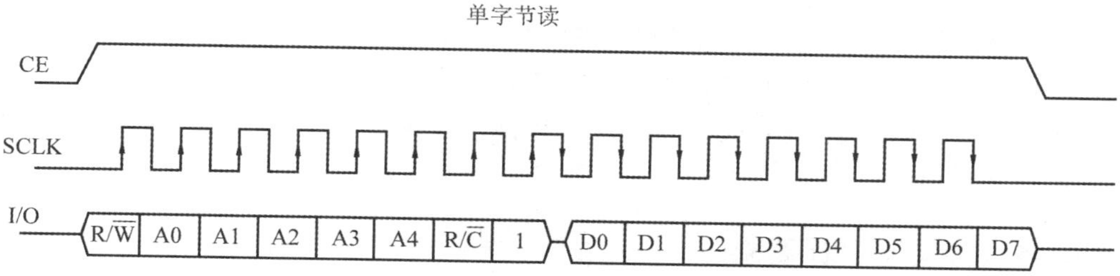

图 10-80　DS1302 单字节读操作时序图

不管是读操作还是写操作，CE 信号都是处于高电平状态的，所以在对 DS1302 进行读、写操作前都要拉高 CE 信号，操作完成后拉低 CE 信号结束。

无论是读操作还是写操作，都是先发送一字节的访问寄存器的地址。这个寄存器地址格式如图 10-81 所示。

7	6	5	4	3	2	1	0
1	RAM $\overline{CK}$	A4	A3	A2	A1	A0	RD $\overline{WR}$

图 10-81　寄存器地址格式

位 7：固定为 1。

位 6：用于表示是访问寄存器本身，还是访问 RAM 空间。为"1"表示访问 RAM；为"0"表示访问寄存器本身。

位 5～1：寄存器或 RAM 空间地址。是具体的寄存器还是 RAM 地址，跟位 6 相关。

位 0：用于表示是写操作，还是读操作。为"1"表示读操作；为"0"表示写操作。

图 10-82 所示为 DS1302 各个寄存器的字节配置。

位7	位6	位5	位4	位3	位2	位1	位0	范围
CH	10秒			秒				00～59
	10分			分				00～59
12/$\overline{24}$	0	10 $\overline{AM}$/PM	时	时				1～12/0～23
0	0	10日		日期				1～31
0	0	0	10 月	月				1～12
0	0	0	0	0	日			1～7
10年				年				00～99
WP	0	0	0	0	0	0	0	—
TCS	TCS	TCS	TCS	DS	DS	RS	RS	—

图 10-82　DS1302 各个寄存器的字节配置

例如，秒寄存器，高 4 位（位 7 除外），表示秒的十位；低 4 位表示秒的个位。

其他寄存器的地址组成也是如此。但是，秒寄存器、时寄存器和控制寄存器（最后两行）比较特殊。

秒寄存器的最高位（位 7），如果写入逻辑"0"，DS1302 芯片就开始启动，反之就关闭。

时寄存器的最高位（位 7），如果写入逻辑"1"是 12 小时制，写入逻辑"0"是 24 小时制。推荐 24 小时制表示方式。

控制寄存器的最高位（位 7），如果写入逻辑"0"表示关闭写保护；写入逻辑"1"表示打开写保护。每当要变更寄存器的内容，就要关闭写保护。

因为秒寄存器的最高位控制着 DS1302 芯片是否工作，所以配置寄存器时，秒寄存器都是留在最后才配置的。

10.12.2　实验设计要求

掌握 DS1302 时钟芯片的驱动原理，编写 Verilog HDL 代码，实现对实时时钟的读取和数码管显示，并通过核心板上的三个独立按键实现对时钟时间的设置。

◆ 10.12.3　实验电路原理图

硬件的设计比较简单，DS1302 通过 SPI 接口与 FPGA 相连进行通信，开发板上为时钟芯片配备了备用电池，保证断电后时钟能正常运行，时钟芯片配置了 32.768 kHz 的专用时钟晶振。DS1302 和数码管电路原理图如图 10-83 所示。

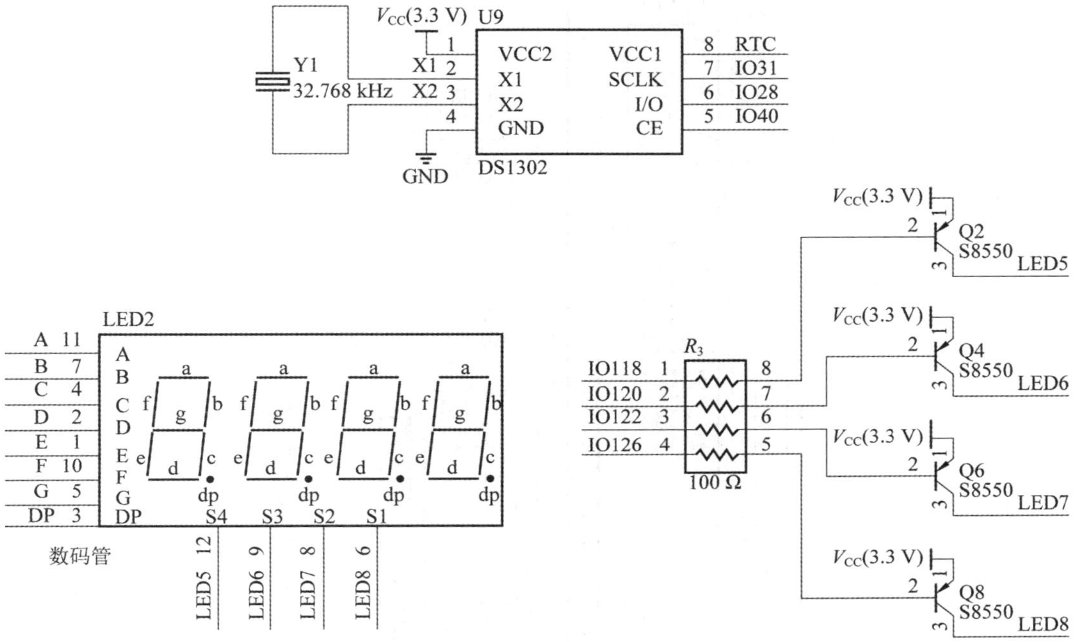

图 10-83　DS1302 和数码管电路原理图

◆ 10.12.4　程序设计

1. 设计思路

本实验程序设计将建立多个模块，最后在顶层文件中调用各模块进行连接实现任务要求。

DS1302 实时时钟设计框图如图 10-84 所示，包括按键消抖模块、运行控制模块、命令控制模块、功能时序实现模块和数码管扫描模块。

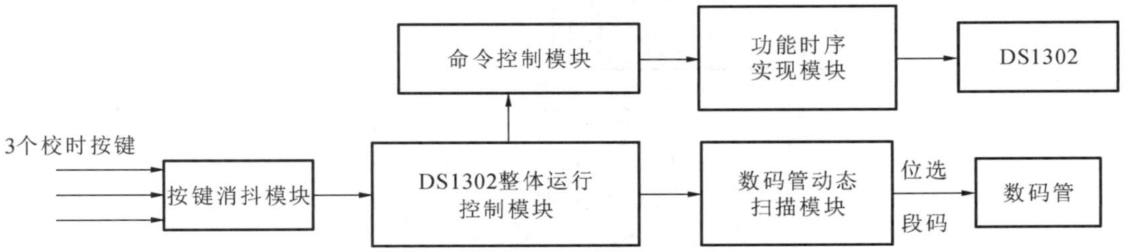

图 10-84　DS1302 实时时钟设计框图

DS1302 实时时钟的顶层设计原理图如图 10-85 所示，输入信号有 CLK、Rstn 及 3 个按键，输出信号有数码管的位选和段码信号及 DS1302 时钟芯片的 3 个控制引脚。

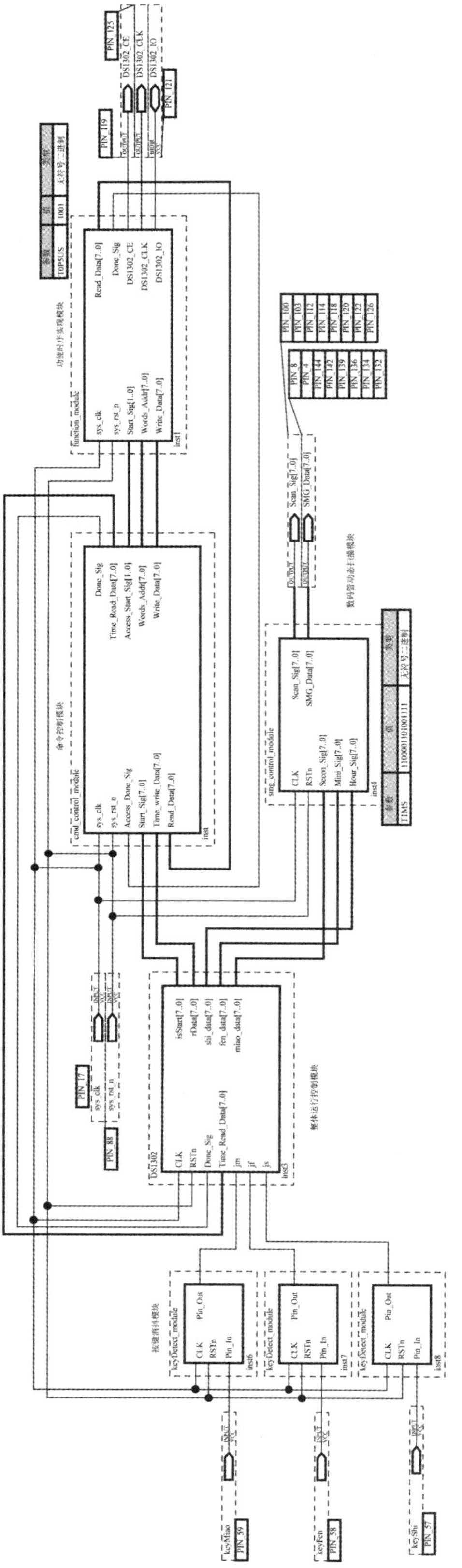

图10-85 DS1302实时时钟顶层设计原理图

2. 程序代码

按键消抖模块程序和数码管动态扫描模块程序前文已经给出，下面主要给出功能时序实现模块 function_module 和命令控制模块 cmd_control_module 的程序。

功能时序实现模块 function_module 程序如下：

```
module function_module
(
//从 cmd_control_module 模块来
input               sys_clk,             //系统时钟信号
input               sys_rst_n,           //系统复位信号
input [1:0]         Start_Sig,           //起始信号 Access_Start_Sig
input [7:0]         Words_Addr,          //访问寄存器地址字节
input [7:0]         Write_Data,          //写入的数据
/******************************/
//到 cmd_control_module 模块去
output [7:0]        Read_Data,           //读到的数据
output              Done_Sig,            //完成标志，返回状态
output              DS1302_CE,           //DS1302 复位
output              DS1302_CLK,          //DS1302 时钟
inout               DS1302_IO            //DS1302 数据
);
/******************************/
  parameter         Period_500KHz=4'd9;  //用以产生 500 kHz 时钟
/******************************/
  reg [3:0]         Counter;             //产生时钟计数器
  reg [5:0]         i;                   //指示着执行步骤
  reg [7:0]         rData;               //用来暂存数据
  reg               rSCLK;               //驱动 SCLK
  reg               rRST;                //来驱动 RST
  reg               rSIO;                //驱动 SIO 的输出
  reg               isOut;               //控制 I/O 口的方向
  reg               isDone;              //完成标志
/******************************/
  always @(posedge sys_clk or negedge sys_rst_n) begin
    if(!sys_rst_n)
      Counter<=4'd0;
    else if(Counter==Period_500KHz)
      Counter<=4'd0;
    else if(Start_Sig[0]==1'b1||Start_Sig[1]==1'b1)      //在读或写操作时计数
      Counter<=Counter+1'b1;
    else
      Counter<=4'd0;
  end
```

```
/******************************/
always @(posedge sys_clk or negedge sys_rst_n)
  if(sys_rst_n==1'b0) begin               //复位后寄存器的状态
    i<=6'd0;                              //执行步骤
    rData<=8'd0;                          //数据缓存寄存器
    rSCLK<=1'b0;                          //DS1302_CLK驱动
    rRST<=1'b0;                           //DS1302_CE驱动
    rSIO<=1'b0;                           //DS1302_IO驱动
    isOut<=1'b0;                          //DS1302_IO方向驱动,1为out,0为in
    isDone<=1'b0;                         //数据传输完成标志
  end
  else if(Start_Sig[1])                   //Start_Sig=2'b10,写字节
    case(i)
      0:begin                             //初始化各个寄存器
        rSCLK<=1'b0;                      //拉低clk驱动线
        rData<=Words_Addr;                //将寄存器地址赋给rData
        rRST<=1'b1;                       //拉高复位信号
        isOut<=1'b1;                      //将I/O设为输出
        i<=i+1'b1;                        //指向下一步骤
      end
      1,3,5,7,9,11,13,15:
        if(Counter==Period_500KHz)
          i<=i+1'b1;
        else begin
          rSIO<=rData[(i>>1)];            //将rData中i左移一位给rSIO
          rSCLK<=1'b0;                    //拉低clk驱动线
        end
      2,4,6,8,10,12,14,16:
        if(Counter==Period_500KHz)
          i<=i+1'b1;
        else begin
          rSCLK<=1'b1;                    //拉高clk驱动线
        end
      17:begin
        rData<=Write_Data;
        i<=i+1'b1;
      end
      18,20,22,24,26,28,30,32:
        if(Counter==Period_500KHz)
          i<=i+1'b1;
        else begin
          rSIO<=rData[(i>>1)-9];
          rSCLK<=1'b0;
```

```
         end
       19,21,23,25,27,29,31,33:
         if(Counter==Period_500KHz)
           i<=i+1'b1;
         else begin
           rSCLK<=1'b1;
         end
       34:begin
         rRST<=1'b0;
         i<=i+1'b1;
       end
       35:begin
         isDone<=1'b1;
         i<=i+1'b1;
       end
       36:begin
         isDone<=1'b0;
         i<=6'd0;
       end
      endcase
    else if(Start_Sig[0])
      case(i)
        0:begin
          rSCLK<=1'b0;
          rData<=Words_Addr;
          rRST<=1'b1;
          isOut<=1'b1;
          i<=i+1'b1;
        end
        1,3,5,7,9,11,13,15:
          if(Counter==Period_500KHz)
            i<=i+1'b1;
          else begin
            rSIO<=rData[(i>>1)];
            rSCLK<=1'b0;
          end
        2,4,6,8,10,12,14,16:
          if(Counter==Period_500KHz)
            i<=i+1'b1;
          else begin
            rSCLK<=1'b1;
          end
        17:begin
```

```
          isOut<=1'b0;
          i<=i+1'b1;
        end
        18,20,22,24,26,28,30,32:
          if(Counter==Period_500KHz)
            i<=i+1'b1;
          else begin
            rSCLK<=1'b1;
          end
        19,21,23,25,27,29,31,33:
          if(Counter==Period_500KHz) begin
            i<=i+1'b1;
          end
          else begin
            rSCLK<=1'b0;
            rData[(i>>1)-9]<=DS1302_IO;
          end
        34:begin
          rRST<=1'b0;                       //拉高 CE
          isOut<=1'b1;                      //设为输出
          i<=i+1'b1;
        end
        35:begin
          isDone<=1'b1;                     //完成
          i<=i+1'b1;
        end
        36:begin
          isDone<=1'b0;                     //清零
          i<=6'd0;
        end
      endcase
/*********************************/
  assign Read_Data=rData;
  assign Done_Sig=isDone;
  assign DS1302_CE=rRST;
  assign DS1302_CLK=rSCLK;
  assign DS1302_IO=isOut?rSIO:1'bz;
/*********************************/
endmodule
```

function_module 模块中包含两个基本函数，即写字节函数和读字节函数。图 10-86 所示为该模块的元件模型。

Start_Sig[1:0]是该模块的起始信号。

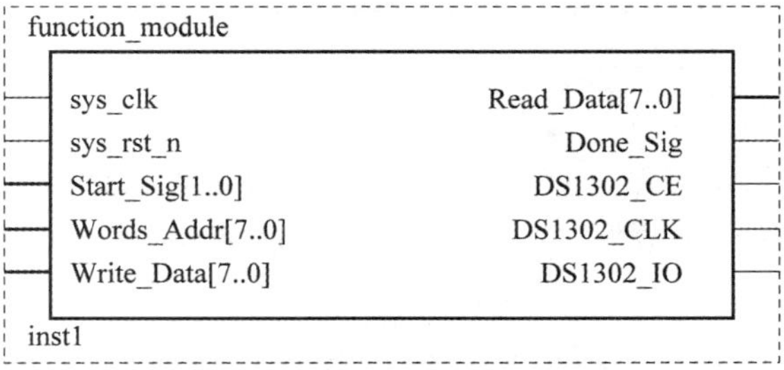

图 10-86　function_module 模块元件模型

Words_Addr 和 Write_Data，即写字节操作中的第一节和第二节数据。

Read_Data 和 Done_Sig 分别是返回的“读出数据”和“完成信号”。

DS1302_CE、DS1302_CLK、DS1302_IO 分别连接到 DS1302 的对应引脚。其中，DS1302_IO 为输入/输出口，但是同一时刻只能是输出或者输入。

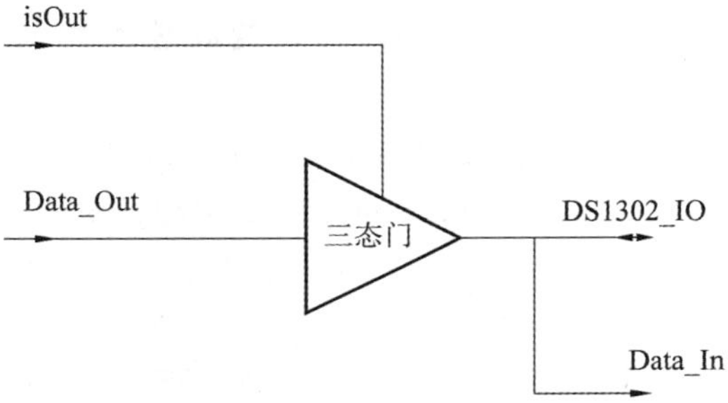

图 10-87　DS1302_IO 的硬件设计

图 10-87 所示的是 DS1302_IO 的硬件设计：要使 DS1302_IO 为输出，必须拉高 isOut，Data_Out 的数据就会输出。要使 DS1302_IO 为输入，需要拉低 isOut，三态门会输出高阻态将输出截止，从 DS1302_IO 输入的数据就会由 Data_In 输入。如果使用 Verilog HDL 程序表示，则为

```
assign DS1302_IO=isOut?Data_Out:1'bz;
assign Data_In=DS1302_IO;
```

对 DS1302_CLK，参考数据手册，可选取频率为 500 kHz 的时钟。

在 function_module 模块中的其他变量如下：

① i：指示执行步骤。

② rData：用来暂存数据。

③ rSCLK：用来驱动 DS1302_CLK。

④ rRST：用来驱动 DS1302_CE。

⑤ rSIO：用来驱动 DS1302_IO 的输出。

⑥ isOut：用来控制 I/O 口的方向。

⑦ isDone：完成标志，同时用来反馈完成信息。

在这个模块中完成了 DS1302_CLK 的配置、写操作和读操作。

写操作如下：

步骤 0 中，对 rData、rSCLK、rRST、isOut 等寄存器进行初始化，这一步非常重要。

步骤 1～16 中，将第一节数据（即访问寄存器地址字节）发送出去，在时钟下降沿设置数据，时间上升沿锁存数据。

步骤 17 中将 rData 设置为第二节数据，即写入的数据。

发送数据和发送地址的时序一样。

步骤 34 中，对 rRST 拉低，以示写字节操作已经结束。

步骤 35～36 中反馈完成信号。

读操作如下：

步骤 0 中，对 rData、rSCLK、rRST、isOut 等寄存器进行初始化。

步骤 1～16 中，将第一节数据(即访问寄存器地址字节)发送出去。这时的数据锁存发生在时间的上升沿。

步骤 17 中设置 DS1302_IO 为输入，即将 isOut 设置为“0”。

步骤 18～33 中读取一个字节数据，该动作是在时间的下降沿完成的。

DS1302 芯片中数据的传输都是从 LSB 开始到 MSB 结束的。

步骤 35 中 rRST 被拉低，以示读字节数据操作已经结束，恢复 DS1302_IO 为输出，即拉高 isOut 寄存器，然后产生一个完成信号。

从 DS1302 芯片中读取的数据会暂存在 rData 这个寄存器，然后该寄存器会驱动 Read_Data 信号线。

命令控制模块 cmd_control_module 程序如下：

```
module cmd_control_module(
  input                  sys_clk,
  input                  sys_rst_n,
  input                  Access_Done_Sig,
  input [7:0]            Start_Sig,
  input [7:0]            Time_Write_Data,
  input [7:0]            Read_Data,
  output                 Done_Sig,
  output [7:0]           Time_Read_Data,
  output [1:0]           Access_Start_Sig,
  output [7:0]           Words_Addr,
  output [7:0]           Write_Data
  );
/*********************************/
  reg [7:0]              rAddr;                  //地址暂存寄存器
  reg [7:0]              rData;                  //数据暂存寄存器
/*********************************/
  reg [1:0]              i;
  reg [7:0]              rRead;                  //读数据暂存寄存器
  reg [1:0]              isStart;                //驱动 Access_Start_Sig
  reg                    isDone;                 //驱动 Access_Done_Sig
/*********************************/
  always @(posedge sys_clk or negedge sys_rst_n)
    if(!sys_rst_n) begin
      rAddr<=8'd0;                               //地址暂存寄存器清零
      rData<=8'd0;                               //数据暂存寄存器清零
    end
```

```
    else
      case(Start_Sig[7:0])
        8'b1000_0000:begin                          //关闭写保护
          rAddr<={2'b10,5'd7,1'b0};                 //Addr 为 0x8e
          rData<=8'h00;                             //0x00
          end
        8'b0100_0000:begin                          //写时
          rAddr<={2'b10,5'd2,1'b0};                 //Addr 为 0x84
          rData<=Time_Write_Data;
        end
        8'b0010_0000:begin                          //写分
          rAddr<={2'b10,5'd1,1'b0};                 //Addr 为 0x82
          rData<=Time_Write_Data;
        end
        8'b0001_0000:begin                          //写秒
          rAddr<={2'b10,5'd0,1'b0};                 //Addr 为 0x80
          rData<=Time_Write_Data;
        end
        8'b0000_1000:begin                          //写保护
          rAddr<={2'b10,5'd7,1'b0};                 //Addr 为 0x8e
          rData<=8'b1000_0000;                      //0x80
        end
        8'b0000_0100:begin                          //读时
          rAddr<={2'b10,5'd2,1'b1};                 //Addr 为 0x85
        end
        8'b0000_0010:begin                          //读分
          rAddr<={2'b10,5'd1,1'b1};                 //Addr 为 0x83
        end
        8'b0000_0001:begin                          //读秒
          rAddr<={2'b10,5'd0,1'b1};                 //Addr 为 0x81
        end
    endcase
/************************************/
assign Words_Addr=rAddr;
assign Write_Data=rData;
/************************************/
always @(posedge sys_clk or negedge sys_rst_n)
  if(!sys_rst_n) begin
    i<=2'd0;
    rRead<=8'd0;
    isStart<=2'b00;
    isDone<=1'b0;
  end
```

```
else if(Start_Sig[7:3])                              //写操作
  case(i)
    0:
      if(Access_Done_Sig) begin
        isStart<=2'b00;
        i<=i+1'b1;
      end
      else begin
        isStart<=2'b10;
      end
    1:begin
      isDone<=1'b1;
      i<=i+1'b1;
    end
    2:begin
      isDone<=1'b0;
      i<=2'd0;
    end
  endcase
else if(Start_Sig[2:0])                              //读操作
  case(i)
    0:
      if(Access_Done_Sig) begin
        rRead<=Read_Data;
        isStart<=2'b00;
        i<=i+1'b1;
      end
      else begin
        isStart<=2'b01;
      end
    1:begin
      isDone<=1'b1;
      i<=i+1'b1;
    end
    2:begin
      isDone<=1'b0;
      i<=2'd0;
    end
  endcase
/*****************************/
assign Done_Sig=isDone;
assign Time_Read_Data=rRead;
assign Access_Start_Sig=isStart;
endmodule
```

cmd_control_module 模块中包含两个基本功能，即写字节功能和读字节功能。图 10-88 所示为该模块的元件模型。

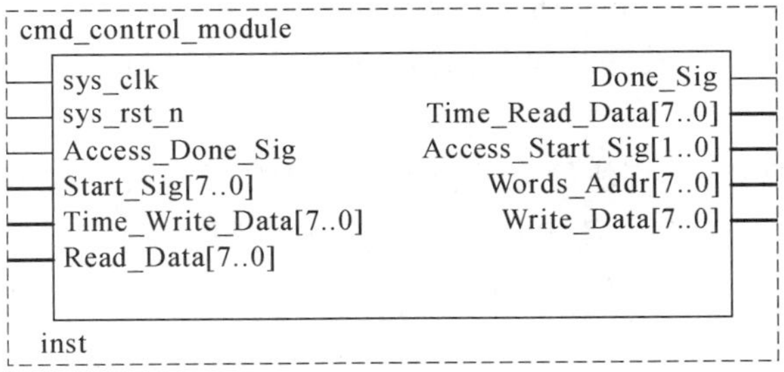

图 10-88　cmd_control_module 模块元件模型

Words_Addr 和 Write_Data 是指 rAddr 和 rData 暂存寄存器。rAddr 寄存器是用来驱动 Words_Addr 信号的，rData 寄存器是用来驱动 Write_Data 信号的。

在 8 位 Start_Sig 之中，Start_Sig[7..3]是写操作，Start_Sig[2..0]是读操作。在 DS1302 芯片的时序中，写操作的第一个字节需要访问寄存器的地址，第二个字节是写数据。

在给 rAddr 和 rData 寄存器赋值时，如赋值 8'b1000_0000，是关闭写保护操作，就是要往控制寄存器写入数据 8'h00，即对 rAddr 和 rData 赋值{2'b10,5'd7,1'b0}和 8'h00。

当 Start_Sig 等价于 8'b0100_0000 的时候，对时寄存器写入数据，这时候对 rAddr 赋予早已经预定好的值，即 {2'b10,5'd2,1'b0}。至于 rData 被赋予的值，则是从上层发来的 Time_Write_Data。

Start_Sig[2..0]表示读操作，在 DS1302 芯片的时序中，读操作只需要写入第一节数据，第二节数据是从 DS1302 中读来的。

如 Start_Sig 等价于 8'b0000_0001，则表示从秒寄存器读出数据，在这个操作中 rAddr 被赋予{2'b10,5'd0,1'b1}。

该模块的具体操作中，i 寄存器表示执行步骤；rRead 寄存器是读出数据的暂存寄存器；isStart 寄存器用于驱动 Access_Start_Sig，是对 function_module 进行控制的寄存器。

如 Start_Sig 等价于 8'b0000_0001，则表示从秒寄存器读取数据。在同一个瞬间 rAddr 会被赋予相关的值，然后读操作条件就会成立，进而完成一次读字节数据的操作。完成一次读字节数据操作后，读取到的数据就会被暂存在 rRead 寄存器中，最后反馈一个完成信号，以示上一层模块一次读字节数据操作已经完成。

图 10-85 中 DS1302 模块是整体运行控制，可以实现时间的设置，变更时间寄存器，读取时间寄存器的值，实现对时、分、秒的读取并送数码管显示。根据执行步骤 i 的值有如下操作：

① i 为 0：关闭写保护，亦即发送命令 isStart<=8'b1000_0000。

② i 为 1：变更时寄存器，亦即发送命令 isStart<=8'b0100_0000。

③ i 为 2：变更分寄存器，亦即发送命令 isStart<=8'b0010_0000。

④ i 为 3：变更秒寄存器，亦即发送命令 isStart<=8'b0001_0000。

⑤ i 为 4：读取秒寄存器的值，即发送命令 isStart<=8'b0000_0001。将读取的数据高四位和低四位分别送给显示秒值的两个数码管的驱动信号线。

⑥ i 为 5：读取分寄存器的值，即发送命令 isStart<=8'b0000_0010。将读取的数据高

四位和低四位分别送给显示分值的两个数码管的驱动信号线。

⑦ i 为 6：读取时寄存器的值，即发送命令 isStart<=8'b0000_0100。将读取的数据高四位和低四位分别送给显示时值的两个数码管的驱动信号线。

⑧ i 为 7：判断是否需要设置时间，若需要，跳回 i 为 0，否则跳回 i 为 4 继续读取时、分、秒，不断循环。

图 10-89 所示为 DS1302 模块的元件模型。输入信号包括时钟 CLK，复位 RSTn，完成操作信号 Done_Sig，读取时间信号 Time_Read_Data，以及调时间信号 jm、jf、js；输出信号有操作命令信号 isStart，操作数据信号 rData，以及送给数码管显示的时、分、秒信号 shi_data、fen_data、miao_data。

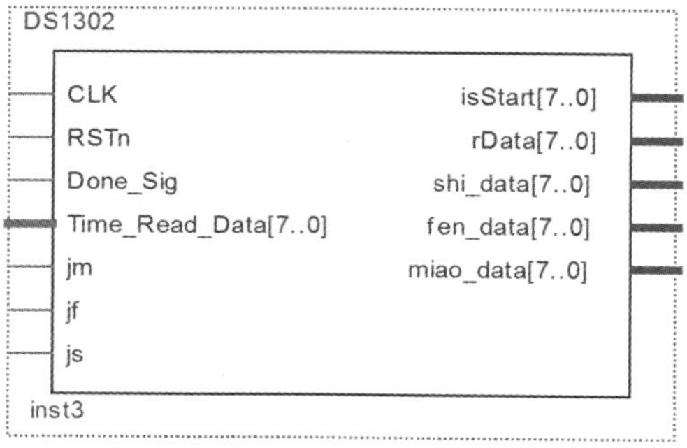

图 10-89　DS1302 模块元件模型

10.12.5　实验现象

DS1302 实时时钟实验现象如图 10-90 所示。时钟在数码管上显示 12 时 07 分 52 秒，利用 FPGA 核心板上的独立按键可以调整时间。

图 10-90　DS1302 实时时钟实验现象

第11章 基于FPGA的通信系统实验

11.1 伪随机信号发生器

11.1.1 伪随机信号发生器原理

伪随机信号发生器又叫 PN 序列发生器或 m 序列发生器。m 序列是一种线性反馈寄存器序列，m 序列发生器可以利用 r 级寄存器产生长度为 2^r-1 的 m 序列。本实验中采用 3 级寄存器产生 7 序列发生器。其原理图如图 11-1 所示，实验中信号采用异或进行反馈。

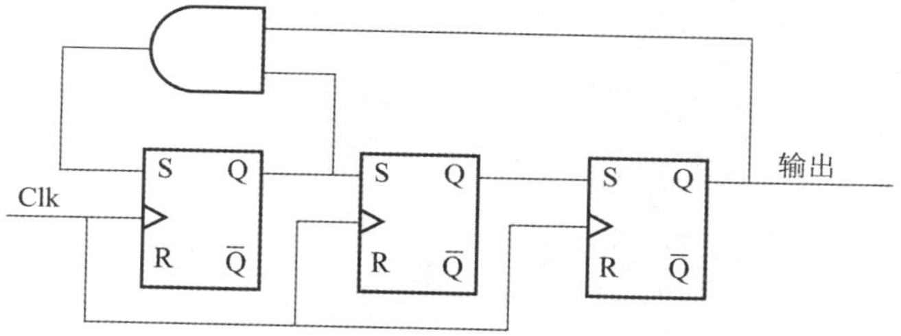

图 11-1　3 级 7 序列发生器原理图

仿真波形如图 11-2 所示。

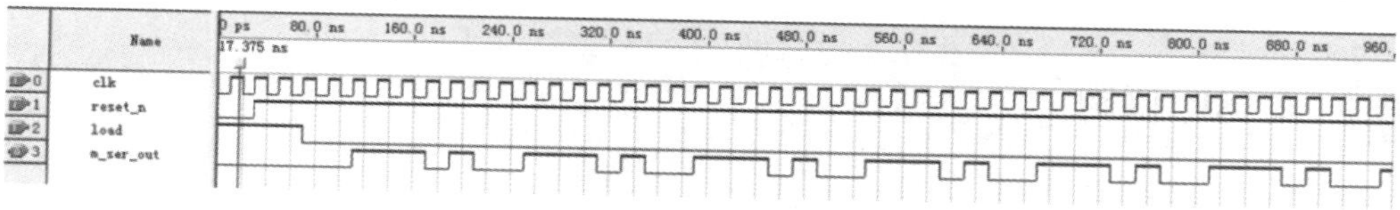

图 11-2　3 级 7 序列发生器仿真波形

11.1.2 实验代码

本实验的 Verilog HDL 代码如下：

```
module m_ser(
  clk,
  reset_n,
  load,
  m_ser_out
);
```

```
input clk;
input reset_n;
input load;
output m_ser_out;
wire clk;
wire reset_n;
wire load;
reg m_ser_out;
reg [2:0] m_code;
always @(posedge clk or negedge reset_n)
begin
  if(!reset_n)
    begin
      m_code<=3'b000;
      m_ser_out<=1'b0;
    end
  else
    if(load)
      begin
        m_code<=3'b001;                          //置数初始化
        m_ser_out<=m_code[2];
      end
    else
      begin
        m_code[2:1]<=m_code[1:0];
        m_code[0]<=m_code[2]^m_code[0];          //将 2 和 0 进行异或然后放到 0
        m_ser_out<=m_code[2];
      end
end
endmodule
```

11.2 2ASK 调制

11.2.1 原理

在通信系统中,有时需要进行二进制数字调制。2ASK 即二进制幅值键控,其调制原理是:基带信号为"0"时,输出保持为"0";基带信号为"1"时,输出一个特定频率的信号。

2ASK 波形示意图如图 11-3 所示。

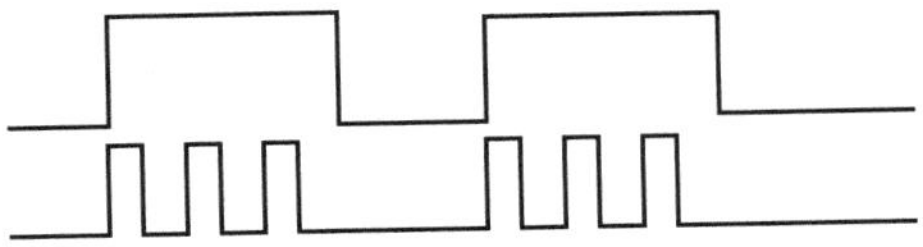

图 11-3 2ASK 波形示意图

2ASK 调制原理示意图如图 11-4 所示。

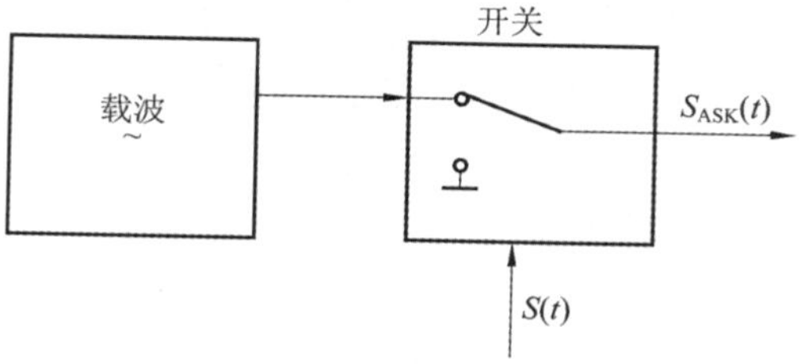

图 11-4　2ASK 调制原理示意图

11.2.2　实验仿真

2ASK 仿真波形如图 11-5 所示。

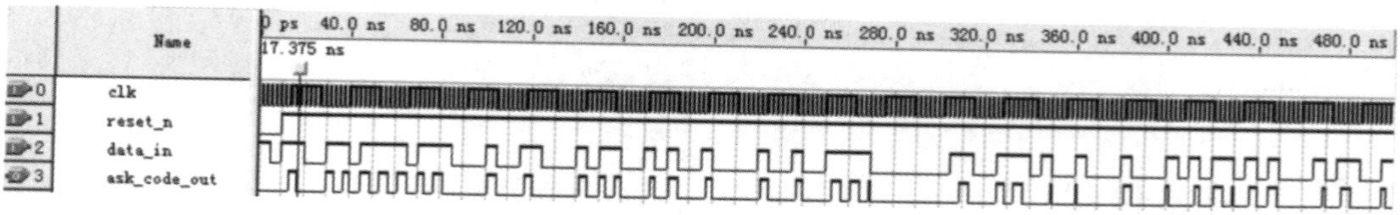

图 11-5　2ASK 仿真波形

可以看出，当 data_in 输入为高时，调制输出一定频率的信号；输入为低时，调制输出低电平。

11.2.3　实验代码

本实验的 Verilog HDL 代码如下：

```
module ask(
  clk,
  reset_n,
  data_in,
  ask_code_out
);
  input clk;
  input reset_n;
  input data_in;
  output ask_code_out;
  wire clk;
  wire reset_n;
  wire data_in;
  reg [2:0] clk_cnt;
  reg clk_div;
  always @(posedge clk or negedge reset_n)                    //产生分频信号
    begin
      if(!reset_n)
```

```
        begin
          clk_cnt<=3'd0;
          clk_div<=1'b0;
        end
      else
        if(clk_cnt==3'd1)
          begin
            clk_div<=~clk_div;
            clk_cnt<=3'd0;
          end
        else
          clk_cnt<=clk_cnt+1'b1;
    end
  assign ask_code_out=(data_in)?clk_div:1'b0;
endmodule
```

11.3 2FSK 调制

11.3.1 原理

2FSK(二进制移频键控)的调制原理是:当基带信号为“0”时,输出一个固定频率为 f_1 的信号;当基带信号为“1”时,输出一个固定频率为 f_2 的信号。

2FSK 波形示意图如图 11-6 所示。

图 11-6 2FSK 波形示意图

2FSK 调制原理示意图如图 11-7 所示。

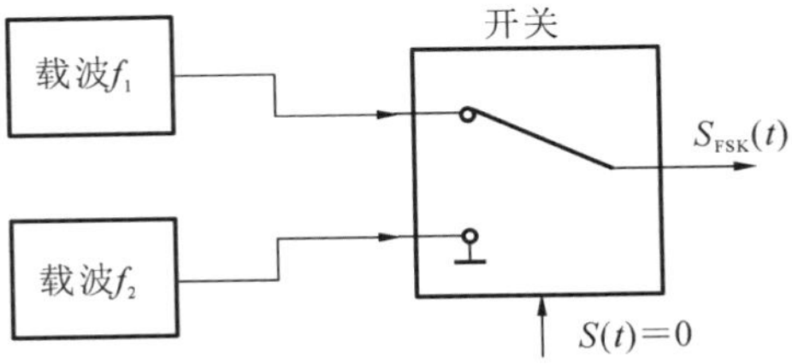

图 11-7 2FSK 调制原理示意图

11.3.2 实验仿真

2FSK 仿真波形如图 11-8 所示。

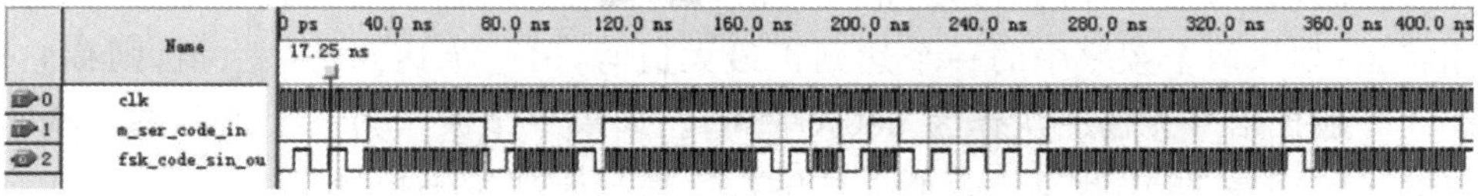

图 11-8　2FSK 仿真波形

11.3.3　实验代码

本实验的 Verilog HDL 代码如下：

```
module fsk_code(
  clk,
  m_ser_code_in,
  fsk_code_sin_out
);
  input clk;
  input m_ser_code_in;
  output fsk_code_sin_out;
  wire clk;
  wire m_ser_code_in;
  reg [2:0] cnt;
  wire f1;
  reg f2;
  always @(posedge clk)
    begin
      if(cnt==3'd2)
        begin
          cnt<=3'd0;
          f2<=~f2;
        end
      else
        cnt<=cnt+1'b1;
    end
  assign f1=clk;
  assign fsk_code_sin_out=(m_ser_code_in)?f1:f2;
endmodule
```

11.4　2PSK 调制

11.4.1　原理

2PSK 信号可表示为

$$S_{\text{PSK}}(t)=\begin{cases}A\cos 2\pi f_c t, & a_n=1\\ -A\cos 2\pi f_c t, & a_n=0\end{cases}\qquad (n-1)T_b\leqslant t\leqslant nT_b$$

在 2PSK 调制时，载波的相位随调制信号状态不同而改变。如果两个频率相同的载波同时开始振荡，这两个频率同时达到正最大值，同时达到零值，同时达到负最大值，它们就处于同相状态；如果两个频率中的一个达到正最大值时，另一个达到负最大值，则称它们为反相状态。一般把信号振荡一次作为 360°(一周)。如果一个波与另一个波相差半周，我们说两个波的相位相差 180°，也就是反相。传输数字信号时，“1”码控制发送 0°相位，“0”码控制发送 180°相位。调制原理如图 11-9 所示。

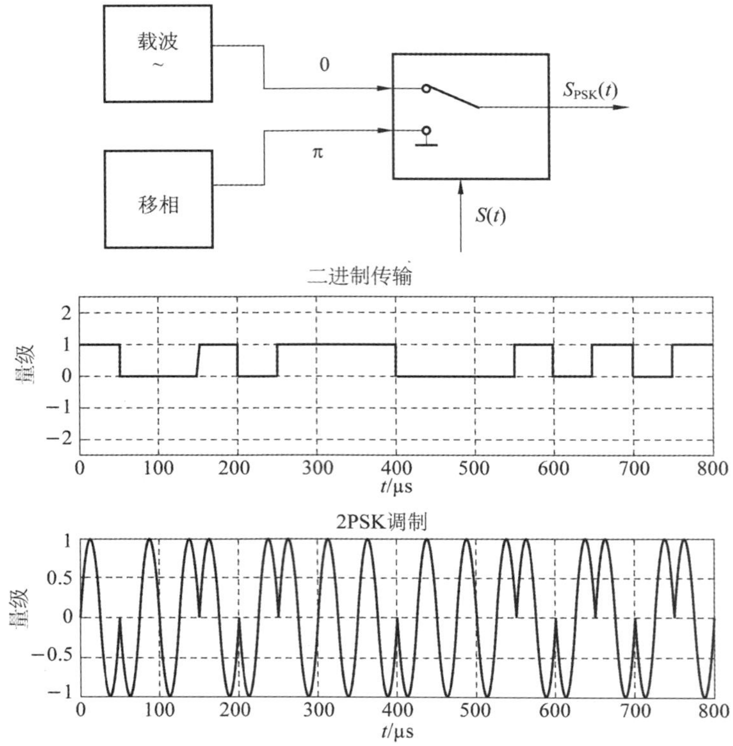

图 11-9　2PSK 调制原理

11.4.2　实验原理图说明

本实验原理图如图 11-10 所示。

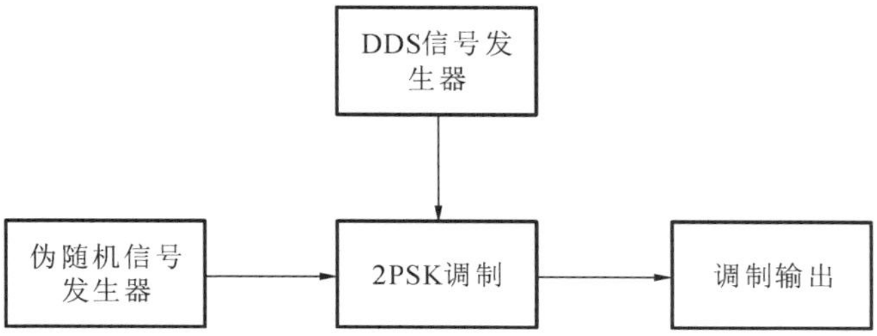

图 11-10　2PSK 调制实验原理图

当伪随机信号发生器输出“1”时，2PSK 调制输出 0°相位的正弦波形。

当伪随机信号发生器输出“0”时，2PSK 调制输出 180°相位的正弦波形。

11.4.3 仿真结果

采用 ModelSim 进行仿真，结果如图 11-11 所示。

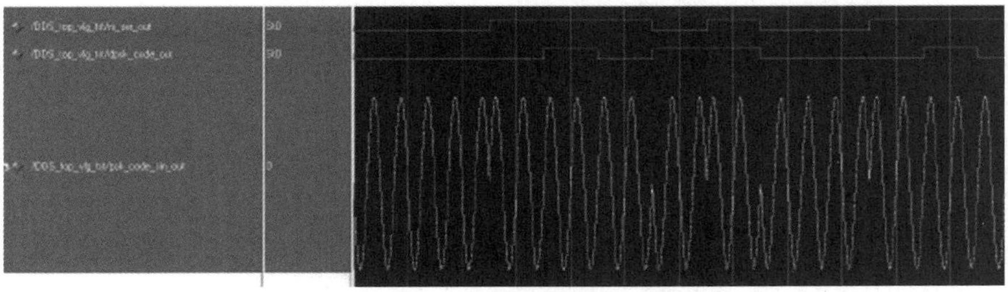

图 11-11 采用 ModelSim 进行仿真

11.4.4 实验代码

本实验的 Verilog HDL 代码如下：

```
module psk_code(
  clk,
  m_ser_code_in,
  dds_sin_data_in2,                //10 kHz 正弦波
  dds_sin_data_in3,                //10 kHz 正弦波，相位相差 180°
  psk_code_sin_out
);
  input clk;
  input m_ser_code_in;
  input [9:0] dds_sin_data_in2;
  input [9:0] dds_sin_data_in3;
  output [9:0] psk_code_sin_out;
  wire clk;
  wire m_ser_code_in;
  wire [9:0] dds_sin_data_in2;
  wire [9:0] dds_sin_data_in3;
  assign psk_code_sin_out=(m_ser_code_in)?dds_sin_data_in2:dds_sin_data_in3;
endmodule
```

11.5 2DPSK 调制

11.5.1 原理

在 2PSK 调制过程中，利用载波相位的绝对数值来传送数字信息，因而 2PSK 调制被称为绝对调相。2DPSK 即二进制差分相移键控，不利用载波相位传送数字信息，而是利用前后码元的相对相位变化传送数字信息。

实现相对调相的常用方法为：先对数字基带信号进行差分编码，将绝对编码转换成差分编码，然后再进行调相。

将数字基带信号由绝对编码转换成差分编码的方法为：对前一个输出码元和当前的输入码元进行异或运算，就可以产生相对码。

2DPSK 调制原理如图 11-12 所示。

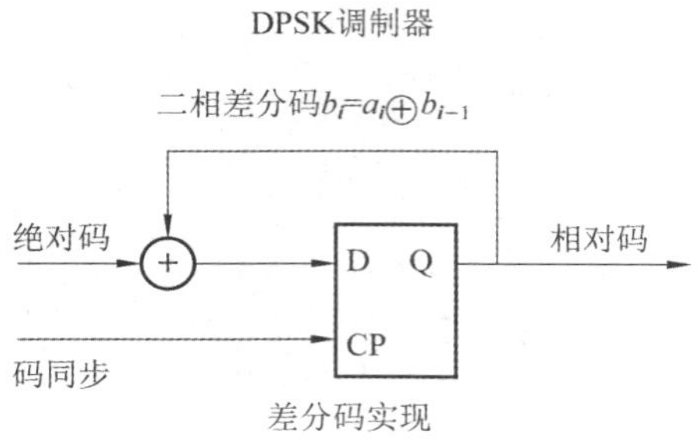

图 11-12　2DPSK 调制原理

11.5.2　实验设计

本实验设计原理图如图 11-13 所示。

将伪随机信号发生器产生的 m 序列进行差分编码，再将相对码进行 2DPSK 调制，出现“0”码输出 0°相位正弦波，出现“1”码输出 180°相位正弦波。

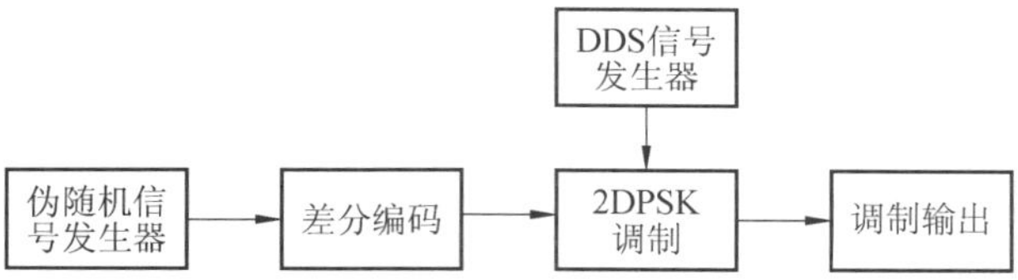

图 11-13　2DPSK 实验设计原理图

11.5.3　实验仿真

将绝对编码转换为相对编码的仿真结果如图 11-14 所示。

图 11-14　将绝对编码转化为相对编码的仿真结果

2DPSK 调制的仿真结果如图 11-15 所示。

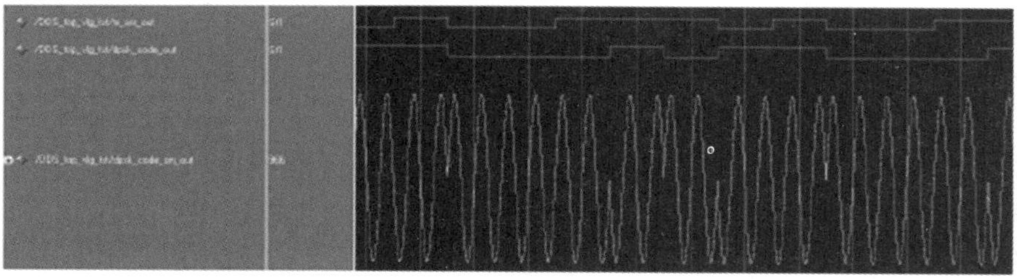

图 11-15　2DPSK 调制的仿真结果

11.5.4 实验代码

本实验的 Verilog HDL 代码如下：

```
module dpsk_code(
  clk,
  reset_n,
  m_ser_code_in,                                   //PN 序列输入
  dpsk_code_out,                                   //2DPSK 调制输出
  dds_sin_data_in2,                                //10 kHz 正弦波
  dds_sin_data_in3,                                //10 kHz 正弦波,相位相差 180°
  dpsk_code_sin_out
);
  input clk;
  input reset_n;
  input m_ser_code_in;
  input [9:0] dds_sin_data_in2;
  input [9:0] dds_sin_data_in3;
  output dpsk_code_out;
  output [9:0] dpsk_code_sin_out;
  wire clk;
  wire reset_n;
  wire m_ser_code_in;
  wire [9:0] dds_sin_data_in2;
  wire [9:0] dds_sin_data_in3;
  reg dpsk_code_reg;
  //差分编码
  always @(posedge clk or negedge reset_n)
    begin
      if(!reset_n)
        begin
          dpsk_code_reg<=1'b0;
        end
      else
          dpsk_code_reg<=dpsk_code_reg^m_ser_code_in;    // 前一个码元与输入的码元进
                                                             行异或运算
    end
  assign dpsk_code_out=dpsk_code_reg;
  assigndpsk_code_sin_out=(dpsk_code_reg)?dds_sin_data_in3:dds_sin_data_in2;
endmodule
```

第12章 综合实验

12.1 基于 DDS 的任意波形发生器

12.1.1 DDS 概述

DDS 即 direct digital frequency synthesizer，可译为直接数字频率合成器，也可叫 DDFS。

DDS 采用的是从相位的概念直接合成所需波形的一种频率合成技术，不仅可以产生不同频率的正弦波，而且可以控制波形的初始相位、幅度等参数。

DDS 的设计原理在 8.12 节已经进行了比较详细的介绍，DDS 原理如图 12-1 所示。

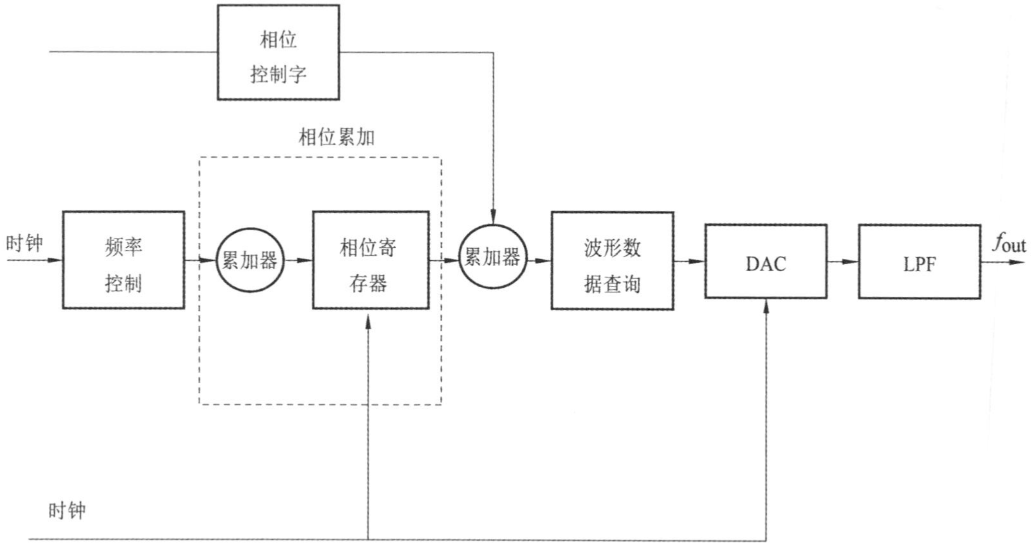

图 12-1　DDS 原理

12.1.2 实验整体框架及其说明

实验整体框架如图 12-2 所示。

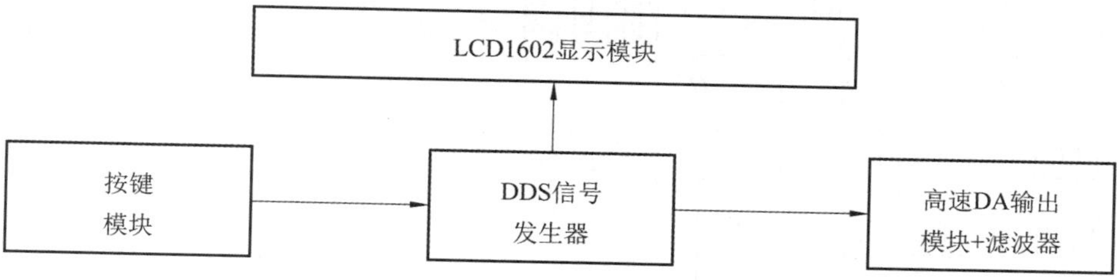

图 12-2 实验整体框架

框架说明:该模块的主要功能为产生任意信号,这里的任意信号表现为正弦波、三角波、方波、锯齿波这 4 种波形。整个工程主要分为 4 个模块,即按键模块、DDS 信号发生器(在做这个实验前一定要把 DDS 的原理弄懂)、AD9708 高速 DA 驱动、低通滤波器(硬件板上已经有了)。由于按键模块需要控制波形、幅值、频率、相位等参数,该模块需要按键,又由于按键为机械按键,在按下的时候会产生抖动,为了达到控制比较稳定的效果,在按键的输入端需采用软件对按键进行消抖。

12.1.3 设计要求和顶层设计原理图

设计的 DDS 实验用矩阵键盘实现信号参数的设置,包括频率、幅度、相位、波形种类设置。图 12-3 是顶层设计原理图,采用分模块设计思想,各模块用器件符号表示,然后把各模块组装连接起来。

这里采用 DDS 信号发生器来产生 4 种波形,即正弦波、三角波、方波和锯齿波,采用的位数为 8 位,因为 DAC 芯片 AD9708 是 8 位分辨率的。这 4 种波形通过 1 个按键进行控制,同时需要调用 4 个 ROM 来存放这 4 个波形,而这 4 个 ROM 里面的数据通过寻址来调用,需要一个加法器和一个累加器来产生 ROM 的地址。通过不断让地址累加,从而不断地从 ROM 中读取波形数据,然后将数据送往 DA 驱动模块中,这样最终输出模拟的波形。利用频率累加器和相位累加器,改变频率累加器的频率控制字就可以控制输出的波形频率,改变相位累加器的相位控制字就可以控制输出波形的相位。控制 DA 芯片 TLC5615 输出外部基准电压,并提供给波形转换的高速 DA 转换芯片 AD9708,可以控制波形输出幅度,而改变的过程是通过外部的按键进行的。

12.1.4 实验原理图

幅度控制部分采用双 D/A 技术,由 FPGA 控制 TLC5615 实现数模转换,改变其输出电压,转换后作为高速 D/A 转换器 AD9708 的基准电压,由此即可由 FPGA 控制输出波形的幅度。使用该方法能准确实现 0.1 V 小幅度的步进,调幅效果良好。DA 模块电路如图 12-4 所示。

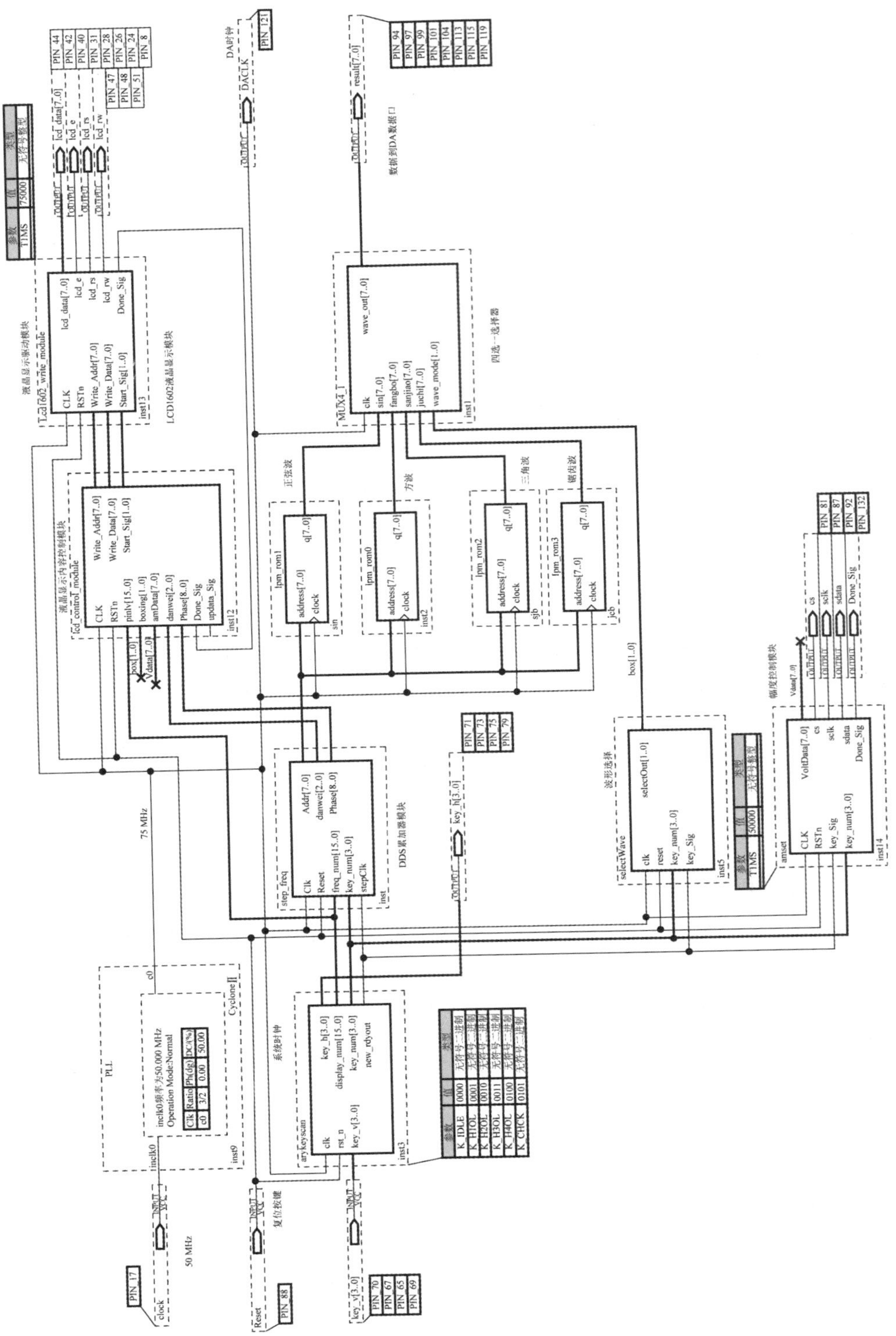

图 12-3 DDS试验顶层设计原理图

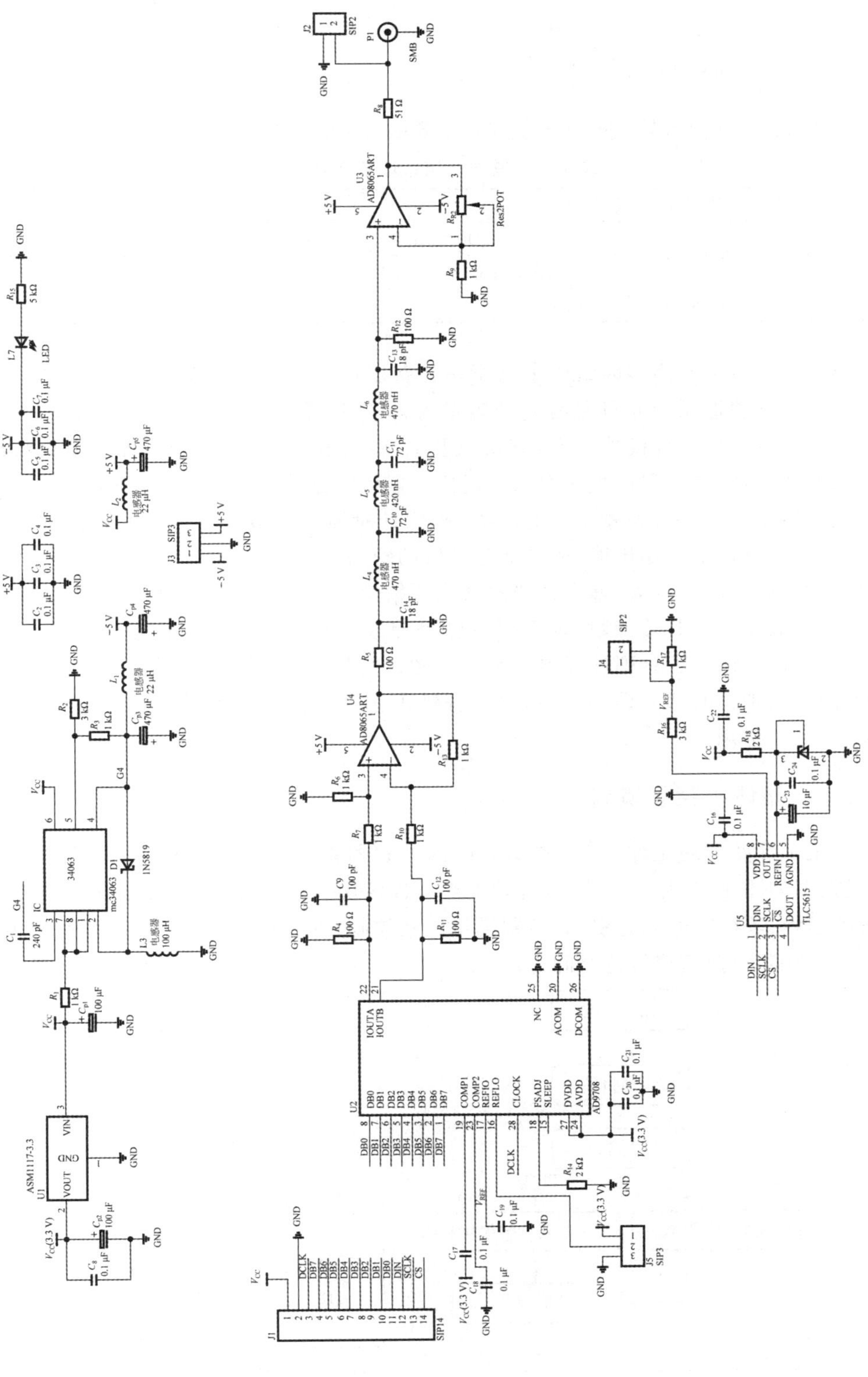
ASM1117-3.3
U1
VOUT
GND
VIN
34063
mc34063
IC
1N5819
D1
L3
电感器
100 μH
AD9708
U2
IOUTA
IOUTB
NC
ACOM
DCOM
DB0
DB1
DB2
DB3
DB4
DB5
DB6
DB7
COMP1
COMP2
REFIO
REFLO
CLOCK
FSADJ
SLEEP
DVDD
AVDD
AD8065ART
U3
U4
Res2POT
SMB
P1
J2
SIP2
J1
SIP14
J3
SIP3
J4
J5
TLC5615
U5
DIN
SCLK
CS
DOUT
VDD
OUT
REFIN
AGND
LED
L7
GND
+5 V
−5 V
DCLK

图 12-4 DA模块电路

12.2 基于 FPGA 的出租车计费器设计

12.2.1 设计原理

由于各地出租车计价情况不同,本实验设计主要依据某市出租车计费标准,如表 12-1 所示。

表 12-1 某市出租车计费标准

起步价(≤3 km)/元		8
>3 km 部分价格/(元/km)	普通(5:00—23:00)	2
	深夜(23:00—5:00)	3
等待价格/(元/分钟)		1

目前出租车行业由于诸多因素要求出租车计费器在价格调节方面做到灵活可靠、易于操作等。出租车计费器系统是硬件描述语言的实际应用,利用 Verilog 语言设计出来的出租车计费器系统将实现计程模块、计时模块以及动态扫描模块等的设计。计程模块将用计数器来对脉冲数计数,然后提供程序数据。用比较器可以比较不同的信号,确定出租车是在行车计程还是停车计时。若为停车计时状态,则用计时模块计数。再将数据传输到计费模块,通过多种条件判定确定输出值,相加确定最后的费用,并显示出来。

出租车载客后启动计费器,整个计费器系统开始运行,里程计数器和时间计数器从 0 开始计数,费用计数器从 8 开始计数,再根据行驶里程或停止等待的时间按表 12-1 中的标准计费。若在“普通”行驶状态,则计程器开始加计数,超过 3 km 后每千米加 2 元。若出租车为停止等待状态,则计时器开始加计数,以每分钟 1 元累加。出租车到达目的地停止后,停止计费器,显示总费用。

12.2.2 整体框架及其说明

根据出租车计费器的工作过程,本实验中的计费器系统采用分层次、分模块的方式设计,其组成框图如图 12-5 所示。其中,行驶里程计数模块、等待时间计数模块和计费模块用来统计行驶里程、等待时间和总费用;控制模块用来控制开始和停止计费,实现“普通”和“深夜”计费模式切换,以及模拟等待时间等。

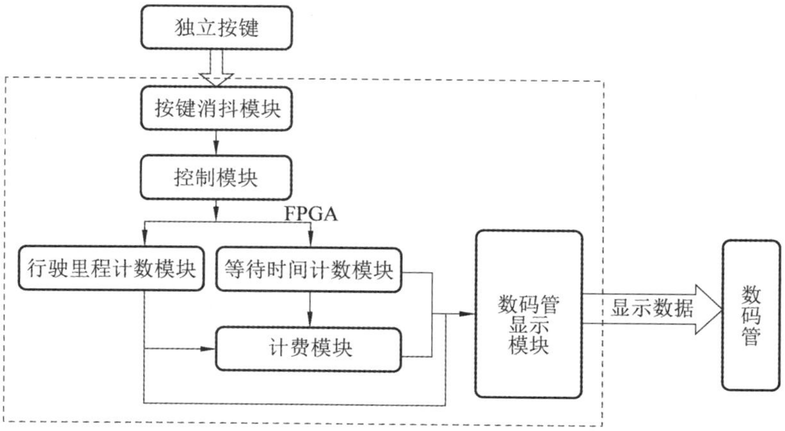

图 12-5 计费器系统组成框图

◆ 12.2.3 设计要求

基于FPGA设计一出租车计费系统。该系统包括硬件和软件。系统硬件有核心芯片FPGA和相应配置电路、外围电路；系统软件有分频模块、控制模块、行驶里程计数模块、等待时间计数模块、计费模块和数码管显示模块等。系统在Quartus平台完成编程、仿真、下载和调试，实现"普通"和"深夜"不同计费标准的计费及显示。具体要求如下：

(1) 设计一个出租车计费系统硬件电路。

(2) 该计费器的计费系统：① 普通时段(5:00—23:00)，行程在3 km内，费用为8元，3 km外以每100 m 0.2元计费；② 深夜时段(23:00—5:00)，行程在3 km内，费用为8元，3 km外以每100 m 0.3元计费；③ 等待时以每分钟1元计费。

(3) 能以十进制数显示行驶里程、等待累计时间和总费用。显示格式为"×××.×元××公里××分钟"。

◆ 12.2.4 实验原理图

设计的出租车计费器需要独立按键来模拟操作，包括停止按键、启动按键、模式切换按键、等待模式按键，需要设计按键消抖模块，还需要设计按键工作模式控制模块，分频产生里程信号模块、行驶里程计数模块、等待时间计数模块、计费模块和数码管显示模块。

本实验需要用到的硬件电路包括独立按键、数码管显示电路，都是比较常用的电路，电路原理图如图12-6所示。顶层设计原理图如图12-7所示。

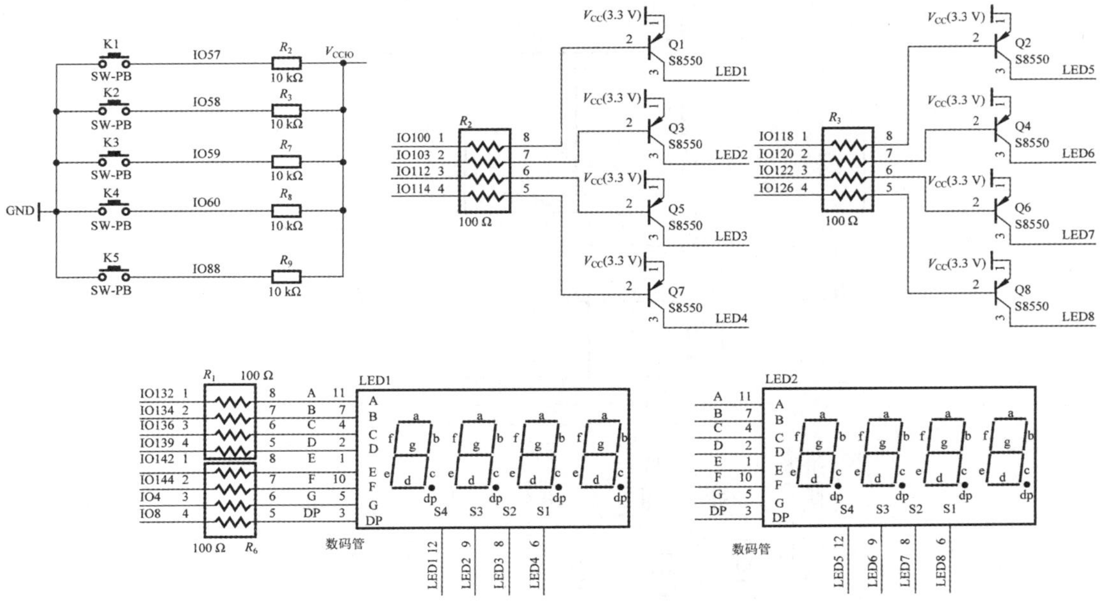

图12-6 出租车计费器设计电路原理图

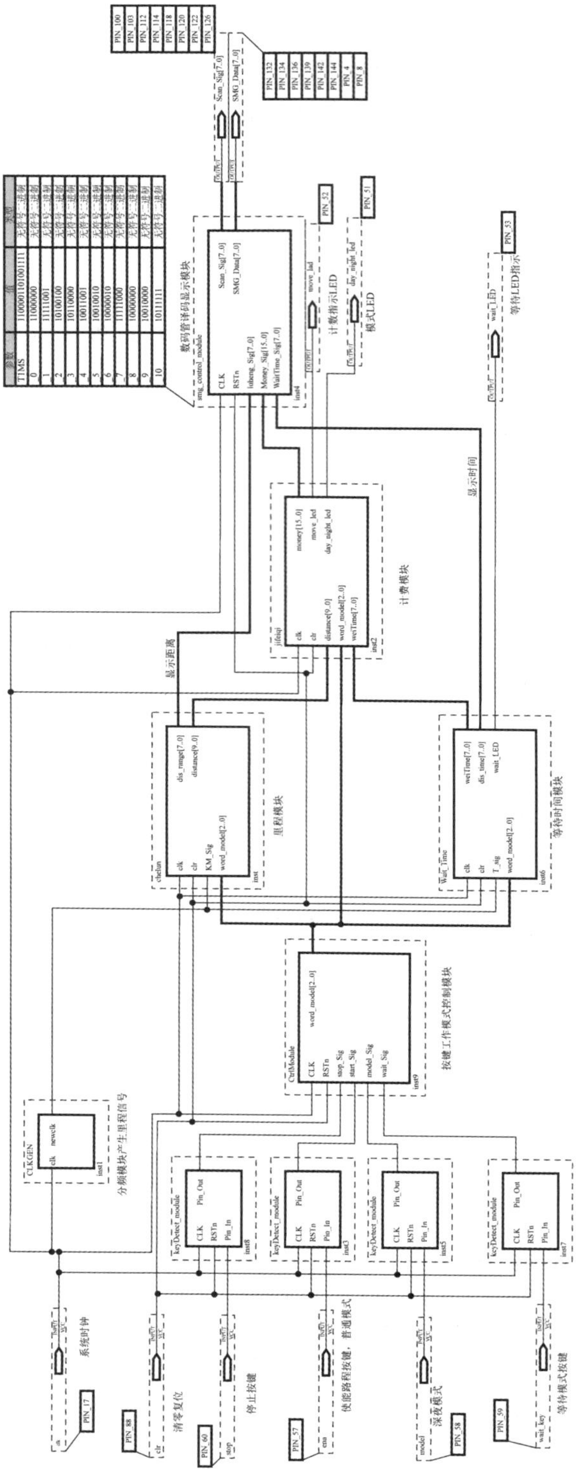

图 12-7 出租车计费系统顶层设计原理图

12.3 基于 FPGA 的交通灯设计

12.3.1 设计概述

十字路口车辆穿梭，行人熙熙攘攘，靠什么来维持秩序呢？靠的是交通灯和自动指挥系统。

交通灯通常指由红、黄、绿三种颜色灯组成的用来指挥交通的信号灯。绿灯亮时，车辆通行；黄灯亮时，已越过停止线的车辆可以继续通行；红灯亮时，车辆禁止通行。

本实验模拟十字路口交通信号灯的工作过程，利用四组红、黄、绿 LED 作为交通信号灯，设计一个交通信号灯控制器。

主要模拟两条公路，一条交通主干道，一条交通次干道，在主干道和次干道的交叉路口上设置红、绿、黄灯进行交通管理。

应用 Verilog 硬件描述语言编写程序，利用软件仿真出结果。

12.3.2 整体框架及其说明

交通信号灯控制方式有很多，本实验设计一个十字路口交通灯控制电路，要求东西、南北两条干道的红、绿、黄交通灯按要求循环变化，并以倒计时方式指示干道通行或禁止的维持时间；在 FPGA 实验板上实现所设计电路的功能。

交通灯系统设计框图如图 12-8 所示，系统设计包括分频器、控制模块、数码管动态扫描模块等。分频器产生秒脉冲信号，作为控制模块的倒计时驱动信号；控制模块实现十字路口交通灯控制规则的 LED 指示灯状态切换和倒计时计数；数码管动态扫描模块显示倒计时。

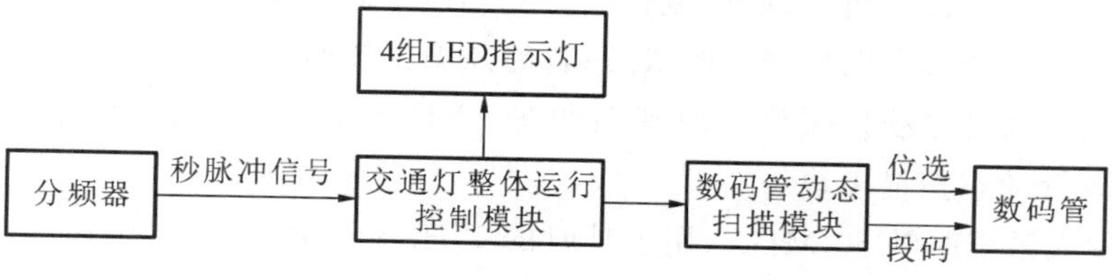

图 12-8 交通灯系统设计框图

12.3.3 设计要求

通过控制系统完成对十字路口交通信号灯的控制。十字路口由一条东西方向的主干道(A 道)和南北方向的次干道(B 道)构成。十字路口交通灯控制规则为：

(1) 初始状态为 4 个方向的红灯全亮，时间为 1 s。

(2) 东西方向绿灯亮，南北方向红灯亮。东西方向通车，时间为 30 s。

(3) 东西方向黄灯亮，南北方向红灯亮，时间为 3 s。

(4) 东西方向红灯亮，南北方向绿灯亮。南北方向通车，时间为 20 s。

(5) 东西方向红灯亮，南北方向黄灯亮，时间为 3 s。

(6) 返回步骤(2)，循环运行。

(7) 如果发生紧急事件，例如救护车或警车要通过，则按下单脉冲按钮，使得东、南、西、北 4 个方向红灯亮。紧急事件结束后，松开单脉冲按钮，恢复到被打断前的状态继续运行。

12.3.4 详细设计及实现

此设计即为一个典型的时序状态机设计，共有 6 种状态，现设定为：

(1) S0：4 个方向的红灯全亮。

(2) S1：东西方向绿灯亮，南北方向红灯亮。

(3) S2：东西方向黄灯闪烁，南北方向红灯亮。

(4) S3：东西方向红灯亮，南北方向绿灯亮。

(5) S4：东西方向红灯亮，南北方向黄灯闪烁。

(6) S5：东、西、南、北 4 个方向的红灯亮。

设计的状态机的状态图如图 12-9 所示。

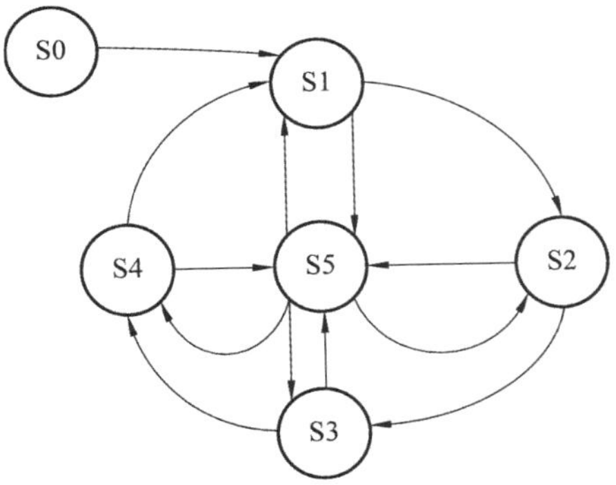

图 12-9 状态机的状态图

此状态机是该设计的核心，由其控制着东、西、南、北方向的交通。仔细分析设计要求可知，东西方向交通灯状态变化相同，南北方向亦相同，故实际上只需控制两组相同的交通灯。开发板上的 12 个 LED 应按照交通灯样式进行布局。状态机有 6 个输出变量，分别控制东西、南北方向的红、绿、黄灯的亮灭状态。另外，状态机还有 3 个输入变量，分别为复位信号、时钟信号和紧急状况控制信号。

由于在 Verilog HDL 中，一个进程内只能有一个时钟，所以紧急信号宜以电平状态来触发，低电平时进入紧急状态，红灯都亮起。

为了控制各个状态持续的时间，需在状态机中设置倒计时装置。可将输入状态机的时钟信号的频率设计为 1 Hz，即一个脉冲周期为 1 s。开发板上采用 50 MHz 晶振，这样需要计数器来分频产生 1 Hz 时钟。此外，复位信号利用电平高低来控制：当电平为低时，状态机保持东、西、南、北 4 个方向红灯均亮的状态；若为高则由初始状态进入正常状态循环。

综上所述，交通灯系统顶层设计原理图如图 12-10 所示，系统设计包括分频器、交通灯控制模块、数码管动态扫描模块等。

CLK 为输入系统时钟 50 MHz（用于计时的 1 Hz 由分频器分频提供）；RST 为复位信号，几个模式复位信号连接在一起，由一个按键开关控制；hold 为紧急信号（由紧急情况按键控制）。输出变量 ledzhu 控制东西方向红、绿、黄交通灯的亮灭状态；南北方向交通灯状态则由 ledci 控制。另外，倒计时计数输出到数码管动态扫描模块。

12.3.5 状态机核心程序分析

本实验中状态机用于控制十字路口交通灯的状态变化。此模块中设计的是异步复位和异步等待（即进入紧急状态），复位信号低电平有效，紧急信号低电平有效。另外，为了控制各个状态的持续时间，此状态机中还设计了一个计数装置，用于计时。交通灯控制模块的源代码如下：

```
module traffic_ctr(clr,clk,hold,day_nightSelect,qzhu,qci,ledzhu,ledci);
  input clr,clk;
  input hold;
  input day_nightSelect;
```

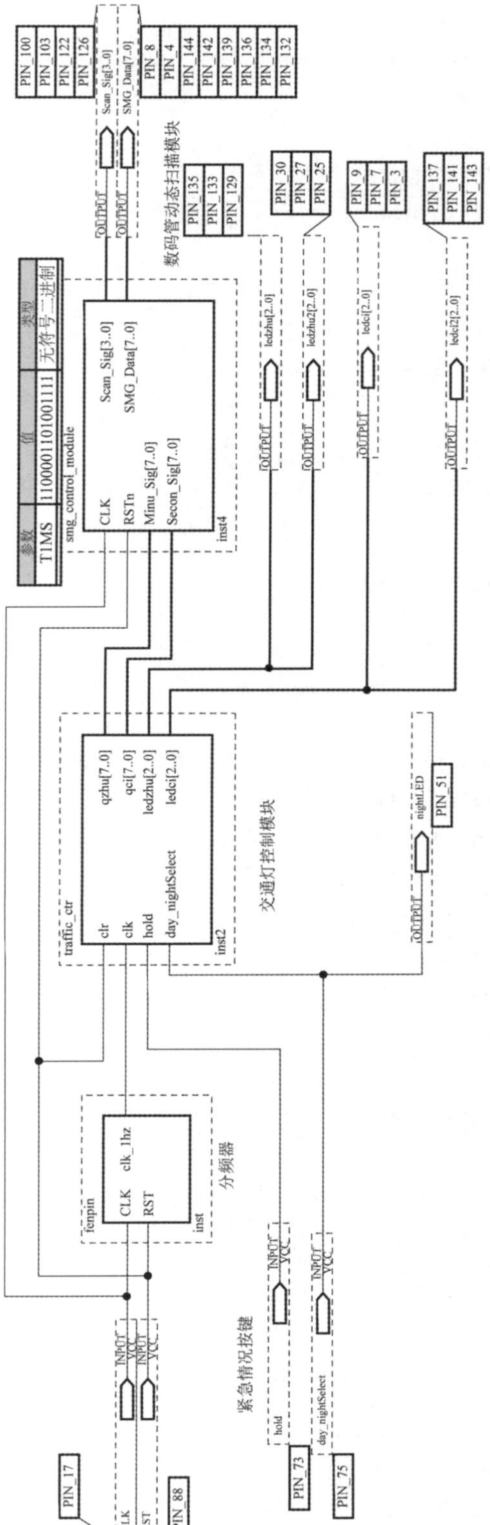

图 12-10 交通灯系统顶层设计原理图

```
output [7:0] qzhu,qci;
output [2:0] ledzhu,ledci;
reg [2:0] ledzhu,ledci;
reg [7:0] qtempZ,qtempC;
reg [3:0] i;
/****************************************/
always @(posedge clk or negedge clr)
  begin
    if(~clr)
      begin
        qtempZ=8'd30;qtempC=8'd33;
        i=4'd4;
        ledzhu=3'b111;
        ledci=3'b111;
      end
    else if(hold)
      begin
        case(i)
          4'd0:
            begin
              if(qtempZ==8'd1)          //切换到主干道黄灯亮 3 秒状态
                begin i=i+1'b1;
                  qtempZ=8'd3;
                  qtempC=8'd3;
                  ledzhu=3'b101;
                  ledci=3'b011;
                end
              else
                begin
                  qtempZ=qtempZ-1;
                  qtempC=qtempC-1'b1;
                  ledzhu=3'b110;     //主干道通行 30 s 倒计时
                  ledci=3'b011;
                end
            end
          4'd1:
            begin
              if(qtempZ==8'd1)
                begin
                  i=i+1'b1;
                  if(day_nightSelect) begin qtempZ=8'd23;qtempC=8'd20;end
                  else begin qtempZ=8'd18;qtempC=8'd15;end
```

```
                  ledzhu=3'b011;
                  ledci=3'b110;
              end
            else
              begin
                qtempZ=qtempZ-1'b1;
                qtempC=qtempC-1'b1;
                ledzhu=3'b101;                    //主干道黄灯亮 3 s 倒计时
                ledci=3'b011;
              end
          end
        4'd2:
          begin
            if(qtempC==1)
              begin i=i+1'b1;
                qtempC=8'd3;
                qtempZ=8'd3;
                ledzhu=3'b011;
                ledci=3'b101;                     //切换到次干道黄灯亮 3 s 状态
              end
            else
              begin
                qtempC=qtempC-1'b1;
                qtempZ=qtempZ-1'b1;
                ledzhu=3'b011;
                ledci=3'b110;                     //次干道通行 20 s 倒计时
              end
          end
        4'd3:
          begin
            if(qtempC==8'd1)
              begin
                i=4'd0;
                if(day_nightSelect) begin qtempZ=8'd30;qtempC=8'd33;end
                else begin qtempZ=8'd20;qtempC=8'd23;end
                ledzhu=3'b110;
                ledci=3'b011;
              end
            else
              begin
                qtempC=qtempC-1'b1;
                qtempZ=qtempZ-1'b1;
                ledzhu=3'b011;
```

```
                    ledci=3'b101;                  //次干道黄灯亮 3 s 倒计时
                  end
              end
            default:
              begin
                if(day_nightSelect) begin qtempZ=8'd30;qtempC=8'd33;end
                else begin qtempZ=8'd20;qtempC=8'd23;end
                  i=4'd0;
                  ledzhu=3'b111;
                  ledci=3'b111;
              end
          endcase
        end
/*******************************************/
      else
        begin
          ledzhu=3'b011;                           //紧急情况红灯都亮
          ledci=3'b011;
        end
    end
/*******************************************/
  assign qzhu[7:4]=qtempZ/10;                      //送数码管显示
  assign qzhu[3:0]=qtempZ%10;
  assign qci[7:4]=qtempC/10;
  assign qci[3:0]=qtempC%10;
endmodule
```

12.3.6 功能仿真图

仿真波形图如图 12-11 所示。

初始状态为 4 个方向的红灯全亮，时间为 1 s。然后，东西方向绿灯亮，南北方向红灯亮，东西方向通车，时间为 30 s。在此过程中，有一个紧急信号出现，即在倒计时 23 s 左右出现紧急信号，东、西、南、北方向红灯都亮，倒计时停止。在解除紧急信号后，仿真图中恢复东西方向绿灯亮、南北方向红灯亮的状态继续倒计时。经验证，实现的功能均符合要求。

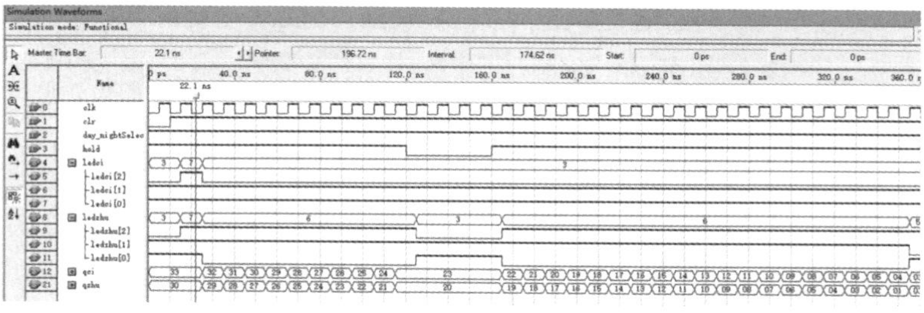

图 12-11　交通灯系统设计仿真波形图

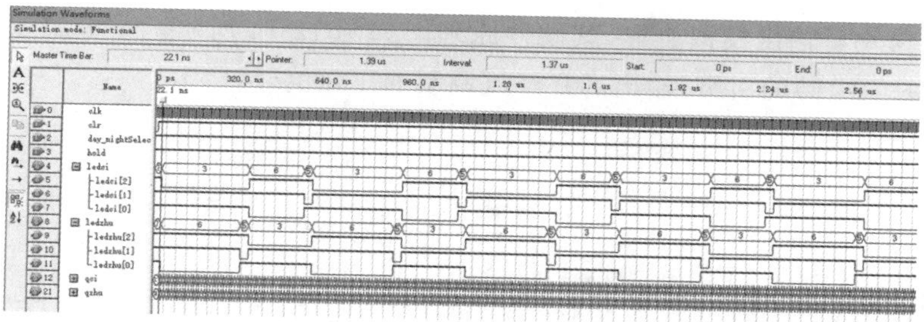

续图 12-11

12.4 基于 FPGA 的通信信号源的设计

12.4.1 通信信号源设计原理

设计一个 DDS 信号源，将该信号源提供的信号作为载波信号，对基带信号进行 2ASK、2FSK、2PSK、2DPSK 调制，可以产生多种通信信号。

设计原理框图如图 12-12 所示。

对 PN 序列进行 2ASK、2FSK、2PSK、2DPSK 调制，其中载波发生模块提供 3 种不同的载波信号，按键设置用来选择当前 DA 输出模块输出的最终调制信号，DA 输出模块将调制好的数字化波形转换为模拟信号。

PN 序列发生器采用 3 级寄存器生成 7 序列基带信号。

调制模块分别包含 2ASK、2FSK、2PSK、2DPSK 这 4 种调制方式，可以通过按键选择所要输出的调制信号。

按键设置主要分为按键消抖和按键编码，用来切换输出信号。

载波发生器采用 DDS 的方法生成三种载波信号，频率分别为 500 Hz(起始相位为 0°)、1 kHz(起始相位为 0°)和 1 kHz(起始相位为 180°)。

DA 输出模块用于驱动 TLC5615 的硬件接口，将数字信号转换为模拟信号。

12.4.2 硬件原理图说明

拨码开关硬件原理图如图 12-13 所示，可通过拨码开关选择输出波形种类。

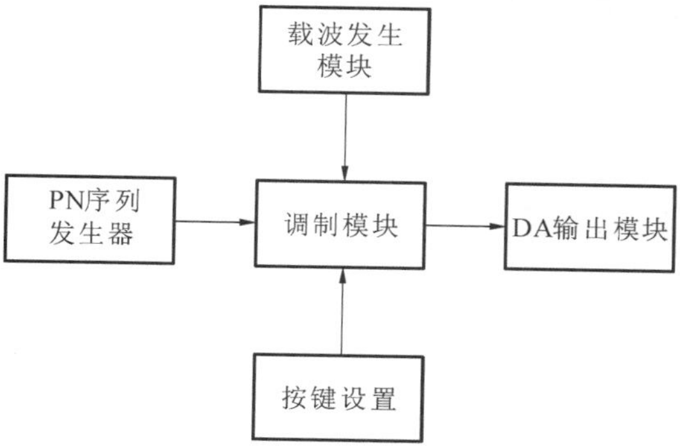

图 12-12 通信信号源设计原理框图

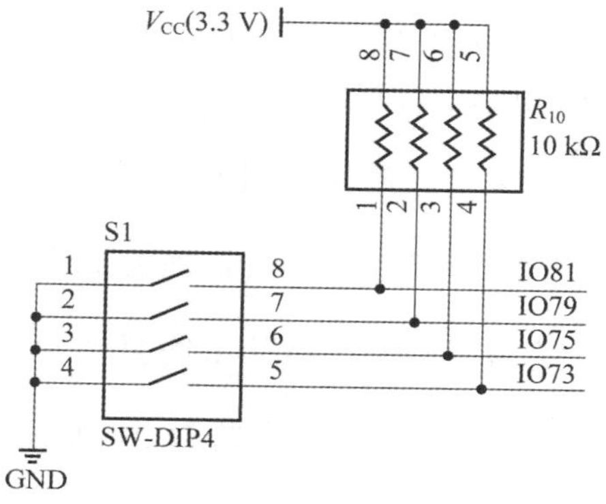

图 12-13 拨码开关硬件原理图

通过 DA 模块可输出模拟波形，其硬件原理图如图 12-14 所示。示波器要接 V_{OUT} 对应的排针 J7(见图 12-15)的引脚，输出的是经过调制的正弦信号。

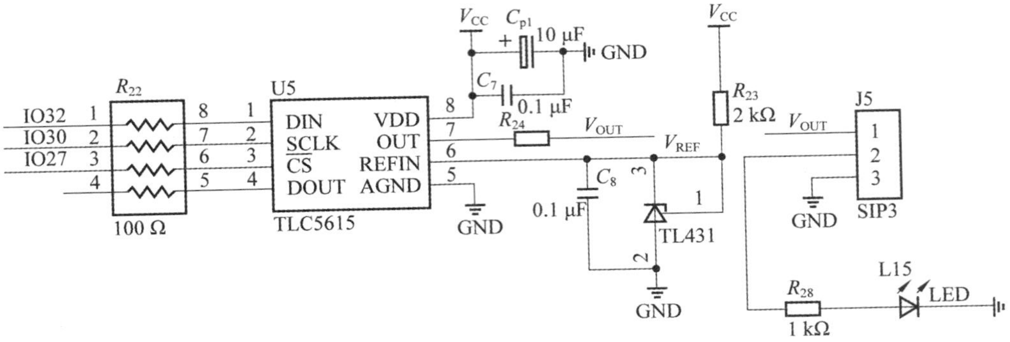

图 12-14　DA 模块硬件原理图

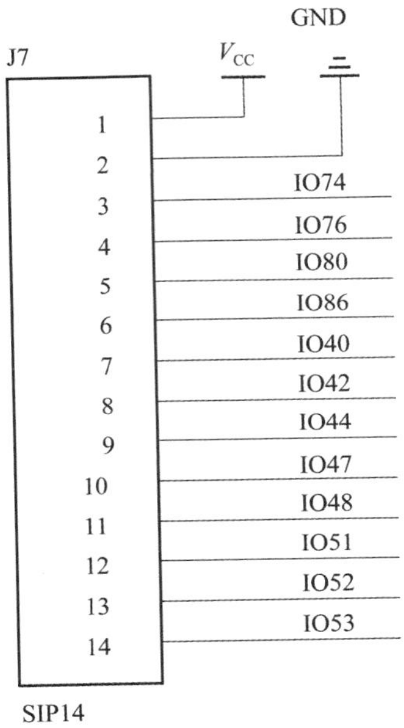

图 12-15　J7 排针硬件原理图

IO48 输出 PN 序列，IO47 输出 2DPSK 调制信号，将这两个信号接入示波器可以和前面的 DA 输出进行对比。

◆ 12.4.3　顶层设计原理图

通信信号源顶层设计原理图如图 12-16 所示。

◆ 12.4.4　ModelSim 仿真图

ModelSim 仿真图如图 12-17 所示。

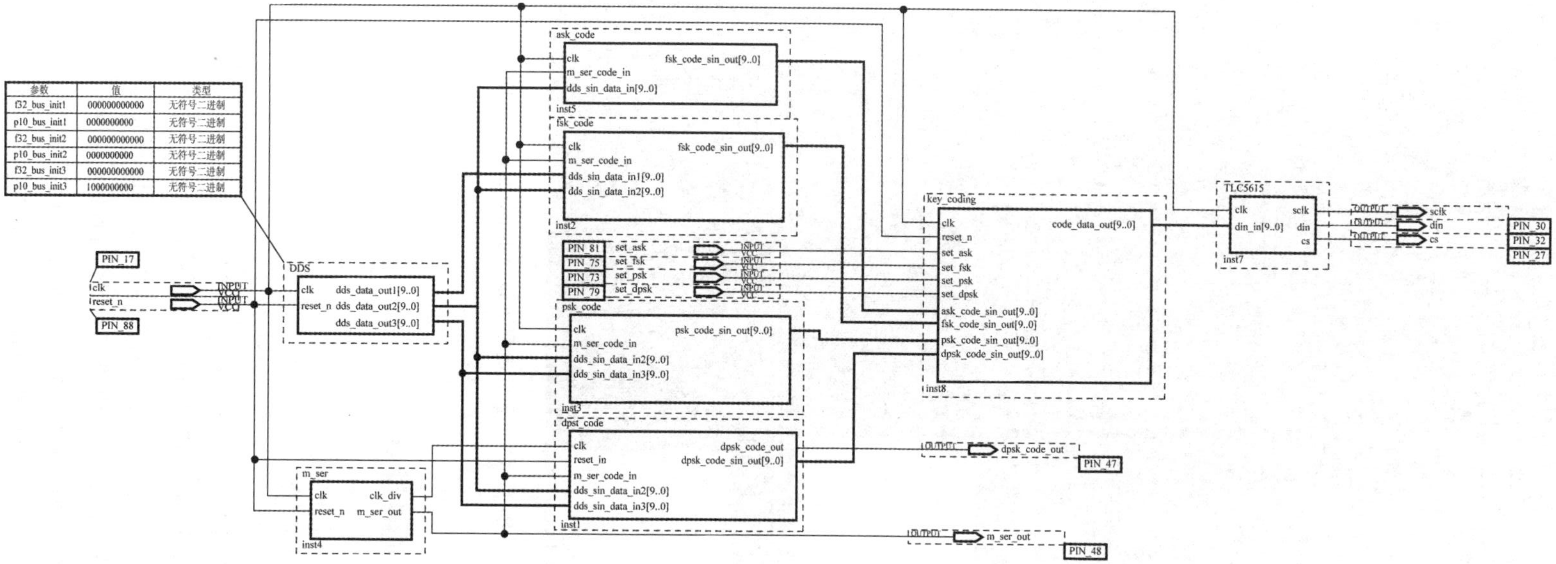

图 12-16 通信信号源顶层设计原理图

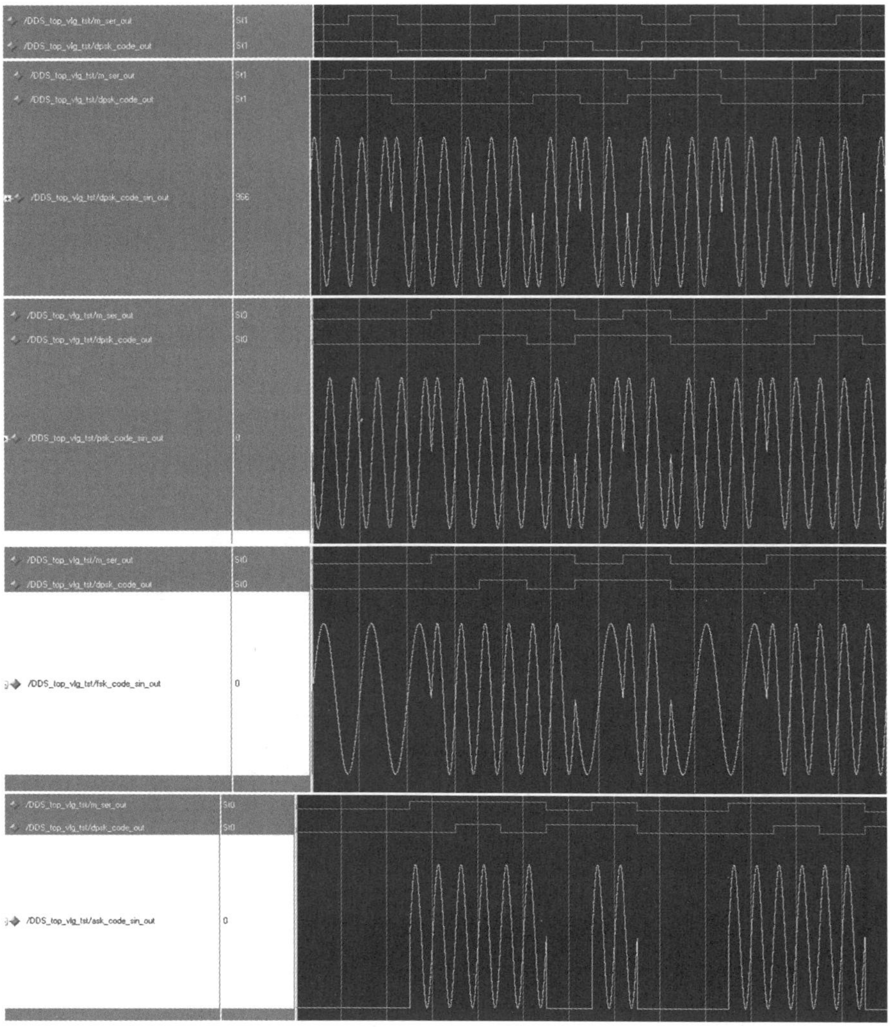

图 12-17　通信信号源设计 ModelSim 仿真图

12.5 SDRAM 控制器设计

12.5.1 SDRAM 简介

SDRAM 为 synchronous dynamic random-access memory 的缩写，即同步动态随机存取存储器。“同步”是指其时钟频率和 CPU 前端总线的系统时钟相同，并且内部命令的发送与数据的传输都以它为基准；“动态”是指存储阵列需要不断刷新来保证数据不丢失；“随机”是指数据不是线性依次存储的，而是自由指定地址进行数据的读和写的。

SDRAM 的行地址线和列地址线是分时复用的，即地址线要分两次送出，先送行地址线，再送列地址线。这样可进一步减少地址线的数量，提高器件的性能，但寻址过程会由此变得复杂。新型的 SDRAM 的容量一般比较大，如果还采用简单的阵列结构，就会使存储器的字线和位线的长度、内部寄生电容及寄生电阻都变得很大，从而使整个存储器的存取速度严重下降。

实际上，现在 SDRAM 一般都以 bank（存储体或存储块）为组织，将 SDRAM 分为很多独立的小块，然后由 bank 地址线 BA 控制 bank 之间的选择；SDRAM 的行、列地址线贯穿所有的 bank；每个 bank 的数据位宽与整个存储器相同。这样，bank 内的字线和位线的长度就可被限制在合适的范围内，从而加快存储器单元的存取速度，另外，BA 也可以使被选中的 bank 处于正常工作模式，而使没有被选中的 bank 工作在低功耗模式下，这样还可以降低 SDRAM 的功耗。

为了减少 MOS 管的数量、降低功耗、提高集成度和存储容量，SDRAM 是利用其内部电容存储信息的，由于电容具有放电作用，必须每隔一段时间给电容充电才能使存储在电容里的数据信息不丢失，这就是刷新过程，这种机制使 SDRAM 的控制过程变得复杂，从而给其应用带来一定难度。

SDRAM 内部其实是一个存储阵列（见图 12-18），这也使 SDRAM 可以做到随机访问。存储阵列就如同一张表格，将数据填进去即可。和表格的检索原理一样，先确定一个行，再确定一个列，就可以准确地找到所需要的单元格，这也是内存芯片寻址的基本原理。对于内存，这个单元格可以成为存储单元，这个表格（存储阵列）就是逻辑 bank（简称 bank）。对 SDRAM 进行寻址的方式为：先确定 bank 的地址，再确定行和列的地址。

12.5.2 HY57V281620 引脚功能

下面以 HY57V281620 芯片为例对 SDRAM 的引脚功能进行介绍。图 12-19 所示的是 SDRAM 的引脚图，表 12-2 所示的是各个引脚信号的描述信息。

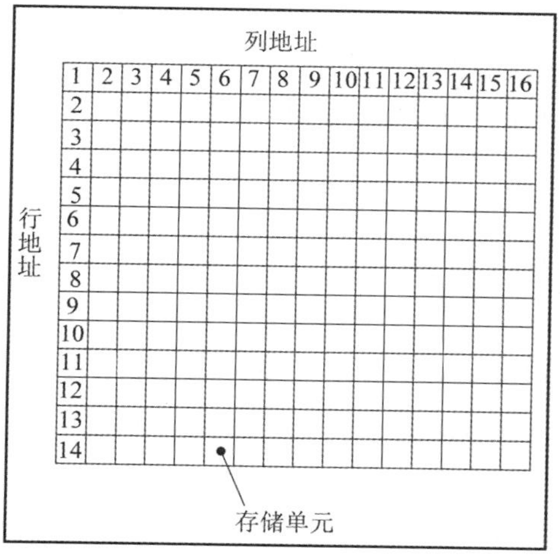

图 12-18 存储阵列示意图

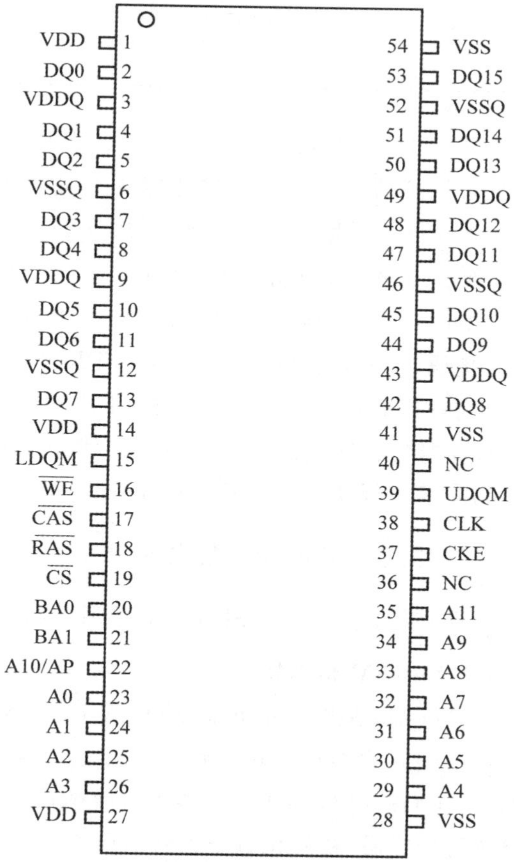

图 12-19 SDRAM 的引脚图

表 12-2 SDRAM 各个引脚信号的描述信息

引脚符号	引脚名称	描述
CLK	时钟信号	SDRAM 工作的时钟，并且所有的输入信号都是在 CLK 的上升沿进行检测的，也就是说，SDRAM 的任何命令一定要在 CLK 的上升沿保持稳定时给出，以免 SDRAM 获取命令时出现错误
CKE	时钟使能信号	控制 SDRAM 内部时钟是否工作
$\overline{CS}$	片选信号	如果要对 SDRAM 进行操作，必须要将片选信号拉低
BA0～BA1	bank 地址	提供 bank 地址，控制 SDRAM 的 4 个 bank
A0～A11	地址	选择 SDRAM 某个 bank 的行地址时，需要用到 12 根地址线（A0～A11）；选择列地址时，只用 A0～A8 这 9 根线，A10 这个信号用来控制自动充电
$\overline{RAS}$,$\overline{CAS}$,$\overline{WE}$	行地址选通，列地址选通，写使能	给 SDRAM 发送命令，包括初始化、读、写、自动充电等命令
UDQM,LDQM	数据输入、输出掩码	
DQ0～DQ15	数据输入/输出	为双向，向 SDRAM 写入的数据或者从 SDRAM 中读出的数据都是在 DQ 上进行传输的
VDD/VSS	电源/地	
VDDQ/VSSQ	数据输出电压/地	
NC	无接续	

从表 12-2 中可以看出，A0～A11 既可以控制行也可以控制列，而且控制列地址与控制行地址用到的线不一样。这是因为 SDRAM 的厂商为了节约成本，采用了同一总线来对 SDRAM 进行寻址。对于行地址，用到了 12 根线，也就是总共有 4096（$=2^{12}$）个行地址，而列地址使用 9 根线，也就是有 512（$=2^{9}$）个列地址。加起来的话，一个 bank 就有 2 097 152（=4096×512）个地址，HY57V281620 芯片共有 4 个 bank。

掩码（UDQM、LDQM）的作用：SDRAM 芯片数据线有 16 根，说明数据的位数可以达到 16 位，但在向 SDRAM 写数据的时候，生成的数据可能只有 8 位，又因为 FPGA 是与 SDRAM 的 16 根数据线连在一起的，这个时候存到 SDRAM 中的数据还是 16 位的，为了避免产生位数差异问题，就可以使用掩码来屏蔽高 8 位。掩码在读数据的时候起到的作用也是类似的。

12.5.3 SDRAM 操作时序

图 12-20 所示的是 SDRAM（手册上的）内部的状态跳转图。

1. SDRAM 初始化

SDRAM 最开始的状态是“POWER ON”，这是刚上电的状态，在“POWER ON”状态给“Precharge”命令就会跳转到“Precharge”状态，然后自动跳转至“IDLE”状态。在“IDLE”状态下，我们需要给 SDRAM 两次自动刷新命令，接着需要进行模式寄存器设置，模式寄存器设置完毕之后，初始化过程也就结束了。初始化时序图如图 12-21 所示。

SDRAM 在刚上电的 100 μs 内，除了指令禁止或“NOP”是不可以给 SDRAM 发其他指

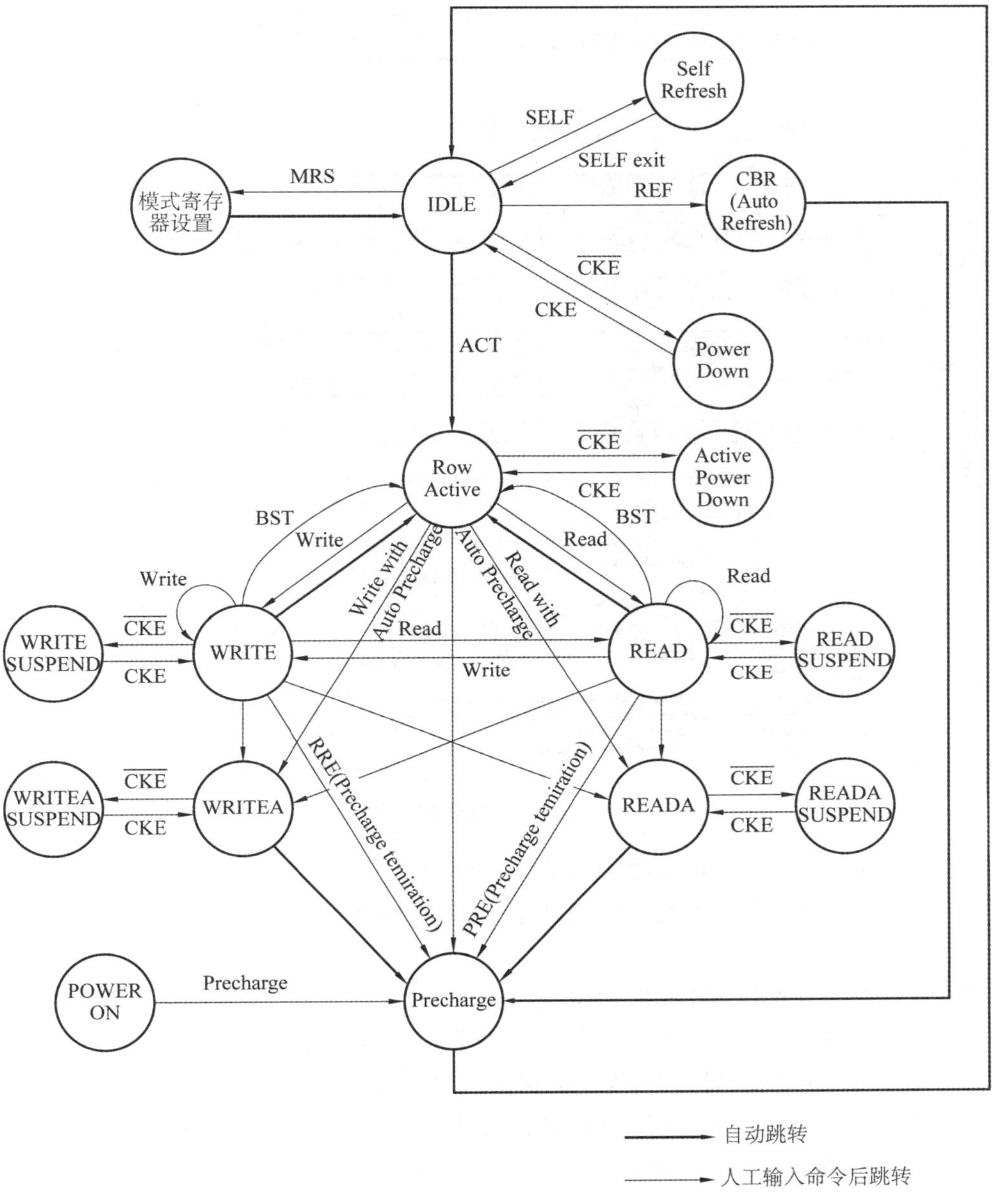

图 12-20　SDRAM 内部的状态跳转图

令的，所以发送“Precharge”命令与刚上电的时间间隔 T 的最小值为 100 μs，这个 100 μs 其实也相当于 SDRAM 的一个稳定期。在设计程序的时候稳定期设置为 200 μs 会更加可靠。

稳定期过了之后，我们先给“Precharge”命令，过 t_{RP} 给“Auto Refresh”命令，然后过 t_{RC} 给“Auto Refresh”命令，再经过 t_{RP} 进行模式寄存器设置。在给命令的时候需要注意，“Precharge”、“Auto Refresh”、加载模式寄存器这 3 个命令都是只出现了一次的，没有给这些命令的时候都是给“NOP”命令。

给“Precharge”命令时，我们需要指定 A10 及 bank 地址。如果 A10 为高(所有 bank)，就意味着给所有的 bank 进行预充电，此时不需要给 bank 地址；如果 A10 为低(单个 bank)，就需要指定某一个 bank 的地址。

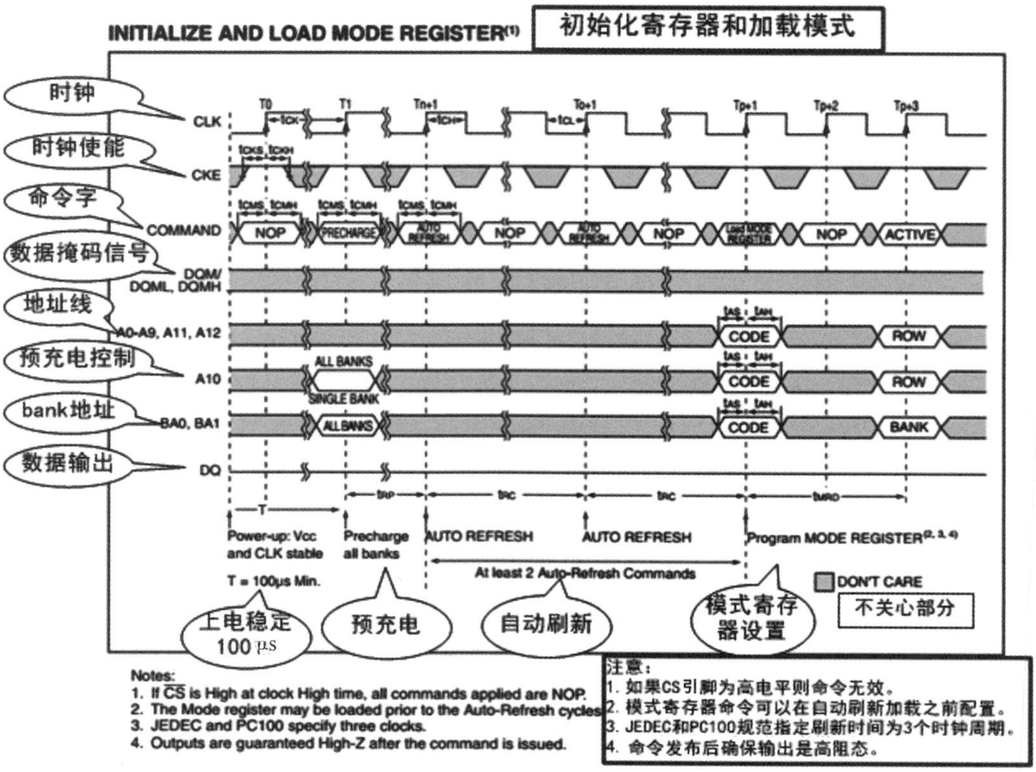

图 12-21　初始化时序图

给“Auto Refresh”命令时，不需要指定 bank 地址。

进行模式寄存器设置的时候，指令会稍微复杂一点，手册上显示 A0～A11、BA0 及 BA1 都用到了。

模式寄存器的设置如图 12-22 所示。

(1) A9：用来指定操作模式，为“1”表示突发读/突发写，为“0”表示突发读/单写。

(2) A4～A6：指定潜伏期的长度。潜伏期设置的实际效果：如果潜伏期设置的是 3，在进行 SDRAM 读操作的时候，读出来的数据就会相对于“READ”命令延后 3 个周期出来；如果潜伏期是 2，那就会延后 2 个周期。

(3) A3：设置突发的类型，即连续型和非连续型(交错型)。

(4) A2～A0：用来指定突发的长度(BL)。

突发是什么？举个例子，A9 设置为 0，潜伏期设置为 3，突发类型 A3 设置为 0，突发长度(A2～A0)设置为 4，在进行写操作的时候，数据是每 4 个写一次的，也就是说，给一次写指令会向 SDRAM 写入 4 个数据，而且对应的 4 个地址是连续的(如果突发类型设置的是非连续型，则地址不会连续)；在进行读操作的时候，给完一次读命令的 3 个周期(潜伏期为 3)后，会有 4 个数据连续地输送出来。BL 越长，对连续的大数据量传输就越有好处，但是，对零散的数据而言，BL 太长会造成总线周期的浪费。

2. SDRAM 写操作

从状态跳转图中可以发现，在初始化完成之后，对 SDRAM 即进行读或者写操作之前，还需要一个命令“ACT”，即行有效命令，就是让 SDRAM 中的某一行活动起来，以便进行读

模式寄存器

BA1	BA0	A11	A10	A9	A8	A7	A6	A5	A4	A3	A2	A1	A0
0	0	0	0	OP code	0	0	CAS latency			BT	BL		

OP code

A9	写模式
0	突发读/突发写
1	突发读/单写

burst type

A3	突发类型
0	连续型
1	交错型

CAS latency

A6	A5	A4	CAS latency
0	0	0	reserved
0	0	1	reserved
0	1	0	2
0	1	1	3
1	0	0	reserved
1	0	1	reserved
1	1	0	reserved
1	1	1	reserved

burst length

A2	A1	A0	突发长度	
			A3=0	A3=1
0	0	0	1	1
0	0	1	2	2
0	1	0	4	4
0	1	1	8	8
1	0	0	reserved	reserved
1	0	1	reserved	reserved
1	1	0	reserved	reserved
1	1	1	full page	reserved

图 12-22　模式寄存器的设置

或写操作。

另外，在状态跳转图中有“WRITE”和“WRITEA”两个状态，处于这两个状态时，可以对 SDRAM 进行写操作。在“WRITEA”状态下，每写完一个突发长度的数据，SDRAM 会自动跳出这个状态进行刷新，而在“WRITE”状态下，需要给相应的指令才会跳出“WRITE”状态。所以，为了提高 SDRAM 的运行速度，一般不让 SDRAM 进入“WRITEA”状态。“READ”和“READA”这两个状态的区别也是类似的。写操作时序图如图 12-23 所示，是不进入“WRITEA”状态的。

在初始化完成后的 t_{MRD}之后，给一个“ACT”命令，同时指定是哪一个 bank 的哪一行，然后经过 t_{RCD}给“WRITE”指令，同时指定 bank 地址和列地址，并把 A10 拉低，再根据设定好的突发长度将对应数量的数据写进去，这样就完成了写操作。写完数据之后如果不给 SDRAM 发任何指令，那么 SDRAM 内部还是处于“WRITE”状态的。如果还想让 SDRAM 进行写操作，可以再给 SDRAM 发送写指令，如果此时刷新 SDRAM 的时间到了，那就必须执行 SDRAM 的刷新操作来保证 SDRAM 的数据不被丢失。

3. SDRAM 读操作

读操作和写操作是类似的，有了写操作的基础，对于 SDRAM 的读操作理解起来会比较轻松。读操作时序图如图 12-24 所示。

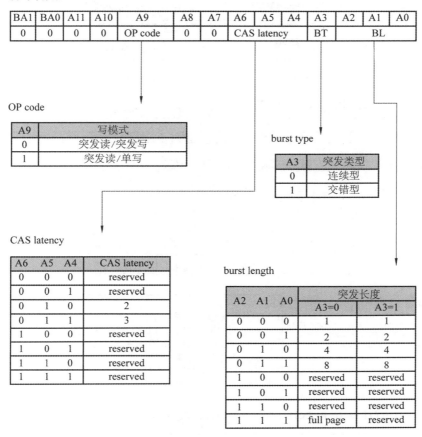

WRITE - WITHOUT AUTO PRECHARGE 没有进入自动预充电的写时序

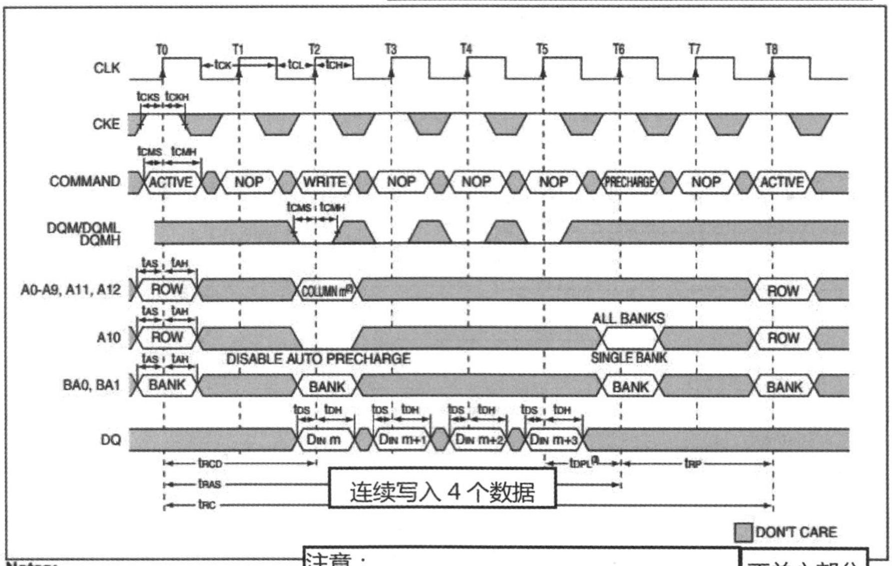

Notes:
1) Burst Length = 4
2) x16: A9, A11, and A12 = "Don't Care"
x8: A11 and A12 = "Don't Care"
3) tRAS must not be violated.

注意：
1）突发长度是4，每4个数据写一次。
2）x16：地址线A9、A11和A12不用关注。x8：A11和A12不用关注。
3）t_{RAS}必须符合要求。

图 12-23　写操作时序图

READ WITHOUT AUTO PRECHARGE 没有自动预充电的读操作时序

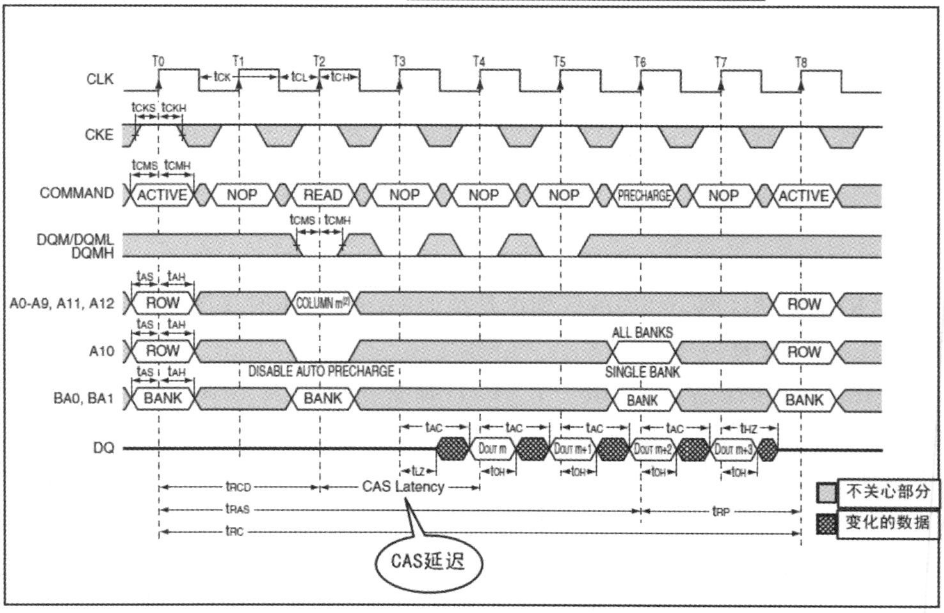

Notes:
1) CAS latency = 2, Burst Length = 4
2) x16: A9, A11, A12 = "Don't Care"
x8: A11 and A12 = "Don't Care"

注意：
1）CAS延迟2个时钟周期，突发长度=4。
2）x16：A9, A11, A12不用关心。
x8：A11和A12不用关心。

图 12-24　读操作时序图

SDRAM 读操作首先依然要给"ACT"命令，同时指定行地址和 bank 地址，然后再给"READ"指令，经过设定好的潜伏期之后，数据就出来了。注意，在给相关命令的时候，不要忘记其他信号线上的信号。

4. SDRAM 的自动刷新操作

如果 SDRAM 到了该刷新的时间没有进行刷新，那不管给 SDRAM 写了多少数据，数据都会丢失，所以一定要高度重视 SDRAM 的刷新操作，到了该刷新的时候就一定要给刷新的命令。SDRAM 内部电容保存数据的最长时间是 64 ms，而一个 bank 有 4096 行，也就是说，为了保证 SDRAM 内部的数据不被丢失，两次刷新之间的最大时间间隔为15 μs(＝64 ms/4096)。为了能让 SDRAM 有更多的时间进行读或者写，可设定 SDRAM 刷新的周期为 15 μs。

SDRAM 进行刷新是对每一行进行操作的，并不单独针对每一个电容进行充电，所以每进行一次刷新，某一行中的电容的充电可以理解为是同步发生的。

SDRAM 自动刷新操作时序图如图 12-25 所示，在每次自动刷新时，需要给一个"Precharge"命令，如果此时 SDRAM 正处于"WRITE"或"READ"状态，这个"Precharge"命令可以使 SDRAM 跳出"WRITE"或"READ"状态从而进入"IDLE"状态。接下来，经过 t_{RP}，给一个"Auto Refresh"命令(注意这里只需要给一次"Auto Refresh"命令即可)，至此，自动刷新操作就完成了。这里的自动刷新操作和 SDRAM 初始化过程有点类似，只是在这里没有进行模式寄存器的设置。

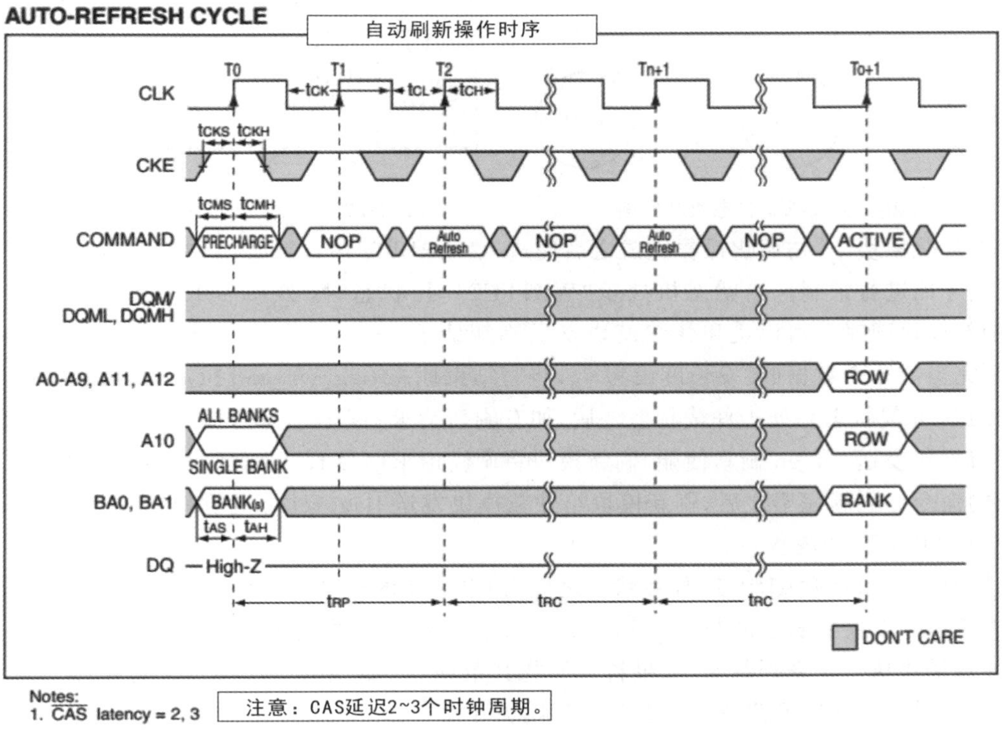

图 12-25　自动刷新操作时序图

12.5.4 程序设计思路

SDRAM 控制器设计包括初始化、写操作、读操作及自动刷新操作，可以给每一种操作设计一个独立模块，这样便于对每个模块进行调试。虽然这些模块都是独立的模块，但很显然这几个模块之间又是相互关联的。如果 SDRAM 需要刷新，而 SDRAM 又正在执行写操作，利用刷新模块与写模块就可以进行控制。

为了解决各个模块之间不方便控制的问题，我们引入一个新的机制——仲裁机制。在这里，仲裁模块用于对 SDRAM 的各个操作进行统一、协调，即读、写及自动刷新都由仲裁模块来控制。设计仲裁模块需要利用状态机，仲裁机制状态机状态图如图 12-26 所示。

模块之间信号连接关系示意图如图 12-27 所示。

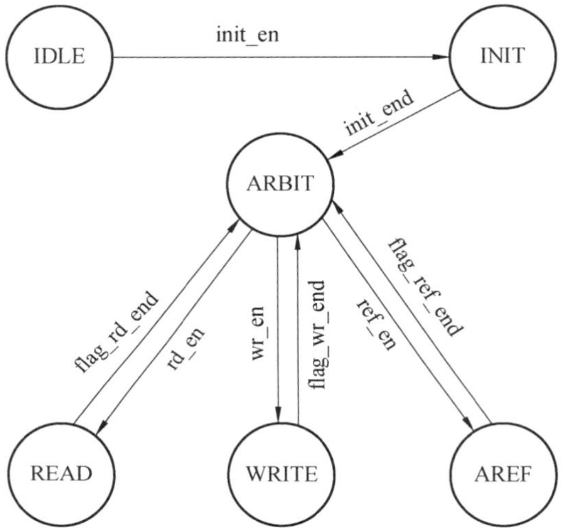

图 12-26 仲裁机制状态机状态图

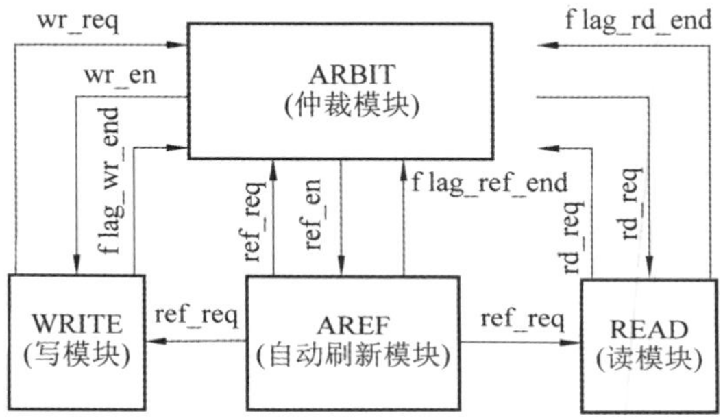

图 12-27 模块之间信号连接关系示意图

在仲裁模块中，初始化操作完成之后便进入“ARBIT”仲裁状态，只有处于仲裁状态，仲裁模块才能进行控制。当状态机处于“WRITE”(写)状态时，如果 SDRAM 刷新的时间到了，刷新模块同时向写模块和仲裁模块发送刷新请求 ref_req 信号，写模块接收 ref_req 之后，写完当前 4 个数据(突发长度设为 4)，将写结束标志 flag_wr_end 拉高，然后状态机进入“ARBIT”仲裁状态。处于仲裁状态之后，如有刷新请求 ref_req，状态机跳转到“AREF”状态且仲裁模块发送 ref_en 刷新使能，刷新模块将刷新请求信号 ref_req 拉低并给 SDRAM 发送刷新的命令。刷新完毕之后，刷新模块给仲裁模块发送 flag_ref_end 刷新结束标志，状态机跳转到“ARBIT”仲裁状态。

刷新完、跳转到“ARBIT”仲裁状态之后，如果之前的全部数据没有写完(注意是全部数据，并不是一个突发长度的数据)，那么此时我们仍然要给仲裁模块写请求信号 wr_req，然后，仲裁模块执行一系列判断，如果符合写操作的时机，那就给写模块一个写使能信号 wr_en，然后跳转到“WRITE”(写)状态并使写模块开始工作。

对于读模块与刷新模块之间的协调，其与前面的写模块和刷新模块的协调是一样的。

12.5.5 SDRAM 硬件电路设计

图 12-28 所示为 SDRAM 控制器实验原理图。

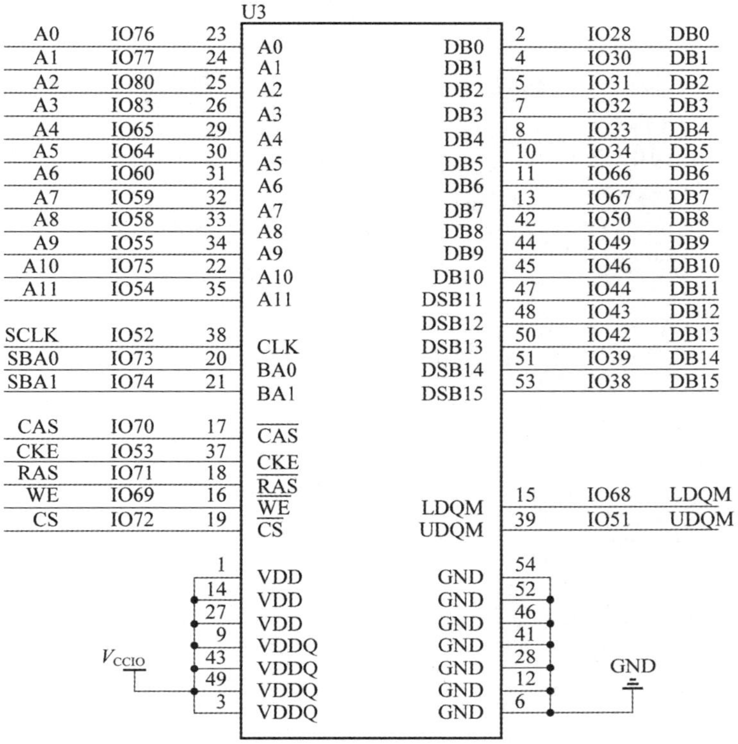

图 12-28 SDRAM 控制器实验原理图

该 SDRAM 使用 16 位接口，容量大小为 64 Mb，可以作为数据和程序的存储器。Qsys/Nios Ⅱ 系统也可以使用 SDRAM 作为程序存储器。SDRAM 信号包括地址、数据、片选 $\overline{CS}$、行选通 $\overline{RAS}$、列选通 $\overline{CAS}$、写使能 $\overline{WE}$、时钟 CLK 和时钟片选 CKE 以及掩码控制接口 UDQM 和 LDQM，其他接口接电源和接地。

12.5.6 模块代码设计

(1) 仲裁模块核心代码如下：

```
always @(posedge sclk or negedge s_rst_n)
  if(s_rst_n==1'b0)
    state<=IDLE;
  else case(state)
    IDLE:
      if(key[0]==1'b1)
        state<=INIT;
      else
        state<=IDLE;
    INIT:
      if(flag_init_end==1'b1)                    //初始化结束标志
        state<=ARBIT;
      else
```

```
          state<=INIT;
      ARBIT:
        if(ref_req==1'b1)                          //刷新请求到来且已经写完
          state<=AREF;
        else if(ref_req==1'b0&&rd_en==1'b1)        //默认读操作优先于写操作
          state<=READ;
        else if(ref_req==1'b0&&wr_en==1'b1)        //无刷新请求且写请求到来
          state<=WRITE;
        else
          state<=ARBIT;
      AREF:
        if(flag_ref_end==1'b1)
          state<=ARBIT;
        else
          state<=AREF;
      WRITE:
        if(flag_wr_end==1'b1)
          state<=ARBIT;
        else
          state<=WRITE;
      READ:
        if(flag_rd_end==1'b1)
          state<=ARBIT;
        else
            state<=READ;
      default:
        state<=IDLE;
    endcase
```

key[0]作为初始化的一个使能信号时，如果是实际下载到开发板进行测试，还需要给按键加一个按键消抖模块。在按键 0 被按下之后，SDRAM 的初始化使能信号来了，所以状态机从“IDLE”跳转到了“INIT”状态。在初始化状态，如果初始化模块传来了初始化结束标志 flag_init_end，则状态机跳转到“ARBIT”仲裁状态。在仲裁状态下，第一个“if”是判断刷新请求的，也说明刷新的优先级最高。之后，如果处于仲裁状态，来了读使能信号或者写使能信号并且没有刷新请求，状态机就跳转到对应的状态；如果处于读或写的状态，读结束标志或者写结束标志来临（这里的读结束标志和写结束标志都是指突发读或突发写的结束标志），就跳转到仲裁状态。

（2）初始化模块代码如下：

```
module sdram_init(
  input sclk,
  input s_rst_n,
  output reg [3:0] cmd_reg,
  output wire [11:0] sdram_addr,
```

```
  output wire flag_init_end
);
//===========================================================/
//=========定义参数及内部信号==========/
//===========================================================/
  localparam DELAY_200US=10000;
//SDRA命令
  localparam NOP=4'b0111;
  localparam PRE=4'b0010;
  localparam AREF=4'b0001;
  localparam MSET=4'b0000;
//===========================================================/
  reg [13:0] cnt_200us;
  wire flag_200us;
  reg [3:0] cnt_cmd;
//===========================================================/
// ****************主要代码**************
//===========================================================/
//cnt_200us
  always @(posedge sclk or negedge s_rst_n) begin
    if(s_rst_n==1'b0)
      cnt_200us<='d0;
    else if(flag_200us==1'b0)
      cnt_200us<=cnt_200us+1'b1;
  end
  always @(posedge sclk or negedge s_rst_n) begin
    if(s_rst_n==1'b0)
      cnt_cmd<=d0;
    else if(flag_200us==1'b1&&flag_init_end==1'b0)
      cnt_cmd<=cnt_cmd+1'b1;
  end
//cmd_reg
  always @(posedge sclk or negedge s_rst_n) begin
    if(s_rst_n==1'b0)
      cmd_reg<=NOP;
    else if(flag_200us==1'b1)
      case(cnt_cmd)
        0:cmd_reg<=PRE;
        1:cmd_reg<=AREF;
        5:cmd_reg<=AREF;
        9:cmd_reg<=MSET;                    //模式寄存器设置
        default:cmd_reg<=NOP;
      endcase
```

```
    end
//=======================================================================/
    assign flag_init_end=(cnt_cmd>='d10)?1'b1:1'b0;
    assign sdram_addr=(cmd_reg==MSET)?12'b0000_0011_0010:12'b0100_0000_0000;
    assign flag_200us=(cnt_200us>=DELAY_200US)?1'b1:1'b0;
endmodule
```

SDRAM 初始化需要有 200 μs 的稳定期，所以初始化模块设计了一个 200 μs 的计数器 cnt_200us，而这个计数器是根据 flag_200us 的低电平来工作的。可以看到，flag_200us 在计时之后一直拉高。在 200 μs 计满，即 flag_200us 被拉高之后，进入正常的初始化操作步骤。若 sdram_addr＝12’b0100_0000_0000 表示预充电，A10 被拉高，对所有 bank 进行操作；若 sdram_addr＝12’b0000_0011_0010 表示模式寄存器设置，CAS＝2，突发长度为 4 位。

（3）写操作模块代码如下：

```
module sdram_write(
  input wire sclk,
  input wire s_rst_n,
  input wire key_wr,
  input wire wr_en,                        //来自仲裁模块的写使能
  input wire ref_req,                      //来自刷新模块的刷新请求
  input wire [5:0] state,                  //顶层模块的状态
  output reg [15:0] sdram_dq,              //SDRAM 输入/输出端口
  //output reg [3:0] sdram_dqm,            //输入/输出掩码
    output reg [11:0] sdram_addr,          //SDRAM 地址线
    output reg [1:0] sdram_bank,           //SDRAM 的 bank 地址线
    output reg [3:0] sdram_cmd,            //SDRAM 的命令寄存器
    output reg wr_req,                     //写请求(不在写状态时向仲裁模块进行写请求)
    output reg flag_wr_end                 //写结束标志(向仲裁模块输出写结束)
);
    parameter NOP=4'b0111,                 //NOP 命令
    ACT=4'b0011,                           //ACT 命令
    WR=4'b0100,                            //写命令(需要将 A10 拉高)
    PRE=4'b0010,                           //预充电命令
    CMD_END=4'd8,
    COL_END=9'd508,                        //最后四个列地址的第一个地址
    ROW_END=12'd4095,                      //行地址结束
    AREF=6'b10_0000,                       //自动刷新状态
    WRITE=6'b00_1000;                      //状态机的写状态
/*******************************************/
    reg flag_act;                          //需要发送 ACT 的标志
    reg [3:0] cmd_cnt;                     //命令计数器
    reg [11:0] row_addr;                   //行地址
    reg [11:0] row_addr_reg;               //行地址寄存器
    reg [8:0] col_addr;                    //列地址
```

```
  reg flag_pre;                        //在 SDRAM 内部为写状态时需要给预充电命令标志
//flag_pre
  always @(posedge sclk or negedge s_rst_n)
    if(s_rst_n=1'b0)
      flag_pre<=1'b0;
    else if(col_addr==9'd0&&flag_wr_end==1'b1)
      flag_pre<=1'b1;
    else if(flag_wr_end==1'b1)
      flag_pre<=1'b0;
//flag_act
  always @(posedge sclk or negedge s_rst_n)
    if(s_rst_n==1'b0)
      flag_act<=1'b0;
    else if(flag_wr_end)
      flag_act<=1'b0;
    else if(ref_req==1'b1&&state==AREF)
      flag_act<=1'b1;
//wr_req
  always @(posedge sclk or negedge s_rst_n)
    if(s_rst_n==1'b0)
      wr_req<=1'b0;
    else if(wr_en==1'b1)
      wr_req<=1'b0;
    else if(state!=WRITE&&key_wr==1'b1)
      wr_req<=1'b1;
//flag_wr_end
  always @(posedge sclk or negedge s_rst_n)
    if(s_rst_n==1'b0)
      flag_wr_end<=1'b0;
    else if(cmd_cnt==CMD_END)
      flag_wr_end<=1'b1;
    else
      flag_wr_end<=1'b0;
//cmd_cnt
  always @(posedge sclk or negedge s_rst_n)
    if(s_rst_n==1'b0)
      cmd_cnt<=4'd0;
    else if(state==WRITE)
      cmd_cnt<=cmd_cnt+1'b1;
    else
      cmd_cnt<=4'd0;
//sdram_cmd
  always @(posedge sclk or negedge s_rst_n)
```

```
    if(s_rst_n==1'b0)
      sdram_cmd<=4'd0;
    else case(cmd_cnt)
      3'd1:
        if(flag_pre==1'b1)
          sdram_cmd<=PRE;
        else
          sdram_cmd<=NOP;
      3'd2:
        if(flag_act==1'b1||col_addr==9'd0)
          sdram_cmd<=ACT;
        else
          sdram_cmd<=NOP;
      3'd3:
        sdram_cmd<=WR;
      default:
        sdram_cmd<=NOP;
    endcase
//sdram_dq
  always @(posedge sclk or negedge s_rst_n)
    if(s_rst_n==1'b0)
      sdram_dq<=16'd0;
    else case(cmd_cnt)
      3'd3:
       sdram_dq<=16'h0012;
      3'd4:
        sdram_dq<=16'h1203;
      3'd5:
        sdram_dq<=16'h562f;
      3'd6:
        sdram_dq<=16'hfe12;
      default:
        sdram_dq<=16'd0;
    endcase
//row_addr_reg
  always @(posedge sclk or negedge s_rst_n)
    if(s_rst_n==1'b0)
      row_addr_reg<=12'd0;
    else if(row_addr_reg==ROW_END&&col_addr==COL_END &&cmd_cnt==CMD_END)
      row_addr_reg<=12'd0;
    else if(col_addr==COL_END&&flag_wr_end==1'b1)
      row_addr_reg<=row_addr_reg+1'b1;
//row_addr
```

```
always @(posedge sclk or negedge s_rst_n)
  if(s_rst_n==1'b0)
    row_addr<=12'd0;
  else case(cmd_cnt)
//因为后面的命令是通过行、列地址分开给 addr 赋值的,所以需要提前一个周期赋值,以保证在命令到来时能读到正确的地址
    3'd2:
      row_addr<=12'b0000_0000_0000;      //在写命令时,不允许自动预充电
    default:
      row_addr<=row_addr_reg;
  endcase
//col_addr
always @(posedge sclk or negedge s_rst_n)
  if(s_rst_n==1'b0)
    col_addr<=9'd0;
  else if(col_addr==COL_END&&cmd_cnt==CMD_END)
    col_addr<=9'd0;
  else if(cmd_cnt==CMD_END)
    col_addr<=col_addr+3'd4;
//sdram_addr
always@(posedge sclk or negedge s_rst_n)
  if(s_rst_n==1'b0)
    sdram_addr<=12'd0;
  else case(cmd_cnt)
    3'd2:
      sdram_addr<=row_addr;
    3'd3:
      sdram_addr<=col_addr;
    default:
      sdram_addr<=row_addr;
  endcase
//sdram_bank
always @(posedge sclk or negedge s_rst_n)
  if(s_rst_n==1'b0)
    sdram_bank<=2'b00;
endmodule
```

在模块端口列表中,用 key_wr 来接收写请求信号,这个写请求信号在没有写完之前一直被拉高,在写完全部数据之后才被拉低。这个代码是按照前面程序设计思路来编写的。

在写模块中,让 SDRAM 循环写入 16'h0012、16'h1203、16'h562f、16'hfe12 这 4 个数据。另外,在这个写模块中每写完 4 个数据,也就是突发结束后,有一个写完标志,可使状态机跳转到仲裁状态;如果数据没写完,由于写请求是被拉高的,假设此时没有刷新请求,那么

状态机还是会跳转到写状态继续写的。

（4）读操作模块代码如下：

```
module sdram_read(
  inputwire sclk,
  inputwire s_rst_n,
  input wire rd_en,
  input wire [5:0] state,
  input wire ref_req,              //自动刷新请求
  input wire key_rd,               //来自外部的读请求信号
  input wire [15:0] rd_dq,         //SDRAM 的数据端口
  output reg [3:0] sdram_cmd,
  output reg [11:0] sdram_addr,
  output reg [1:0] sdram_bank,
    output reg rd_req,                    //读请求
    output reg flag_rd_end                //突发读结束标志
);
    parameter NOP=4'b0111,
              PRE=4'b0010,
              ACT=4'b0011,
              RD=4'b0101,                 //SDRAM 的读命令(给读命令时需要将 A10 拉低)
              CMD_END=4'd12,
              COL_END=9'd508,             //最后四个列地址的第一个地址
              ROW_END=12'd4095,           //行地址结束
              AREF=6'b10_0000,            //自动刷新状态
              READ=6'b01_0000;            //状态机的读状态
    reg [11:0] row_addr;
    reg [8:0] col_addr;
    reg [3:0] cmd_cnt;
    reg flag_act;                         //发送 ACT 命令标志(单独设立标志,便于高速运行)
  //flag_act
    always @(posedge sclk or negedge s_rst_n)
      if(s_rst_n==1'b0)
        flag_act<=1'b0;
      else if(flag_rd_end==1'b1&&ref_req==1'b1)
        flag_act<=1'b1;
      else if(flag_rd_end==1'b1)
        flag_act<=1'b0;
  //rd_req
    always @(posedge sclk or negedge s_rst_n)
      if(s_rst_n==1'b0)
        rd_req<=1'b0;
      else if(rd_en==1'b1)
```

```
        rd_req<=1'b0;
      else if(key_rd==1'b1&&state!=READ)
        rd_req<=1'b1;
//cmd_cnt
    always @(posedge sclk or negedge s_rst_n)
      if(s_rst_n==1'b0)
        cmd_cnt<=4'd0;
      else if(state==READ)
        cmd_cnt<=cmd_cnt+1'b1;
      else
        cmd_cnt<=4'd0;
//flag_rd_end
    always @(posedge sclk or negedge s_rst_n)
      if(s_rst_n==1'b0)
        flag_rd_end<=1'b0;
      else if(cmd_cnt==CMD_END)
        flag_rd_end<=1'b1;
      else
        flag_rd_end<=1'b0;
//row_addr
    always @(posedge sclk or negedge s_rst_n)
      if(s_rst_n==1'b0)
        row_addr<=12'd0;
      else if(row_addr==ROW_END&&col_addr==COL_END&&flag_rd_end==1'b1)
        row_addr<=12'd0;
      else if(col_addr==COL_END&&flag_rd_end==1'b1)
        row_addr<=row_addr+1'b1;
//col_addr
    always @(posedge sclk or negedge s_rst_n)
      if(s_rst_n==1'b0)
        col_addr<=9'd0;
      else if(col_addr==COL_END&&flag_rd_end==1'b1)
        col_addr<=9'd0;
      else if(flag_rd_end==1'b1)
        col_addr<=col_addr+3'd4;
//cmd_cnt
    always @(posedge sclk or negedge s_rst_n)
      if(s_rst_n==1'b0)
        cmd_cnt<=4'd0;
      else if(state==READ)
        cmd_cnt<=cmd_cnt+1'b1;
      else
        cmd_cnt<=4'd0;
```

```
//sdram_cmd
  always @(posedge sclk or negedge s_rst_n)
    if(s_rst_n==1'b0)
      sdram_cmd<=NOP;
    else case(cmd_cnt)
      4'd2:
        if(col_addr==9'd0)
          sdram_cmd<=PRE;
        else
          sdram_cmd<=NOP;
      4'd3:
        if(flag_act==1'b1||col_addr==9'd0)
          sdram_cmd<=ACT;
        else
          sdram_cmd<=NOP;
      4'd4:
        sdram_cmd<=RD;
      default:
        sdram_cmd<=NOP;
  endcase
/sdram_addr
  always @(posedge sclk or negedge s_rst_n)
    if(s_rst_n==1'b0)
      sdram_addr<=12'd0;
    else case(cmd_cnt)
      4'd4:
        sdram_addr<={3'd0,col_addr};
      default:
        sdram_addr<=row_addr;
  endcase
//sdram_bank
  always @(posedge sclk or negedge s_rst_n)
    if(s_rst_n==1'b0)
      sdram_bank<=2'd0;
endmodule
```

读模块和写模块是极其相似的，在这里就不做赘述。

(5) 自动刷新模块代码比较简单，在等 15 μs 后，就向仲裁模块发出刷新请求，然后在刷新完成之后，产生刷新结束标志，代码如下：

```
module auto_refresh(
    input wire sclk,
    input wire s_rst_n,
    input wire ref_en,
```

```
    input wire flag_init_end,                 //初始化结束标志(初始化结束后,启动自刷新标志)
    output reg [11:0] sdram_addr,
    output reg [1:0] sdram_bank,
    output reg ref_req,
    output reg [3:0] cmd_reg,
    output reg flag_ref_end
);
    parameter BANK=12'd0100_0000_0000,        //自动刷新是对所有 bank 进行刷新
              CMD_END=4'd10,
              CNT_END=10'd749,                //15 μs 计时结束
              NOP=4'b0111,
              PRE=4'b0010,                    //预充电命令
              AREF=4'b0001;                   //自动刷新命令
    reg [9:0] cnt_15ms;                       //15 ms 计数器
    reg flag_ref;                             //处于自刷新阶段标志
    reg flag_start;                           //自动刷新启动标志
    reg [3:0] cnt_cmd;                        //指令计数器
//flag_start
    always @(posedge sclk or negedge s_rst_n)
      if(s_rst_n==1'b0)
        flag_start<=1'b0;
      else if(flag_init_end==1'b1)
        flag_start<=1'b1;
//cnt_15ms
    always @(posedge sclk or negedge s_rst_n)
      if(s_rst_n==1'b0)
        cnt_15ms<=10'd0;
      else if(cnt_15ms==CNT_END)
        cnt_15ms<=10'd0;
      else if(flag_start==1'b1)
        cnt_15ms<=cnt_15ms+1'b1;
//flag_ref
    always @(posedge sclk or negedge s_rst_n)
      if(s_rst_n==1'b0)
        flag_ref<=1'b0;
      else if(cnt_cmd==CMD_END)
        flag_ref<=1'b0;
      else if(ref_en==1'b1)
        flag_ref<=1'b1;
```

```
//cnt_cmd
  always @(posedge sclk or negedge s_rst_n)
    if(s_rst_n==1'b0)
      cnt_cmd<=4'd0;
    else if(flag_ref==1'b1)
      cnt_cmd<=cnt_cmd+1'b1;
    else
      cnt_cmd<=4'd0;
//flag_ref_end
  always @(posedge sclk or negedge s_rst_n)
    if(s_rst_n==1'b0)
      flag_ref_end<=1'b0;
    else if(cnt_cmd==CMD_END)
      flag_ref_end<=1'b1;
    else
      flag_ref_end<=1'b0;
//cmd_reg
  always @(posedge sclk or negedge s_rst_n)
    if(s_rst_n==1'b0)
      cmd_reg<=NOP;
    else case(cnt_cmd)
      3'd0:
        if(flag_ref==1'b1)
          cmd_reg<=PRE;
        else
          cmd_reg<=NOP;
      3'd1:
        cmd_reg<=AREF;
      3'd5:
        cmd_reg<=AREF;
      default:
        cmd_reg<=NOP;
    endcase
//sdram_addr
  always @(posedge sclk or negedge s_rst_n)
    if(s_rst_n==1'b0)
      sdram_addr<=12'd0;
    else case(cnt_cmd)
      4'd0:
        sdram_addr<=BANK;                //bank 进行刷新时指定所有 bank 或单个 bank
```

```
      default:
        sdram_addr<=12'd0;
    endcase
//sdram_bank
  always @(posedge sclk or negedge s_rst_n)
    if(s_rst_n==1'b0)
      sdram_bank<=2'd0;//刷新指定的 bank
//ref_req
  always @(posedge sclk or negedge s_rst_n)
    if(s_rst_n==1'b0)
      ref_req<=1'b0;
    else if(ref_en==1'b1)
      ref_req<=1'b0;
    else if(cnt_15ms==CNT_END)
      ref_req<=1'b1;
//flag_ref_end
  always @(posedge sclk or negedge s_rst_n)
    if(s_rst_n==1'b0)
      flag_ref_end<=1'b0;
    else if(cnt_cmd==CMD_END)
      flag_ref_end<=1'b1;
    else
      flag_ref_end<=1'b0;
endmodule
```

需要注意的是，因为 SDRAM 的数据总线是双向的，所以需要设计三态门，在向 SDRAM 写数据的时候，模块定义的数据总线应为输出型，在接收数据时，需要定义成高阻态。

12.5.7 SDRAM 仿真

因为 SDRAM 需要一个 200 μs 的稳定期，所以仿真时可以先让 ModelSim 运行 200 μs，即直接在命令窗口输入“run 200 us”；200 μs 的稳定期过了之后，就是 SDRAM 的初始化了，再让 ModelSim 运行 600 ns，仿真结果如图 12-29 所示。

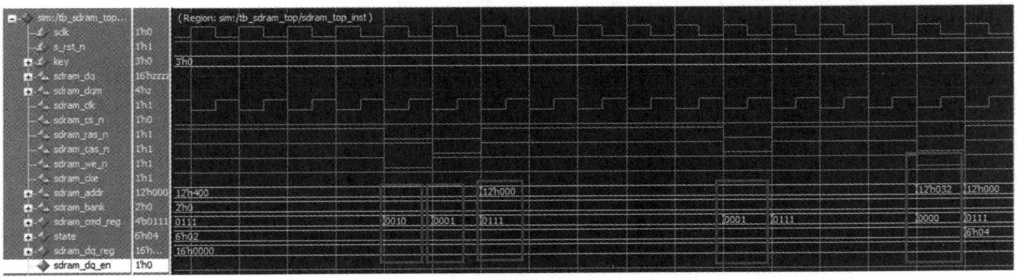

图 12-29　SDRAM 初始化仿真结果

SDRAM 初始化设置的突发长度为 4 位。

再运行 1 μs 往 SDRAM 中写数据，如图 12-30 所示。

```
VSIM 13> run 200us
VSIM 14> run 600ns
# at time    200150 ns PRE   : Bank = ALL
# at time    200170 ns AREF  : Auto Refresh
# at time    200290 ns AREF  : Auto Refresh
# at time    200370 ns LMR   : Load Mode Register
#                              CAS Latency      = 3
#                              Burst Length     = 4
#                              Burst Type       = Sequential
#                              Write Burst Mode = Programmed Burst Length
VSIM 15> run 1us
# at time    200770 ns ACT   : Bank = 0 Row =     0
# at time    200790 ns WRITE: Bank = 0 Row =     0, Col =   0, Data =    18, Dqm = zz00
# at time    200810 ns WRITE: Bank = 0 Row =     0, Col =   1, Data =  4611, Dqm = zz00
# at time    200830 ns WRITE: Bank = 0 Row =     0, Col =   2, Data = 22063, Dqm = zz00
# at time    200850 ns WRITE: Bank = 0 Row =     0, Col =   3, Data = 65042, Dqm = zz00
# at time    201050 ns WRITE: Bank = 0 Row =     0, Col =   4, Data =    18, Dqm = zz00
# at time    201070 ns WRITE: Bank = 0 Row =     0, Col =   5, Data =  4611, Dqm = zz00
# at time    201090 ns WRITE: Bank = 0 Row =     0, Col =   6, Data = 22063, Dqm = zz00
# at time    201110 ns WRITE: Bank = 0 Row =     0, Col =   7, Data = 65042, Dqm = zz00
# at time    201310 ns WRITE: Bank = 0 Row =     0, Col =   8, Data =    18, Dqm = zz00
# at time    201330 ns WRITE: Bank = 0 Row =     0, Col =   9, Data =  4611, Dqm = zz00
# at time    201350 ns WRITE: Bank = 0 Row =     0, Col =  10, Data = 22063, Dqm = zz00
# at time    201370 ns WRITE: Bank = 0 Row =     0, Col =  11, Data = 65042, Dqm = zz00
# at time    201570 ns WRITE: Bank = 0 Row =     0, Col =  12, Data =    18, Dqm = zz00
# at time    201590 ns WRITE: Bank = 0 Row =     0, Col =  13, Data =  4611, Dqm = zz00

VSIM 16>
```

图 12-30　SDRAM 写数据操作仿真

然后再读数据，写数据与读数据操作仿真对比如图 12-31 所示。

```
# at time    236210 ns WRITE: Bank = 0 Row =     1, Col =  27, Data = 65042, Dqm = zz00
# at time    236410 ns WRITE: Bank = 0 Row =     1, Col =  28, Data =    18, Dqm = zz00
# at time    236430 ns WRITE: Bank = 0 Row =     1, Col =  29, Data =  4611, Dqm = zz00
# at time    236450 ns WRITE: Bank = 0 Row =     1, Col =  30, Data = 22063, Dqm = zz00
# at time    236470 ns WRITE: Bank = 0 Row =     1, Col =  31, Data = 65042, Dqm = zz00
# at time    236670 ns WRITE: Bank = 0 Row =     1, Col =  32, Data =    18, Dqm = zz00
# at time    236690 ns WRITE: Bank = 0 Row =     1, Col =  33, Data =  4611, Dqm = zz00
# at time    236710 ns WRITE: Bank = 0 Row =     1, Col =  34, Data = 22063, Dqm = zz00
# at time    236730 ns WRITE: Bank = 0 Row =     1, Col =  35, Data = 65042, Dqm = zz00
# at time    236910 ns PRE   : Bank = 0
# at time    236930 ns ACT   : Bank = 0 Row =     0
# at time    236997 ns READ  : Bank = 0 Row =     0, Col =   0, Data =    18, Dqm = zz00
# at time    237017 ns READ  : Bank = 0 Row =     0, Col =   1, Data =  4611, Dqm = zz00
# at time    237037 ns READ  : Bank = 0 Row =     0, Col =   2, Data = 22063, Dqm = zz00
# at time    237057 ns READ  : Bank = 0 Row =     0, Col =   3, Data = 65042, Dqm = zz00
# at time    237337 ns READ  : Bank = 0 Row =     0, Col =   4, Data =    18, Dqm = zz00
# at time    237357 ns READ  : Bank = 0 Row =     0, Col =   5, Data =  4611, Dqm = zz00
# at time    237377 ns READ  : Bank = 0 Row =     0, Col =   6, Data = 22063, Dqm = zz00
# at time    237397 ns READ  : Bank = 0 Row =     0, Col =   7, Data = 65042, Dqm = zz00
# at time    237677 ns READ  : Bank = 0 Row =     0, Col =   8, Data =    18, Dqm = zz00
# at time    237697 ns READ  : Bank = 0 Row =     0, Col =   9, Data =  4611, Dqm = zz00
# at time    237717 ns READ  : Bank = 0 Row =     0, Col =  10, Data = 22063, Dqm = zz00
# at time    237737 ns READ  : Bank = 0 Row =     0, Col =  11, Data = 65042, Dqm = zz00
# at time    238017 ns READ  : Bank = 0 Row =     0, Col =  12, Data =    18, Dqm = zz00
# at time    238037 ns READ  : Bank = 0 Row =     0, Col =  13, Data =  4611, Dqm = zz00
# at time    238057 ns READ  : Bank = 0 Row =     0, Col =  14, Data = 22063, Dqm = zz00
```

图 12-31　SDRAM 写数据和读数据操作仿真对比

读出来的数据和写进去的数据是一样的，即可证明 SDRAM 的读写操作正确。

第13章 学习FPGA技术总结

FPGA 如此重要，那么初学者到底该如何学习 FPGA 呢？学习 FPGA 技术最好有合适的指导教师，这样可使初学者掌握 FPGA 技术更容易。部分学校还未开设相关的课程，也缺少具有实践经验的教师，那么，初学者如何快速学会如此具有竞争力的技术呢？

1. 掌握 FPGA 的编程语言

学习 FPGA 技术往往从它的编程语言开始。FPGA 的编程语言有两种，即 VHDL 和 Verilog，这两种语言都适合用于 FPGA 的编程，VHDL 在欧洲的应用较为广泛，而 Verilog 在中国、美国、日本等地应用较为广泛。Verilog 非常易于学习，类似 C 语言，如果 FPGA 初学者具有 C 语言基础，他（她）只需要花很少的时间便能迅速掌握 Verilog；而 VHDL 则较为抽象，学习需要的时间较长。

2. FPGA 实验尤为重要

除了学习编程语言以外，学习 FPGA 更重要的是实践，即将自己设计的程序在真正的 FPGA 上运行起来。可以选一块 FPGA 开发板进行实验，一般的红色飓风的开发板基本上可以满足初学者的需求。

3. FPGA 培训不可忽视

参加 FPGA 培训可以使初学者在短时间内大幅提升自己的水平，少走很多弯路。有条件的话，初学者可以参加一些 FPGA 培训班，另外，网上也有很多的视频资源，也可以下载下来学习。

初学者参加 FPGA 培训可以培养良好的代码编写风格，满足代码信、达、雅的要求，在满足功能和性能的前提下，增强代码的可读性、可移植性。良好的代码编写风格的通则概括如下：

（1）所有的信号名、变量名和端口名都用小写（这样做是为了和业界的习惯保持一致）；常量名和用户定义的类型用大写。

（2）使用有意义的信号名、端口名、函数名和参数名。

（3）信号名不要太长。

（4）对于时钟信号，使用 clk 作为信号名，如果设计中存在多个时钟，则使用 clk 作为时钟信号的前缀。

（5）来自同一驱动源的信号在不同的子模块中采用相同的名字，这要求在芯片总体设计时就定义好顶层子模块间连线的名字。端口和连接端口的信号尽可能采用相同的名字。

（6）对于低电平有效的信号，应该另加一个下画线跟一个小写字母 b 或 n 表示。注意，在同一个设计中要使用同一个小写字母表示低电平有效。

（7）对于复位信号，使用 rst 作为信号名，如果复位信号是低电平有效，建议使用 rst_n。

（8）当描述多总线时，使用一致的定义顺序，对于 Verilog，建议采用 bus_signal[×：0] 表示。

（9）尽量遵循业界已经习惯的一些约定。如×_r 表示寄存器输出，×_a 表示异步信号，×_pn 表示多周期路径第 *n* 个周期使用的信号，×_nxt 表示锁存前的信号，×_z 表示三态信号等。

（10）源文件、批处理文件的开始应该包含一个文件头，文件头一般包含文件名、作者、模块的实现功能概述和关键特性描述以及文件创建和修改的记录（包括修改时间、修改的内容等）。

（11）使用适当的注释来解释所有的 always 进程、函数、端口定义、信号含义、变量含义或信号组、变量组的意义等。注释应该放在它所注释的代码附近，要求简明扼要，能够说明设计意图即可，不要过于复杂。

（12）每一个语句独立成行。尽管 VHDL 和 Verilog 都允许一行写多个语句，但是每个语句独立成行可以增加可读性和可维护性。同时，保持每行小于或等于 72 个字符，也可提高代码的可读性。

（13）建议采用缩进格式提高续行和嵌套语句的可读性。缩进一般采用两个空格，如果空格太多则会使深层嵌套时行长受到限制。同时，缩进避免使用 Tab 键，这样可以避免不同机器 Tab 键设置不同限制代码的可移植能力。

（14）在 RTL 源码的设计中，任何元素（包括端口、信号、变量、函数、任务、模块等）的命名都不能取 Verilog 和 VHDL 语言的关键字。

（15）在进行模块的端口申明时，每行只申明一个端口，并建议采用以下顺序：

先申明输入信号的 clk、rst 等，然后再申明输出信号的 clk、rst 等。

（16）在例化模块时，使用名字相关的显式映射，而不要采用位置相关的映射，这样可以提高代码的可读性，避免 debug 连线错误。

（17）如果同一段代码需要重复多次，尽可能使用函数。可以将函数通用化，以使它可以复用。注意，内部函数的定义一般要添加注释，这样可以提高代码的可读性。

（18）尽可能使用循环语句和寄存器组来提高源代码的可读性，这样可以有效地减少代码行数。

（19）对一些重要的 always 语句块定义一个有意义的标号，这样有助于调试。注意标号名不要与信号名、变量名重复。

（20）代码编写时的数据类型只使用 IEEE 定义的标准类型。在 VHDL 中，设计者可以定义新的类型和子类型，但是所有这些都必须基于 IEEE 的标准。

（21）在设计中不要直接使用数字，作为例外，可以使用 0 和 1。建议采用参数定义代替直接使用数字。同时，在定义常量时，如果一个常量依赖于另一个常量，建议在定义该常量时用表达式表示出这两个常量的关系。

（22）不要在源代码中使用嵌入式的 dc_shell 综合命令，这是因为其他的综合工具并不能识别这些隐含命令，会导致错误的或较差的综合结果。即使使用 Design Compiler，当综合策略改变时，嵌入式的综合命令也不易于维护。这个规则对一个综合命令例外，即编译开关的打开和关闭综合命令，它可以嵌入代码。

(23) 在设计中避免实例化具体的门级电路。门级电路可读性差，且难于理解和维护，如果使用特定工艺的门电路，设计将变得不可移植。如果必须实例化门电路，建议采用独立于工艺库的门电路，如 Synopsys 公司提供的 GTECH 库包含了高质量的常用门级电路。

(24) 避免使用冗长的逻辑和子表达式。

(25) 避免采用内部三态电路，建议用多路选择电路代替内部三态电路。

(26) 建立时序逻辑模型时，采用非阻塞赋值语句。

(27) 建立锁存器模型时，采用非阻塞赋值语句。

(28) 在 always 块中建立组合逻辑模型时，采用阻塞赋值语句。

(29) 在一个 always 块中同时存在组合和时序逻辑时，采用非阻塞赋值语句。

(30) 不要在一个 always 块中同时采用阻塞和非阻塞赋值语句。

(31) 同一个变量不要在多个 always 块中赋值。

(32) 调用 $ strobe 系统函数显示采用非阻塞赋值语句赋的值。

(33) 不要使用 #0 延时赋值。